146
107

cours de statistique descriptive

J. Acher, J. Gardelle
programmation linéaire

Gérard Calot
cours de statistique descriptive

Gérard Calot
cours de calcul des probabilités

Gérard Calot
exercices de calcul des probabilités

Ronald Céhessat
**exercices commentés de
statistique et informatique appliquées**

A. Chevalier
programmation dynamique

Gérard Desbazeille
**exercices et problèmes
de recherche opérationnelle**

R. Faure
précis de recherche opérationnelle

M. Jambu, M.-O. Lebeaux
classification automatique pour l'analyse des données
tome 1 - méthodes et algorithmes
tome 2 - logiciels

L. Lebart, J.-P. Fénelon
**statistique et
informatique appliquées**

L. Lebart, A. Morineau, N. Tabard
**techniques de la description statistique :
méthodes et logiciels pour l'analyse des grands tableaux**

J.-M. Romeder
**méthodes et programmes
d'analyse discriminante**

Gérard Calot

cours de
statistique
descriptive

dunod

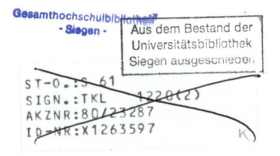

Première édition, 1965
Deuxième édition, 1973
Nouveaux tirages, 1975, 1977, 1979

© DUNOD, Paris, 1973
ISBN 2-04-007267-5

" Toute représentation ou reproduction, intégrale ou partielle, faite sans le consentement de l'auteur, ou de ses ayants-droit, ou ayants-cause, est illicite (loi du 11 mars 1957, alinéa 1er de l'article 40). Cette représentation ou reproduction, par quelque procédé que ce soit, constituerait une contrefaçon sanctionnée par les articles 425 et suivants du Code pénal. La loi du 11 mars 1957 n'autorise, aux termes des alinéas 2 et 3 de l'article 41, que les copies ou reproductions strictement réservées à l'usage privé du copiste et non destinées à une utilisation collective d'une part, et, d'autre part, que les analyses et les courtes citations dans un but d'exemple et d'illustration "

AVANT-PROPOS
à la deuxième édition

Le développement de la statistique est assurément une des caractéristiques de notre époque. Quotidiennement, le journal, la radio et la télévision diffusent des informations de nature statistique : niveau de l'indice des prix de détail ou de la production industrielle, croissance de la population mondiale et perspectives démographiques, accords salariaux faisant référence à l'évolution de la production intérieure brute, sondages dans le domaine électoral, pour ne citer que quelques thèmes privilégiés.

De nos jours, *la culture statistique est devenue un élément de la culture générale*. Instrument de la connaissance des phénomènes collectifs, la statistique est désormais indispensable à celui qui veut éclairer une décision, porter un jugement, analyser une situation, prévoir ou au moins esquisser le futur. L'administrateur, au service de l'Etat ou de la firme, l'homme d'action, ministre, syndicaliste ou chef d'entreprise, l'ingénieur, le chercheur sont devenus des utilisateurs de la méthode statistique.

*
* *

L'introduction de la statistique dans le système d'enseignement de notre pays est également un phénomène à la fois récent (mis à part le domaine des mathématiques et de la physique) et général. Non seulement des centres d'enseignement spécifiques, où la statistique occupe une place de choix, se sont créés depuis la guerre (Institut de Statistique des Universités de Paris, Ecole Nationale de la Statistique et de l'Administration Economique, Centre d'Etudes des Programmes Economiques, Centre d'Enseignement et de Recherche de Statistique Appliquée), mais progressivement les disciplines les plus diverses ont accueilli la statistique dans leur enseignement : économie, histoire, géographie, démographie, criminologie, médecine, biologie, agronomie, sociologie, psychologie. Dès la classe de 1re, l'enseignement secondaire accorde dans ses programmes une place à la statistique.

*
* *

Du point de vue pédagogique, il nous paraît nécessaire de distinguer trois étapes distinctes dans l'enseignement de la statistique : la statistique descriptive, le calcul des probabilités et la statistique mathématique.

La *Statistique descriptive* vise à résumer quantitativement l'information recueillie sur un univers concret au moyen d'une investigation exhaustive, telle la population d'un pays étudiée à travers un recensement général. Son but n'est pas d'expliquer mais de décrire, de dégager l'essentiel, de réaliser des synthèses à l'aide du langage numérique.

Le *Calcul des Probabilités* a pour objet l'étude des mécanismes aléatoires et des propriétés que possèdent les produits de ces mécanismes. Fondé sur la notion de probabilité et quelques axiomes, se développant à partir d'une construction mathématique étrangère à toute préoccupation concrète immédiate, le calcul des probabilités n'en demeure pas moins fortement imprégné par l'étude des univers statistiques, objet-même de la statistique descriptive.

La *Statistique mathématique* se rapporte à l'étude de l'induction statistique, c'est-à-dire à l'analyse de l'information obtenue à partir d'un mécanisme aléatoire. Elle s'appuie évidemment sur les résultats établis par le calcul des probabilités, mais ses préoccupations sont essentiellement concrètes. En matière de sondages, la statistique mathématique réalise le pont entre la statistique descriptive et le calcul des probabilités : tandis que la statistique descriptive constate, par une analyse exhaustive, généralement coûteuse et parfois hors d'atteinte, la statistique mathématique vise à appréhender les caractéristiques de la population-mère sondée, sur la base des résultats de l'échantillonnage et de la connaissance du mode de sélection aléatoire des unités constituant l'échantillon.

*
* *

Nous pensons que l'enseignement de la statistique doit respecter cette progression en trois étapes. Si, à la vérité, personne ne conteste la nécessité d'étudier le calcul des probabilités avant d'aborder la statistique mathématique, il arrive parfois que l'utilité de la première étape, celle de la statistique descriptive, soit mise en doute. Cette conception nous semble erronée à trois points de vue :

— Le calcul des probabilités présente suffisamment de difficultés spécifiques pour qu'on cherche à le réduire à ce qui est son originalité propre. En ce sens, la statistique descriptive est un auxiliaire précieux du calcul des probabilités : les notions de *population*, de *fréquence*, de *caractère* préparent à celles d'*ensemble fondamental*, d'*événement* et de *probabilité* ; la *variable aléatoire* apparaît plus claire à celui qui est déjà familier de la *variable statistique* ; l'*espérance mathématique* est le prolongement normal de la *moyenne statistique*.

— Le cheminement naturel de la pensée va de l'observation des faits à leur idéalisation abstraite. On peut d'autant plus aisément passer au stade de l'abstraction qu'on dispose d'un tremplin matériel mieux assuré. Or la statistique descriptive fournit précisément, par les problèmes qu'elle pose et les limites qu'elle rencontre, ce tremplin au calcul des probabilités.

— Enfin, la progression historique de la connaissance a plus ou moins respecté ces trois étapes naturelles. Il a d'abord fallu accumuler des observations, analyser l'information recueillie, s'interroger sur sa signification. Ce n'est qu'ultérieurement, après qu'on eût constaté des analogies, découvert des permanences statistiques, reconnu certaines distributions-types, que l'effort de formalisation abstraite a pu être entreprise.

*
* *

Ce *Cours de Statistique descriptive* constitue le premier volet de l'ensemble présenté plus haut ([1]). La première édition, parue en 1965, nous a valu diverses suggestions et critiques dont nous avons tenu compte pour la préparation de cette deuxième édition. Cependant, les modifications apportées ne modifient pas l'économie générale de l'ouvrage.

S'il est fait assez largement appel à l'outil mathématique, dans un souci de formalisation, les notions nécessaires à la compréhension des divers chapitres dépassent assez rarement le niveau de Terminale C. Certains paragraphes toutefois, moins importants ou destinés aux lecteurs plus avancés en mathématiques, sont indiqués par un astérisque en marge (par exemple : **3**. 3. 2., **4**. 1., **4**. 1. 6. 5.) : ils peuvent être omis en première lecture et ne sont pas indispensables à la compréhension des chapitres suivants.

De nombreux exemples illustrent les divers points traités. Un accent particulier est mis sur les représentations graphiques, moyen d'expression privilégié à la disposition du statisticien.

Le plan de cet ouvrage, qui sert actuellement de cadre à l'enseignement de la statistique descriptive à l'Ecole Nationale de la Statistique et de l'Administration Economique (ENSAE) et au Centre d'Etudes des Programmes Economiques, est le suivant :

Après un premier chapitre de généralités destiné à présenter le vocabulaire, on envisage les distributions statistiques à un caractère : le chapitre 2 est consacré aux représentations graphiques et le chapitre 3 à la définition des principaux résumés numériques d'une distribution à une variable (caractéristiques de tendance centrale, de dispersion et de concentration). Le chapitre 4 étudie les modèles théoriques de distributions à une variable (lois binomiale, de Poisson, hypergéométrique, uniforme, γ, normale, log-normale, de Pareto) et les techniques, graphiques et analytiques d'ajustement. Il constitue à la fois une application des chapitres précédents et une préparation au calcul des probabilités. Les chapitres 5 et 6 sont analogues aux chapitres 2 et 3 pour les distributions à deux caractères. L'étude des séries chronologiques fait l'objet des chapitres 7 et 8 tandis que le chapitre 9 porte sur les aspects théoriques de la construction des nombres-indices.

---

[1] Notre *Cours de Calcul des Probabilités*, qui fait suite au présent ouvrage, a été publié dans la même collection (Dunod, éditeur).

Deux index terminent l'ouvrage et permettront au lecteur de se reporter aisément aux paragraphes désirés : l'index des principales notations et l'index alphabétique.

*
 * *

Je ne voudrais pas clore cet avant-propos sans remercier tous ceux qui m'ont aidé à la réalisation de cet ouvrage : mes collègues de l'INSEE dont les conseils pratiques m'ont été précieux, mes élèves de l'ENSAE et du CEPE et les lecteurs de la première édition qui m'ont permis de préparer cette version révisée, et surtout M. Eugène Morice, à qui je dois de m'être lancé dans cette passionnante entreprise : transmettre aux plus jeunes le « message » qu'il m'avait lui-même transmis.

G. Calot

TABLE DES MATIÈRES

CHAPITRE 1

LA STATISTIQUE DESCRIPTIVE. GÉNÉRALITÉS

1. 1. L'objet de la Statistique Descriptive	1
1. 2. Les unités statistiques et les caractères. Définitions	4
1. 2. 1. Unités statistiques	4
1. 2. 2. Caractères	4
1. 2. 3. Modalités	5
1. 3. Les différentes sortes de caractères : caractères qualitatifs et caractères quantitatifs	6
1. 3. 1. Caractères qualitatifs	6
1. 3. 2. Caractères quantitatifs	6
1. 3. 2. 1. Variables statistiques discrètes	8
1. 3. 2. 2. Variables statistiques continues	8

CHAPITRE 2

LES DISTRIBUTIONS STATISTIQUES A UN CARACTÈRE. TABLEAUX STATISTIQUES. REPRÉSENTATIONS GRAPHIQUES

2. 1. Les tableaux statistiques	11
2. 1. 1. Caractères qualitatifs	13
2. 1. 2. Caractères quantitatifs	14
2. 1. 2. 1. Variable statistique discrète	14
2. 1. 2. 2. Variable statistique continue	17
2. 2. Représentation graphique des distributions à un caractère	20
2. 2. 1. Caractères qualitatifs	20
2. 2. 2. Caractères quantitatifs	21
2. 2. 2. 1. Variables statistiques discrètes	24
2. 2. 2. 2. Variables statistiques continues	27

CHAPITRE 3

DESCRIPTION NUMÉRIQUE D'UNE VARIABLE STATISTIQUE. CARACTÉRISTIQUES DE POSITION, DE DISPERSION ET DE CONCENTRATION

3. 1. Caractéristiques de tendance centrale	36
3. 1. 1. La médiane	37
3. 1. 1. 1. Définition	37
3. 1. 1. 2. Propriétés	42
3. 1. 2. Le mode	45
3. 1. 3. La moyenne	46
3. 1. 3. 1. Définition	46
3. 1. 3. 2. Calcul pratique	46
3. 1. 3. 3. Propriétés	51
3. 1. 3. 4. Relation entre mode, médiane et moyenne	54
3. 1. 3. 5. Evaluation graphique de la moyenne	54
3. 1. 4. Généralisation de la moyenne : la φ-moyenne	55
3. 1. 4. 1. Définition	55
3. 1. 4. 2. Moyenne d'ordre r	57
3. 2. Caractéristiques de dispersion	60
3. 2. 1. Différences et écarts	60
3. 2. 2. L'écart quadratique moyen ou écart-type	62
3. 2. 2. 1. Calcul pratique	62
3. 2. 2. 2. Propriétés	66
3. 2. 2. 3. Le coefficient de variation	67
3. 3. Autres caractéristiques de dispersion	67
3. 3. 1. Les quantiles	67
3. 3. 2. Les moments	69
3. 3. 2. 1. Définition	69
3. 3. 2. 2. Relations entre moments centrés et non centrés	71
3. 3. 2. 3. Moments factoriels	73
3. 4. Caractéristiques de forme	75
3. 4. 1. Coefficient d'asymétrie	75
3. 4. 2. Coefficient d'aplatissement	75
3. 5. Caractéristiques de concentration	76
3. 5. 1. Courbe de concentration	78
3. 5. 2. Indice de concentration	79
3. 5. 2. 1. Distributions à concentration faible	79
3. 5. 2. 2. Distributions à forte concentration	80
3. 5. 3. La médiale	81

3. 6. Caractéristiques des mélanges de populations	82
3. 6. 1. Diagramme différentiel	83
3. 6. 2. Courbe cumulative	85
3. 6. 3. Médiane	86
3. 6. 4. Moyenne	88
3. 6. 5. Variance	88
3. 7. Représentation analytique des variables statistiques à une dimension	90
3. 7. 1. Représentation des variables statistiques discrètes	90
3. 7. 2. Représentation des variables statistiques continues	91
3. 7. 2. 1. Caractéristiques d'une variable statistique continue	94

CHAPITRE 4

DISTRIBUTIONS THÉORIQUES A UNE VARIABLE

PREMIÈRE PARTIE

Distributions théoriques discrètes

4. 1. Loi discrète uniforme	100
4. 1. 1. Définition	100
4. 1. 2. Diagramme en bâtons et courbe cumulative	101
4. 1. 3. Caractéristiques de tendance centrale	101
4. 1. 4. Caractéristiques de dispersion	101
4. 1. 4. 1. Moments factoriels	101
4. 1. 4. 2. Moments non centrés et centrés	102
4. 1. 5. Caractéristiques de forme	103
4. 2. Loi binomiale	103
4. 2. 1. Définition	103
4. 2. 2. Calcul pratique des fréquences	104
4. 2. 3. Caractéristiques de valeur centrale	106
4. 2. 3. 1. Mode	106
4. 2. 3. 2. Moyenne	106
4. 2. 4. Caractéristiques de dispersion	107
4. 2. 4. 1. Moments factoriels	107
4. 2. 4. 2. Moments centrés	107
4. 2. 5. Caractéristiques de forme	108
4. 2. 6. Conditions de validité de la loi binomiale	109
4. 2. 7. Ajustement d'une distribution observée à une distribution binomiale	110

4. 3. Loi de Poisson 112

    4. 3. 1. Définition 112
    4. 3. 2. Calcul pratique des fréquences 113
    4. 3. 3. Caractéristiques de valeur centrale 115
        4. 3. 3. 1. Mode 115
        4. 3. 3. 2. Moyenne 115
    4. 3. 4. Caractéristiques de dispersion 116
        4. 3. 4. 1. Moments factoriels 116
        4. 3. 4. 2. Moments centrés 116
    4. 3. 5. Caractéristiques de forme 117
    4. 3. 6. Conditions de validité de la loi de Poisson 117
    4. 3. 7. Ajustement d'une distribution observée à une distribution de Poisson 119

4. 4. Loi hypergéométrique 121

    4. 4. 1. Définition 121
    4. 4. 2. Calcul pratique des fréquences 123
    4. 4. 3. Caractéristiques de valeur centrale 124
        4. 4. 3. 1. Mode 124
        4. 4. 3. 2. Moyenne 125
    4. 4. 4. Caractéristiques de dispersion 126
        4. 4. 4. 1. Moments factoriels 126
        4. 4. 4. 2. Moments centrés 126
    4. 4. 5. Convergence de la loi hypergéométrique vers la loi binomiale ... 127

DEUXIÈME PARTIE

Distributions théoriques continues

4. 5. Loi continue uniforme 129

    4. 5. 1. Définition 129
    4. 5. 2. Histogramme et courbe cumulative 129
    4. 5. 3. Caractéristiques de tendance centrale 131
    4. 5. 4. Caractéristiques de dispersion 131
    4. 5. 5. Caractéristiques de forme 132
    4. 5. 6. Caractéristiques de concentration 132

4. 6. Loi γ_v 135

    4. 6. 1. Définition 135
    4. 6. 2. Compléments mathématiques sur la fonction Γ 136
    4. 6. 3. Histogramme 140
    4. 6. 4. Caractéristiques de valeur centrale 140
        4. 6. 4. 1. Mode 140
        4. 6. 4. 2. Moyenne 140

- 4. 6. 5. Caractéristiques de dispersion 140
- 4. 6. 6. Caractéristiques de forme 141
- 4. 6. 7. Généralisation de la loi γ_v 141
- 4. 6. 8. Conditions de validité de la loi γ 141
- 4. 6. 9. Ajustement d'une distribution observée à une loi γ 142

4. 7. Loi normale réduite 146

- 4. 7. 1. Définition 146
- 4. 7. 2. Histogramme 146
- 4. 7. 3. Fonction cumulative 147
- 4. 7. 4. Caractéristiques de la variable normale réduite 148
  - 4. 7. 4. 1. Caractéristiques de tendance centrale 148
  - 4. 7. 4. 2. Quartiles 149
  - 4. 7. 4. 3. Moments 149
  - 4. 7. 4. 4. Caractéristiques de forme 149

4. 8. Loi normale 149

- 4. 8. 1. Définition 149
- 4. 8. 2. Fonction cumulative et quantiles. Densité 150
- 4. 8. 3. Caractéristiques de la loi normale 152
- 4. 8. 4. Conditions de validité de la loi normale 152
- 4. 8. 5. Ajustement d'une distribution observée à une loi normale 152
  - 4. 8. 5. 1. Ajustement analytique 152
  - 4. 8. 5. 2. Ajustement graphique 156

4. 9. Loi log-normale 158

- 4. 9. 1. Définition 158
- 4. 9. 2. Fonction cumulative et quantiles. Densité 158
- 4. 9. 3. Caractéristiques de la loi log-normale 160
  - 4. 9. 3. 1. Champ de variation 160
  - 4. 9. 3. 2. Mode 160
  - 4. 9. 3. 3. Moments 161
  - 4. 9. 3. 4. Relation entre mode, médiane et moyenne 162
  - 4. 9. 3. 5. Courbe de concentration 162
- 4. 9. 4. Généralisation de la loi log-normale 163
- 4. 9. 5. Conditions de validité de la loi log-normale 164
- 4. 9. 6. Ajustement d'une distribution observée à une loi log-normale.. 165
  - 4. 9. 6. 1. Ajustement analytique 165
  - 4. 9. 6. 2. Ajustement graphique. Droite de Henri 167

4. 10. Loi de Pareto 173

- 4. 10. 1. Définition 173
- 4. 10. 2. Caractéristiques de la loi de Pareto 174
  - 4. 10. 2. 1. Quantiles 174
  - 4. 10. 2. 2. Mode 174

    4. 10. 2. 3. Moments.................................... 174
    4. 10. 2. 4. Caractéristiques de concentration.............. 175
  4. 10. 3. Ajustement graphique d'une distribution observée à une distribution de Pareto 175
  4. 10. 4. Conditions d'application de la loi de Pareto................ 177

4. 11. Généralités sur les ajustements 177

  4. 11. 1. Critique de l'ajustement d'une distribution observée à une loi théorique... 177
    4. 11. 1. 1. La distance entre la distribution observée et la loi théorique................................ 178
    4. 11. 1. 2. L'appréciation de la distance D 179
  4. 11. 2. Intérêt d'un modèle théorique de référence................. 183

CHAPITRE 5

LES DISTRIBUTIONS STATISTIQUES A DEUX CARACTÈRES TABLEAUX STATISTIQUES. REPRÉSENTATION GRAPHIQUE

5. 1. Présentation : Les tableaux statistiques............................ 185

  5. 1. 1. Distributions marginales................................... 187
  5. 1. 2. Distributions conditionnelles 188

5. 2. Indépendance et liaison fonctionnelle 189

  5. 2. 1. Indépendance 190
  5. 2. 2. Liaison fonctionnelle..................................... 192
  5. 2. 3. Cas général.. 193

5. 3. Exemples de distributions à deux caractères. Représentation graphique... 194

  5. 3. 1. Caractères A et B qualitatifs 194
  5. 3. 2. Caractères qualitatifs et quantitatifs 200
  5. 3. 3. Caractères quantitatifs 203
  5. 3. 4. Population décrite individu par individu 216
  5. 3. 5. Série chronologique...................................... 218
  5. 3. 6. Représentations par cartogrammes........................ 226
    5. 3. 6. 1. Représentation d'intensités 227
    5. 3. 6. 2. Représentation d'effectifs ou de quantités absolues. 229
    5. 3. 6. 3. Choix des limites de classes (représentation par tonalités).................................... 229
    5. 3. 6. 4. Représentation des intensités au moyen de semis de points...................................... 236

5. 4. Les papiers fonctionnels... 240

  5. 4. 1. Echelle fonctionnelle...................................... 240
  5. 4. 2. Papier fonctionnel 242

- 5. 4. 2. 1. Définition 242
- 5. 4. 2. 2. Utilisation des papiers fonctionnels 242
- 5. 4. 2. 3. Représentation d'éléments différentiels 246
- 5. 4. 2. 4. Transformation d'une famille de fonctions à deux paramètres en une famille de droites............. 247
- 5. 4. 2. 5. Graduation du plan par des courbes $\alpha(x, y) = k$.... 249

5. 4. 3. Le papier semi-logarithmique 250

- 5. 4. 3. 1. Présentation 250
- 5. 4. 3. 2. Droites sur papier semi-logarithmiques 251

5. 4. 4. Le papier logarithmique 253

- 5. 4. 4. 1. Présentation 253
- 5. 4. 4. 2. Droites sur papier logarithmiques 253

5. 4. 5. Le graphique triangulaire 257

- 5. 4. 5. 1. Présentation 257
- 5. 4. 5. 2. Points et droites remarquables 258
- 5. 4. 5. 3. Variante du graphique triangulaire 259
- 5. 4. 5. 4. Exemples 260

CHAPITRE 6

DESCRIPTION NUMÉRIQUE DES SÉRIES STATISTIQUES A DEUX CARACTÈRES QUANTITATIFS (VARIABLES STATISTIQUES A DEUX DIMENSIONS)

6. 1. Distributions marginales et conditionnelles. Relations entre leurs caractéristiques 267

- 6. 1. 1. Notations des caractéristiques marginales et conditionnelles.... 268
- 6. 1. 2. Relations entre caractéristiques marginales et conditionnelles... 269
  - 6. 1. 2. 1. Moyenne marginale et moyennes conditionnelles... 270
  - 6. 1. 2. 2. Variance marginale et variances conditionnelles.... 270
- 6. 1. 3. Exemple... 270

6. 2. Caractéristiques globales d'une distribution à deux variables 272

- 6. 2. 1. Courbes de régression 272
  - 6. 2. 1. 1. Définition 272
  - 6. 2. 1. 2. Cas de l'indépendance 274
  - 6. 2. 1. 3. Cas de la liaison fonctionnelle 276
  - 6. 2. 1. 4. Corrélation 277
- 6. 2. 2. Rapport de corrélation 278
  - 6. 2. 2. 1. Définition 278
  - 6. 2. 2. 2. Signification d'un rapport de corrélation 279

6. 2. 3. Propriété des courbes de régression : courbes des moindres carrés	280
6. 2. 4. Droite des moindres carrés	283
6. 2. 4. 1. Comparaison entre les rapports de corrélation et le coefficient de corrélation linéaire	287
6. 2. 4. 2. Comparaison des droites des moindres carrés	288
6. 2. 4. 3. Décomposition de la variance marginale	289
6. 2. 4. 4. Signification des mesures de la corrélation	292
6. 2. 5. Coefficient de corrélation linéaire	292
6. 2. 5. 1. Définition	292
6. 2. 5. 2. Calcul pratique	293
6. 2. 5. 3. Exemple	298
6. 2. 5. 4. Cas où la population est connue individuellement	299
6. 3. L'ajustement linéaire	303
6. 3. 1. Présentation	304
6. 3. 2. Exemple	310
6. 3. 3. Généralisation de l'ajustement linéaire	313
6. 3. 3. 1. Cas où une transformation simple ramène à l'ajustement linéaire	313
6. 3. 3. 2. Ajustement polynomial	316
6. 3. 3. 3. Polynômes orthogonaux	317
6. 3. 3. 4. Exemples de polynômes orthogonaux	318
6. 4. Mélanges de distributions à deux variables	324
6. 4. 1. Courbe de régression	324
6. 4. 2. Covariance	326
6. 4. 3. Droites d'ajustement	327
6. 4. 3. 1. Cas où les droites d'ajustement $D^{(h)}$ sont parallèles	328
6. 5. Aspect géométrique de la méthode des moindres carrés	330
6. 5. 1. Présentation	330
6. 5. 2. Interprétation géométrique de la moyenne et de la variance	331
6. 5. 3. Interprétation géométrique de la méthode des moindres carrés	333
6. 5. 4. Interprétation géométrique de la méthode des polynômes orthogonaux	336
6. 6. Notions générales sur les distributions à trois variables	337
6. 6. 1. Définition	337
6. 6. 2. Surfaces de régression	338
6. 6. 3. Rapports de corrélation	339
6. 6. 4. Plans d'ajustement	341
6. 6. 5. Signification des rapports et coefficients de corrélation	344

CHAPITRE 7

LES SÉRIES CHRONOLOGIQUES. PRÉSENTATION

7. 1. Généralités	346
7. 1. 1. Définition d'une série chronologique	346
7. 1. 1. 1. Cas d'un niveau	346
7. 1. 1. 2. Cas d'un flux	347
7. 1. 1. 3. Périodicité	348
7. 1. 2. But de l'étude des séries chronologiques à périodicité inférieure à l'année	349
7. 2. Le cadre temporel des séries chronologiques	352
7. 2. 1. Répétition cyclique du temps	352
7. 2. 1. 1. Cas d'un niveau	352
7. 2. 1. 2. Cas d'un flux	353
7. 2. 2. Stabilité des structures conditionnant le phénomène étudié	353
7. 2. 3. Permanence de la définition de la grandeur étudiée	354
7. 3. Les éléments constitutifs d'une série chronologique	354
7. 3. 1. Définition des composantes	354
7. 3. 2. Hypothèses sur la nature et la composition des éléments constitutifs d'une série chronologique	355

CHAPITRE 8

L'ANALYSE DES SÉRIES CHRONOLOGIQUES

8. 1. Une méthode analytique	358
8. 1. 1. Généralités	358
8. 1. 2. Les hypothèses du modèle	359
8. 1. 3. Estimation des paramètres du modèle	359
8. 1. 3. 1. Estimation des coefficients saisonniers	360
8. 1. 3. 2. Estimation de a	361
8. 1. 4. Calcul pratique	363
8. 1. 4. 1. Exemple d'application	364
8. 1. 5. Généralisation au modèle à trend exponentiel et à composition multiplicative	368
8. 1. 5. 1. Exemple d'application	368
8. 1. 6. Conclusions	369
8. 2. Les méthodes empiriques	369

8. 2. 1. La moyenne mobile	369
8. 2. 1. 1. Définition	373
8. 2. 1. 2. Propriétés	374
8. 2. 2. Hypothèses relatives aux composantes de la série chronologique	374
8. 2. 3. Estimation du mouvement extra-saisonnier par la moyenne mobile	376
8. 2. 4. Estimation des coefficients saisonniers	377
8. 2. 4. 1. Schéma additif	377
8. 2. 4. 2. Schéma multiplicatif	379
8. 2. 4. 3. Schéma mixte	381
8. 2. 5. Exemple d'application : Série trimestrielle des livraisons d'essence automobile et de supercarburant	382
8. 2. 6. Evolution dans le temps des coefficients saisonniers (schémas additif et multiplicatif)	389
8. 2. 7. Itération de la méthode de correction des variations saisonnières	390
8. 2. 8. Application à la série des chômeurs secourus au premier de chaque mois (1949-1961)	392

CHAPITRE 9

LES INDICES

9. 1. Indice élémentaire	421
9. 1. 1. Définition	421
9. 1. 2. Propriétés d'un indice élémentaire	423
9. 1. 2. 1. Circularité	423
9. 1. 2. 2. Addition	424
9. 1. 2. 3. Multiplication	428
9. 1. 2. 4. Division	429
9. 2. Indice synthétique	429
9. 2. 1. Définition	429
9. 2. 2. Les indices synthétiques utilisés en pratique	430
9. 2. 2. 1. Les indices de Laspeyres et Paasche	430
9. 2. 2. 2. L'indice de Fisher	431
9. 2. 3. Comparaison des indices de Laspeyres, Paasche et Fisher	431
9. 2. 4. Propriétés des indices de Laspeyres, de Paasche et de Fisher	432
9. 2. 4. 1. Circularité	432
9. 2. 4. 2. Réversibilité	433
9. 2. 4. 3. Agrégation des constituants	433
9. 3. Les indices de prix, de quantité et de valeur	435

- 9. 3. 1. Comparaison des évolutions de l'indice de Laspeyres et de l'indice de Paasche 437
  - 9. 3. 1. 1. Niveaux des indices 437
  - 9. 3. 1. 2. Comparaison des variations 441
  - 9. 3. 1. 3. L'indice-chaîne 444
  - 9. 3. 1. 4. Propriétés comparées des indices de Laspeyres et de Paasche 446
- 9. 3. 2. Quelques problèmes pratiques liés à la construction d'un indice.. 447
  - 9. 3. 2. 1. Détermination du champ de l'indice. Choix des coefficients de pondération 447
  - 9. 3. 2. 2. Choix de la période de base 448
  - 9. 3. 2. 3. Choix des articles observés 448
  - 9. 3. 2. 4. Raccord d'indices 448

9. 4. Evaluation de la part imputable à divers facteurs de variation dans l'évolution d'une grandeur globale 449
- 9. 4. 1. Etude de trois facteurs 450
  - 9. 4. 1. 1. Formalisation 452
  - 9. 4. 1. 2. Application numérique 455
  - 9. 4. 1. 3. Décomposition additive de la variation 457
- 9. 4. 2. Etude d'un nombre quelconque de facteurs 460

Tables 467
- Table de la fonction $\Pi(u)$ 467
- Table de la fonction $P(u)$ 468
- Table de la fonction $y(u)$ 469
- Table de la loi de Poisson 470
- Table de la loi de χ^2 474
- Table des factorielles 476

Bibliographie 477

Index des notations 479

Index alphabétique 485

CHAPITRE 1

LA STATISTIQUE DESCRIPTIVE. GÉNÉRALITÉS

*Après une présentation de la Statistique Descriptive et de son objet, on examine les notions fondamentales d'*unité statistique, de caractère *et de* modalité. *On dégage ensuite le concept de* variable statistique *discrète ou continue.*

1. 1. L'OBJET DE LA STATISTIQUE DESCRIPTIVE

Il est traditionnel de situer l'origine de la statistique moderne aux environs de 1660, avec les travaux de John Graunt sur la mortalité des habitants de Londres. Au cours de son histoire, qui serait ainsi tricentenaire, la statistique a reçu de très nombreuses définitions. A tel point même qu'on a pu en dresser une... statistique et en dénombrer plus d'une centaine ([1]) !

Au risque d'allonger encore une liste qui n'est sans doute pas close, nous proposerons la définition suivante : la statistique est une *méthode* qui vise à la *description quantitative* des *ensembles nombreux*.

En premier lieu, la statistique est une *méthode* et non une *théorie* : elle a pour but de *décrire* et non, du moins en elle-même, d'*expliquer*. Si elle est un *outil* de connaissance, un *moyen* permettant d'appréhender différentes sortes de phénomènes plus ou moins complexes, d'en dessiner les contours, d'en mesurer les dimensions, de mettre en lumière certains de leurs aspects, si elle facilite l'exercice du jugement, elle ne se substitue en aucune façon au jugement lui-même : quoi qu'on puisse dire, *les chiffres ne parlent jamais d'eux-mêmes* !

En second lieu, la statistique est une méthode *quantitative* : elle utilise le *nombre* comme moyen d'expression. A ce titre, elle se distingue des méthodes de description qualitatives dont le vocabulaire est essentiellement littéraire : au langage des *mots*, la statistique oppose le langage des *chiffres*. Toutefois, ce langage numérique, que la statistique emprunte aux mathématiques, ne

---

([1]) R. Dumas : *L'entreprise et la statistique* (tome I, p. 1), Dunod éditeur, Paris (1967).

doit pas faire illusion. Sans doute, dans le domaine des sciences exactes, le langage des nombres possède-t-il un caractère de précision et d'exactitude absolues. Mais il convient de remarquer que ce caractère résulte essentiellement du *domaine d'application* et non du langage lui-même. Or bien souvent, notamment dans les sciences humaines, la méthode statistique est appliquée à des *mesures* qui, en règle très générale, comportent des *erreurs*, à tout le moins des incertitudes. On ne peut espérer, dans ces conditions, que la précision du langage parvienne à pallier l'imprécision du contexte auquel on l'applique.

D'autre part, pour des raisons liées à la collecte de l'information, à son traitement mécanographique ou à son analyse, la statistique est amenée à recourir à des *conventions* : même exempts d'erreurs, les résultats auxquels elle conduit ne peuvent pas présenter le caractère absolu qu'on a trop souvent tendance à leur prêter du fait de leur expression chiffrée.

L'intérêt du langage numérique réside dans son *objectivité*, ou plutôt dans sa *neutralité* : pour décrire un phénomène au moyen du langage chiffré, il n'est pas nécessaire de porter au préalable un jugement sur ce phénomène ([1]) ; en revanche, la description en langage littéraire implique inévitablement le recours à des qualificatifs et par conséquent suppose une prise de position — ou au moins une échelle de valeurs sous-jacente. En ce sens, le langage chiffré permet de disjoindre *l'observation* de *l'appréciation* : le statisticien élabore des résultats qu'il communique à un utilisateur, à charge pour ce dernier de les confronter avec sa propre échelle de valeurs, éminemment subjective et variable d'un utilisateur à l'autre. Toutefois, il convient d'insister fortement sur le fait qu'une appréciation libre et véritable nécessite au préalable la *compréhension* des règles et concepts utilisés : l'utilisateur ne peut porter une appréciation sur un résultat et lui attribuer une signification que s'il a une idée claire et précise des méthodes adoptées pour son élaboration (définition des unités statistiques retenues, délimitation des frontières de l'ensemble étudié, règles de classement des unités observées entre diverses catégories, conditions d'observation, techniques de synthèse des données élémentaires recueillies). Bon nombre de malentendus sur la statistique, d'incohérences apparentes entre les résultats qu'elle fournit proviennent d'une incompréhension des définitions de base. Cette incompréhension est d'ailleurs largement aggravée, au moins dans le domaine des sciences humaines, par le fait que le statisticien doit dénommer les concepts qu'il utilise au moyen de mots empruntés au langage courant (habitant, logement, ménage, exploitation

---

([1]) Du moins lorsqu'on a défini les aspects du phénomène sur lesquels on décide de faire porter l'analyse, ainsi que la manière de les observer (choix des questions à faire figurer sur un formulaire d'enquête, choix des tableaux statistiques à produire et des variables à faire intervenir). Il en va de l'investigation statistique comme de toute observation scientifique : son organisation nécessite la formulation préalable d'*hypothèses* qu'on soumet à l'épreuve des faits, quitte à ce que les résultats de l'expérimentation conduisent à rejeter ces hypothèses. En ce sens, si le chiffre est neutre par rapport aux hypothèses préalables, seules les hypothèses qu'on a décidé d'examiner peuvent faire l'objet d'une vérification.

agricole, établissement commercial, ...) et recourir à des désignations généralement très courtes (par exemple pour libeller le titre ou les en-têtes d'un tableau statistique).

Enfin, la statistique est la méthode de description des *ensembles nombreux*. Elle est l'instrument de la connaissance du phénomène collectif qui échappe, en raison de son étendue, de sa diversité et de son instabilité, à l'appréhension directe et individuelle.

La statistique, en effet, ne s'intéresse pas au fait élémentaire, contingent, particulier. Son objet est d'atteindre le groupe dont il fait partie. Les traits spécifiques de chaque individu ne prennent une signification que par leur juxtaposition qui caractérise alors le groupe : en quelque sorte, l'individu ne possède pas les particularités qui le distinguent ; il n'en est que dépositaire et l'information dont il est le support n'est qu'un élément de l'information qui se rapporte au groupe tout entier.

Sans doute, en tant que méthode d'analyse, la statistique peut être appliquée à l'étude d'ensembles dont la taille est quelconque. Mais les résultats qu'elle fournit ne prennent un caractère de stabilité et de généralité que si l'ensemble est assez *important*. Les permanences statistiques n'apparaissent en effet qu'au niveau des ensembles nombreux. Par ailleurs, les cas rares ou exceptionnels sont souvent mal appréhendés par la statistique, en raison principalement des erreurs d'observation.

Instrument de description des ensembles nombreux, la statistique vise *à simplifier, à résumer, à synthétiser*. Mais il est clair que ce souci d'efficacité dans la description va, en général, à l'encontre du souci de *fidélité*. Le statisticien doit constamment veiller à ce que ses simplifications ne soient pas abusives. Comme nous le soulignerons à différentes reprises, un certain nombre de formules statistiques fournissent des solutions... à des problèmes qui n'en ont pas ! Tel est le cas d'une moyenne, considérée comme résumé d'une distribution statistique, ou encore d'un indice synthétique. C'est pourquoi il convient d'avoir conscience des limites des instruments statistiques et de ne pas voir dans certaines procédures de calcul des sortes de recettes miraculeuses.

Pour terminer cette rapide présentation, nous indiquerons quelques formules humoristiques adressées à la statistique et aux statisticiens :

• *Un homme qui meurt est un* malheur, *cent hommes qui meurent une* catastrophe, *mille hommes qui meurent une* statistique.

• *La statistique est la forme raffinée du mensonge* (Disraeli).

• *La statistique, c'est comme le bikini : elle montre des choses tout à fait intéressantes... mais elle cache l'essentiel !*

• *Le statisticien est cet homme qui prétend qu'avoir la tête dans une fournaise et les pieds dans la glace permet de bénéficier d'une température moyenne agréable !*

• Enfin citons Labiche qui, dans *Les Vivacités du Capitaine Tic*, fait dire à l'honorable Magis, secrétaire général de la Société de Statistique de Vierzon :

La statistique est une science moderne et positive. Elle met en lumière les faits les plus obscurs. Ainsi, dernièrement, grâce à des recherches laborieuses, nous sommes arrivés à connaître le nombre exact de veuves qui ont passé le Pont Neuf pendant le cours de l'année 1860 : il y en avait 13 453... dont une douteuse.

1. 2. LES UNITÉS STATISTIQUES ET LES CARACTÈRES. DÉFINITIONS

1. 2. 1. Unités statistiques.

Les ensembles étudiés par la *Statistique Descriptive* portent le nom général d'*univers statistique* ou de *population*. Leurs éléments sont les *unités statistiques* ou *individus*. Cette terminologie, que la statistique a héritée de son premier champ d'action : la démographie, s'applique aussi bien à des ensembles de personnes humaines qu'à des ensembles d'objets concrets ou abstraits : personnel d'un établissement, clientèle d'un magasin, population de la France ; production d'un atelier, parc automobile d'une société ; ensemble des années écoulées depuis 1950, ensemble des accidents survenus au cours d'une période, etc.

Comme il a été indiqué dans le paragraphe précédent, il convient de définir avec précision les ensembles qu'on étudie — et notamment leurs frontières. Ainsi dans le cas de la *population d'une ville*, il est nécessaire de spécifier ce qu'on entend par *habitant* : doit-on inclure les militaires en garnison dans la ville, les élèves internes des établissements scolaires, les malades de l'hôpital, les pensionnaires de l'hospice ? Selon les règles qu'on adopte, on définit des ensembles différents.

1. 2. 2. Caractères.

Chacun des individus de la population peut être considéré du point de vue d'un ou de plusieurs *caractères*.

Ainsi le personnel d'une entreprise peut être décrit selon les divers caractères ci-après :

sexe, âge, qualification, ancienneté dans l'entreprise, salaire mensuel, nombre d'enfants à charge, commune de résidence, etc.

De même, un lot de pièces mécaniques peut être décrit suivant le diamètre, le poids, la résistance, la qualité. L'ensemble des années écoulées depuis 1950 peut être étudié selon le nombre d'habitants de la France au 1er janvier, le nombre de naissances de l'année, le revenu national, la production automobile, etc.

1. 2. 3. Modalités.

Chacun des caractères étudiés peut présenter deux ou plusieurs *modalités*. Les modalités sont les différentes situations où les individus peuvent se trouver à l'égard du caractère considéré.

Les modalités d'un même caractère sont à la fois *incompatibles* et *exhaustives* : chaque individu de la population présente *une et une seulement* des modalités du caractère envisagé.

Les caractères les plus simples sont ceux qui comportent *deux* modalités (caractères *dichotomiques*) :

— un salarié peut être du sexe *masculin* ou *féminin* ;
— un individu peut avoir *plus* ou *moins* de 65 ans ;
— une pièce mécanique peut être *bonne* ou *mauvaise*.

Le nombre des modalités d'un caractère varie selon le degré de détail de l'information disponible. Par exemple, le caractère *état matrimonial* peut comporter suivant le cas :

— deux modalités : *marié, non marié* ;
— trois modalités : *célibataire, marié, veuf ou divorcé* ;
— quatre modalités : *célibataire, marié, veuf, divorcé* ;
— cinq modalités : *célibataire, marié, veuf, divorcé, non déclaré*, lorsque, l'information étant recueillie au moyen d'une enquête, certaines personnes ont omis ou refusé de répondre à la question correspondante.

Dans ce cas, on considérera qu'il s'agit de caractères différents et on précisera le nombre ou la nature des modalités : état matrimonial à 2, 3, 4 ou 5 postes ; âge en classes annuelles, quinquennales, décennales.

La définition des modalités d'un caractère, comme d'ailleurs celle de l'ensemble étudié, doit faire l'objet de soins très attentifs au stade de l'élaboration de l'information : les règles doivent être énoncées de telle sorte qu'on puisse déterminer sans ambiguïté pour tout individu, d'une part s'il appartient ou non à la population considérée, d'autre part, dans l'affirmative, à quelle modalité du caractère il correspond. Dans certains cas marginaux, il peut être nécessaire de recourir à des *conventions* plus ou moins arbitraires : ainsi, lors d'un recensement, pour ce qui est de la commune à laquelle on rattache la population sans domicile fixe (mariniers, forains, gens de cirque, etc.).

L'énoncé de règles de définition précises est indispensable à l'élaboration de l'information mais aussi à son interprétation et à son utilisation : bon nombre d'erreurs ou de malentendus proviennent d'une insuffisante compréhension des définitions. C'est pourquoi une publication statistique doit toujours comporter une annexe, parfois volumineuse, destinée à préciser la signification des concepts retenus.

1. 3. LES DIFFÉRENTES SORTES DE CARACTÈRES : CARACTÈRES QUALITATIFS ET CARACTÈRES QUANTITATIFS

On classe les caractères en deux catégories : les caractères *qualitatifs* et les caractères *quantitatifs*. Parmi ces derniers, on distingue les caractères quantitatifs *discrets* et les caractères quantitatifs *continus*.

1. 3. 1. Caractères qualitatifs.

Un caractère est dit *qualitatif* si ses diverses modalités ne sont pas mesurables. Ainsi :
— le sexe ;
— la nationalité ;
— la profession ;
— l'état matrimonial.

Le type même d'une population décrite selon un caractère qualitatif est celui d'une *urne* dont les *boules* sont distinguées suivant la *couleur*. En général, il n'y a, *a priori*, aucune hiérarchie entre les modalités, même si l'usage conduit à les énumérer dans un certain ordre, plus ou moins conventionnel.

Les modalités d'un caractère qualitatif sont les différentes *rubriques* d'une *nomenclature* établie de telle façon que chaque individu de la population puisse être rattaché à *une* et *une seulement* des rubriques (rubriques incompatibles et exhaustives). Une nomenclature peut être plus ou moins détaillée et comporter un nombre plus ou moins grand de postes.

On trouvera ci-après (page 7) un exemple de nomenclature : celle des catégories socio-professionnelles de l'INSEE. Chacune des 37 catégories est affectée d'un numéro de code à deux chiffres, dont le premier définit un regroupement en 10 postes. Selon les besoins, on peut utiliser cette nomenclature dans son plus grand détail, dans son découpage à 10 postes ou dans un découpage intermédiaire.

1. 3. 2. Caractères quantitatifs.

Un caractère est dit *quantitatif* si ses différentes modalités sont *mesurables* ou *repérables*, c'est-à-dire si à chacune de ses modalités correspond un *nombre*. Ce nombre, variable d'une modalité à l'autre et spécifique de cette modalité, est appelé *variable statistique* : les modalités d'un caractère quantitatif sont les différentes valeurs possibles de la variable statistique. Ainsi les caractères ci-après sont des variables statistiques :
— l'âge ;
— le poids ;
— la taille ;
— le nombre d'enfants ;
— la surface ou le nombre de pièces du logement occupé.

NOMENCLATURE INSEE
DES CATÉGORIES SOCIO-PROFESSIONNELLES

0. AGRICULTEURS EXPLOITANTS.
  - 0. 0. Agriculteurs exploitants

1. SALARIÉS AGRICOLES.
  - 1. 0. Salariés agricoles

2. PATRONS DE L'INDUSTRIE ET DU COMMERCE.
  - 2. 1. Industriels
  - 2. 2. Artisans
  - 2. 3. Patrons pêcheurs
  - 2. 6. Gros commerçants
  - 2. 7. Petits commerçants

3. PROFESSIONS LIBÉRALES ET CADRES SUPÉRIEURS.
  - 3. 0. Professions libérales
  - 3. 2. Professeurs; professions littéraires et scientifiques
  - 3. 3. Ingénieurs
  - 3. 4. Cadres administratifs supérieurs

4. CADRES MOYENS.
  - 4. 1. Instituteurs; professions intellectuelles diverses
  - 4. 2. Services médicaux et sociaux
  - 4. 3. Techniciens
  - 4. 4. Cadres administratifs moyens

5. EMPLOYÉS.
  - 5. 1. Employés de bureau
  - 5. 3. Employés de commerce

6. OUVRIERS.
  - 6. 0. Contremaîtres
  - 6. 1. Ouvriers qualifiés
  - 6. 3. Ouvriers spécialisés
  - 6. 5. Mineurs
  - 6. 6. Marins et pêcheurs
  - 6. 7. Apprentis ouvriers
  - 6. 8. Manœuvres

7. PERSONNELS DE SERVICE.
  - 7. 0. Gens de maison
  - 7. 1. Femmes de ménage
  - 7. 2. Autres personnels de service

8. AUTRES CATÉGORIES.
  - 8. 0. Artistes
  - 8. 1. Clergé
  - 8. 2. Armée et Police

9. PERSONNES NON ACTIVES.
  - 9. 1. Étudiants et élèves
  - 9. 2. Militaires du contingent
  - 9. 3. Anciens agriculteurs (exploitants et salariés)
  - 9. 4. Retirés des affaires
  - 9. 5. Retraités du secteur public
  - 9. 6. Anciens salariés du secteur privé
  - 9. 9. Autres personnes non actives.

Le type même d'une population décrite selon un caractère quantitatif est celui d'une *urne* dont les *boules* portent des *valeurs numériques*.

1. 3. 2. 1. Variables statistiques discrètes.

Une variable statistique est dite *discrète* lorsque ses valeurs possibles sont des *nombres isolés*. Le cas le plus fréquent de variables discrètes est celui où les valeurs possibles sont des *nombres entiers* :
— l'âge d'une personne, exprimé en *années révolues* (ou âge atteint au dernier anniversaire) ;
— le nombre d'enfants d'un couple ;
— le nombre de pièces d'un logement ;
— le nombre d'ouvriers d'un chantier.

1. 3. 2. 2. Variables statistiques continues.

Une variable statistique est dite *continue* lorsque ses valeurs possibles sont *a priori en nombre infini* et quelconques dans un intervalle de valeurs. Ainsi :
— l'âge *exact* d'une personne, exprimé en années, dixième, centième, ..., d'année ;
— le diamètre d'une pièce ;
— la teneur en carbone d'un alliage ;
— la température d'un corps ;
— la vitesse d'un mobile.

D'une manière générale, toutes les grandeurs liées à *l'espace* (longueur, surface, volume), au *temps* (âge, durée de vie), à la *masse* (poids, teneur) ou encore à des combinaisons de ces grandeurs (vitesse, débit, densité) sont des variables statistiques continues.

Remarque.

Si la distinction entre les variables discrètes et continues est relativement claire du point de vue théorique (encore qu'on sache que la matière est essentiellement discrète), il convient de remarquer que toute mesure est discrète en raison d'une *précision* qui est toujours limitée : même si une grandeur est, par *nature*, continue, sa *mesure* fournie par un instrument est, elle, discrète. Par exemple, si on mesure le diamètre d'une pièce à l'aide d'un instrument qui permet des mesures à 1/100 de millimètre près, la valeur mesurée d'un diamètre s'exprime par un nombre entier de centièmes de millimètres : elle répond par conséquent à la définition d'une variable discrète. Si, néanmoins, on considère que le diamètre est une variable continue, c'est en raison de la nature *intrinsèque* d'un diamètre (ou plutôt de son idéalisation) : *a priori*, toute valeur positive peut représenter un diamètre possible.

Dans ces conditions, on considérera qu'une mesure représente un *intervalle de valeurs* : affirmer qu'une pièce a un diamètre de 13,62 mm signifiera que son diamètre réel est compris entre 13,615 et 13,625 mm. Il en va de même pour l'âge : une personne de 22 ans *révolus* a un âge *exact* compris entre 22,0 et 23,0 années.

D'une façon générale, on considérera comme une variable continue une grandeur susceptible de prendre un grand nombre de valeurs possibles, même si celles-ci sont en réalité des valeurs isolées. En particulier, les grandeurs *financières* (salaire, revenu, bénéfice) seront considérées comme des variables continues. Un salaire, par exemple, s'exprime toujours en un nombre entier de centimes — la plus petite unité monétaire : considérer le salaire comme une variable continue, c'est en quelque sorte assimiler la plus petite unité monétaire au degré de précision des mesures.

A la limite même, la distinction entre caractères qualitatifs et quantitatifs s'estompe totalement, lorsque les modalités sont réduites à quelques-unes :
— âge d'une personne en trois postes : *moins de 20 ans, 20 à moins de 65 ans, 65 ans ou plus* ; on tend d'ailleurs dans ce cas à dire : *jeunes, adultes, personnes âgées* ;
— époque de construction d'un logement : 1948 *ou avant*, 1949 *ou après*, ce qui s'énonce encore : *anciens, récents* ;
— nombre d'enfants d'une famille : 0, 1 *ou plus*, c'est-à-dire : *sans enfant, avec enfant(s)*.

Dans ces exemples, on considère que le caractère est pratiquement qualitatif, bien qu'il se déduise d'une variable statistique sous-jacente.

Pour étudier une variable statistique continue, on définit des *classes* (ou *tranches*) de valeurs possibles, qui constituent les modalités du caractère. Ces classes peuvent avoir une *amplitude* constante ou variable. Ainsi l'ensemble des valeurs de la variable *salaire mensuel* peut être découpé en classes de la façon suivante :
— moins de 600 F ;
— de 600 F à moins de 800 F ;
— de 800 F à moins de 900 F ;
— de 900 F à moins de 950 F ;
— etc.

L'amplitude de la première classe est indéterminée — au plus égale à 600 F toutefois. Les amplitudes des classes suivantes sont respectivement de 200, 100 et 50 F, les *extrémités de classe* sont 600, 800, 900, 950 F, les *centres de classe* 700, 850 et 925 F.

Comme la variable salaire mensuel, l'âge peut être étudié dans un découpage annuel, quinquennal, décennal, etc.

Lorsqu'on définit un découpage, le *nombre* des classes à retenir dépend de la *précision* des mesures effectuées et de l'*effectif* de la population. Un découpage comportant un nombre élevé de classes risque de faire apparaître des *irrégularités accidentelles* en raison d'effectifs par classe trop faibles. Au contraire, un nombre trop limité de classes conduit à une *perte d'information*.

On choisit en général les *amplitudes de classe* de telle sorte que les effectifs correspondants soient d'un ordre de grandeur analogue. C'est pourquoi on retient le plus souvent, notamment dans le domaine économique, des classes d'amplitude variable, fines dans les zones où les effectifs sont relativement les plus nombreux (au centre des distributions), plus larges dans celles où les effectifs sont relativement plus rares (notamment aux extrémités du champ de variation des variables). Toutefois, il n'est pas rare, en particulier dans le domaine de la statistique industrielle, de retenir des classes d'égale amplitude, par souci de simplicité.

Les *extrémités de classes* choisies sont le plus souvent des *valeurs rondes*. A cet égard, il convient de bien préciser à laquelle des deux classes adjacentes appartient chaque valeur frontière. Du fait de l'attraction des nombres ronds, il se peut en effet qu'une fraction importante de la population étudiée présente une valeur du caractère qui coïncide avec une extrémité de classe. La convention habituelle est de considérer que les classes sont définies *bornes comprises à gauche, non comprises à droite* : de e_i à moins de e_{i+1}.

CHAPITRE 2

LES DISTRIBUTIONS STATISTIQUES A UN CARACTÈRE. TABLEAUX STATISTIQUES. REPRÉSENTATIONS GRAPHIQUES

Les chapitres 2 à 4 sont consacrés à l'étude des populations statistiques décrites selon un seul caractère.

Dans ce chapitre 2, on présente les tableaux statistiques, *expression chiffrée de cette description, puis les* diagrammes *divers qui en fournissent la traduction visuelle. On ne saurait trop insister sur l'intérêt des représentations graphiques, moyen de communication privilégié à la disposition du statisticien.*

2. 1. LES TABLEAUX STATISTIQUES

Considérons une population statistique P formée de n individus désignés par $U_1, U_2, ..., U_\alpha, ..., U_n$. L'indice de repérage α, qui permet de distinguer les individus entre eux, est ce qu'on appelle un *identifiant* pour les membres de la population P.

Soit C un caractère comportant k modalités, que nous noterons :

$$C_1, C_2, ..., C_i, ..., C_k.$$

Nous désignerons par C_α la modalité du caractère C à laquelle correspond l'individu U_α : C_α est l'une — et l'une seulement — des k modalités de C, puisque ces modalités sont à la fois incompatibles et exhaustives.

La collecte de l'information relative au caractère C auprès de la population P consiste à observer, *pour chacun des individus U_α, la modalité C_α à laquelle il se rattache.*

Exemple.

On observe la nationalité (en deux catégories : Français, Etranger) d'un ensemble de dix individus : $n = 10, k = 2$. L'information ainsi collectée se présente, par exemple, de la façon suivante :

Individu n°	Nationalité
1	Etranger
2	Français
3	Français
4	Etranger
5	Etranger
6	Etranger
7	Français
8	Etranger
9	Français
10	Etranger

c'est-à-dire, symboliquement :

α	C_α

$\alpha = 1, 2, ..., n$.

Le traitement de cette information élémentaire consiste à dénombrer, *pour chacune des modalités* C_i, combien d'individus présentent cette modalité, c'est-à-dire combien, parmi les n modalités C_α, sont égales à C_i. Nous désignerons cet effectif par n_i et nous appellerons *tableau statistique* de la population P décrite selon le caractère C le tableau des couples (C_i, n_i).

Exemple.

Dans l'exemple ci-dessus, le tableau statistique résultant des observations est :

Nationalité	Effectif
Français	4
Etranger	6
Total	10

c'est-à-dire, symboliquement :

C_i	n_i

$i = 1, 2, ..., k$.

Le nombre n_i est l'*effectif* de la modalité C_i ; le rapport :

$$f_i = \frac{n_i}{n}$$

est la *proportion* ou la *fréquence* ([1]) de la modalité C_i.

La somme des effectifs n_i est égale à l'effectif total n de la population, ce qui revient à dire encore que la somme des fréquences f_i est égale à l'unité :

$$\sum_{i=1}^{k} n_i = n, \qquad \sum_{i=1}^{k} f_i = 1.$$

Ainsi, d'une manière générale, le tableau statistique qui décrit une population selon un caractère C est de la forme :

Modalités du caractère C	Effectifs de chaque modalité
C_1	n_1
C_2	n_2
.	.
.	.
.	.
C_i	n_i
.	.
.	.
C_k	n_k
Total	n

Vis-à-vis du caractère C, les n_i individus qui présentent la modalité C_i sont tenus pour *équivalents*.

2.1.1. Caractères qualitatifs.

Lorsque le caractère C est qualitatif, le tableau statistique est de la forme générale présentée ci-dessus : *entre* les lignes figurent à la fois les modalités et les effectifs.

([1]) On dit encore *fréquence relative* par opposition à *fréquence absolue* ou effectif n_i.

Exemple.

Répartition des étrangers vivant en France suivant la nationalité (*Source* : Recensement général de la Population, 1968) :

Nationalité	Effectif (en milliers)
Italiens	572
Citoyens du Benelux	79
Allemands	44
Espagnols	607
Portugais	296
Polonais	132
Autres Européens	146
Algériens	474
Marocains	84
Tunisiens	61
Autres non-Européens	126
Total	2 621

2. 1. 2. Caractères quantitatifs.

2. 1. 2. 1. Variable statistique discrète.

Lorsque la variable statistique est *discrète*, on porte *entre* les lignes du tableau statistique à la fois les valeurs possibles et les effectifs (ou les fréquences).

Exemple.

La fabrication des pièces dans un atelier mécanique donne lieu à un certain pourcentage de pièces rebutées. On a observé 100 lots différents :

Nombre de pièces à rebuter par lot	Nombre correspondant de lots
1	2
2	9
3	14
4	20
5	18
6	15
7	9
8	6
9	4
10	2
11	1
Total	100

La population étudiée est celle des 100 lots. La variable statistique discrète est le nombre de pièces à rebuter par lot. Le tableau statistique se lit de la façon suivante : parmi les 100 lots, 2 contiennent 1 pièce à rebuter, 9 contiennent 2 pièces à rebuter, ..., 1 contient 11 pièces à rebuter.

La forme générale d'un tableau statistique, dans le cas d'une variable discrète, est la suivante :

Valeur de la variable	Effectifs
x_1	n_1
.	.
.	.
.	.
x_{i-1}	n_{i-1}
x_i	n_i
x_{i+1}	n_{i+1}
.	.
.	.
.	.
x_k	n_k
Total	n

c'est-à-dire, d'une façon symbolique :

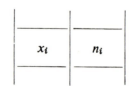

Dans certains cas, on regroupe les valeurs extrêmes de la variable en un seul poste. Ainsi la distribution des ménages français selon le nombre de personnes (*Source : Recensement général de la Population*, 1968) :

Nombre de personnes du ménage	Nombre de ménages (en milliers)
1	3 198
2	4 238
3	2 942
4	2 378
5	1 456
6 ou plus	1 566
Total	15 778

2. 1. 2. 2. Variable statistique continue.

Lorsque la variable statistique est *continue*, les modalités du caractère sont les *classes* de valeurs possibles définies par les extrémités de classe.

Exemple.

Distribution des ouvriers (sexe masculin) ayant travaillé toute l'année chez le même employeur (année 1952) selon le salaire annuel net (résultats d'un sondage au 1/20) :

Salaire annuel net (en milliers d'anciens francs)	Nombre d'ouvriers
Moins de 100	1 721
de 100 à moins de 125	2 413
— 125 — 150	4 342
— 150 — 175	8 264
— 175 — 200	13 300
— 200 — 225	16 053
— 225 — 250	16 774
— 250 — 300	33 251
— 300 — 350	29 211
— 350 — 400	22 453
— 400 — 500	24 005
— 500 — 600	9 477
— 600 — 800	4 093
— 800 — 1 000	443
— 1 000 — 1 500	125
— 1 500 — 2 000	12
— 2 000 — 5 000	14
Total	185 951

Il est plus commode, pour conduire les calculs ultérieurs et pour conserver l'analogie entre intervalle de longueur et intervalle de valeurs (comprises entre deux extrémités de classe consécutives), de modifier la présentation du tableau de la façon suivante, en écrivant les effectifs *entre* les lignes et les extrémités de classe *sur* les lignes :

Salaire annuel net en milliers de francs (extrémités de classe)	Nombre d'ouvriers
100	
	1 721
125	
	2 413
150	
	4 342
175	
	8 264
200	
	13 300
225	
	16 053
250	
	16 774
300	
	33 251
350	
	29 211
400	
	22 453
500	
	24 005
600	
	9 477
800	
	4 093
1 000	
	443
1 500	
	125
2 000	
	12
5 000	
	14
Total	185 951

D'une façon générale, désignons les extrémités de classe par

$$e_0, e_1, ..., e_i, ..., e_k,$$

la classe n° i correspondant à l'intervalle *fermé à gauche, ouvert à droite* :

$$e_{i-1} \leqslant x < e_i.$$

Dans ces conditions, le tableau statistique est, sous forme symbolique, du type général :

```
         ┌──────── e_{i-1} ────────┬──────────────────────┐
classe   │                         │                      │
n° i     │                         │         n_i          │
         └──────── e_i   ──────────┴──────────────────────┘
```

Si on veut préciser sur le tableau statistique les centres de classe, les amplitudes de classe, les distances entre les centres de classe on adopte la disposition suivante, où les caractéristiques *intraclasses* sont écrites *entre* les lignes (centre, amplitude, effectif) et les caractéristiques *interclasses* sont écrites *sur* les lignes (extrémité, distance entre deux centres de classe consécutifs).

	Extrémités de classe	Centres de classe	Distances entre centres de classe	Amplitudes de classe	Effectifs de classe
	. . .	. . .	. . .	. . .	. . .
Classe n° i	— e_{i-1} —		— d_{i-1} —		
		c_i		a_i	n_i
	— e_i —		— d_i —		
Classe n° $i+1$		c_{i+1}		a_{i+1}	n_{i+1}
	— e_{i+1} —		— d_{i+1} —		
	. . .	. . .	. . .	. . .	. . .

Le centre de la classe n° i est le milieu de cette classe :

$$c_i = \frac{e_i + e_{i-1}}{2}.$$

La distance entre les centres des classes n° i et n° $i+1$ est égale à :

$$d_i = c_{i+1} - c_i = \frac{e_{i+1} - e_{i-1}}{2}.$$

L'amplitude de la classe n° i est la différence entre ses extrémités :

$$a_i = e_i - e_{i-1}.$$

Remarque.

Comme dans le cas des variables discrètes, il arrive que l'amplitude des classes extrêmes soit indéterminée : classes définies par « *Moins de...* », « *...ou plus* ». Cette imprécision est peu gênante si les effectifs correspondants représentent une fraction faible de la population.

2. 2. REPRÉSENTATION GRAPHIQUE DES DISTRIBUTIONS A UN CARACTÈRE

Bien qu'un tableau statistique renferme toute l'information qu'on a rassemblée, il est très souvent utile de le traduire par un graphique pour en réaliser une synthèse visuelle. Suivant la nature du caractère étudié, on utilise différents modes de représentation. En général, les représentations assurent la proportionnalité entre des *effectifs* et des *aires* (ou, ce qui est équivalent, entre des *fréquences* et des *aires*).

2. 2. 1. Caractères qualitatifs.

On représente habituellement les distributions selon un caractère qualitatif au moyen de *secteurs circulaires* ou de *tuyaux d'orgue*. De cette manière, les effectifs sont proportionnels aux aires.

Secteurs circulaires. Chaque secteur correspond à une modalité, l'angle au centre étant égal au produit de la fréquence f_i par 360° :

$$\theta_i = 360° \times f_i = \frac{360° \times n_i}{n}.$$

Tuyaux d'orgue. Chaque tuyau d'orgue a une base constante et une hauteur proportionnelle à la fréquence f_i ou à l'effectif n_i.

A titre d'exemple, on trouvera ci-dessous la répartition des étrangers résidant en France en 1968 selon la nationalité (le tableau statistique correspondant figure page 14) :

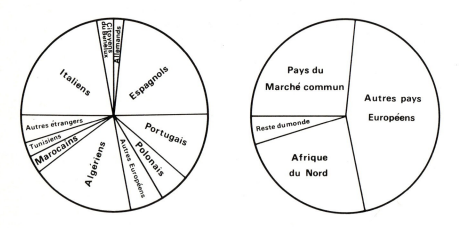

Fig. 2.1. Etrangers résidant en France selon la nationalité (1968) (représentation par secteurs).

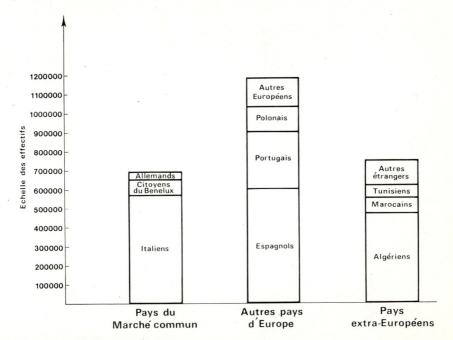

Fig. 2.2. Etrangers résidant en France selon la nationalité (1968) (représentation par tuyaux d'orgue).

Diagrammes figuratifs.

On utilise fréquemment un jeu de silhouettes figuratives pour représenter la distribution d'une population selon un caractère qualitatif : chaque figure représente une modalité et sa taille dépend de l'effectif relatif à cette modalité. Ce mode de représentation est très suggestif mais il peut être également très trompeur. L'œil, sensible aux surfaces, ne peut apprécier les rapports de deux figures que si elles ont une forme analogue. D'autre part, le rapport des surfaces n'est pas égal à celui des longueurs ou des volumes : si les longueurs sont dans le rapport 1/2, les surfaces sont dans le rapport 1/4 et les volumes dans le rapport 1/8. C'est pourquoi il est préférable de recourir à une sorte d'étalon des mesures, c'est-à-dire à une figure sensiblement constante en forme, qu'on reproduira autant de fois qu'il est nécessaire (Fig. 2.3).

2. 2. 2. Caractères quantitatifs.

Lorsque le caractère à représenter est *quantitatif*, c'est-à-dire lorsqu'on décrit une population selon une *variable statistique*, on utilise deux types de représentations graphiques :

— le *diagramme différentiel* (diagramme en bâtons, histogramme);
— le *diagramme intégral* (courbe cumulative).

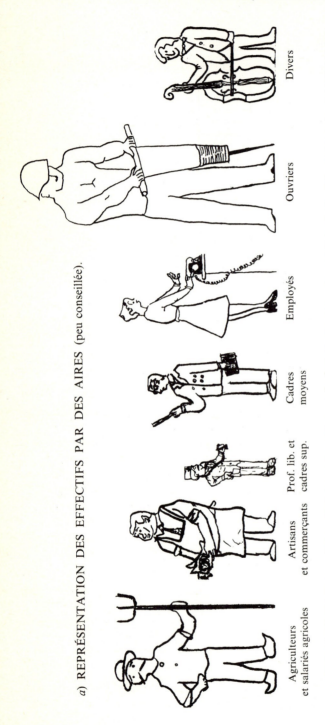

a) REPRÉSENTATION DES EFFECTIFS PAR DES AIRES (peu conseillée).

Agriculteurs et salariés agricoles — Artisans et commerçants — Prof. lib. et cadres sup. — Cadres moyens — Employés — Ouvriers — Divers

b) REPRÉSENTATION DES EFFECTIFS PAR RÉPÉTITION DE SILHOUETTES DE TAILLE CONSTANTE (1 silhouette = 0,5 million d'actifs).

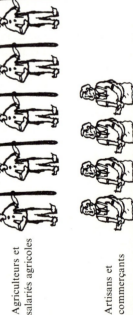

Agriculteurs et salariés agricoles

Artisans et commerçants

[2.2] REPRÉSENTATION DES DISTRIBUTIONS A UN CARACTÈRE 23

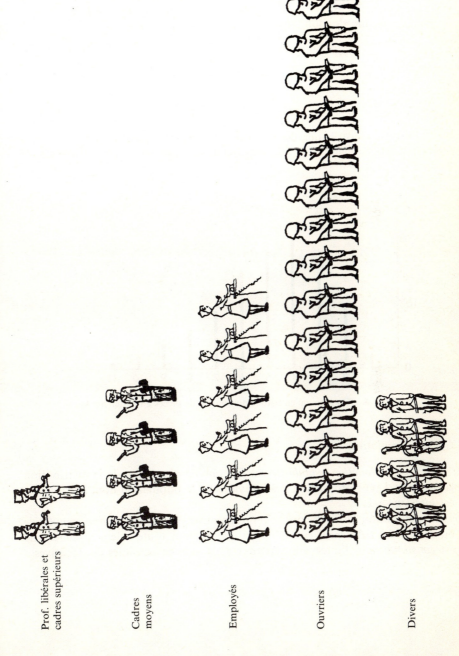

Fig. 2.3. Répartition de la population active française selon la catégorie socioprofessionnelle (*Source* : *Recensement général de la Population, mars* 1968).

2. 2. 2. 1. VARIABLES STATISTIQUES DISCRÈTES.

Diagramme en bâtons.

Le diagramme en bâtons représente les fréquences f_i correspondant aux diverses valeurs possibles x_i. Comme la somme des fréquences f_i est égale à l'unité, la somme des longueurs des bâtons vaut 1 :

$$\sum_{i=1}^{k} f_i = 1.$$

Exemple.

Considérons la distribution des lots suivant le nombre de pièces à rebuter, dont le tableau statistique figure page 15. Son diagramme en bâtons est représenté dans la figure 2.4.

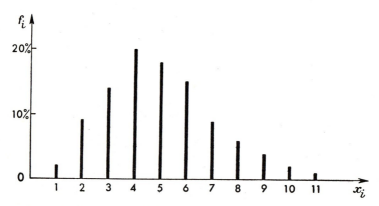

Fig. 2.4. Diagramme en bâtons du nombre de pièces à rebuter par lot.

Courbe cumulative.

On appelle *fonction cumulative* ou *fonction de répartition* de la distribution la fonction $F(x)$: proportion des individus de la population dont le caractère est *inférieur* à x.

Cette fonction, dont la courbe représentative est appelée *courbe cumulative* ou *courbe des fréquences cumulées*, est définie pour toute valeur x réelle. Elle est *constante* dans l'intervalle séparant deux valeurs possibles consécutives :

$$F(x) = \sum_{j=1}^{i} f_j, \qquad \forall x \in\,]x_i, x_{i+1}].$$

Elle présente en chacune des valeurs possibles x_i, un *saut* égal à la fréquence correspondante f_i :

$$F(x_i - 0) = F(x_i) = \sum_{j=1}^{i-1} f_j, \qquad F(x_i + 0) = \sum_{j=1}^{i} f_j$$

soit :
$$F(x_i + 0) - F(x_i - 0) = f_i.$$

La fonction $F(x)$ est *nulle* pour *tout x inférieur ou égal* à la plus *petite* valeur possible x_1, *égale à* 1 pour tout x *supérieur* à la plus *grande* valeur possible x_k, ce qu'on exprime conventionnellement par :

$$F(-\infty) = 0, \qquad F(+\infty) = 1.$$

On obtient les valeurs successives de $F(x)$ sur le tableau statistique de la variable en cumulant progressivement les fréquences f_i. Ces valeurs sont écrites *entre* les lignes, pour bien montrer qu'elles se rapportent à l'intervalle séparant deux valeurs possibles consécutives.

Exemple.

La distribution des lots selon le nombre de pièces à rebuter conduit aux valeurs ci-après de la fonction $F(x)$ = proportion des lots dont le nombre de pièces à rebuter est inférieur à x :

Valeurs possibles x_i	Fréquences f_i (en %)	Fréquences cumulées $F(x)$ (en %)
		0
1	2	
		2
2	9	
		11
3	14	
		25
4	20	
		45
5	18	
		63
6	15	
		78
7	9	
		87
8	6	
		93
9	4	
		97
10	2	
		99
11	1	
		100
Total	100	—

La courbe cumulative correspondante est représentée ci-après (Fig. 2.5).

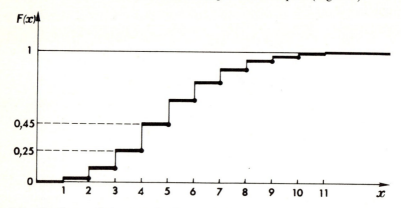

Fig. 2.5. Courbe cumulative de la distribution des lots suivant le nombre de pièces à rebuter.

Remarque.

Dans la littérature anglo-saxonne, la fonction cumulative est généralement définie comme la proportion des individus de la population dont le caractère est inférieur *ou égal* à x :

$$F(x) = \sum_{j=1}^{i} f_j$$

pour x vérifiant $x_i \leqslant x < x_{i+1}$.

Alors que la définition habituellement retenue dans les ouvrages français est :

$$F(x) = \sum_{j=1}^{i} f_j$$

pour x vérifiant $x_i < x \leqslant x_{i+1}$.

Les divergences ne concernent donc que les valeurs possibles x_i :

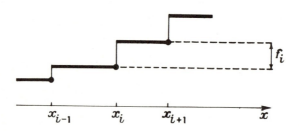

Définition anglo-saxonne : $F(x_i) = f_1 + \cdots + f_i$.

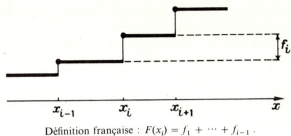

Définition française : $F(x_i) = f_1 + \cdots + f_{i-1}$.

Fig. 2.6. Définitions anglo-saxonne et française de la fonction cumulative.

2. 2. 2. 2. Variables statistiques continues.

Dans le cas des variables statistiques continues, le diagramme différentiel est l'*histogramme* et le diagramme intégral la *courbe cumulative*. A titre d'exemple, nous raisonnerons sur la distribution des salaires ouvriers donnée page 17.

Histogramme.

Considérons les quatre classes 125 à moins de 150, 150 à moins de 175, 350 à moins de 400, 400 à moins de 500 :

Extrémités de classe	Effectifs correspondants	Fréquences correspondantes	Amplitudes
125			
	4 342	2,34 %	25
150			
	8 264	4,44 %	25
175			
⋮	⋮	⋮	⋮
350			
	22 453	12,07 %	50
400			
	24 005	12,91 %	100
500			

Les deux premières classes, d'amplitude égale à 25 (milliers d'anciens francs), sont directement comparables : la première correspond à 2,34 % de l'effectif total, la seconde à 4,44 %. En conséquence, nous dirons qu'un salaire ouvrier est *plus souvent* compris entre 150 et 175 qu'entre 125 et 150.

Mais la comparaison sur la base des fréquences par classe ne peut être étendue à deux classes d'inégale amplitude : ainsi en est-il des deux dernières classes, d'amplitude 50 et 100 respectivement. Pour effectuer la comparaison correctement, il faut tenir compte de cette inégalité et comparer 12,07 % avec la *moitié* de 12,91 % : un salaire compris entre 400 et 500 est finalement *relativement moins fréquent* qu'un salaire compris entre 350 et 400, bien que les fréquences correspondantes soient placées dans l'ordre inverse.

Si maintenant nous voulons comparer les quatre classes entre elles, nous observons que leurs amplitudes sont multiples de 25 : nous conserverons donc les fréquences des deux premières classes et diviserons par deux celle de la troisième classe, par quatre celle de la quatrième. Nous aboutissons ainsi à :

$$2,34\ \%, \quad 4,44\ \%, \quad 6,03\ \% \quad \text{et} \quad 3,23\ \%,$$

ce qui permet de ranger ces classes selon le degré de fréquence — toutes choses égales :

$$3^e \text{ classe} - 2^e \text{ classe} - 4^e \text{ classe} - 1^{re} \text{ classe.}$$

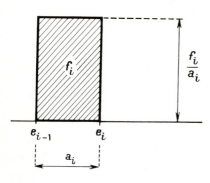

Fig. 2.7. Construction de l'histogramme.

Les quantités que nous venons de calculer sont les *fréquences moyennes par unité d'amplitude*, exprimées en % par 25 000 anciens francs.

D'une façon générale, la fréquence moyenne par unité d'amplitude relative à la classe n° i est le rapport de la fréquence f_i à l'amplitude a_i. L'histogramme est la courbe obtenue par juxtaposition de tuyaux d'orgue dont la base est l'intervalle (e_{i-1}, e_i) et dont la hauteur est f_i/a_i.

L'aire du tuyau d'orgue, produit de la base par la hauteur, est par conséquent égale à la fréquence f_i :

$$\frac{f_i}{a_i} \times (e_i - e_{i-1}) = \frac{f_i}{a_i} \times a_i = f_i.$$

Il en résulte que l'aire située sous l'histogramme, égale à la somme des aires des tuyaux d'orgue, vaut l'unité, ce qui permet de comparer visuellement deux distributions d'effectifs différents (voir Fig. 2.8). On observera que l'unité d'échelle à faire figurer sur le graphique représentant l'histogramme est une *unité d'aire*.

Sur le tableau statistique, les fréquences moyennes par unité d'amplitude sont portées, comme toutes les caractéristiques intraclasses, *entre* les lignes.

Distribution des salaires des ouvriers

Extrémités de classes (en milliers de francs) e_i	Effectifs n_i	Effectifs cumulés $nF(e_i)$	Fréquences cumulées (en %) $F(e_i)$	Fréquences (en %) f_i	Amplitudes (en milliers de francs) a_i	Fréquences moyennes en % par 25 000 francs $25 f_i/a_i$
— 100		— 1 721	— 0,93	0,93	Indéterminée	Indéterminée
	1 721					
— 125	2 413	— 4 134	— 2,22	1,29	25	1,29
— 150	4 342	— 8 476	— 4,56	2,34	25	2,34
— 175	8 264	— 16 740	— 9,00	4,44	25	4,44
— 200	13 300	— 30 040	— 16,15	7,15	25	7,15
— 225	16 053	— 46 093	— 24,79	8,64	25	8,64
— 250	16 774	— 62 867	— 33,81	9,02	25	9,02
— 300	33 251	— 96 118	— 51,69	17,88	50	8,94
— 350	29 211	— 125 329	— 67,40	15,71	50	7,86
— 400	22 453	— 147 782	— 79,47	12,07	50	6,04
— 500	24 005	— 171 787	— 92,38	12,91	100	3,23
— 600	9 477	— 181 264	— 97,48	5,10	100	1,28
— 800	4 093	— 185 357	— 99,68	2,20	200	0,28
— 1 000	443	— 185 800	— 99,92	0,24	200	0,03
— 1 500	125	— 185 925	— 99,99	0,07	500	—
— 2 000	12	— 185 937	— 99,99	—	500	—
— 5 000	14	— 185 951	— 100,00	0,01	3 000	—
Total	185 951	—	—	100,00	—	—

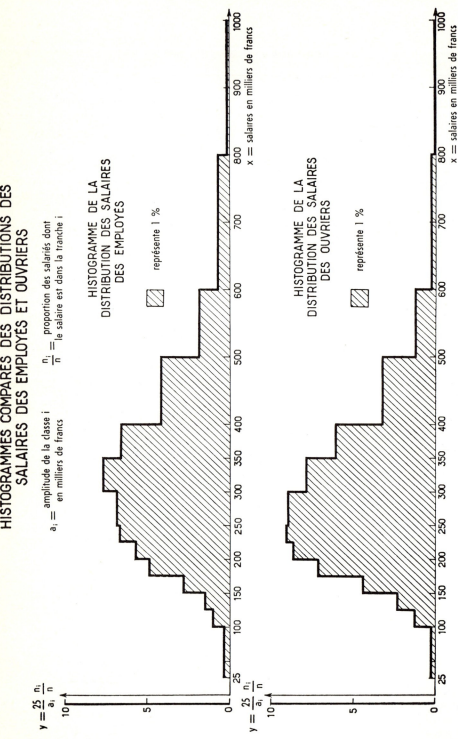

Fig. 2.8. Histogrammes comparés des distributions des salaires des employés et des ouvriers

Remarques.

1. Dans l'exemple retenu, la classe *Moins de* 100 a une amplitude indéterminée (au plus égale à 100, puisqu'un salaire est nécessairement positif). On doit faire choix d'une amplitude conventionnelle pour lever cette indétermination et construire l'histogramme. On verra plus loin (**3. 5. 3.** Remarque 3) qu'il est commode de fixer à cette classe une amplitude de 75 000 francs et de la considérer comme étant *De* 25 *à* 100.

2. Il est conseillé de calculer dans l'ordre :
— les effectifs cumulés $n_1, n_1 + n_2, ...$
— les fréquences cumulées : n_1/n, $(n_1 + n_2)/n$, ..., c'est-à-dire $F(e_1)$, $F(e_2)$, ...
— les fréquences relatives : $f_1, f_2, ...$, par soustractions successives.

En effet, si on calcule en premier lieu les fréquences relatives $f_1, ..., f_i, ..., f_k$, la somme de ces fréquences peut — à cause du jeu des arrondis — différer de l'unité. En procédant comme il est indiqué, ce sont les fréquences cumulées qui sont arrondies à la valeur la plus proche et les fréquences relatives qui s'en déduisent :

$$f_i = F(e_{i+1}) - F(e_i)$$

ne sont pas nécessairement arrondies à la valeur la plus proche mais ont pour somme exactement l'unité.

3. Il est fréquent de trouver des représentations incorrectes d'une variable statistique continue. L'histogramme qui est la courbe représentative de f_i/a_i assure la proportionnalité des *aires* aux *effectifs*. Si on porte en ordonnées f_i et non f_i/a_i, on aboutit à un diagramme qui possède la curieuse propriété suivante : le fractionnement d'une classe en deux sous-classes déforme très sensiblement la représentation graphique. En effet, si la classe n° i (e_{i-1}, e_i) comprend n_i individus, son fractionnement en deux sous-classes conduit à deux effectifs n_i^1 et n_i^2 vérifiant :

$$n_i^1 + n_i^2 = n_i.$$

Par ailleurs les amplitudes a_i^1 et a_i^2 ont pour somme l'amplitude antérieure :

$$a_i^1 + a_i^2 = a_i.$$

Les fréquences moyennes par unité d'amplitude :

$$\varphi_i^1 = \frac{f_i^1}{a_i^1} = \frac{1}{n} \frac{n_i^1}{a_i^1}$$

$$\varphi_i^2 = \frac{f_i^2}{a_i^2} = \frac{1}{n} \frac{n_i^2}{a_i^2}$$

sont donc liées à la fréquence moyenne φ_i par :

$$\varphi_i = \frac{f_i}{a_i} = \frac{1}{n} \frac{n_i^1 + n_i^2}{a_i} = \frac{a_i^1 \varphi_i^1 + a_i^2 \varphi_i^2}{a_i^1 + a_i^2}.$$

Ainsi φ_i est la *moyenne pondérée* de φ_i^1 et φ_i^2 par a_i^1 et a_i^2 et est par conséquent comprise entre φ_i^1 et φ_i^2.

L'histogramme représenté de façon correcte subit donc la déformation qui laisse invariante l'aire totale :

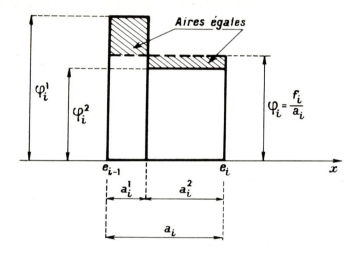

Fig. 2.9. Déformation de l'histogramme lorsqu'on définit une classe supplémentaire.

Si on portait la fréquence f_i et non la fréquence moyenne f_i/a_i, on aboutirait à la déformation suivante :

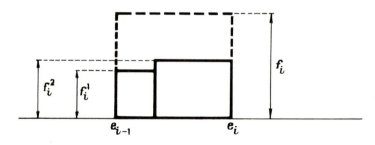

Fig. 2.10. Déformation incorrecte de l'histogramme.

Cette incohérence conduit à l'apparition de *faux modes* et risque — comme sur le schéma ci-dessus — d'inverser la réalité (la première sous-classe est relativement plus fréquente que la seconde).

On trouvera page 33 (Fig. 2.11) un exemple de présentation incorrecte relevé dans un quotidien. On notera que la classe de revenus 150 000 à 175 000 *francs* qui apparaît comme exceptionnelle sur le graphique ne l'est en réalité aucunement.

Lorsque les classes sont d'égale amplitude, et seulement dans ce cas, il est bien sûr équivalent de représenter f_i ou f_i/a_i.

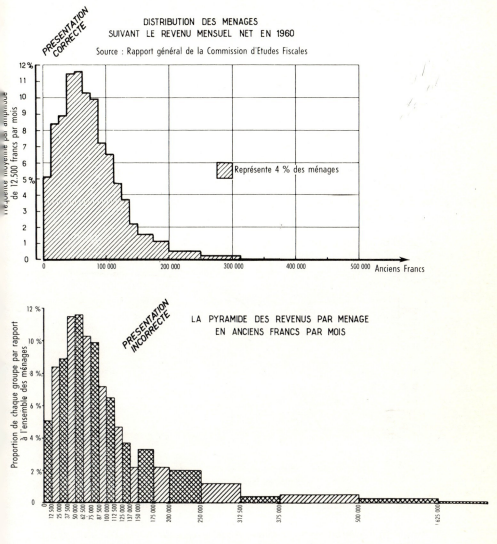

Fig. 2.11. Exemple de représentation incorrecte d'un histogramme (variable continue, classes d'amplitude inégale).

Courbe cumulative.

De façon analogue au cas des variables discrètes, la fonction cumulative $F(x)$ est la proportion des individus de la population dont le caractère est inférieur à x.

Cette fonction est connue *seulement* pour les valeurs de x qui sont des *extrémités* de classe :

$$x = e_0, e_1, \ldots, e_k$$

$$F(e_i) = \sum_{j=1}^{i} f_j.$$

Sur le tableau statistique, les valeurs $F(e_i)$ apparaissent, comme les caractéristiques interclasses, *sur* les lignes, au même niveau que les extrémités de classes (voir le tableau statistique page 22). La courbe cumulative est la courbe représentative de $F(x)$, c'est-à-dire la courbe régulière passant par les points de coordonnées e_i, $F(e_i)$.

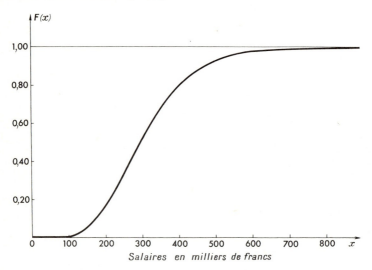

Fig. 2.12. Courbe cumulative de la distribution des salaires des ouvriers.

La fonction cumulative $F(x)$ est *monotone croissante* — ou plus généralement *monotone non décroissante*, certains intervalles pouvant être vides d'effectifs — nulle pour les valeurs de x inférieures à la plus petite valeur possible, égale à 1 pour les valeurs de x supérieures à la plus grande valeur possible :

$$F(-\infty) = 0, \qquad F(+\infty) = 1.$$

$F(x)$ représente l'aire située sous l'histogramme à gauche de la valeur x.

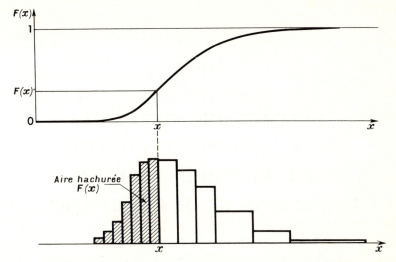

Fig. 2.13. Correspondance entre histogramme et courbe cumulative.

CHAPITRE 3

DESCRIPTION NUMÉRIQUE D'UNE VARIABLE STATISTIQUE. CARACTÉRISTIQUES DE POSITION, DE DISPERSION ET DE CONCENTRATION

Les deux diagrammes — différentiel et intégral — définis au chapitre **2** *fournissent une représentation visuelle des variables statistiques. L'œil en retire successivement deux impressions :*
- *par lecture de l'échelle des abscisses, il retient les valeurs de la variable situées au centre de la distribution :* les valeurs de tendance centrale,
- *par lecture des écarts à la tendance centrale, il retire une impression de plus ou moins grande fluctuation autour des valeurs centrales : c'est ce qu'on appelle la* dispersion.

Ces deux éléments synthétiques d'une distribution statistique permettent des comparaisons. Ainsi en examinant le graphique de la page 30, on peut comparer les salaires des ouvriers et des employés : en général, les ouvriers gagnent moins que les employés (tendance centrale inférieure) et leurs salaires sont plus homogènes que ceux des employés (dispersion plus faible).

Ce chapitre **3** est consacré à la définition des caractéristiques de tendance centrale et de dispersion, c'est-à-dire des résumés quantitatifs d'une distribution, aux deux points de vue de la tendance centrale et de la dispersion.

3. 1. CARACTÉRISTIQUES DE TENDANCE CENTRALE

Le statisticien Yule a défini quelques propriétés souhaitables pour une caractéristique de tendance centrale ou de dispersion. Elle doit :

1. *être définie de façon objective* : deux personnes différentes doivent aboutir au même résultat numérique, ce qui exclut les estimations graphiques et conduit à des définitions algébriques ;

2. *dépendre de toutes les observations* et non de certaines d'entre elles seulement : si on fait varier l'une des observations, la caractéristique retenue doit refléter cette variation ;
3. *avoir une signification concrète*. Par exemple, on pourra préférer, pour résumer la tendance centrale d'une variable statistique discrète, une caractéristique qui coïncide avec l'une des valeurs possibles (le mode, la médiane) plutôt qu'une caractéristique qui en général n'est pas l'une des valeurs possibles (la moyenne) ;
4. *être simple à calculer*. Dans certains domaines d'application, il arrive qu'on retienne des caractéristiques moins efficaces que d'autres, mais d'un calcul plus rapide ou plus commode. Ainsi, en contrôle industriel des fabrications, on préfère souvent l'étendue à l'écart-type ;
5. *se prêter aisément au calcul algébrique*. Cette propriété conférera en général aux caractéristiques qui la possèdent d'autres propriétés très simples. La moyenne, par exemple, se prête beaucoup plus aisément au calcul algébrique que la médiane ou le mode ;
6. *être peu sensible aux fluctuations d'échantillonnage*. Cette condition est très importante. Lorsque la population étudiée est connue par *échantillonnage*, et plus généralement lorsque le champ d'étude ou les observations sont susceptibles d'*erreurs* (erreurs dans la définition de la population : certaines observations sont aberrantes parce qu'en fait les individus correspondants n'appartiennent pas au champ d'étude ; erreurs dans la mesure de certaines grandeurs), il y a intérêt à retenir des caractéristiques aussi peu sensibles que possible à ces fluctuations.

A l'exception de la dernière, on examinera si les caractéristiques définies ci-dessous remplissent les conditions de Yule. En fait, certaines de ces conditions sont plus ou moins contradictoires (conditions 2 et 6) et il ne sera pas possible de trouver une caractéristique unique répondant simultanément à toutes ces conditions.

3. 1. 1. La médiane.

3. 1. 1. 1. Définition.

La *médiane* d'une variable statistique est la valeur de cette variable qui partage les individus, supposés rangés par ordre de valeur croissante (ou décroissante) de la variable, en *deux effectifs égaux*.

Exemple.

Considérons une population de 5 personnes et intéressons-nous à la taille de ces personnes. La taille *médiane* de cette population est la taille de la 3e personne lorsque ces cinq personnes sont rangées par ordre de taille (croissante ou décroissante).

D'une manière générale, la médiane M d'une variable statistique est la valeur de cette variable qui correspond à l'ordonnée 1/2 de la courbe cumulative :
$$F(M) = 1/2.$$

Nous allons préciser la signification de cette définition, en considérant successivement le cas des variables statistiques discrètes et celui des variables statistiques continues. En effet, selon que la fonction cumulative $F(x)$ varie de façon discontinue ou continue, l'équation $F(M) = 1/2$ se présente de façon différente.

Variables statistiques discrètes.

Lorsque la variable statistique est discrète, il faut distinguer deux cas : celui où aucun palier horizontal de la courbe cumulative ne correspond à l'ordonnée 1/2 (cas général) et celui où il se trouve qu'un palier horizontal correspond précisément à l'ordonnée 1/2.

a) Si aucun palier horizontal n'a pour ordonnée 1/2, on convient de considérer comme valeur médiane la valeur possible x_i telle qu'à *gauche* de x_i la fonction $F(x)$ soit *inférieure* à 1/2 et, à *droite* de x_i, *supérieure* à 1/2 :
$$F(x_i - 0) < 1/2 < F(x_i + 0),$$
c'est-à-dire encore, compte tenu de la définition de $F(x_i)$:
$$F(x_i) < 1/2 < F(x_{i+1}).$$

Cette inégalité revient à :
$$n_1 + n_2 + \cdots + n_{i-1} < n/2 < n_1 + n_2 + \cdots + n_i.$$

Sur le tableau statistique, où les valeurs x_i sont écrites *entre* les lignes et les effectifs cumulés *sur* les lignes, la médiane correspond ainsi à la valeur x_i située entre les deux lignes où les effectifs cumulés encadrent la moitié de l'effectif total.

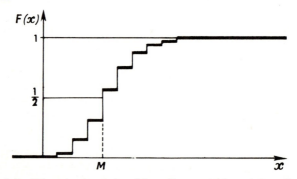

Fig. 3.1. Détermination de la médiane d'une variable statistique discrète.

Exemple.

La médiane de la distribution des lots suivant le nombre de pièces à rebuter est égale à 5 pièces (voir le tableau complet page 25).

	Valeurs possibles : x_i	Effectifs cumulés : $nF(x)$	
	. . .	. . .	
	4	25	
valeur médiane →	5	45	← $n/2 = 50$
	6	63	
		78	
	. . .	. . .	
	Total	100	

b) Si un palier horizontal de la courbe cumulative a pour ordonnée 1/2 — cas exceptionnel qui ne peut se produire que si l'effectif total *n* est pair — la médiane est indéterminée entre deux valeurs possibles consécutives. On appelle *intervalle médian* l'intervalle (x_i, x_{i+1}) correspondant au palier horizontal d'ordonnée 1/2 :

$$F(x_i + 0) = F(x_{i+1} - 0) = 1/2,$$

c'est-à-dire :

$$F(x_{i+1}) = 1/2$$

ou encore :

$$n_1 + n_2 + \cdots + n_i = n/2.$$

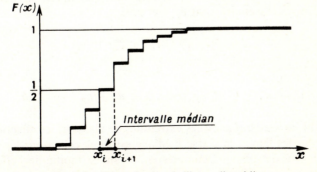

Fig. 3.2. Détermination de l'intervalle médian.

Sur le tableau statistique de la variable, ce cas exceptionnel se produit lorsque l'un des effectifs cumulés, écrits *sur* les lignes, est égal à la moitié de l'effectif total. L'intervalle médian est alors l'intervalle compris entre les valeurs possibles situées de part et d'autre de la ligne relative à l'effectif cumulé égal à $n/2$.

Exemple.

Si la distribution des lots selon le nombre de pièces à rebuter avait conduit au tableau statistique ci-après, l'intervalle médian aurait été de 4 à 5 pièces :

Valeurs possibles : x_i	Effectifs cumulés : $nF(x)$	
⋮	⋮	
4	25	
5	50	← $n/2 = 50$
6	63	
	78	
⋮	⋮	
Total	100	

intervalle médian → (entre 4 et 5)

Variables statistiques continues.

La fonction cumulative $F(x)$ d'une variable statistique continue varie continûment de façon monotone croissante entre 0 et 1. En conséquence, l'équation $F(x) = 1/2$ a une racine unique. Mais, sauf cas exceptionnel, on ne peut que situer cette racine entre deux extrémités de classe : la *classe médiane* est celle dont les extrémités sont e_{i-1} et e_i si :

$$F(e_{i-1}) < 1/2 < F(e_i),$$

c'est-à-dire :

$$n_1 + n_2 + \cdots + n_{i-1} < n/2 < n_1 + n_2 + \cdots + n_i.$$

Sur le tableau statistique où les extrémités de classe et les effectifs cumulés sont écrits *sur* les lignes, la classe médiane est donc celle dont les extrémités correspondent à des effectifs cumulés encadrant la moitié de l'effectif total.

Si on veut évaluer plus précisément la médiane, on peut procéder à un calcul d'*interpolation linéaire* :

soit :
$$\frac{M - e_{i-1}}{e_i - e_{i-1}} = \frac{(n/2) - nF(e_{i-1})}{nF(e_i) - nF(e_{i-1})},$$

$$M = e_{i-1} + a_i \frac{(n/2) - nF(e_{i-1})}{n_i}.$$

Cette interpolation linéaire se justifie — à condition de ne pas présenter le résultat avec un nombre inconsidéré de décimales — par le fait qu'en général la courbe cumulative présente un *point d'inflexion* au voisinage de la médiane (en toute rigueur, le point d'inflexion correspond au *mode*, ainsi que nous le montrerons en **3.7.2.1.**).

Exemple.

Le salaire annuel médian des ouvriers correspondant à la distribution présentée page 29 est compris entre 250 et 300 (milliers d'anciens francs).

	Extrémités de classe e_i	Effectifs par classe n_i	Effectifs cumulés $nF(e_i)$	
	. . .		. . .	
salaire médian →	— 250 —	33 251	— 62 867 —	← $n/2 = 92\,975$
	— 300 —	29 211	— 96 118 —	
	— 350 —		— 125 329 —	
	. . .	. . .	.	
	Total	185 951	—	

L'interpolation linéaire conduit à :

$$M = 250 + (300 - 250) \frac{92\,975 - 62\,867}{33\,251} = 295{,}3.$$

Ainsi le salaire annuel médian est de 295 300 francs.

La médiane partage l'histogramme de la distribution en deux aires égales à 1/2.

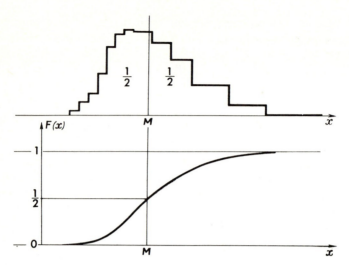

Fig. 3.3. Détermination de la médiane d'une variable statistique continue.

3. 1. 1. 2. Propriétés.

La médiane est une caractéristique de tendance centrale qui satisfait aux conditions 1, 3, 4 et 6 de Yule. Elle ne dépend des observations que par leur *ordre* et non par leur *valeur*, ce qui est favorable à la condition 6 lorsque la distribution comporte des observations aberrantes, mais ce qui nuit à la condition 2 : la médiane est invariante si on diminue une observation inférieure à la médiane ou si on augmente une observation supérieure à la médiane. Son calcul est rapide puisqu'il n'exige que le classement des observations et le calcul des effectifs cumulés. Son interprétation est très simple : 50 % des observations sont inférieures à la médiane et 50 % supérieures. De plus, à la différence de la *moyenne*, la médiane d'une variable discrète est toujours une des valeurs possibles, ce qui lui donne un caractère plus concret : le nombre médian de personnes par ménage est égal à 3 personnes alors que le nombre moyen de personnes par ménage est égal à 3,06 personnes.

Toutefois, son défaut majeur est de ne pas satisfaire à la cinquième condition de Yule ; racine d'une équation, la médiane se prête mal au calcul algébrique et ses propriétés ne sont pas toujours simples.

Ainsi, on établira en **3. 6. 3.** qu'une population constituée par le mélange de deux sous-populations dont les médianes sont M_1 et M_2 a pour médiane M une valeur qui ne dépend pas que de M_1, M_2 et des proportions du mélange, alors que sa moyenne $\bar{x}$ ne dépend que de $\bar{x}_1$, $\bar{x}_2$ et des proportions du mélange.

* *Ecart absolu moyen par rapport à la médiane* ([1]).

Montrons que la médiane est, à un certain point de vue, la valeur *la plus proche* de l'ensemble des observations.

Désignons par x_α la valeur de la variable portée par l'individu U_α. On appelle *écart absolu moyen* de la variable statistique considérée par rapport à un nombre fixe a la moyenne des écarts $|x_\alpha - a|$:

$$e_m(a) = \frac{1}{n} \sum_{\alpha=1}^{n} |x_\alpha - a|$$

ou encore en termes de fréquences, puisque n_j valeurs x_α sont égales à x_j :

$$e_m(a) = \frac{1}{n} \sum_{j=1}^{n} n_j |x_j - a| = \sum_{j=1}^{n} f_j |x_j - a|.$$

Cette quantité mesure en quelque sorte la distance entre les différentes valeurs observées x_α et le nombre fixe a. Pour montrer que la quantité a qui rend $e_m(a)$ minimum est précisément la médiane, nous allons étudier la fonction $e_m(a)$. Cette fonction présente plusieurs déterminations selon les valeurs de a :

a) Si $a \leqslant x_1$:

$$e_m(a) = \sum_{j=1}^{k} f_j(x_j - a) = \sum_{j=1}^{k} f_j x_j - a.$$

b) Si $x_1 \leqslant a \leqslant x_2$:

$$e_m(a) = f_1(a - x_1) + \sum_{j=2}^{k} f_j(x_j - a) = \sum_{j=2}^{k} f_j x_j - f_1 x_1 - a(1 - 2f_1).$$

c) D'une façon générale, pour $x_i \leqslant a \leqslant x_{i+1}$, en désignant par F_i la somme :

$$F_i = f_1 + f_2 + \cdots + f_i,$$

il vient :

$$e_m(a) = \sum_{j=1}^{i} f_j(a - x_j) + \sum_{j=i+1}^{k} f_j(x_j - a) = \sum_{j=i+1}^{k} f_j x_j - \sum_{j=1}^{i} f_j x_j - a(1 - 2F_i).$$

d) Si $a \geqslant x_k$:

$$e_m(a) = \sum_{j=1}^{k} f_j(a - x_j) = a - \sum_{j=1}^{k} f_j x_j.$$

([1]) Les paragraphes marqués d'un astérisque (*) sont moins importants et peuvent être sautés en première lecture.

Ainsi $e_m(a)$ présente des déterminations différentes sur chacun des $k+1$ intervalles définis par les valeurs possibles x_i. Chacune de ces déterminations est linéaire en a : la courbe représentative de $e_m(a)$ est donc formée d'une succession de segments de droite se raccordant aux points d'abscisses $x_1, ..., x_i, ..., x_k$. La pente de chacun de ces segments varie de -1 (pour $a \leqslant x_1$) à $+1$ (pour $a \geqslant x_k$) et est égale à $2F_i - 1$ lorsque a est compris entre x_i et x_{i+1}.

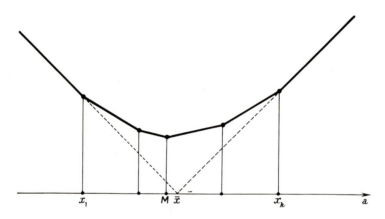

Fig. 3.4. Courbe représentative de l'écart absolu moyen $e_m(a)$.

Le point d'ordonnée minimum a pour abscisse $a = x_i$ si à la fois :
— la pente de $e_m(a)$ entre x_{i-1} et x_i est *négative* ;
— la pente de $e_m(a)$ entre x_i et x_{i+1} est *positive*, c'est-à-dire si :

$$2F_{i-1} - 1 < 0 < 2F_i - 1$$

ou encore :
$$F_{i-1} < 1/2 < F_i.$$

Or cette inégalité, qui peut s'écrire :

$$n_1 + \cdots + n_{i-1} < n/2 < n_1 + \cdots + n_i$$

définit précisément la médiane.

On notera que si la médiane est indéterminée, c'est-à-dire si l'intervalle (x_i, x_{i+1}) est l'intervalle médian, $e_m(a)$ atteint son minimum sur tout l'intervalle médian. En effet alors $F_i = 1/2$ et la pente de $e_m(a)$ entre x_i et x_{i+1} est nulle.

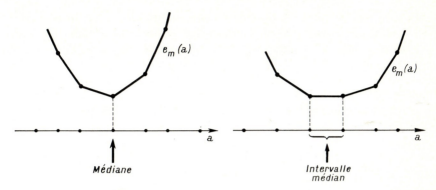

Cas où la médiane est déterminée.   Cas où la médiane est indéterminée.

Fig. 3.5. L'écart absolu moyen est minimum pour la médiane ou l'écart absolu médian.

Le résultat annoncé est ainsi établi : c'est par rapport à la médiane que l'écart absolu moyen est minimum.

3. 1. 2. Le mode.

Le *mode* d'une variable statistique est la valeur qui correspond au *maximum* du diagramme différentiel (diagramme en bâtons ou histogramme suivant le cas). Le mode est ainsi la valeur *la plus fréquente* de la variable statistique. On dit aussi *valeur dominante*.

Si la variable est discrète, le mode est en général bien défini. Ainsi le mode de la distribution des lots suivant le nombre de pièces à rebuter (tableau page 15) est de 4 pièces.

Si la variable est continue, on ne peut que définir la classe modale qui correspond au maximum de la fréquence moyenne par unité d'amplitude.

Le salaire modal de la distribution des ouvriers est compris entre 225 000 et 250 000 anciens francs (voir tableau page 29).

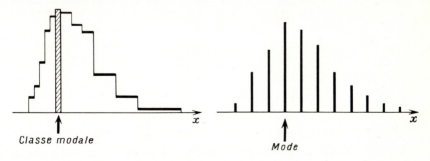

Fig. 3.6. Détermination du mode.

Le mode est une caractéristique de tendance centrale qui, comme la médiane, est facile à déterminer puisque son calcul nécessite seulement le classement des observations et qui possède une bonne signification concrète. Il satisfait ainsi aux conditions 1, 3 et 4 de Yule. Il ne dépend de toutes les observations que par les *fréquences relatives* et non par leurs valeurs. Son inconvénient majeur est de ne pas satisfaire à la condition 5 (le mode est la valeur de x rendant maximum l'ordonnée du diagramme différentiel) et plus encore à la condition 6 : le mode est plus sensible que la médiane aux fluctuations d'échantillonnage. Par ailleurs, le groupement des observations en classes (dans le cas des variables continues) peut faire passer le mode d'une classe à une autre suivant les extrémités de classe qu'on retient.

Remarque.

Certaines distributions peuvent présenter plusieurs modes (distributions plurimodales). Chaque mode correspond à un maximum local du diagramme différentiel.

3. 1. 3. La moyenne.

3. 1. 3. 1. DÉFINITION.

La notion de moyenne d'une variable statistique a été introduite à l'origine dans le cas des grandeurs *additives*, notamment les grandeurs financières (salaire, revenu, bénéfice, ...). Ainsi le salaire moyen d'un ensemble d'individus est le salaire que chacun percevrait si la *masse salariale totale* était répartie *également* entre les individus considérés.

D'où la définition algébrique de la moyenne $\overline{x}$:

$$\overline{x} = \frac{1}{n} \sum_{\alpha=1}^{n} x_\alpha = \frac{1}{n} \sum_{i=1}^{k} n_i x_i = \sum_{i=1}^{k} f_i x_i.$$

Cette expression algébrique définissant la moyenne a ensuite été étendue aux variables statistiques quelconques, additives ou non : la moyenne d'une variable statistique est la moyenne arithmétique pondérée de ses valeurs possibles par les fréquences correspondantes — ou, ce qui revient au même, par les effectifs correspondants :

$$\overline{x} = \sum_{i=1}^{k} f_i x_i = \frac{1}{n} \sum_{i=1}^{k} n_i x_i.$$

3. 1. 3. 2. CALCUL PRATIQUE.

Une importante propriété de la moyenne en simplifie notablement le calcul :

Propriété de linéarité : les moyennes de deux variables statistiques en correspondance *linéaire* sont liées par la *même* correspondance.

Tout d'abord définissons la notion de correspondance entre variables statistiques. Soit X une variable statistique : l'individu U_α présente la valeur x_α de X et soit φ une fonction donnée. Nous définissons la variable statistique X' à partir de la variable X par la correspondance suivante : à l'individu U_α, porteur de la valeur x_α de X, nous attachons la valeur $x'_\alpha = \varphi(x_\alpha)$ d'une nouvelle variable statistique notée X'. Dans ces conditions, nous écrivons que X' se déduit de X par la fonction φ :

$$X' = \varphi(X).$$

Considérons une fonction φ linéaire : X' se déduit de X par un changement d'origine x_0 et un changement d'échelle a :

$$X' = (X - x_0)/a.$$

La variable statistique X' a pour valeurs possibles les quantités :

$$x'_i = (x_i - x_0)/a$$

et le nombre d'individus qui correspondent à $x'_\alpha = x'_i$ est égal au nombre d'individus qui correspondent à $x_\alpha = x_i$, c'est-à-dire n_i. Le tableau statistique de la variable X' est donc le tableau des valeurs $x'_i = (x_i - x_0)/a$ associées aux effectifs n_i — ou encore aux fréquences f_i :

Tableau statistiques de la variable X.		Tableau statistique de la variable X'.	
x_i	f_i	$x'_i = \dfrac{x_i - x_0}{a}$	f_i

Montrons que les moyennes $\bar{x}$ et $\bar{x}'$ de X et X' se correspondent par le même changement d'origine et d'échelle :

$$\bar{x}' = (\bar{x} - x_0)/a.$$

En effet :

$$\bar{x}' = \sum_{i=1}^{k} f_i x'_i = \sum_{i=1}^{k} f_i \left(\frac{x_i - x_0}{a} \right)$$
$$= \frac{1}{a} \left[\sum_{i=1}^{k} f_i x_i - x_0 \sum_{i=1}^{k} f_i \right] = \frac{\bar{x} - x_0}{a}$$

puisque :

$$\sum_{i=1}^{k} f_i x_i = \bar{x},$$

$$\sum_{i=1}^{k} f_i = 1.$$

En conséquence, si la moyenne $\bar{x}'$ est plus simple à calculer que la moyenne $\bar{x}$, on aura avantage à calculer la première et à déduire la seconde au moyen de la relation inverse :

$$\bar{x} = x_0 + a\bar{x}'.$$

La moyenne $\bar{x}'$ sera d'autant plus facile à calculer que :
— les valeurs possibles x'_i seront des nombres entiers, positifs ou négatifs ;
— ces nombres entiers seront aussi petits que possible en valeur absolue, ceci afin de simplifier le calcul des produits $n_i x'_i$.

Variables statistiques discrètes.

Si les valeurs possibles sont les nombres entiers consécutifs, un changement d'échelle est inutile : $a = 1$. En revanche un changement d'origine simple facilite les calculs. On retient pour origine x_0 l'une des *valeurs centrales possibles* (le mode ou la médiane par exemple).

Exemple.

Considérons la distribution des 100 lots selon le nombre de pièces à rebuter. On peut retenir pour origine $x_0 = 4$ (mode) ou $x_0 = 5$ (médiane). Adoptons la première. Dans une colonne nous portons les valeurs transformées x'_i et dans la dernière colonne les produits $n_i x'_i$ que nous totalisons.

x_i	$x'_i = x_i - 4$	n_i	$n_i \times x'_i$
1	— 3	2	— 6
2	— 2	9	— 18
3	— 1	14	— 14
4	0	20	0
5	1	18	18
6	2	15	30
7	3	9	27
8	4	6	24
9	5	4	20
10	6	2	12
11	7	1	7
Total	—	100	100

La somme des produits $n_i x'_i$ est égale à :

$$\sum_{i=1}^{11} n_i x'_i = 100.$$

D'où la moyenne $\overline{x}'$:

$$\overline{x}' = \frac{1}{n} \sum_{i=1}^{11} n_i x'_i = \frac{100}{100} = 1$$

et la moyenne $\overline{x}$:

$$\overline{x} = \overline{x}' + x_0 = 1 + 4 = 5.$$

Ainsi, le nombre moyen de pièces à rebuter par lot est égal à 5 pièces.

On observera que dans cet exemple la moyenne et la médiane sont égales. En général il n'en est pas ainsi. D'ailleurs, alors que la médiane d'une variable statistique discrète est *nécessairement* l'une des valeurs possibles (comme aussi le mode), la moyenne est généralement une valeur quelconque.

Variables statistiques continues.

L'application de la formule de définition de la moyenne :

$$\overline{x} = \sum_{i=1}^{k} f_i x_i$$

est impossible puisqu'on ne connaît pas les valeurs x_i mais seulement leur nombre dans chaque intervalle de classe (e_{i-1}, e_i).

On convient alors de lui substituer la moyenne de la variable statistique discrète C dont les valeurs possibles sont les centres de classe c_i et dont les effectifs sont les effectifs de classe n_i. On montre en effet que, si la distribution est sensiblement symétrique, l'erreur ainsi commise en rapportant l'effectif d'une classe au centre de cette classe est faible (cf. ci-dessous **3.5.** 3. Remarque 2).

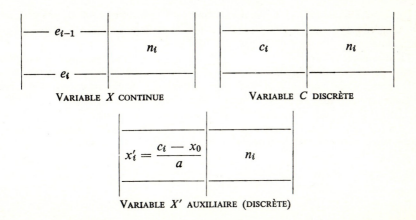

VARIABLE X CONTINUE   VARIABLE C DISCRÈTE

VARIABLE X' AUXILIAIRE (DISCRÈTE)

La variable X' auxiliaire pour le calcul de la moyenne $\bar{x}$:

$$\bar{x} = \frac{1}{n} \sum_{i=1}^{k} n_i c_i$$

est choisie de telle façon que les valeurs x'_i :

$$x'_i = (c_i - x_0)/a$$

conduisent à des calculs aussi simples que possible. On retient pour origine l'un des *centres* de classe situé au milieu de la distribution (la valeur x'_i correspondante est nulle) et pour unité d'échelle la valeur la plus grande a telle que les distances intercentres soient des multiples entiers de a : a est une sorte de P. G. C. D. des distances intercentres. Dans ces conditions, les nouvelles valeurs possibles x'_i sont des nombres *entiers*, *faibles* en valeur absolue.

Exemple.

Calculons le salaire annuel moyen des ouvriers dont la distribution est reproduite ci-contre. Les distances intercentres sont multiples de 12 500 francs. Dans ces conditions, il est commode de retenir pour changement d'origine et d'échelle $x_0 = 325$ (centre de la classe 300 à moins de 350) et $a = 12,5$.
La somme des produits $n_i x'_i$ est égale à $-133\,133$. La moyenne $\bar{x}'$ est donc égale à :

$$\bar{x}' = \frac{1}{n} \sum_{i=1}^{k} n_i x'_i = \frac{-133\,133}{185\,951} = -0,716.$$

D'où la moyenne de la variable X :

$$\bar{x} = x_0 + a\bar{x}' = 325 - 12,5 \times 0,716 = 316,0.$$

Le salaire moyen des ouvriers est égal à 316 000 francs.
On observera que le P. G. C. D. des distances intercentres ne coïncide pas avec celui des amplitudes — sauf cas particuliers, par exemple lorsque les classes sont d'égale amplitude.
D'autre part, la première classe, intitulée *Moins de* 100, a son centre indéterminé. Nous l'avons considérée comme étant *De 25 à moins de* 100 de façon à pouvoir utiliser 12,5 comme changement d'échelle. Il convenait en effet de choisir un centre de classe relativement arbitraire vu le faible effectif de cette classe et distant du centre de la classe suivante (112,5) d'un multiple de 12,5. On avait donc le choix entre 87,5, 75, 62,5 et 50. On a finalement retenu 62,5 qui correspond à *De 25 à moins de* 100 grâce à la connaissance d'une donnée complémentaire (cf. ci-dessous **3. 5. 3.** Remarque 3).

Extrémités de classes e_i	Centres de classes c_i	Distances intercentres d_i	x'_i	Effectifs n_i	$n_i \times x'_i$
— 25					
	62,5		— 21	1 721	— 36 141
— 100		50			
	112,5		— 17	2 413	— 41 021
— 125		25			
	137,5		— 15	4 342	— 65 130
— 150		25			
	162,5		— 13	8 264	— 107 432
— 175		25			
	187,5		— 11	13 300	— 146 300
— 200		25			
	212,5		— 9	16 053	— 144 477
— 225		25			
	237,5		— 7	16 774	— 117 418
— 250		37,5			
	275		— 4	33 251	— 133 004
— 300		50			
	325		0	29 211	0
— 350		50			
	375		4	22 453	89 812
— 400		75			
	450		10	24 005	240 050
— 500		100			
	550		18	9 477	170 586
— 600		150			
	700		30	4 093	122 790
— 800		200			
	900		46	443	20 378
— 1 000		350			
	1 250		74	125	9 250
— 1 500		500			
	1 750		114	12	1 368
— 2 000		1 750			
	3 500		254	14	3 556
— 5 000					
Total	—	—	—	185 951	— 133 133

3. 1. 3. 3. Propriétés.

La moyenne est une caractéristique plus longue à calculer que la médiane ou le mode, mais qui se prête bien au calcul algébrique. Elle satisfait pratiquement à toutes les conditions de Yule, sauf peut-être à la condition 6 : les valeurs aberrantes situées aux extrémités de la distribution ont une légère influence sur la moyenne qui dépend de *toutes* les observations.

Les propriétés de la moyenne sont nombreuses. Envisageons les deux suivantes :

1. La moyenne des *différences à la moyenne* est nulle :

$$\sum_{i=1}^{k} f_i(x_i - \overline{x}) = 0,$$

c'est-à-dire encore :

$$\sum_{\alpha=1}^{n} (x_\alpha - \overline{x}) = 0.$$

Cette propriété résulte de la linéarité de la moyenne ($a = 1$, $x_0 = \overline{x}$).

* **2.** La moyenne est, à un certain point de vue, la valeur *la plus proche* de l'ensemble des observations. Définissons en effet la distance entre les valeurs observées x_α et un nombre fixe a comme la moyenne arithmétique des *carrés* des écarts entre les x_α et a :

$$Q(a) = \frac{1}{n} \sum_{\alpha=1}^{n} (x_\alpha - a)^2 = \frac{1}{n} \sum_{i=1}^{k} n_i(x_i - a)^2 = \sum_{i=1}^{k} f_i(x_i - a)^2.$$

Cette fonction de a est un trinôme du second degré dont la courbe représentative est une parabole à concavité tournée vers le haut :

$$Q(a) = \sum_{i=1}^{k} f_i(x_i^2 - 2ax_i + a^2) = a^2 - 2a\overline{x} + \sum_{i=1}^{k} f_i x_i^2.$$

Elle atteint son minimum lorsque la dérivée par rapport à a est nulle :

$$Q'(a) = 2a - 2\overline{x} = 0$$

c'est-à-dire lorsque :

$$a = \overline{x}.$$

Le minimum atteint s'appelle la *variance* (cf. **3. 2. 2.**) :

$$V = \sum_{i=1}^{k} f_i(x_i - \overline{x})^2.$$

La valeur de $Q(a)$ correspondant à $a = 0$ est le *moment non centré d'ordre* 2 :

$$m_2 = Q(0) = \sum_{i=1}^{k} f_i x_i^2.$$

Ainsi la moyenne $\overline{x}$ est bien la valeur la plus proche de la distribution aux deux sens suivants : c'est par rapport à la moyenne que, d'une part, la moyenne des différences est nulle et que, d'autre part, la moyenne des carrés des écarts est minimum.

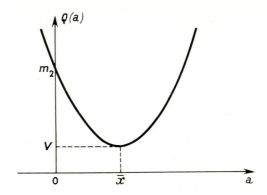

Fig. 3.7. Courbe représentative de $Q(a)$.

Exprimons $Q(a)$ en fonction de son minimum :

$$Q(a) = \sum_{i=1}^{k} f_i(x_i - a)^2 = \sum_{i=1}^{k} f_i[(x_i - \overline{x}) + (\overline{x} - a)]^2$$

$$= \sum_{i=1}^{k} f_i(x_i - \overline{x})^2 + (\overline{x} - a)^2.$$

En effet :

$$\sum_{i=1}^{k} f_i(x_i - \overline{x})(\overline{x} - a) = (\overline{x} - a) \sum_{i=1}^{k} f_i(x_i - \overline{x}) = 0$$

puisque, d'après la propriété de la moyenne énoncée plus haut :

$$\sum_{i=1}^{k} f_i(x_i - \overline{x}) = 0.$$

La relation

$$\sum_{i=1}^{k} f_i(x_i - a)^2 = \sum_{i=1}^{k} f_i(x_i - \overline{x})^2 + (\overline{x} - a)^2$$

porte le nom de *théorème de König*. Elle est l'analogue du théorème de mécanique sur les moments d'inertie, la moyenne jouant le rôle du centre de gravité : le moment d'inertie par rapport à a est la somme du moment d'inertie par rapport au centre de gravité (c'est-à-dire la variance) et du moment d'inertie de la masse (la masse des fréquences est 1) rapportée au centre de gravité (la moyenne $\overline{x}$).

Lorsque a est nul, on obtient la relation :

$$m_2 = \sum_{i=1}^{k} f_i x_i^2 = \sum_{i=1}^{k} f_i(x_i - \overline{x})^2 + \overline{x}^2,$$

qui peut encore s'écrire :

$$V = \sum_{i=1}^{k} f_i(x_i - \overline{x})^2 = \sum_{i=1}^{k} f_i x_i^2 - \overline{x}^2 = m_2 - \overline{x}^2,$$

la variance est la différence entre la *moyenne* des *carrés* et le *carré* de la *moyenne*.

3. 1. 3. 4. RELATION ENTRE MODE, MÉDIANE ET MOYENNE.

Les trois caractéristiques de tendance centrale : mode, médiane et moyenne des deux distributions que nous avons étudiées à titre d'exemples sont les suivantes :

Variable statistique	Mode	Médiane	Moyenne
Nombre de pièces à rebuter par lot	4	5	5
Salaire annuel des ouvriers	225 000 à 250 000	295 300	316 000

Dans le cas des distributions unimodales, la médiane est fréquemment comprise entre la moyenne et le mode et plus près de la moyenne que du mode :

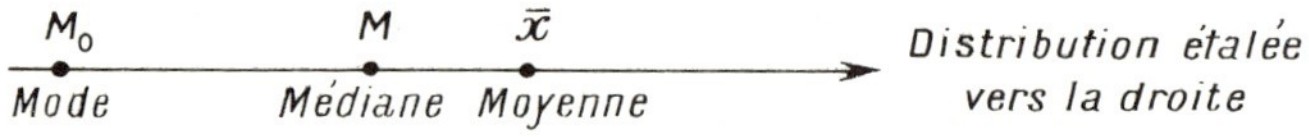

```
   M₀      M      x̄
   •       •      •         →  Distribution étalée
  Mode  Médiane Moyenne          vers la droite
```

ou plus rarement :

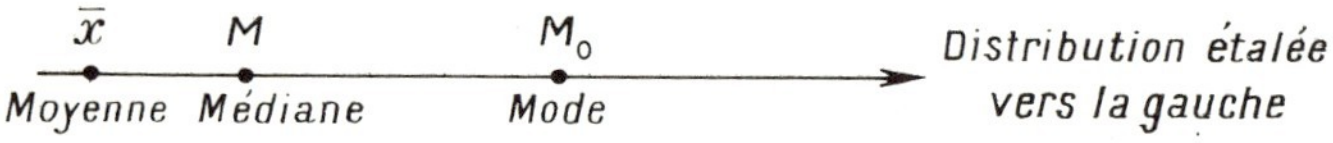

```
    x̄      M      M₀
    •      •      •          →  Distribution étalée
  Moyenne Médiane Mode            vers la gauche
```

Fig. 3.8. Positions respectives du mode, de la médiane et de la moyenne.

Si la distribution est symétrique, les trois caractéristiques de tendance centrale sont confondues.

3. 1. 3. 5. ÉVALUATION GRAPHIQUE DE LA MOYENNE.

Soit une variable statistique discrète X prenant les valeurs x_i avec les fréquences f_i. Sur le diagramme cumulatif, le produit $f_i x_i$ est égal à l'aire hachurée, lorsque x_i est positif et à l'opposé de cette aire lorsque x_i est négatif.

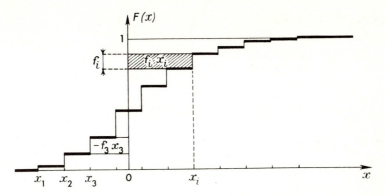

Fig. 3.9. Le produit $f_i x_i$ est égal à l'aire hachurée.

Par conséquent, $\bar{x}$ qui est la somme algébrique des $f_i x_i$ est égale à la différence des aires hachurées :

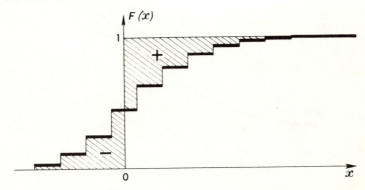

Fig. 3.10. Evaluation graphique de la moyenne.

3. 1. 4. Généralisation de la moyenne : la φ-moyenne.

3. 1. 4. 1. Définition.

Soit $y = \varphi(x)$ une fonction continue monotone, croissante ou décroissante, dans l'intervalle des valeurs possibles (x_1, x_k).

On appelle φ-moyenne d'une variable statistique discrète X à valeurs x_i et à fréquences f_i, la quantité M_φ telle que :

$$\varphi(M_\varphi) = \sum_{i=1}^{k} f_i \varphi(x_i).$$

Considérons la courbe représentative de la fonction φ. Le centre de gravité G

des points M_i de coordonnées x_i et $y_i = \varphi(x_i)$, affectés des poids f_i, a pour coordonnées :

$$x_G = \sum_{i=1}^{k} f_i x_i = \overline{x}$$

$$y_G = \sum_{i=1}^{k} f_i y_i = \sum_{i=1}^{k} f_i \varphi(x_i) = \varphi(M_\varphi) = \overline{y}.$$

D'où l'interprétation graphique de la φ-moyenne : M_φ est l'abscisse du point de la courbe $y = \varphi(x)$ dont l'ordonnée est égale à celle du centre de gravité G.

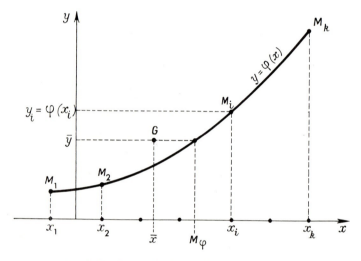

Fig. 3.11. Interprétation graphique de la φ-moyenne.

Si on se limite aux fonctions monotones φ dont les deux premières dérivées φ' et φ'' sont de signe *constant*, on peut établir une inégalité générale entre le φ-moyenne et la moyenne. En effet le centre de gravité G étant nécessairement situé dans la concavité de la courbe, la φ-moyenne est supérieure à la moyenne si φ' et φ'' sont de même signe, inférieure à la moyenne si φ' et φ'' sont de signe contraire, égale à la moyenne si la fonction φ est linéaire (c'est-à-dire si φ'' est nulle) ou encore si les valeurs possibles x_i sont toutes égales entre elles :

$M_\varphi > \overline{x}$ si $\varphi'(x) \cdot \varphi''(x) > 0$
$M_\varphi < \overline{x}$ si $\varphi'(x) \cdot \varphi''(x) < 0$
$M_\varphi = \overline{x}$ si $\varphi'(x) \cdot \varphi''(x) = 0$ (alors la fonction φ est linéaire)
    ou si les x_i sont égaux.

On supposera dans la suite que la fonction φ n'est pas linéaire et que ses deux premières dérivées φ' et φ'' sont de signe *constant* entre x_1 et x_k.

Exemple.

On appelle *moyenne géométrique* la quantité définie par :

$$G = x_1^{f_1} \cdot x_2^{f_2} \cdot \ldots \cdot x_k^{f_k} = \sqrt[n]{x_1^{n_1} \cdot x_2^{n_2} \cdot \ldots \cdot x_k^{n_k}},$$

les valeurs possibles x_i étant supposées toutes positives.

La moyenne géométrique est la log-moyenne. En effet :

$$\ln G = \sum_{i=1}^{k} f_i \ln x_i \;(^1).$$

Or la fonction :

$$\varphi(x) = \ln(x)$$

a pour dérivées première et seconde :

$$\varphi'(x) = 1/x > 0$$
$$\varphi''(x) = -1/x^2 < 0.$$

Par conséquent la moyenne géométrique est *inférieure* à la moyenne (arithmétique). Elle ne lui est *égale* que si toutes les valeurs possibles x_i sont égales entre elles.

3.1.4.2. MOYENNE D'ORDRE r.

La *moyenne d'ordre r* est la φ-moyenne correspondant à la fonction *puissance* r-ième :

$$\varphi(x) = x^r.$$

Par conséquent, elle a pour expression :

$$\mathcal{M}_r = \left[\sum_{i=1}^{k} f_i x_i^r\right]^{1/r}.$$

La moyenne d'ordre r n'est définie pour toute valeur de r que si chacune de ses valeurs possibles x_i est *positive* — ce que nous supposerons dans la suite. Elle est supérieure à la moyenne $\bar{x}$ lorsque $r > 1$, égale à $\bar{x}$ lorsque $r = 1$, inférieure à $\bar{x}$ lorsque $r < 1$. En effet :

$$\varphi'(x) = r x^{r-1}$$
$$\varphi''(x) = r(r-1) x^{r-2}.$$

D'où :

$$\varphi'(x)\,\varphi''(x) = r^2(r-1) x^{2r-3}.$$

---

[1] On désigne par $\ln a$ le logarithme népérien de a : $\log_e a$.

Donc le produit $\varphi'.\varphi''$ est du signe de $r - 1$ et par conséquent :

$\mathcal{M}_r > \overline{x}$ si $r > 1$
$\mathcal{M}_r = \overline{x}$ si $r = 1$ ou si les valeurs x_i sont égales
$\mathcal{M}_r < \overline{x}$ si $r < 1$.

Exemple.

On appelle respectivement moyenne *quadratique* Q et moyenne *harmonique* H les moyennes d'ordre 2 et -1 :

$$Q = \mathcal{M}_2 = \sqrt{\sum_{i=1}^{k} f_i x_i^2} > \overline{x}$$

$$H = \mathcal{M}_{-1} = \frac{1}{\sum_{i=1}^{k} f_i \frac{1}{x_i}} < \overline{x}.$$

La moyenne arithmétique $\overline{x}$ est ainsi comprise entre la moyenne harmonique et la moyenne quadratique.

Montrons que la moyenne géométrique G joue le rôle de moyenne d'ordre zéro. La moyenne d'ordre ε est définie par :

$$(\mathcal{M}_\varepsilon)^\varepsilon = \sum_{i=1}^{k} f_i x_i^\varepsilon,$$

c'est-à-dire encore :

$$\frac{(\mathcal{M}_\varepsilon)^\varepsilon - 1}{\varepsilon} = \sum_{i=1}^{k} f_i \left(\frac{x_i^\varepsilon - 1}{\varepsilon} \right).$$

Or, lorsque ε tend vers zéro :

$$\frac{a^\varepsilon - 1}{\varepsilon} \to \ln a.$$

Par conséquent, en faisant tendre ε vers zéro, $\mathcal{M}_\varepsilon$ tend vers $\mathcal{M}_0$ (parce que $\mathcal{M}_\varepsilon$ est une fonction continue de ε) qui satisfait à :

$$\ln \mathcal{M}_0 = \sum_{i=1}^{k} f_i \ln x_i,$$

soit :

$$\mathcal{M}_0 = x_1^{f_1} \cdot x_2^{f_2} \cdots x_k^{f_k} = G.$$

Ainsi la moyenne géométrique G joue le rôle de moyenne d'ordre zéro.

Inégalité entre moyenne géométrique et moyenne harmonique.

Montrons que la moyenne géométrique G est supérieure à la moyenne harmonique H.

Considérons en effet la transformation $Z = 1/X$. Les moyennes de X et de Z sont liées par :

$$G_X = \frac{1}{G_Z}, \quad H_X = \frac{1}{\overline{Z}}.$$

Or la moyenne $\overline{Z}$ est supérieure à la moyenne géométrique G_Z. Par conséquent :

$$\overline{Z} = \frac{1}{H_X} > G_Z = \frac{1}{G_X}.$$

D'où l'inégalité :
$$G_X > H_X.$$

La moyenne géométrique est supérieure à la moyenne harmonique. Elle ne lui est égale que si les valeurs x_i sont égales entre elles.

Inégalités entre moyennes d'ordre r.

Montrons que d'une manière générale la moyenne d'ordre r est une fonction croissante de r.

Soient $\mathcal{M}_a$ et $\mathcal{M}_b$ les moyennes d'ordre a et b. Supposons $b > a$ et posons :

$$Y = X^a.$$

Il vient :

$$\mathcal{M}_a(X) = \left(\sum_{i=1}^{k} f_i x_i^a\right)^{1/a} = \left(\sum_{i=1}^{k} f_i y_i\right)^{1/a} = (\overline{y})^{1/a},$$

$$\mathcal{M}_b(X) = \left(\sum_{i=1}^{k} f_i x_i^b\right)^{1/b} = \left(\sum_{i=1}^{k} f_i y_i^{b/a}\right)^{1/b} = [\mathcal{M}_{b/a}(Y)]^{1/a}.$$

Or, quel que soit a, positif ou négatif, on a l'inégalité :

$$(\overline{y})^{1/a} < [\mathcal{M}_{b/a}(Y)]^{1/a}.$$

En effet, si a est *positif*, b/a est *supérieur* à 1 et la moyenne arithmétique $\overline{y}$ est *inférieure* à la moyenne d'ordre b/a ; l'élévation à la puissance *positive* $1/a$ ne renverse pas l'inégalité. Si a est *négatif*, b/a est *inférieur* à 1 et la moyenne arithmétique $\overline{y}$ est *supérieure* à la moyenne d'ordre b/a, mais l'élévation à la puissance *négative* $1/a$ *renverse* l'inégalité.

Par conséquent la moyenne d'ordre a de X est inférieure à la moyenne d'ordre b de X :

$$\mathcal{M}_a(X) < \mathcal{M}_b(X) \quad \text{si} \quad a < b.$$

L'égalité n'est possible que si les valeurs x_i sont égales.

D'où la série d'inégalités entre les moyennes harmonique, géométrique, arithmétique et quadratique :

$$H < G < \bar{x} < Q,$$

l'égalité de deux de ces moyennes entre elles entraînant leur égalité dans leur ensemble (alors les valeurs x_i sont égales).

On peut montrer que, lorsque r varie de $-\infty$ à $+\infty$, la moyenne d'ordre r varie continûment de x_1 à x_k. Il s'en déduit que toute valeur comprise entre les valeurs extrêmes x_1 et x_k est une moyenne d'ordre r particulière.

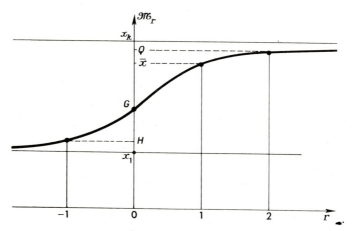

Fig. 3.12. Courbe représentative de la moyenne d'ordre r : $\mathcal{M}_r$.

3. 2. CARACTÉRISTIQUES DE DISPERSION

3. 2. 1. Différences et écarts.

Considérons une caractéristique de tendance centrale C et une valeur possible x_i. Les quantités :

$$x_i - C \quad \text{et} \quad |x_i - C|$$

sont respectivement la *différence* à la tendance centrale et l'*écart* à la tendance centrale (on dit encore l'écart *absolu* à la tendance centrale).

La série des différences $x_i - C$ définit une variable statistique identique à la variable X au changement d'origine C près. Par construction, la tendance centrale de la série des différences $x_i - C$ est nulle, ou du moins voisine de zéro. En particulier, la moyenne des différences à la moyenne est nulle, comme l'est également la médiane des différences à la médiane ou le mode des différences au mode.

La série des écarts $|x_i - C|$ définit en revanche une variable statistique *positive*, différente de la variable X, dont les valeurs centrales constituent une mesure de la dispersion de la variable X.

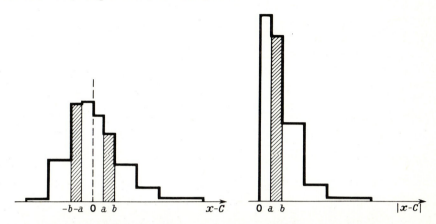

Fig. 3.13. Histogrammes de la série des différences (à gauche) et de la série des écarts (à droite).

Suivant que les écarts sont pris par rapport à la médiane ou par rapport à la moyenne et suivant qu'on retient la médiane ou la moyenne de la série des écarts, on définit plusieurs indices de dispersion :

— l'*écart médian* ou encore *écart probable* est la *médiane* des écarts à la *médiane* : l'intervalle de deux écarts probables centré sur la médiane contient 50 % des observations.

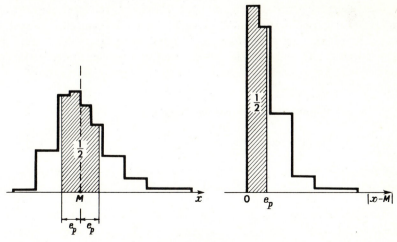

Fig. 3.14. Détermination de l'écart médian.

Le lecteur pourra vérifier que l'écart probable du nombre de pièces à rebuter par lot est égal à 1 pièce.

Si la distribution est symétrique, l'écart probable est égal au semi-intervalle interquartile (voir ci-dessous **3. 3. 1.**) ;

— l'*écart absolu moyen par rapport à la médiane* est la *moyenne* des écarts à la *médiane*. On a établi plus haut (**3. 1. 1. 2.**) que c'était le plus petit écart absolu moyen :

$$e_M = \sum_{i=1}^{k} f_i \,|\, x_i - M \,| = \min_{a} \left[\sum_{i=1}^{k} f_i \,|\, x_i - a \,| \right] ;$$

— l'*écart absolu moyen par rapport à la moyenne* est la *moyenne* des écarts à la *moyenne*.

$$e_{\bar{x}} = \sum_{i=1}^{k} f_i \,|\, x_i - \bar{x} \,|.$$

Ces différents indices de dispersion sont, à cause de leur complication algébrique, beaucoup moins utilisés que l'*écart-type* ([1]) ou *moyenne d'ordre 2 des écarts à la moyenne* :

$$\sigma = \sqrt{\sum_{i=1}^{k} f_i (x_i - \bar{x})^2} = \sqrt{\sum_{i=1}^{k} f_i \,|\, x_i - \bar{x} \,|^2}.$$

On notera que, pour toute distribution statistique, les trois écarts moyens vérifient l'inégalité (cf. **3. 1. 1. 2.** et **3. 1. 4. 2.**) :

$$e_M \leqslant e_{\bar{x}} \leqslant \sigma,$$

l'égalité des deux premiers entraînant l'égalité de la moyenne et de la médiane, l'égalité de l'écart-type à l'un des deux autres entraînant leur égalité dans leur ensemble à zéro (car alors les valeurs possibles x_i sont toutes égales entre elles) ([2]).

3. 2. 2. L'écart quadratique moyen ou écart-type.

3. 2. 2. 1. Calcul pratique.

De même que le calcul de la moyenne, le calcul de l'écart-type est notablement simplifié par un changement d'origine et d'échelle.

([1]) On dit également *écart quadratique moyen*.
([2]) Sauf dans le cas particulier où n'existent que deux valeurs possibles avec fréquences égales à 1/2 (cf. **3. 3. 2. 1.** Remarque).

[3.2] CARACTÉRISTIQUES DE DISPERSION 63

Considérons la variable X' déduite de la variable X par le changement d'origine et d'échelle :

$$X' = (X - x_0)/a.$$

La variance de X' ou carré de σ', écart-type de X', est :

$$V(X') = \sigma'^2 = \sum_{i=1}^{k} f_i(x'_i - \overline{x}')^2.$$

Or

$$x'_i = (x_i - x_0)/a$$
$$\overline{x}' = (\overline{x} - x_0)/a$$

puisque les moyennes se correspondent par la même transformation que les variables (cf. **3**. 1. 3. 2.).

Par conséquent :

$$x'_i - \overline{x}' = \frac{x_i - x_0}{a} - \frac{\overline{x} - x_0}{a} = \frac{x_i - \overline{x}}{a}$$

et

$$V(X') = \sum_{i=1}^{k} f_i(x'_i - \overline{x}')^2 = \sum_{i=1}^{k} f_i \left(\frac{x_i - \overline{x}}{a}\right)^2$$
$$= \frac{1}{a^2} \sum_{i=1}^{k} f_i(x_i - \overline{x})^2 = \frac{V(X)}{a^2}$$

c'est-à-dire :

$$V(X) = a^2 V(X')$$

ou encore :

$$\sigma = |a|\sigma'.$$

Ainsi, lorsque deux variables sont en correspondance linéaire par le changement d'origine x_0 et le changement d'échelle a, les écarts-types se correspondent par le *seul* changement d'échelle a pris en valeur absolue.

Par ailleurs, on a établi en **3**. 1. 3. 3. le théorème de König :

$$\sum_{i=1}^{k} f_i(x'_i - \overline{x}')^2 = \sum_{i=1}^{k} f_i x'^2_i - \overline{x}'^2.$$

D'où le calcul pratique de l'écart-type. Désignons par A et B les sommes :

$$A = \sum_{i=1}^{k} n_i x'_i$$

$$B = \sum_{i=1}^{k} n_i x'^2_i$$

et par x_0 et a les caractéristiques du changement d'origine et d'échelle ; on a :

$$\overline{x} = x_0 + a\frac{A}{n}$$

$$\sigma = |a|\sqrt{\frac{B}{n} - \frac{A^2}{n^2}}.$$

Le calcul de B est effectué sur le tableau statistique en sommant les produits $n_i x_i'^2 = x_i' \times n_i x_i'$ (produits des nombres de la colonne x_i' par ceux de la colonne $n_i x_i'$ servant au calcul de A).

L'intérêt d'un changement d'origine et d'échelle est plus grand encore dans le calcul de l'écart-type que dans celui de la moyenne : les $x_i'^2$ sont les carrés de nombres entiers petits en valeur absolue alors que les $(x_i - \overline{x})^2$ sont les carrés de nombres en général décimaux (du fait de la moyenne qui en général n'est pas un nombre rond) et comportent deux fois plus de décimales que les différences $x_i - \overline{x}$.

Exemple.

Calculons la variance de la distribution des lots suivant le nombre de pièces à rebuter et reprenons le tableau de calcul de la page 48.

x_i	n_i	$x_i' = x_i - 4$	$n_i \times x_i'$	$n_i x_i'^2 = x_i' \times n_i x_i'$
1	2	-3	-6	18
2	9	-2	-18	36
3	14	-1	-14	14
4	20	0	0	0
5	18	1	18	18
6	15	2	30	60
7	9	3	27	81
8	6	4	24	96
9	4	5	20	100
10	2	6	12	72
11	1	7	7	49
Total	100	—	100	544

En utilisant le changement d'origine $x_0 = 4$, on obtient ainsi :

$$A = 100, \quad B = 544.$$

D'où :

$$\bar{x} = 4 + 100/100 = 5$$

$$\sigma = \sqrt{\frac{544}{100} - \left(\frac{100}{100}\right)^2} = \sqrt{4{,}44} = 2{,}11.$$

L'écart-type est ainsi égal à 2,11 pièces à rebuter.

Remarque.

La moyenne $\bar{x}$ étant dans cet exemple particulier un nombre entier, il eût été plus rapide de poser $X' = X - \bar{x} = X - 5$. Le calcul précédent ne sert qu'à illustrer la méthode générale (habituellement la moyenne d'une variable statistique discrète ne coïncide pas avec l'une des valeurs possibles).

Variables statistiques continues.

La formule de définition de l'écart-type :

$$\sigma^2 = \sum_{i=1}^{k} f_i(x_i - \bar{x})^2$$

n'est pas applicable puisque — comme dans le cas de la moyenne — on ne connaît pas les différentes valeurs possibles x_i mais seulement leur nombre n_i dans chaque intervalle de classe (e_{i-1}, e_i). On convient, ici encore, d'affecter les n_i individus de la classe n° i à son centre c_i et de calculer l'écart-type de la variable discrète C dont les valeurs possibles sont les centres c_i et les effectifs n_i. Cette approximation a pour effet en général d'*augmenter* la variance et l'écart-type. L'erreur commise est d'autant plus faible que les tranches sont plus fines.

Exemple.

Calculons l'écart-type de la distribution des salaires des ouvriers. Le changement de variable :

$$X' = (X - 325)/12{,}5$$

conduit au tableau de calcul de la page 66.

On en déduit :

$$\bar{x} = 325 + 12{,}5 \times -\frac{133\,133}{185\,951} = 316{,}0.$$

$$\sigma = 12{,}5 \sqrt{\frac{20\,288\,500}{185\,951} - \left(\frac{133\,133}{185\,951}\right)^2} = 130{,}0.$$

Le salaire moyen est égal à 316 000 francs et l'écart-type des salaires à 130 000 francs.

Extrémités de classes e_i	Centres de classes c_i	x'_i	n_i	$n_i \times x'_i$	$n_i \times x'^2_i$ (divisé par 1 000)
25					
	62,5	— 21	1 721	— 36 141	759,0
100					
	112,5	— 17	2 413	— 41 021	697,4
125					
	137,5	— 15	4 342	— 65 130	977,0
150					
	162,5	— 13	8 264	— 107 432	1 396,6
175					
	187,5	— 11	13 300	— 146 300	1 609,3
200					
	212,5	— 9	16 053	— 144 477	1 300,3
225					
	237,5	— 7	16 774	— 117 418	821,9
250					
	275	— 4	33 251	— 133 004	532,0
300					
	325	0	29 211	0	0
350					
	375	4	22 453	89 812	359,2
400					
	450	10	24 005	240 050	2 400,5
500					
	550	18	9 477	170 586	3 070,5
600					
	700	30	4 093	122 790	3 683,7
800					
	900	46	443	20 378	937,4
1 000					
	1 250	74	125	9 250	684,5
1 500					
	1 750	114	12	1 368	156,0
2 000					
	3 500	254	14	3 556	903,2
5 000					
Total	—	—	185 951	— 133 133	20 288,5

3. 2. 2. 2. Propriétés.

L'écart-type satisfait aux conditions 1, 2, 5 de Yule. Moyenne *quadratique*, l'écart-type n'a pas un sens très concret en lui-même et ne prend de signification que pour *comparer* deux distributions. La distribution des salaires des employés dont l'histogramme figure page 30 a pour écart-type 300 000 francs alors que la distribution des salaires des ouvriers a pour écart-type 130 000 francs : les salaires des ouvriers sont 2,3 fois moins dispersés que ceux des employés.

Par ailleurs l'écart-type est plus *sensible* que la moyenne aux fluctuations d'échantillonnage et aux valeurs aberrantes — puisque celles-ci interviennent par leur carré. Enfin, pour assez simple qu'il soit, son calcul est trop lourd dans certains domaines d'application où les conditions excluent pratiquement l'utilisation d'une machine à calculer et exigent un résultat numérique rapide. C'est ainsi qu'en contrôle industriel en cours de fabrication on préfère l'*étendue* plus rapide à calculer que l'écart-type (cf. ci-dessous : **3. 3. 1.**).

3. 2. 2. 3. LE COEFFICIENT DE VARIATION.

La moyenne $\bar{x}$, comme l'écart-type σ, s'expriment dans la même unité que la variable X. On définit le *coefficient de variation* — en général pour des variables *positives* seulement — comme le rapport de l'écart-type à la moyenne :

$$CV = \sigma/\bar{x}.$$

C'est une quantité *sans dimension*, indépendante des unités choisies, c'est-à-dire invariante si on effectue un changement d'échelle. Le coefficient de variation permet de comparer par exemple des distributions de salaires dans différents pays ou pour différentes qualifications. Ainsi les salaires des ouvriers ont pour coefficient de variation 0,41 alors que les salaires des employés ont pour coefficient de variation 0,75 : le salaire est une variable *relativement* (c'est-à-dire compte tenu du rapport des moyennes) plus homogène chez les ouvriers que chez les employés (cf. graphique p. 30).

3. 3. AUTRES CARACTÉRISTIQUES DE DISPERSION

La médiane comme la variance sont l'objet de généralisations : les quantiles et les moments.

3. 3. 1. Les quantiles.

Le *quantile* d'ordre α ($0 \leqslant \alpha \leqslant 1$) noté x_α est la racine de l'équation :

$$F(x) = \alpha,$$

c'est-à-dire, en désignant par F^{-1} la fonction inverse de la fonction F :

$$x_\alpha = F^{-1}(\alpha).$$

Une proportion égale à α des individus possède un caractère X *inférieur* à x_α.
On utilise couramment les *quartiles* Q_1 et Q_3 : Q_1 est le quantile d'ordre $1/4$ et Q_3 le quantile d'ordre $3/4$. La médiane joue le rôle du second quartile ($\alpha = 1/2$) : médiane et quartiles partagent la population en quatre effectifs égaux.

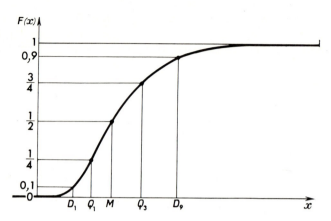

Fig. 3.15. Détermination des quantiles.

De la même façon, on définit les *déciles* (D_1 à D_9), les *centiles* ou *percentiles*, les *milliles*...

Comme la médiane, les quantiles s'obtiennent sur le tableau statistique à partir des effectifs cumulés ou des fréquences cumulées. Les remarques qui ont été faites à propos de la médiane s'appliquent également au cas des quantiles. On notera toutefois que l'interpolation linéaire est moins bonne en général pour les quartiles que pour la médiane, du fait de la courbure plus accentuée de la courbe cumulative au voisinage des quartiles.

Exemples.

La distribution des lots suivant le nombre de pièces à rebuter a pour quartiles (cf. tableau p. 25) :

$$Q_1 = 3 \text{ à } 4 \text{ pièces}$$
$$Q_3 = 6 \text{ pièces.}$$

La distribution des salaires des ouvriers a pour quartiles (voir tableau p. 29) :

$$Q_1 = 225 + (250 - 225) \frac{\frac{1}{4} 185\,951 - 46\,093}{16\,774} = 226$$

$$Q_3 = 350 + (400 - 350) \frac{\frac{3}{4} 185\,951 - 125\,329}{22\,453} = 381$$

soit :

$$Q_1 = 226\,000 \text{ francs}$$
$$Q_3 = 381\,000 \text{ francs.}$$

Les quantiles permettent de résumer des distributions au moyen de *fourchettes*. Ainsi l'intervalle interquartile (Q_1, Q_3) est une fourchette qui contient 50 % de la population, laissant 25 % à gauche et 25 % à droite. De même, les déciles extrêmes et les centiles extrêmes définissent des fourchettes à respectivement 80 % et 98 %.

Les longueurs de ces fourchettes constituent des indicateurs de dispersion (intervalles interdéciles, intercentiles).

L'*étendue* est la différence entre la plus grande et la plus petite valeur possible de la variable :

$$w = x_k - x_1.$$

C'est l'intervalle interquantiles extrêmes, utilisé comme indice de dispersion en contrôle industriel de fabrication. Plus encore que l'écart-type, l'étendue est très sensible aux valeurs aberrantes et aux fluctuations d'échantillonnage. En revanche son calcul est extrêmement rapide, ne nécessitant même pas le classement de *toutes* les observations.

* **3. 3. 2. Les moments.**

3. 3. 2. 1. Définition.

On appelle *moment d'ordre r* (*r* entier positif) *par rapport à la valeur a* la quantité :

$$_am_r = \sum_{i=1}^{k} f_i(x_i - a)^r = \frac{1}{n} \sum_{i=1}^{k} n_i(x_i - a)^r.$$

Le moment d'ordre r par rapport à a est la moyenne des puissances r-ièmes des différences $X - a$.

On notera que si r est pair (ou si à la fois r est impair et a inférieur à la plus petite valeur possible x_1), le moment d'ordre r par rapport à a est la puissance r-ième de la moyenne d'ordre r des écarts absolus $|x_i - a|$:

$$_am_r = [\mathcal{M}_r | X - a |]^r$$

c'est-à-dire :

$$\sqrt[r]{_am_r} = \mathcal{M}_r | X - a |.$$

Lorsque r est impair, l'égalité précédente se transforme en une inégalité si a est supérieur à la plus petite valeur x_1 :

$$_am_r = \sum_{i=1}^{k} f_i(x_i - a)^r < \sum_{i=1}^{k} f_i | x_i - a |^r = [\mathcal{M}_r | X - a |]^r.$$

Comme d'autre part la moyenne d'ordre r est une fonction croissante de r, on a l'inégalité entre moments, valable quel que soit a :

$$\sqrt[2p]{_am_{2p}} \geqslant \sqrt[r]{_am_r} \quad \text{si} \quad 2p > r,$$

cette inégalité ne devenant une égalité que si les valeurs de $|x_i - a|$ sont toutes égales entre elles : ou bien les valeurs possibles x_i sont toutes égales entre elles (distribution dégénérée) ou bien deux valeurs symétriques par rapport à a constituent les seules valeurs possibles.

Suivant les valeurs de a, on définit plusieurs sortes de moments :

— les *moments non centrés* — ou moments par rapport à $a = 0$:

$$m_r = \sum_{i=1}^{k} f_i x_i^r \,;$$

— les *moments centrés* — ou moments par rapport à la moyenne $a = \bar{x}$:

$$\mu_r = \sum_{i=1}^{k} f_i (x_i - \bar{x})^r.$$

Les premiers moments centrés et non centrés sont égaux à :

$$\begin{aligned} m_0 &= 1 & \mu_0 &= 1 \\ m_1 &= \bar{x} & \mu_1 &= 0 \\ m_2 &= \sigma^2 + \bar{x}^2 & \mu_2 &= \sigma^2. \end{aligned}$$

L'application de l'inégalité :

$$\sqrt[2p]{_a m_{2p}} \geqslant \sqrt[r]{_a m_r} \quad \text{si} \quad 2p > r$$

aux moments centrés et non centrés conduit aux relations :

$$\sqrt[2]{m_2} \geqslant m_1, \quad \text{c'est-à-dire} \quad m_2 - m_1^2 = \sigma^2 \geqslant 0$$
$$\sqrt[4]{\mu_4} \geqslant \sqrt[2]{\mu_2} \geqslant \mu_1, \quad \text{c'est-à-dire} \quad \mu_4 \geqslant \sigma^4 \geqslant 0,$$

ces inégalités devenant des égalités lorsque les valeurs possibles x_i sont égales entre elles : alors μ_4 et σ sont nuls.

On notera que si la distribution de la variable statistique X est symétrique, les moments centrés d'ordre impair sont nuls.

Remarque.

Il est un cas particulier où le moment μ_4 est égal au carré du moment μ_2 et où la variable n'est pas dégénérée : c'est lorsque les valeurs $|x_i - \bar{x}|$ sont égales, c'est-à-dire lorsque *deux* valeurs possibles seulement existent et correspondent à des fréquences égales à 1/2 :

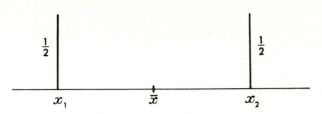

Fig. 3.16. Distribution d'une variable comportant deux valeurs possibles avec égales fréquences.

On a alors :
$$\mu_2 = \left(\frac{x_2 - x_1}{2}\right)^2$$
$$\mu_4 = \left(\frac{x_2 - x_1}{2}\right)^4 = \mu_2^2.$$

En dehors du cas de dégénérescence (les valeurs possibles x_i sont toutes égales entre elles) et de ce cas exceptionnel, on a toujours l'inégalité :
$$\mu_4 > \mu_2^2.$$

3. 3. 2. 2. Relations entre moments centrés et non centrés.

En développant par la formule du binôme de Newton les relations de définition :
$$\mu_r = \sum_{i=1}^{k} f_i(x_i - m_1)^r$$
$$m_r = \sum_{i=1}^{k} f_i[(x_i - m_1) + m_1]^r,$$

on obtient les relations entre moments centrés et non centrés :
$$\mu_r = \sum_{i=1}^{k}\left\{f_i \sum_{\alpha=0}^{r}[(-1)^\alpha C_r^\alpha m_1^\alpha x_i^{r-\alpha}]\right\} = \sum_{\alpha=0}^{r}\left[(-1)^\alpha C_r^\alpha m_1^\alpha \sum_{i=1}^{k} f_i x_i^{r-\alpha}\right]$$
$$= \sum_{\alpha=0}^{r-2}(-1)^\alpha C_r^\alpha m_{r-\alpha} m_1^\alpha + (-1)^{r-1}(r-1)m_1^r,$$

et de même :
$$m_r = \sum_{i=1}^{k}\left\{f_i \sum_{\alpha=0}^{r}[C_r^\alpha m_1^\alpha (x_i - m_1)^{r-\alpha}]\right\} = \sum_{\alpha=0}^{r}\left[C_r^\alpha m_1^\alpha \sum_{i=1}^{k} f_i(x_i - m_1)^{r-\alpha}\right]$$
$$= \sum_{\alpha=0}^{r-2} C_r^\alpha \mu_{r-\alpha} m_1^\alpha + m_1^r.$$

Ainsi, pour $r = 2, 3, 4$ on obtient :

$$\mu_2 = m_2 - m_1^2 \quad \text{(théorème de König)}$$
$$\mu_3 = m_3 - 3m_2 m_1 + 2m_1^3$$
$$\mu_4 = m_4 - 4m_3 m_1 + 6m_1^2 m_2 - 3m_1^4$$

et inversement :

$$m_2 = \mu_2 + m_1^2 \quad \text{(théorème de König)}$$
$$m_3 = \mu_3 + 3\mu_2 m_1 + m_1^3$$
$$m_4 = \mu_4 + 4\mu_3 m_1 + 6\mu_2 m_1^2 + m_1^4.$$

La première série de relations fournit une méthode de calcul pratique des moments centrés d'une variable X :

— on calcule d'abord les moments non centrés de la variable X' déduite de X par changement d'origine x_0 et d'échelle a :

$$m'_r = \frac{1}{n} \sum_{i=1}^{k} n_i x_i'^r$$

où

$$x'_i = (x_i - x_0)/a \, ;$$

— on déduit des moments non centrés m'_r les moments centrés μ'_r de la variable X' au moyen des relations précédentes ;
— on obtient enfin les moments centrés μ_r de X à partir des moments centrés μ'_r de X' par la formule :

$$\mu_r = a^r \mu'_r.$$

Exemple.

Calculons les moments centrés μ_2, μ_3, μ_4 de la distribution des lots suivant le nombre de pièces à rebuter.
Le changement de variable utilisé est :

$$X' = X - 4$$

c'est-à-dire :

$$x_0 = 4, \quad a = 1.$$

Les quantités à calculer sont respectivement :

$$\sum n_i x'_i, \quad \sum n_i x_i'^2, \quad \sum n_i x_i'^3, \quad \sum n_i x_i'^4.$$

[3.3] AUTRES CARACTÉRISTIQUES DE DISPERSION 73

x_i	n_i	x'_i	$n_i x'_i$	$n_i x'^2_i$	$n_i x'^3_i$	$n_i x'^4_i$
1	2	-3	-6	18	-54	162
2	9	-2	-18	36	-72	144
3	14	-1	-14	14	-14	14
4	20	0	0	0	0	0
5	18	1	18	18	18	18
6	15	2	30	60	120	240
7	9	3	27	81	243	729
8	6	4	24	96	384	1 536
9	4	5	20	100	500	2 500
10	2	6	12	72	432	2 592
11	1	7	7	49	343	2 401
Total	100	—	100	544	1 900	10 336

D'où :

$$m'_1 = 1,00$$
$$m'_2 = 5,44$$
$$m'_3 = 19,00$$
$$m'_4 = 103,36$$

et

$$\mu_2 = a^2 \mu'_2 = 5,44 - 1 = 4,44$$
$$\mu_3 = a^3 \mu'_3 = 19 - 3 \times 5,44 \times 1 + 2 \times 1^3 = 4,68$$
$$\mu_4 = a^4 \mu'_4 = 103,36 - 4 \times 19 \times 1 + 6 \times 1^2 \times 5,44 - 3 \times 1^4 = 57,00.$$

3. 3. 2. 3. MOMENTS FACTORIELS.

On appelle *moment factoriel d'ordre r* la quantité :

$$\mu_{[r]} = \sum_{i=1}^{k} f_i [(x_i)(x_i - 1) \dots (x_i - r + 1)].$$

Cette caractéristique est surtout utilisée dans le cas des variables discrètes à valeurs entières positives :

$$x_i = 0, 1, ..., k$$

$$\mu_{[r]} = \sum_{i=0}^{k} f_i[i(i-1)...(i-r+1)] = \sum_{i=r}^{k} f_i[i(i-1)...(i-r+1)],$$

puisque les r premiers termes sont nuls. On peut écrire encore :

$$\mu_{[r]} = \sum_{i=r}^{k} f_i \frac{i!}{(i-r)!},$$

où $n!$ (*factorielle n*) désigne le produit des n premiers nombres entiers :

$$n! = 1 \times 2 \times \cdots \times n.$$

L'intérêt des moments factoriels résulte de leur simplicité de calcul dans le cas de certaines variables statistiques théoriques (variables binomiale, hypergéométrique, de Poisson, de Pascal...) ([1]).

Lorsqu'on connaît les premiers moments factoriels, on peut déduire les moments non centrés puis centrés.

En effet :

$$\mu_{[1]} = \sum_{i=1}^{k} f_i x_i = \overline{x}$$

$$\mu_{[2]} = \sum_{i=1}^{k} f_i(x_i)(x_i - 1) = \sum_{i=1}^{k} f_i x_i^2 - \sum_{i=1}^{k} f_i x_i = m_2 - m_1$$

et de même :

$$\mu_{[3]} = m_3 - 3m_2 + 2m_1$$

$$\mu_{[4]} = m_4 - 6m_3 + 11m_2 - 6m_1.$$

Par inversion de ces relations, on obtient les moments non centrés :

$$\overline{x} = \mu_{[1]}$$
$$m_2 = \mu_{[2]} + \mu_{[1]}$$
$$m_3 = \mu_{[3]} + 3\mu_{[2]} + \mu_{[1]}$$
$$m_4 = \mu_{[4]} + 6\mu_{[3]} + 7\mu_{[2]} + \mu_{[1]}$$

et au moyen des relations établies en **3. 3. 2. 2.** on obtient les moments centrés.

([1]) On en rencontrera des exemples dans le chapitre 4.

* 3. 4. CARACTÉRISTIQUES DE FORME

Outre la tendance centrale et la dispersion, on peut chercher à caractériser la *forme* d'une distribution au moyen d'un indice résumé. Les indices γ_1 et γ_2 de Fisher sont des mesures de l'*asymétrie* et de l'*aplatissement* d'une distribution.

3. 4. 1. Coefficient d'asymétrie.

Si une distribution est symétrique, ses divers moments centrés d'ordre impair sont nuls. En s'en tenant au premier moment centré d'ordre impair μ_3 (puisque μ_1 est toujours nul, par définition), Fisher a proposé le coefficient d'asymétrie :

$$\gamma_1 = \mu_3/\sigma^3 = \mu_3/\mu_2^{3/2}.$$

Ce coefficient est *sans dimension*, *invariant* par changement d'origine et d'échelle et *nul* pour les distributions *symétriques*.

Si la distribution est unimodale, le coefficient γ_1 est positif lorsque l'étalement de la distribution est plus accentué à droite (cas le plus fréquent) et négatif dans le cas contraire.

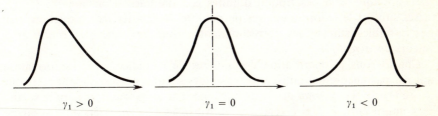

Fig. 3.17. Signe du coefficient d'asymétrie.

On utilise également comme indice d'asymétrie le rapport

$$d = \frac{Q_1 + Q_3 - 2M}{2M},$$

où Q_1 et Q_3 sont les quartiles et M la médiane. Dans le cas des distributions unimodales, γ_1 et d sont de même signe et sont nuls lorsque la distribution est symétrique.

3. 4. 2. Coefficient d'aplatissement.

Le coefficient d'aplatissement de Fisher est :

$$\gamma_2 = \frac{\mu_4}{\sigma^4} - 3 = \frac{\mu_4}{\mu_2^2} - 3.$$

C'est un coefficient sans dimension, invariant par changement d'origine et d'échelle. La constante 3 est choisie de telle façon que le coefficient soit nul lorsque la distribution est *normale* (cf. ci-dessous **4. 7. 4. 4.**).

Le coefficient γ_2 est positif si la distribution est moins aplatie que la distribution normale (de même moyenne et de même écart-type) et négatif dans le cas contraire.

Du fait de l'inégalité :

$$\mu_4 \geqslant \sigma^4 \qquad (\text{cf. } \mathbf{3. 3. 2. 1.}),$$

le coefficient d'aplatissement est toujours supérieur à -2. Il n'est égal à -2, à la limite, que si les observations x_i sont toutes égales entre elles ou si deux valeurs possibles seulement existent avec égales fréquences (cf. **3. 3. 2. 1.** Remarque).

3. 5. CARACTÉRISTIQUES DE CONCENTRATION

La notion de *concentration* a été introduite par le statisticien italien Corrado Gini à propos des distributions de salaires et de revenus. Plus généralement elle s'applique à la description d'unités économiques selon la taille (entreprises suivant le chiffre d'affaires, le nombre de salariés, la production, ...). Les variables statistiques correspondantes sont des variables *continues* à valeurs *positives*.

Considérons la distribution des salaires déjà étudiée, avec l'information qui n'a pas encore été utilisée, la masse des salaires correspondant à chaque classe ([1]) : S_i est le *total* des salaires gagnés par les n_i ouvriers dont le salaire est compris entre e_{i-1} et e_i (classe n° i). Ainsi, les 4 342 ouvriers dont le salaire est compris entre 125 000 et 150 000 francs gagnent au total 601 millions de francs.

Dans les deux dernières colonnes du tableau ci-après, on a porté les effectifs cumulés $p_i = F(e_i)$ en pourcentage et les masses cumulées de salaires q_i, également en pourcentage (par rapport à la masse totale égale à 58 240 millions de francs).

Ainsi, les ouvriers dont le salaire est inférieur à 200 000 francs représentent 16,15 % de l'effectif des ouvriers et se partagent 8,29 % de la masse totale des salaires. D'une façon générale p_i et q_i désignent respectivement :

p_i : proportion des ouvriers dont le salaire est inférieur à e_i ;

q_i : proportion de la masse totale des salaires gagnée par les ouvriers dont le salaire est inférieur à e_i.

---

[1] La tabulation par voie mécanographique permet en effet non seulement de décompter le nombre d'unités statistiques dont le caractère est compris entre deux extrémités de classe (effectifs n_i) mais encore de totaliser les valeurs de la variable pour chacune des classes (quantités S_i).

[3.5] CARACTÉRISTIQUES DE CONCENTRATION

Limites de classe e_i (en milliers d'anciens francs)	Effectifs n_i	Masses des salaires par classe : S_i (en millions d'anciens francs)	$p_i = F(e_i)$ en %	$q_i = \dfrac{\sum_{j=1}^{i} S_j}{\sum_{j=1}^{k} S_j}$ (en %)
— 100 —				
	1 721	114		
			0,93	0,20
— 125 —	2 413	273		
			2,22	0,66
— 150 —	4 342	601		
			4,56	1,70
— 175 —	8 264	1 349		
			9,00	4,01
— 200 —	13 300	2 494		
			16,15	8,29
— 225 —	16 053	3 404		
			24,79	14,14
— 250 —	16 774	3 972		
			33,81	20,96
— 300 —	33 251	9 120		
			51,69	36,62
— 350 —	29 211	9 461		
			67,40	52,86
— 400 —	22 453	8 391		
			79,47	67,27
— 500 —	24 005	10 623		
			92,38	85,51
— 600 —	9 477	5 133		
			97,48	94,33
— 800 —	4 093	2 717		
			99,68	98,99
— 1 000 —	443	386		
			99,92	99,65
— 1 500 —	125	144		
			99,99	99,90
— 2 000 —	12	20,3		
			99,99	99,93
— 5 000 —	14	37,7		
			100,00	100,00
Total	185 951	58 240	—	—

3. 5. 1. Courbe de concentration.

La *courbe de concentration* de la distribution des salaires est la courbe représentative de p_i en fonction de q_i ([1]) (Fig. 3.18). Comme p_i et q_i ne sont connus que pour les extrémités de classe e_i, on ne dispose que des points correspondants pour tracer la courbe de concentration.

La courbe de concentration est inscrite *dans le carré de côté unité* puisque p et q sont des pourcentages qui varient entre 0 et 1. Elle passe par les sommets opposés du carré car p et q s'annulent ou sont égaux à 1 simultanément. Elle est située *au-dessus* de la diagonale du carré parce que q est toujours inférieur à p : les 100 p % des ouvriers qui gagnent *le moins* se partagent une masse de salaires inférieure à 100 p % de la masse totale. Par ailleurs la courbe est ascendante puisque p_i et q_i sont deux fonctions croissantes des extrémités de classes e_i. On montrera ci-dessous que la courbe tourne toujours sa concavité vers le bas (la dérivée seconde de p par rapport à q est négative).

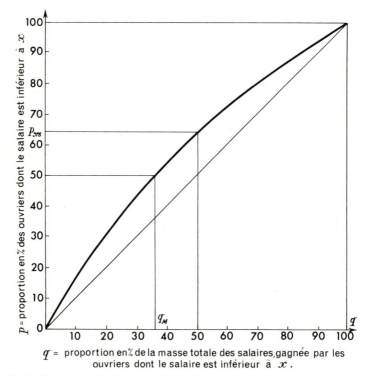

Fig. 3.18. Courbe de concentration de la distribution des salaires des ouvriers.

([1]) On construit habituellement la courbe de concentration en portant q en *ordonnées* et p en *abscisses*. Nous avons modifié cette présentation par souci d'homogénéité avec la courbe cumulative (où p est porté en ordonnées) et aussi, pour faciliter la lecture du graphique de la page 98.

3. 5. 2. L'indice de concentration.

L'*indice de concentration i*, appelé encore indice de Gini, est le *double* de l'aire comprise entre la courbe de concentration et la première bissectrice. C'est un nombre sans dimension (indépendant des unités choisies : ici, l'unité monétaire — c'est-à-dire invariant par changement d'échelle, mais non par changement d'origine), compris entre 0 (la courbe est confondue avec la première bissectrice) et 1 (la courbe est confondue avec les côtés du carré).

On évalue graphiquement l'indice de concentration à partir de la courbe de concentration, en dénombrant, sur papier millimétré, les millimètres carrés enfermés entre la courbe de concentration et la première bissectrice ([1]). Le lecteur vérifiera que l'indice de concentration de la distribution des salaires des ouvriers est égal à 22 %.

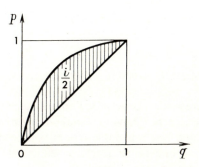

Fig. 3.19. Indice de concentration.

3. 5. 2. 1. DISTRIBUTIONS A CONCENTRATION FAIBLE.

L'indice de concentration est voisin de zéro si la courbe de concentration est voisine de la première bissectrice : les 10 % d'ouvriers qui gagnent le moins perçoivent dans leur ensemble environ 10 % de la masse totale des salaires distribués, les 10 % d'ouvriers suivants également, etc. Il en résulte que si l'indice de concentration est voisin de zéro, les salaires sont à peu près *identiques* : la *concentration nulle* correspond à la *distribution égalitaire*.

Dans le cas de la distribution des entreprises d'un secteur d'activité donné suivant le chiffre d'affaires, l'indice de concentration est nul si les différentes entreprises réalisent un chiffre d'affaires identique ; l'indice de concentration est faible si les chiffres d'affaires sont voisins les uns des autres. Par exemple, la concentration est faible dans le petit commerce alimentaire de détail, dans l'artisanat, ... où les différentes entreprises sont de taille équivalente (secteurs d'activité *peu concentrés*).

([1]) Ou par toute autre méthode d'évaluation graphique d'une aire, comme la méthode des trapèzes.

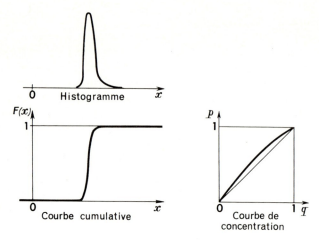

Fig. 3.20. Distribution à faible concentration.

3. 5. 2. 2. DISTRIBUTIONS A FORTE CONCENTRATION.

L'indice de concentration est proche de l'unité si la courbe de concentration est voisine des côtés du carré. Dans l'exemple d'une distribution de salaires, il en est ainsi lorsqu'une fraction des ouvriers voisine de 100 % ne gagne à peu près rien tandis qu'une faible fraction seulement se partage la quasi-totalité de la masse des salaires distribués.

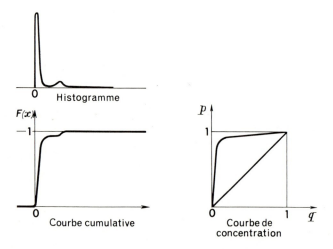

Fig. 3.21. Distribution à forte concentration.

Dans le cas de la distribution des entreprises d'un secteur d'activité donné suivant le chiffre d'affaires, l'indice de concentration est voisin de l'unité si un grand nombre d'entreprises réalise un chiffre d'affaires très faible et si quelques entreprises seulement se partagent la quasi-totalité du chiffre d'affaires réalisé dans le secteur d'activité. Le cas typique est le secteur français de l'automobile où à côté d'un grand nombre de petits établissements fabriquant des accessoires divers, les quatre grands constructeurs réalisent la quasi-totalité du chiffre d'affaires de ce secteur d'activité : le secteur de l'automobile est un secteur *fortement concentré*.

3. 5. 3. **La médiale.**

La *médiale* de la distribution des salaires des ouvriers est le salaire tel que les ouvriers qui gagnent individuellement *moins* que la médiale gagnent globalement *autant* que les ouvriers dont le salaire *dépasse* le salaire médial. C'est par conséquent la valeur de x telle que :

$$q(x) = 1/2.$$

Comme la médiane, la médiale est évaluée par *interpolation linéaire* à partir des extrémités de la classe médiale. Ainsi pour la distribution des salaires des ouvriers (voir tableau complet page 77) :

	Extrémités de classe e_i	q_i	
	. . .	. . .	
	250	20,96	
	300	36,62	
médiale →	350	52,86	← 50 %
	. . .	. . .	

D'où la médiale $\mathcal{M}$:

$$\mathcal{M} = 300 + (350 - 300)\frac{50,00 - 36,62}{52,86 - 36,62} = 341,2\,;$$

le salaire médial est égal à 341 200 francs.

Remarques.

1. On prendra garde de ne pas confondre la *médiale* et la *médiane*, égales dans l'exemple traité à :

$$M = 295\ 300 \text{ francs} \qquad \mathcal{M} = 341\ 200 \text{ francs.}$$

La médiale est toujours *supérieure* à la médiane.

En effet les ouvriers, dont le salaire est *inférieur* au salaire médian, gagnent individuellement *moins* que ceux dont le salaire est *supérieur* au salaire médian. Or ces deux catégories d'ouvriers sont de même effectif, par définition de la médiane. Donc la masse des salaires gagnés par les premiers est *inférieure* à la masse des salaires gagnés par les seconds. Par conséquent pour assurer l'égalité des deux masses de salaires, il faut atteindre un salaire (le salaire médial) *supérieur* au salaire médian.

La médiale n'est égale à la médiane que si tous les salaires sont égaux (distribution égalitaire).

2. La donnée supplémentaire de la masse des salaires par classe montre que le salaire moyen est égal à :

$$58\ 240\ 000/185\ 951 = 313,2,$$

soit 313 200 francs.

L'approximation utilisée dans le calcul de la moyenne $\bar{x}$ qui consiste à remplacer la distribution continue par la distribution discrète où les effectifs d'une classe sont rapportés au centre de la classe avait conduit à :

$$\bar{x} = 316\ 000 \text{ francs} \qquad (\text{cf. } \mathbf{3.\ 1.\ 3.\ 2.}).$$

Ainsi, l'histogramme étant dissymétrique — avec étalement plus accentué *à droite* — l'approximation effectuée a pour effet d'*augmenter* la moyenne.

3. Pour le calcul de la moyenne et de la variance, on a dû limiter conventionnellement la première classe et faire choix d'un centre de classe. La connaissance du salaire moyen de la classe :

$$114\ 000/1\ 721 = 66,2$$

guide le choix du centre de classe à retenir. Comme on a le choix entre les centres 87,5, 75, 62,5, 50 (de manière à conserver le changement d'échelle $a = 12,5$) il est préférable de choisir la valeur la plus proche de la moyenne de la classe, soit 62,5 ; la première classe *Moins de* 100 devient donc *De 25 à* 100 (cf. **3. 1. 3. 2.** Remarque).

* 3. 6. CARACTÉRISTIQUES DES MÉLANGES DE POPULATIONS

Il est fréquent en Statistique Descriptive d'étudier la distribution d'un même caractère dans plusieurs populations analogues (distribution des revenus pour les différentes catégories sociales, distribution des chiffres d'affaires pour les entreprises des différentes branches d'activité, ...) : cette section est consacrée à l'étude des caractéristiques de position et de dispersion relatives à la population obtenue par le mélange de plusieurs sous-populations.

Soit une population P formée de sous-populations $P_1, ..., P_m$ d'effectifs $n_1, ..., n_m$. Le mélange P comporte donc un effectif total n égal à :

$$n = n_1 + \cdots + n_m = \sum_{h=1}^{m} n_h.$$

Soient $x_1, ..., x_k$ les différentes valeurs possibles d'une variable statistique X (qu'on supposera discrète pour simplifier la présentation), observées dans les différentes sous-populations. Dans certaines sous-populations, certaines valeurs x_i peuvent ne pas être représentées. L'effectif correspondant sera alors zéro.

Soit d'une façon générale n_{ih} le nombre d'individus qui, dans la sous-population P_h, présentent la valeur x_i de la variable X. Dans la population P, l'effectif correspondant à la valeur x_i est donc :

$$n_{i\bullet} = n_{i1} + n_{i2} + \cdots + n_{im} = \sum_{h=1}^{m} n_{ih}.$$

Valeurs possibles	Effectifs dans la sous-population P_1	...	Effectifs dans la sous-population P_h	...	Effectifs dans la sous-population P_m	Effectifs dans la population P
x_1	n_{11}	...	n_{1h}	...	n_{1m}	$n_{1\bullet}$
.	.	...	.	...	.	.
.	.		.		.	.
.	.		.		.	.
x_i	n_{i1}	...	n_{ih}	...	n_{im}	$n_{i\bullet}$
.	.		.		.	.
.	.	...	.	...	.	.
.	.		.		.	.
x_k	n_{k1}	...	n_{kh}	...	n_{km}	$n_{k\bullet}$
Total	n_1	...	n_h	...	n_m	n

3. 6. 1. Diagramme différentiel.

Comme l'effectif $n_{i\bullet}$ est obtenu par sommation des effectifs n_{ih}, la fréquence f_i est égale à :

$$f_i = \frac{1}{n} \times n_{i\bullet} = \frac{1}{n} \sum_{h=1}^{m} n_{ih} = \frac{1}{n} \sum_{h=1}^{m} n_h f_{ih}.$$

En désignant par $p_1, p_2, ..., p_h, ..., p_m$ les proportions définissant la composition du mélange :

$$p_h = n_h/n,$$

la fréquence f_i s'écrit donc :

$$f_i = \sum_{h=1}^{m} p_h f_{ih}.$$

Ainsi les fréquences relatives au mélange sont les *moyennes pondérées* des fréquences correspondantes de chacune des sous-populations par les *proportions du mélange*.

Il en résulte que si la variable X est discrète le bâton relatif à la valeur x_i est la moyenne pondérée des bâtons correspondants de chacune des sous-populations.

Sous-Population P_1

Sous-Population P_2

Mélange P

Fig. 3.22. Diagramme en bâtons d'un mélange.

Dans le cas de variables *continues* étudiées dans le même découpage de classes, on obtient des résultats analogues :

$$\varphi_i = \frac{f_i}{a_i} = \sum_{h=1}^{m} p_h \frac{f_{ih}}{a_i} = \sum_{h=1}^{m} p_h \varphi_{ih}.$$

La hauteur du tuyau d'orgue relatif à la classe n° i (e_{i-1}, e_i) est la moyenne pondérée des hauteurs correspondantes des sous-populations.

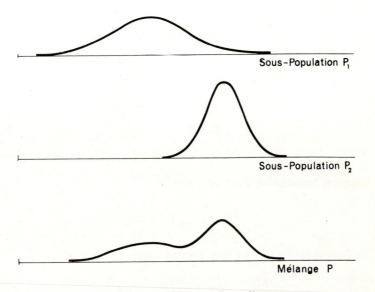

Fig. 3.23. Histogramme d'un mélange.

3. 6. 2. Courbe cumulative.

Soient $F_1(x), ..., F_m(x)$ les fonctions cumulatives de la variable X relative à chacune des sous-populations et $F(x)$ la fonction cumulative relative au mélange P. Le nombre d'individus $nF(x)$ dont le caractère est inférieur à x est égal à la somme des nombres d'individus correspondants dans chacune des sous-populations :

$$nF(x) = n_1 F_1(x) + \cdots + n_m F_m(x) = \sum_{h=1}^{m} n_h F_h(x).$$

D'où :

$$F(x) = \frac{1}{n} \sum_{h=1}^{m} n_h F_h(x).$$

En fonction des proportions définissant la composition du mélange : $p_1, \ldots, p_m$, la fonction cumulative s'écrit donc :

$$F(x) = \sum_{h=1}^{m} p_h F_h(x).$$

Ainsi la fonction cumulative relative au mélange est la *moyenne pondérée* des fonctions cumulatives par les *proportions* du mélange.

3. 6. 3. Médiane.

Supposons les sous-populations numérotées par l'indice h dans l'ordre croissant de leur médiane M_h :

$$M_1 \leqslant M_2 \leqslant \cdots \leqslant M_h \leqslant \cdots \leqslant M_m.$$

La médiane M du mélange P est la racine de l'équation :

$$F(M) = 1/2.$$

Montrons que la médiane M est comprise entre les médianes extrêmes M_1 et M_m.

La fonction cumulative $F(x)$ est égale à :

$$F(x) = \sum_{h=1}^{m} p_h F_h(x).$$

Or les fonctions $F_h(x)$ sont non décroissantes. Donc l'inégalité :

$$M_1 \leqslant M_h \qquad h = 2, \ldots, m$$

entraîne l'inégalité :

$$F_h(M_1) \leqslant F_h(M_h) = 1/2 \qquad h = 2, \ldots, m.$$

Par conséquent :

$$F(M_1) = \sum_{h=1}^{m} p_h F_h(M_1) \leqslant \sum_{h=1}^{m} p_h \times 1/2 = 1/2 = F(M)$$

et comme la fonction $F(x)$ est non décroissante :

$$M_1 \leqslant M.$$

De la même façon, on peut montrer que M est inférieure ou égale à M_m. En effet, l'inégalité :

$$M_m \geqslant M_h \qquad h = 1, 2, \ldots, m-1$$

entraîne :

$$F_h(M_m) \geqslant F_h(M_h) = 1/2 \qquad h = 1, 2, \ldots, m-1.$$

D'où :

$$F(M_m) = \sum_{h=1}^{m} p_h F_h(M_m) \geqslant \sum_{h=1}^{m} p_h \times 1/2 = 1/2 = F(M)$$

et par conséquent :

$$M_m \geqslant M.$$

Ainsi, d'une façon générale, la médiane M d'un mélange est comprise entre les médianes extrêmes :

$$\inf_h (M_h) \leqslant M \leqslant \sup_h (M_h).$$

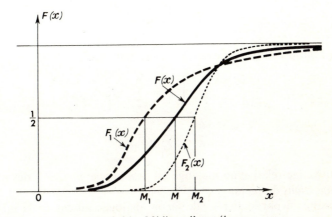

Fig. 3.24. Médiane d'un mélange.

Toutefois, comme on peut s'en assurer sur l'exemple d'un mélange de deux sous-populations, la médiane d'un mélange ne dépend pas *seulement* des médianes M_h et des proportions p_h mais dépend également de la forme des fonctions cumulatives $F_h(x)$.

Ainsi les sous-populations :

P_1 : 1, 3, 5, 7, 8   médiane : 5
P_2 : 1, 2, 3   médiane : 2
P_3 : 4, 8, 9   médiane : 8

conduisent à la médiane générale : $M = 4$.

En revanche, les sous-populations :

P_1 : 1, 3, 5, 7, 8   médiane : 5
P_2 : 1, 2, 5   médiane : 2
P_3 : 4, 8, 9   médiane : 8

conduisent à la médiane générale $M = 5$.

3. 6. 4. Moyenne.

Les moyennes $\bar{x}_h$ des sous-populations P_h ont pour expression :

$$\bar{x}_h = \sum_{i=1}^{k} f_{ih} x_i$$

et la moyenne $\bar{x}$ du mélange P :

$$\bar{x} = \sum_{i=1}^{k} f_i x_i.$$

Or les fréquences f_i sont les moyennes pondérées des fréquences correspondantes f_{ih} :

$$f_i = \sum_{h=1}^{m} p_h f_{ih}.$$

D'où la relation entre la moyenne $\bar{x}$ et les moyennes $\bar{x}_h$:

soit :
$$\bar{x} = \sum_{i=1}^{k} f_i x_i = \sum_{i=1}^{k} \left[\sum_{h=1}^{m} p_h f_{ih} \right] x_i = \sum_{h=1}^{m} p_h \left[\sum_{i=1}^{k} f_{ih} x_i \right] = \sum_{h=1}^{m} p_h \bar{x}_h,$$

$$\bar{x} = \sum_{h=1}^{m} p_h \bar{x}_h.$$

Ainsi la moyenne relative au mélange est la *moyenne pondérée* des moyennes par les *proportions* du mélange.

Il en résulte en particulier — de façon analogue au cas de la médiane — que la moyenne relative au mélange est comprise entre les moyennes extrêmes. Toutefois, à la différence de la médiane, la moyenne $\bar{x}$ dépend *seulement* des moyennes composantes $\bar{x}_h$ et des proportions du mélange p_h.

3. 6. 5. Variance.

Les variances σ_h^2 des sous-populations P_h ont pour expression :

$$\sigma_h^2 = \sum_{i=1}^{k} f_{ih} (x_i - \bar{x}_h)^2,$$

c'est-à-dire encore, en utilisant le théorème de König :

$$\sigma_h^2 = \sum_{i=1}^{k} f_{ih} (x_i - \bar{x})^2 - (\bar{x}_h - \bar{x})^2,$$

où $\bar{x}$ désigne la moyenne du mélange.

La variance σ^2 dans le mélange P a pour expression :

$$\sigma^2 = \sum_{i=1}^{k} f_i (x_i - \bar{x})^2.$$

En portant dans cette expression la valeur de f_i en fonction des f_{ih} :

$$f_i = \sum_{h=1}^{m} p_h f_{ih},$$

il vient :

$$\sigma^2 = \sum_{i=1}^{k} f_i(x_i - \overline{x})^2 = \sum_{i=1}^{k} \left[\sum_{h=1}^{m} p_h f_{ih} \right] (x_i - \overline{x})^2$$

$$= \sum_{h=1}^{m} p_h \left[\sum_{i=1}^{k} f_{ih}(x_i - \overline{x})^2 \right] = \sum_{h=1}^{m} p_h [\sigma_h^2 + (\overline{x}_h - \overline{x})^2]$$

soit :

$$\sigma^2 = \sum_{h=1}^{m} p_h \sigma_h^2 + \sum_{h=1}^{m} p_h (\overline{x}_h - \overline{x})^2.$$

Le deuxième terme du second membre de cette égalité représente la *variance des moyennes* $\overline{x}_h$: moyenne (pondérée par les proportions p_h) des *carrés des écarts* entre les $\overline{x}_h$ et *leur moyenne* (pondérée par les proportions p_h) égale à $\overline{x}$.

Ainsi la variance dans le mélange est égale à la *moyenne* des *variances* augmentée de la *variance* des *moyennes*.

La moyenne des variances, appelée *variance intra-sous-populations*, est la variance σ^2 qu'on obtiendrait si les sous-populations P_h avaient même moyenne. La variance des moyennes, appelée *variance inter-sous-populations*, est la variance σ^2 qu'on obtiendrait si les sous-populations P_h étaient homogènes ($\sigma_h = 0$).

L'hétérogénéité d'un mélange résulte ainsi de deux facteurs : les hétérogénéités internes à chacune des sous-populations et l'hétérogénéité entre les moyennes des sous-populations. Ainsi la dispersion des salaires de la population française résulte des dispersions internes à chaque catégorie sociale et de la dispersion des salaires moyens d'une catégorie sociale à l'autre. L'analyse des salaires par catégorie sociale permet ainsi *d'expliquer* une partie de la variance totale par la variance entre salaires moyens.

On appelle *fraction de la variance totale expliquée par l'hétérogénéité des moyennes entre sous-populations* le rapport :

$$R^2 = \frac{\sum_{h=1}^{m} p_h (\overline{x}_h - \overline{x})^2}{\sigma^2} = 1 - \frac{\sum_{h=1}^{m} p_h \sigma_h^2}{\sigma^2}.$$

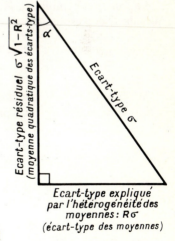

Fig. 3.25. Décomposition de l'écart-type d'un mélange.

Ce rapport est compris entre 0 et 1 puisqu'il s'agit d'un pourcentage. Il est égal à 0 si les sous-populations ont même moyenne et égal à 1 si les sous-populations sont homogènes (homogénéité interne). R^2 joue un rôle important dans l'étude de la corrélation (rapport de corrélation).

3. 7. REPRÉSENTATION ANALYTIQUE DES VARIABLES STATISTIQUES A UNE DIMENSION

Cette section est destinée à préparer l'étude des modèles théoriques de distributions à une variable à laquelle est consacré le chapitre **4**. La formalisation analytique des distributions continues présente en effet quelques difficultés pour qui n'est pas familier du calcul infinitésimal et de la notion mathématique de *continuité*.

3. 7. 1. Représentation des variables statistiques discrètes.

La représentation analytique des variables statistiques discrètes qui a été utilisée principalement dans le chapitre **3** ne soulève pas de difficultés particulières.

L'ensemble $\{x_i\}$ des valeurs possibles correspond à l'ensemble $\{f_i\}$ des fréquences dont les valeurs sont positives et dont la somme est égale à l'unité.

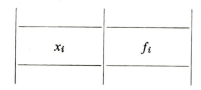

La fonction cumulative $F(x)$ est la fonction en escalier dont les sauts d'amplitude f_i correspondent aux valeurs possibles x_i :

$$F(x) = \sum_{j=1}^{i} f_j \quad \text{pour} \quad x_i < x \leq x_{i+1}.$$

La moyenne d'une fonction g des observations est la moyenne pondérée des valeurs possibles $g(x_i)$ par les fréquences f_i :

$$\overline{g} = \sum_{i=1}^{k} f_i g(x_i).$$

Lorsque le nombre k des valeurs possibles est infini, la moyenne de la fonction g n'est définie que si la somme :

$$\sum_{i=1}^{\infty} f_i g(x_i)$$

est convergente.

3. 7. 2. Représentation des variables statistiques continues.

Reprenons l'exemple de la distribution des salaires envisagé à plusieurs reprises au cours de ce chapitre.

La fonction cumulative $F(x)$ — de même que la courbe de concentration — n'est connue que pour certaines valeurs de x : les extrémités de classe e_i.

La classe n° i dont les limites sont e_{i-1} et e_i contient une proportion f_i des individus :

$$F(e_i) = F(e_{i-1}) + f_i.$$

Si on découpe la classe n° i en sous-classes, chacune des nouvelles extrémités de classe fournit une valeur de $F(x)$ et améliore la connaissance de la courbe cumulative. Toutefois, le nombre d'individus dont le salaire est situé dans la classe n° i étant fini :

$$n_i = nf_i,$$

ce découpage ne peut être poursuivi indéfiniment : à force de découper l'intervalle (e_{i-1}, e_i) en sous-intervalles d'amplitude de plus en plus petite, on aboutira *nécessairement* à des sous-intervalles vides d'effectifs ; le nombre de sous-intervalles non vides d'effectifs étant au plus égal au nombre n_i d'individus, le nombre de sous-intervalles vides d'effectifs s'accroît indéfiniment au fur et à mesure qu'on affine les découpages. On aboutit ainsi à la limite à une courbe cumulative *discontinue* dont les sauts sont égaux à $1/n$ (ou sont multiples de $1/n$, si plusieurs individus présentent des salaires identiques).

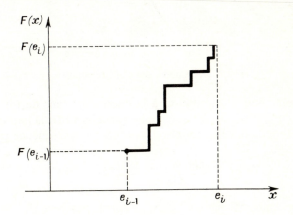

Fig. 3.26. Limite de la courbe cumulative d'une variable continue observée sur un ensemble fini d'unités statistiques.

L'exemple des salaires peut être étendu au cas de n'importe quelle distribution continue, par exemple à l'âge, variable essentiellement continue : l'effectif de la population étudiée n étant nécessairement *fini*, à la limite, la connaissance des âges exacts de *tous* les individus constituant la population conduit encore à une courbe cumulative discontinue dont les sauts sont égaux à $1/n$ (ou multiples de $1/n$).

Le modèle théorique d'une variable continue suppose au contraire que le découpage d'une classe en un nombre infini de sous-intervalles, tels que la longueur de chacun tende vers zéro, peut-être poursuivi indéfiniment : la fréquence attachée à un sous-intervalle quelconque $(x, x + \Delta x)$ étant nulle seulement à la limite lorsque Δx est nul. Tant que Δx demeure infiniment petit *non nul*, la fréquence attachée à l'intervalle est infiniment petite, mais *non nulle*. On aboutit ainsi à la notion de courbe cumulative *continue* ne présentant pas de saut et variant continûment de $F(e_{i-1})$ à $F(e_i)$ sur l'intervalle (e_{i-1}, e_i) : toutes les valeurs comprises entre $F(e_{i-1})$ et $F(e_i)$ sont décrites par la fonction $F(x)$ — et une fois seulement puisque la fonction $F(x)$ est monotone croissante — lorsque x varie de e_{i-1} à e_i.

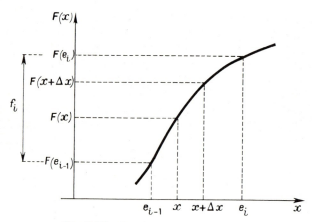

Fig. 3.27. Courbe cumulative continue.

L'histogramme auquel on aboutit à la limite est formé de tuyaux d'orgue de base nulle s'appuyant sur une courbe continue. En effet la hauteur du tuyau d'orgue correspondant à l'intervalle $x, x + \Delta x$ est la fréquence moyenne par unité d'amplitude :

$$\frac{F(x + \Delta x) - F(x)}{\Delta x}.$$

Lorsque Δx tend vers zéro, c'est-à-dire lorsque la base du tuyau d'orgue tend vers zéro, la hauteur a une limite : la dérivée de la fonction F au point x :

$$\lim_{\Delta x \to 0} \frac{F(x + \Delta x) - F(x)}{\Delta x} = F'(x).$$

Ainsi l'ordonnée $f(x)$ de l'histogramme au point x est la *dérivée* de la fonction $F(x)$. On l'appelle la *densité* de la variable statistique.

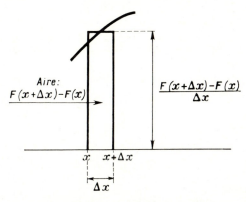

Fig. 3.28. Histogramme continu.

On aboutit ainsi à des définitions analogues à celles des variables discrètes :

Variable discrète	Variable continue
Fréquence attachée à la *valeur isolée* x_i :	Fréquence attachée à l'*intervalle infinitésimal* $(x, x + dx)$:
$f_i = F(x_i + 0) - F(x_i - 0)$.	$f(x)\,dx = F'(x)\,dx$.
Fonction cumulative au point x :	Fonction cumulative au point x :
$F(x) = \sum_{x_i < x} f_i$.	$F(x) = \int_{-\infty}^{x} f(\xi)\,d\xi$.

Les trois conditions, nécessaires et suffisantes dans leur ensemble, pour qu'une fonction continue $F(x)$ soit une fonction cumulative sont les suivantes :

$$F(-\infty) = 0$$
$$F(+\infty) = 1$$
$$F'(x) \geqslant 0.$$

En termes de densité, ces conditions s'écrivent :

a) $$\int_{-\infty}^{+\infty} f(x)\,dx = 1,$$

ce qui exige en particulier que $f(x)$ soit nulle pour $+\infty$ et $-\infty$:

$$f(+\infty) = f(-\infty) = 0.$$

b) $$f(x) \geqslant 0.$$

3. 7. 2. 1. Caractéristiques d'une variable statistique continue.

Reprenons dans le langage continu — c'est-à-dire après passage à la limite — les diverses caractéristiques d'une variable statistique continue.

Quantile.

Le quantile d'ordre α est la valeur de la variable telle que :

$$F(x_\alpha) = \alpha.$$

La médiane est le quantile d'ordre $\alpha = 1/2$.

Mode.

Le mode est la valeur de la variable qui correspond au maximum de $f(x)$:

$$f(M_0) = \max_x [f(x)].$$

Si la fonction densité est continue, le mode est l'une des racines de l'équation :

$$f'(x) = 0$$

c'est-à-dire :

$$F''(x) = 0.$$

Dans le cas des distributions unimodales à densité continue, le mode est l'unique racine de cette équation. Il correspond au *point d'inflexion* de la courbe cumulative.

Moyenne d'une fonction g.

La *moyenne d'une fonction g* est donnée par l'intégrale — si celle-ci est convergente :

$$\bar{g} = \int_{-\infty}^{+\infty} g(x)f(x)\,dx,$$

formule analogue à celle du cas discret :

$$\bar{g} = \sum_{i=1}^{k} g(x_i)f_i.$$

En particulier, la *moyenne* de la variable X est l'intégrale ([1]) :

$$m = \int_{-\infty}^{+\infty} x f(x) \, \mathrm{d}x.$$

De même, les *moments* centrés et non centrés sont respectivement :

$$\mu_r = \int_{-\infty}^{+\infty} (x - m)^r f(x) \, \mathrm{d}x$$

$$m_r = \int_{-\infty}^{+\infty} x^r f(x) \, \mathrm{d}x.$$

Les propriétés des caractéristiques établies dans le cas discret ainsi que les relations entre ces caractéristiques s'étendent au cas des variables continues. Ainsi, le théorème de König prend la forme :

$$\int_{-\infty}^{+\infty} (x - m)^2 f(x) \, \mathrm{d}x = \int_{-\infty}^{+\infty} x^2 f(x) \, \mathrm{d}x - m^2$$

c'est-à-dire encore :

$$\mu_2 = m_2 - m_1^2.$$

De même, l'aire algébrique délimitée par la courbe cumulative, les axes de coordonnées et la droite d'ordonnée 1 est égale à la moyenne m.

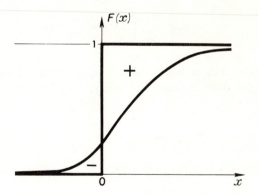

Fig. 3.29. Evaluation graphique de la moyenne.

([1]) Dans le cas où la fonction $F(x)$ ou $f(x)$ est donnée sous forme analytique, on utilise la notation m de préférence à $\bar{x}$.

Comme la moyenne des différences à la moyenne $x - m$ est nulle, les aires hachurées ci-dessous sont égales.

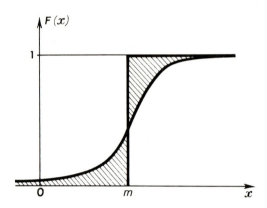

Fig. 3.30. La moyenne détermine avec la courbe cumulative deux aires égales.

Concentration.

La concentration n'est définie que pour les variables statistiques continues *positives*.

Les quantités p et q définies ci-dessus en **3. 5** prennent la forme :

$$p(x) = F(x) = \int_0^x f(\xi)\, d\xi$$

$$q(x) = \frac{1}{m} \int_0^x \xi f(\xi)\, d\xi.$$

En effet si l'effectif de la population est n, la masse des salaires gagnés par les $nF(x)$ individus dont le salaire est inférieur à x est :

$$S(x) = \int_0^x \xi n f(\xi)\, d\xi.$$

La masse totale des salaires gagnés est n fois le salaire moyen :

$$S(+\infty) = \int_0^\infty x n f(x)\, dx = n \times m$$

et par conséquent :

$$q(x) = \frac{S(x)}{S(+\infty)} = \frac{1}{m} \int_0^x \xi f(\xi)\, d\xi.$$

La courbe de concentration est ainsi définie en coordonnées *paramétriques* où x est le paramètre.

La dérivée de la fonction $p(q)$ est égale à :

$$\frac{dp}{dq} = \frac{f(x)\,dx}{\dfrac{1}{m}xf(x)\,dx} = \frac{m}{x}$$

et la dérivée seconde :

$$\frac{d^2p}{dq^2} = \frac{d}{dx}\left(\frac{m}{x}\right)\frac{dx}{dq} = -\frac{m}{x^2}\cdot\frac{m}{xf(x)} = -\frac{m^2}{x^3 f(x)}.$$

Il s'en déduit que la dérivée seconde est *négative* puisque x, $f(x)$ et m sont des quantités positives : la courbe de concentration $p(q)$ est à concavité tournée vers le bas.

La tangente est parallèle à la première bissectrice lorsque dp/dq est égal à 1, c'est-à-dire lorsque $x = m$.

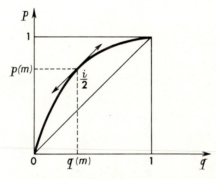

Fig. 3.31.

Aux extrémités du carré, la pente est :
— pour $p = q = 0$: m/x_{min}, x_{min} étant la plus petite valeur possible de la variable à densité non nulle. Si par exemple X représente le salaire et si le plus petit salaire possible est nul, la tangente en $p = q = 0$ est verticale.
— pour $p = q = 1$: m/x_{max} où x_{max} désigne la plus grande valeur possible de la variable. Si le champ de variation de la variable s'étend à l'infini, la tangente en $p = q = 1$ est horizontale.

L'*indice de concentration* est le double de l'aire comprise entre la courbe de concentration et la première bissectrice :

$$\frac{i+1}{2} = \int_0^1 p\,dq = \frac{1}{m}\int_0^\infty xF(x)f(x)\,dx$$

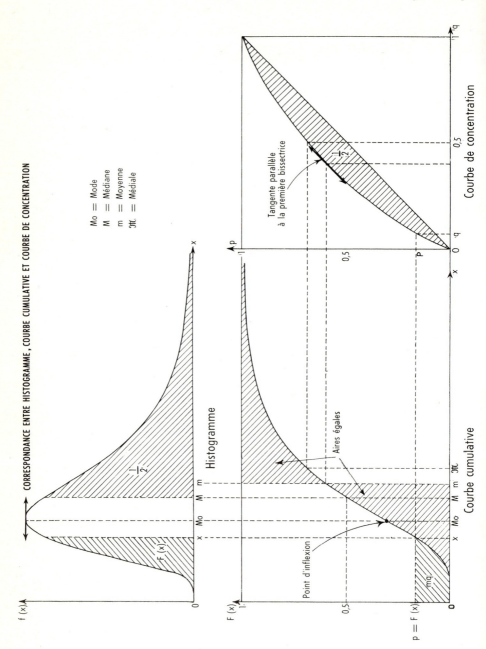

Fig. 3.32. Histogramme, courbe cumulative et courbe de concentration.

soit encore :

$$i = \frac{1}{m}\int_0^\infty x\,\mathrm{d}[F^2(x)] - 1.$$

Sur le graphique de la page 98 on trouvera la correspondance entre les trois courbes caractéristiques d'une variable statistique continue : l'histogramme, la courbe cumulative et la courbe de concentration. Les valeurs typiques : moyenne, mode, médiale, médiane figurent sur ce graphique avec leur signification particulière relativement à chacune des trois courbes.

CHAPITRE 4

DISTRIBUTIONS THÉORIQUES A UNE VARIABLE

Ce chapitre est consacré à la présentation des principales distributions théoriques discrètes et continues. Ces distributions constituent à proprement parler des modèles probabilistes dont l'étude sera menée en détail dans le Cours de Calcul des Probabilités. Leur place dans ce livre se justifie par leur importance dans de nombreux domaines de la Statistique appliquée. Elles illustrent — sous forme analytique — les notions présentées dans le chapitre 3 et préparent à l'étude probabiliste ultérieure. La connaissance du Calcul des Probabilités n'est absolument pas nécessaire à la compréhension de ce chapitre.

La première partie du chapitre est consacrée aux variables discrètes, la seconde aux variables continues.

PREMIÈRE PARTIE

DISTRIBUTIONS THÉORIQUES DISCRÈTES

* 4.1. LOI DISCRÈTE UNIFORME

4.1.1. Définition.

La variable *discrète uniforme* est la variable statistique dont les valeurs possibles sont les entiers successifs de 1 à n :

$$x = 1, 2, ..., n$$

et dont toutes les fréquences sont égales à :

$$f_x = \frac{1}{n}.$$

4.1.2. Diagramme en bâtons et courbe cumulative.

Le diagramme en bâtons et la courbe cumulative se déduisent directement de la définition :

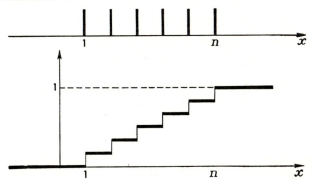

Fig. 4.1. Diagramme en bâtons et courbe cumulative de la variable discrète uniforme.

La distribution est symétrique par rapport à $x = (n + 1)/2$. Cette valeur est l'une des valeurs possibles si n est impair.

4.1.3. Caractéristiques de tendance centrale.

Toutes les valeurs possibles sont *modales* puisque les fréquences sont égales. La *médiane* est égale à $(n + 1)/2$ si n est impair. Si n est pair, l'intervalle $(n/2, n/2 + 1)$ est l'intervalle médian.

La *moyenne* m est égale à $(n + 1)/2$ du fait de la symétrie. On peut encore s'en assurer directement :

$$m = \sum_{x=1}^{n} x f_x = \frac{1}{n} \sum_{x=1}^{n} x = \frac{1}{n} \frac{n(n+1)}{2} = \frac{n+1}{2}.$$

4.1.4. Caractéristiques de dispersion.

4.1.4.1. Moments factoriels.

Les moments factoriels ont une forme assez simple :

$$\mu_{[k]} = \sum_{x=1}^{n} x(x-1)\cdots(x-k+1) f_x = \frac{1}{n} \sum_{x=k}^{n} \frac{x!}{(x-k)!}.$$

Considérons l'identité aisée à établir :

$$\frac{(x+1)!}{(x-k)!} - \frac{x!}{(x-k-1)!} = (k+1) \frac{x!}{(x-k)!}.$$

Si on somme les identités analogues pour $x = k+1, k+2, ..., n$, on obtient :

$$\sum_{x=k+1}^{n} \left[\frac{(x+1)!}{(x-k)!} - \frac{x!}{(x-k-1)!} \right] = (k+1) \sum_{x=k+1}^{n} \frac{x!}{(x-k)!}.$$

Or la somme du premier membre est égale à :

$$\frac{(n+1)!}{(n-k)!} - (k+1)!$$

et la somme du second membre est égale à :

$$(k+1)[n\mu_{[k]} - k!] = n(k+1)\mu_{[k]} - (k+1)!$$

D'où le moment factoriel d'ordre k :

$$\mu_{[k]} = \frac{1}{n(k+1)} \frac{(n+1)!}{(n-k)!} = \frac{n+1}{k+1}(n-1)(n-2)\cdots(n-k+1).$$

Ainsi :

$$\mu_{[1]} = \frac{n+1}{2},$$

$$\mu_{[2]} = \frac{n^2-1}{3},$$

$$\mu_{[3]} = \frac{(n-2)(n^2-1)}{4},$$

$$\mu_{[4]} = \frac{(n-3)(n-2)(n^2-1)}{5}.$$

4. 1. 4. 2. Moments non centrés et centrés.

On peut obtenir les moments non centrés à partir des moments factoriels au moyen des formules établies en 3. 3. 2. 3. On peut également les obtenir au moyen d'une relation de récurrence.

Considérons l'identité suivante (formule du binôme de Newton) :

$$(x+1)^{r+1} - x^{r+1} = C_{r+1}^1 x^r + C_{r+1}^2 x^{r-1} + \cdots + 1.$$

Si on additionne les identités analogues obtenues pour $x = 1, 2,..., n$, il vient :

$$(n+1)^{r+1} - 1 = C_{r+1}^1 \sum_{x=1}^{n} x^r + C_{r+1}^2 \sum_{x=1}^{n} x^{r-1} + \cdots + n$$

c'est-à-dire, en divisant par n :

$$\frac{(n+1)^{r+1} - 1}{n} = C_{r+1}^1 m_r + C_{r+1}^2 m_{r-1} + \cdots + 1.$$

Ainsi :

$$\frac{(n+1)^2 - 1}{n} = 2m_1 + 1$$

$$\frac{(n+1)^3 - 1}{n} = 3m_2 + 3m_1 + 1$$

$$\frac{(n+1)^4 - 1}{n} = 4m_3 + 6m_2 + 4m_1 + 1.$$

Ces différentes relations conduisent aux moments non centrés :

$$m_1 = \frac{n+1}{2}$$

$$m_2 = \frac{(n+1)(2n+1)}{6}$$

$$m_3 = \frac{n(n+1)^2}{4}$$

$$m_4 = \frac{(n+1)(2n+1)(3n^2+3n-1)}{30}$$

A l'aide des formules qui généralisent le théorème de König (cf. 3. 3. 2. 2.), on aboutit aux moments centrés (On notera que les moments centrés d'ordre impair sont nuls par symétrie) :

$$\mu_2 = \frac{n^2-1}{12}$$

$$\mu_4 = \frac{(n^2-1)(3n^2-7)}{240}$$

4. 1. 5. Caractéristiques de forme.

La distribution étant symétrique, le coefficient d'asymétrie γ_1 est nul. Le coefficient d'aplatissement γ_2 est égal à :

$$\gamma_2 = \frac{\mu_4}{\mu_2^2} - 3 = -\frac{6}{5}\frac{n^2+1}{n^2-1}.$$

4. 2. LOI BINOMIALE

4. 2. 1. Définition.

La *variable binomiale de paramètres n et p* est la variable discrète qui prend les valeurs entières :

$$x = 0, 1, ..., n$$

avec les fréquences :

$$f_x = C_n^x p^x (1-p)^{n-x},$$

p étant un paramètre compris entre 0 et 1.

Si on pose :
$$q = 1 - p,$$
la fréquence f_x s'écrit :
$$f_x = C_n^x p^x q^{n-x} \qquad x = 0, 1, ..., n.$$
Ainsi f_x est le terme en p^x du développement du binôme de Newton :
$$(p + q)^n = 1^n = 1.$$
On vérifie par conséquent que la somme des fréquences est égale à l'unité.

Cette distribution est en général dissymétrique, comme on le montrera plus loin (**4. 2. 5.**). Elle n'est symétrique que si le paramètre p est égal à 1/2. En effet alors :
$$f_x = \frac{C_n^x}{2^n} = \frac{C_n^{n-x}}{2^n} = f_{n-x}.$$
Le centre de symétrie est $n/2$.

4. 2. 2. Calcul pratique des fréquences.

Le calcul pratique des fréquences repose sur la relation de récurrence qui lie deux fréquences consécutives :
$$\frac{f_{x+1}}{f_x} = \frac{C_n^{x+1} p^{x+1} q^{n-x-1}}{C_n^x p^x q^{n-x}} = \frac{n-x}{x+1} \frac{p}{q}$$
et de manière analogue :
$$\frac{f_{x-1}}{f_x} = \frac{C_n^{x-1} p^{x-1} q^{n-x+1}}{C_n^x p^x q^{n-x}} = \frac{x}{n-x+1} \frac{q}{p}.$$
Il suffit ainsi de calculer la fréquence relative au mode ([1]) pour obtenir de proche en proche toutes les fréquences successives de part et d'autre du mode.

Exemple.

Soit à calculer les fréquences de la variable binomiale de paramètres $n = 10$ et $p = 1/4$. On montrera ci-dessous que le mode est $M_0 = 2$.
Les relations de récurrence entre fréquences consécutives sont :
$$\left. \begin{array}{l} \dfrac{f_{x+1}}{f_x} = \dfrac{10-x}{3(x+1)} \\[2mm] \dfrac{f_{x-1}}{f_x} = \dfrac{3x}{11-x} \end{array} \right\} \begin{array}{l} \text{coefficients multiplicateurs} \\ \text{faisant passer} \\ \text{de } f_x \text{ à } f_{x+1} \\ \text{ou à } f_{x-1}. \end{array}$$

([1]) On pourrait retenir n'importe quelle valeur possible. L'intérêt de retenir le mode provient de ce que l'erreur d'arrondi commise sur chaque fréquence est inférieure à celle commise sur le mode puisque les divers coefficients f_{x+1}/f_x ou f_{x-1}/f_x sont par définition inférieurs à l'unité.

LOI BINOMIALE

La fréquence correspondant au mode est :

$$f_2 = C_{10}^2 \left(\frac{1}{4}\right)^2 \left(\frac{3}{4}\right)^8 = \frac{45 \times 3^8}{4^{10}} = 0{,}281\ 57.$$

D'où le tableau de calcul des différentes fréquences :

Valeurs possibles	Coefficients multiplicateurs	Fréquences
0	$\frac{3}{10}$	0,056 31
1		0,187 71
	$\frac{6}{9}$	
2		**0,281 57**
	$\frac{8}{9}$	
3		0,250 28
	$\frac{7}{12}$	
4	$\frac{6}{15}$	0,146 00
5		0,058 40
	$\frac{5}{18}$	
6	$\frac{4}{21}$	0,016 22
7		0,003 09
	$\frac{3}{24}$	
8	$\frac{2}{27}$	0,000 39
9		0,000 03
	$\frac{1}{30}$	
10		ε
Total	—	1,000 00

Ainsi :

$$f_3/f_2 = 8/9.$$

D'où :

$$f_3 = \frac{8}{9} f_2 = \frac{8}{9} \times 0{,}281\ 57 = 0{,}250\ 28.$$

De même :

$$f_1/f_2 = 6/9.$$

D'où :

$$f_1 = \frac{6}{9} f_2 = \frac{6}{9} \times 0{,}281\ 57 = 0{,}187\ 71.$$

Les tables du *National Bureau of Standards* fournissent les fréquences individuelles et les fréquences cumulées de la loi binomiale pour n inférieur à 50. Les tables de Romig (*Binomial* 50-100 *Tables*) fournissent les mêmes éléments pour n compris entre 50 et 100, p variant dans les deux tables de 1 % en 1 %.

4. 2. 3. Caractéristiques de valeur centrale.

4. 2. 3. 1. Mode.

Le mode M_0 est l'entier qui vérifie :

$$\frac{f_{M_0+1}}{f_{M_0}} < 1 \quad \text{et} \quad \frac{f_{M_0-1}}{f_{M_0}} < 1,$$

soit :

$$\frac{n - M_0}{M_0 + 1} \frac{p}{q} < 1 \quad \text{et} \quad \frac{M_0}{n - M_0 + 1} \frac{q}{p} < 1$$

dont la solution est :

$$np - q < M_0 < np + p.$$

Le mode est ainsi la valeur entière comprise entre $np - q$ et $np + p$. Comme ces deux nombres diffèrent d'une unité :

$$(np + p) - (np - q) = p + q = 1,$$

il existe en général **un nombre** entier unique compris entre $np - q$ et $np + p$. Si toutefois $np - q$ est **entier**, $np + p$ l'est également et on peut vérifier que ces **deux** valeurs sont modales.

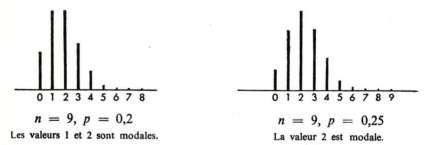

$n = 9,\ p = 0{,}2$ — Les valeurs 1 et 2 sont modales.

$n = 9,\ p = 0{,}25$ — La valeur 2 est modale.

Fig. 4.2. Diagramme en bâtons des variables $\mathcal{B}(9 : 0{,}2)$ et $\mathcal{B}(9 : 0{,}25)$.

4. 2. 3. 2. Moyenne.

La **moyenne** m est **égale** à :

$$m = \sum_{x=0}^{n} x\, C_n^x p^x q^{n-x} = np \sum_{x=1}^{n} \frac{(n-1)!\, p^{x-1} q^{n-x}}{(x-1)!(n-x)!},$$

c'est-à-dire, en posant $n' = n - 1$, $x' = x - 1$:

$$m = np \sum_{x'=0}^{n'} C_{n'}^{x'} p^{x'} q^{n'-x'} = np(p+q)^{n'} = np.$$

La moyenne de la variable binomiale est ainsi égale au produit des paramètres.

4. 2. 4. Caractéristiques de dispersion.

4. 2. 4. 1. MOMENTS FACTORIELS.

Le calcul des moments factoriels est analogue à celui de la moyenne :

$$\mu_{[k]} = \sum_{x=0}^{n} x(x-1) \cdots (x-k+1) C_n^x p^x q^{n-x}$$

$$= \sum_{x=k}^{n} \frac{x!}{(x-k)!} C_n^x p^x q^{n-x}$$

$$= \frac{n!}{(n-k)!} p^k \sum_{x=k}^{n} C_{n-k}^{x-k} p^{x-k} q^{n-x}$$

et en posant $n' = n - k$, $x' = x - k$:

$$\mu_{[k]} = \frac{n!}{(n-k)!} p^k \sum_{x'=0}^{n'} C_{n'}^{x'} p^{x'} q^{n'-x'} = \frac{n!}{(n-k)!} p^k (p+q)^{n'}$$

$$= \frac{n!}{(n-k)!} p^k.$$

Ainsi :

$$\mu_{[1]} = np$$
$$\mu_{[2]} = n(n-1)p^2$$
$$\mu_{[3]} = n(n-1)(n-2)p^3$$

4. 2. 4. 2. MOMENTS CENTRÉS.

A partir des moments factoriels, on peut passer aux moments non centrés puis centrés (cf. 3. 3. 2. 2).

On peut également établir une relation de récurrence entre les moments centrés μ_r :

$$\mu_r = \sum_{x=0}^{n} (x - np)^r C_n^x p^x (1-p)^{n-x}.$$

Dérivons μ_r par rapport à p :

$$\frac{d\mu_r}{dp} = -nr \sum_{x=0}^{n} (x-np)^{r-1} C_n^x p^x (1-p)^{n-x} + \frac{1}{p} \sum_{x=1}^{n} x(x-np)^r C_n^x p^x (1-p)^{n-x}$$

$$+ \frac{1}{1-p} \sum_{x=0}^{n} (x-n)(x-np)^r C_n^x p^x (1-p)^{n-x}$$

$$= -nr \sum_{x=0}^{n} (x-np)^{r-1} C_n^x p^x (1-p)^{n-x}$$

$$+ \frac{1}{p(1-p)} \sum_{x=0}^{n} (x-np)^{r+1} C_n^x p^x (1-p)^{n-x}$$

$$= -nr\mu_{r-1} + \frac{1}{p(1-p)} \mu_{r+1},$$

c'est-à-dire encore, en posant $q = 1 - p$:

$$\mu_{r+1} = pq \left(\frac{d\mu_r}{dp} + nr\mu_{r-1} \right).$$

Cette relation de récurrence, spécifique de la loi binomiale, fournit de proche en proche les moments centrés. En effet les deux premiers moments centrés sont (cf. 3. 3. 2. 1) :

$$\mu_0 = 1$$
$$\mu_1 = 0.$$

D'où les moments suivants :

$$\mu_2 = npq$$
$$\mu_3 = npq(q-p)$$
$$\mu_4 = npq(1 - 6pq + 3npq)$$

etc.

4. 2. 5. Caractéristiques de forme.

Les coefficients γ_1 et γ_2 de Fisher sont égaux à :

$$\gamma_1 = \frac{\mu_3}{\sigma^3} = \frac{q-p}{\sqrt{npq}}$$

$$\gamma_2 = \frac{\mu_4}{\sigma^4} - 3 = \frac{1-6pq}{npq}.$$

En ce qui concerne la symétrie, on notera que la distribution binomiale n'est symétrique que si p est égal à $1/2$ ($p = q$). Toutefois lorsque n augmente indéfiniment, la distribution tend à devenir symétrique : $\gamma_1 \to 0$.

Le coefficient d'aplatissement tend vers zéro lorsque n tend vers l'infini : comme on l'établira dans le Cours de Calcul des Probabilités, ce résultat traduit la convergence de la loi binomiale vers la loi normale. Les valeurs de p telles que γ_2 soit nul ($p = 0,211$ et $p = 0,789$) ne constituent pas des valeurs remarquables.

4. 2. 6. Conditions de validité de la loi binomiale.

On montre en Calcul des Probabilités que la loi binomiale est engendrée de la façon suivante :

Si un événement A a la probabilité p d'apparaître au cours d'une épreuve élémentaire, le nombre X d'apparitions de l'événement A au cours de n épreuves indépendantes suit la loi binomiale de paramètres n et p, qu'on désigne par $\mathcal{B}(n, p)$:

$$X = \mathcal{B}(n, p).$$

Soit par exemple un lot de pièces mécaniques comportant une proportion p de pièces défectueuses. Si on tire *au hasard* dans ce lot *une* pièce (épreuve élémentaire), celle-ci peut être défectueuse (événement A) ou non. La probabilité qu'elle soit défectueuse c'est-à-dire la probabilité d'apparition de l'événement A est p. Si on procède au tirage de n pièces dans ce lot, le nombre de pièces défectueuses tirées suit la loi binomiale $\mathcal{B}(n, p)$.

Remarque.

En toute rigueur, pour que les différents prélèvements soient *indépendants* et opérés dans des conditions *identiques*, il faut que la composition du lot en pièces défectueuses demeure *invariable* au cours des tirages successifs. Or en général les prélèvements sont *exhaustifs* : les n pièces sont tirées d'un seul coup, ce qui revient à les tirer une à une dans le lot, sans remise des pièces précédemment tirées. Dans ces conditions, la composition du lot n'est pas rigoureusement invariable d'un prélèvement à l'autre : la deuxième pièce est tirée dans un lot dont la proportion de pièces défectueuses est *inférieure* à p si la première pièce tirée est *défectueuse* (et supérieure à p dans le cas contraire). Pour que les hypothèses énoncées plus haut soient vérifiées, il est donc nécessaire que les tirages soient effectués successivement, *après remise* dans le lot de la pièce précédemment tirée. Toutefois, si l'échantillon est de taille relativement restreinte par rapport à celle du lot (en pratique : prélèvement de moins de 10 % des pièces du lot), les tirages avec et sans remise sont équivalents et la loi du nombre de pièces défectueuses X contenues dans l'échantillon est la loi binomiale $\mathcal{B}(n, p)$. Dans le cas du tirage exhaustif, la loi exacte est la loi hypergéométrique qui dépend d'un paramètre supplémentaire : le nombre de pièces du lot ; ses propriétés sont plus compliquées que celles de la loi binomiale (cf. ci-dessous **4. 4. 1.**).

On rencontre ainsi la loi binomiale dans le cas de sondages dans une population où les individus sont classés en deux catégories : le nombre d'individus appartenant à la première catégorie et figurant dans l'échantillon suit la loi binomiale dont les paramètres sont la taille de l'échantillon et la proportion des individus de la population appartenant à la première catégorie.

Les lois de Mendel sur l'hérédité conduisent également à la loi binomiale : un animal dont les parents appartiennent respectivement aux groupes A et B a la probabilité p_A d'appartenir au groupe A et $p_B = 1 - p_A$ d'appartenir au groupe B. Si on croise n couples d'animaux dont l'un est du groupe A et l'autre du groupe B, le nombre de descendants du groupe A suit la loi binomiale de paramètres n et p_A.

4. 2. 7. Ajustement d'une distribution observée à une distribution binomiale.

Même si une variable statistique satisfait *a priori* aux conditions énoncées plus haut qui définissent la loi binomiale, la distribution observée s'écarte toujours plus ou moins de la distribution binomiale théorique. La raison tient aux fluctuations aléatoires qui affectent les observations : la loi binomiale est une loi de probabilité dont les fréquences expérimentales attachées aux différentes valeurs possibles ne coïncident avec les fréquences théoriques ([1]) qu'au bout d'un nombre infini d'expériences. C'est pourquoi le problème se pose de sélectionner parmi toutes les lois binomiales celle qui est *la plus proche* d'une distribution observée donnée. On montre en Statistique Mathématique que si une distribution observée satisfait aux hypothèses définissant la loi binomiale, la loi binomiale ajustée la plus proche de la distribution observée est celle qui a la *même moyenne* que celle-ci.

L'ajustement est ainsi effectué de la façon suivante : on calcule la moyenne observée $\bar{x}$ et on retient la loi binomiale dont le paramètre p est égal à :

$$p = \bar{x}/n,$$

puisque la moyenne de la loi binomiale $\mathcal{B}(n, p)$ est

$$m = np.$$

Exemple.

Reprenons l'exemple envisagé plus haut (**2**. 1. 2. 1.) : la fabrication de pièces dans un atelier mécanique donne lieu à un certain pourcentage de pièces rebutées. On a

---

([1]) De façon précise, il s'agit des *probabilités* de la loi binomiale théorique, par opposition aux *fréquences expérimentales observées*.

observé 100 lots différents de 100 pièces chacun. Le nombre de pièces à rebuter par lot a pour distribution observée :

Nombre de pièces à rebuter par lot	Nombre correspondant de lots
1	2
2	9
3	14
4	20
5	18
6	15
7	9
8	6
9	4
10	2
11	1
Total	100

Si on suppose que pour chacune des $100 \times 100 = 10\,000$ pièces observées, la probabilité qu'une pièce soit défectueuse est p et si les lots sont constitués de 100 pièces choisies aléatoirement, la loi du nombre de pièces à rebuter par lot est la loi binomiale de paramètres 100 et p. Chacun des 100 lots joue le rôle d'un échantillon de 100 pièces tirées au sort dans une population où la proportion de pièces défectueuses est p. La méthode d'estimation de p consiste à identifier la moyenne de la loi binomiale $\mathcal{B}(100, p)$, soit $100p$, avec la moyenne $\bar{x}$ de la distribution observée. Or on a calculé la valeur du nombre moyen expérimental de pièces à rebuter par lot (3. 1. 3. 2) :

$$\bar{x} = 5 \text{ pièces.}$$

D'où l'estimation de p :

$$p = 5/100.$$

Comparons la distribution empirique à la distribution binomiale ajustée $\mathcal{B}(100\,;5\,\%)$:

Nombre de pièces à rebuter par lot	Fréquences observées	Fréquences théoriques
0	0,00	0,005 9
1	0,02	0,031 2
2	0,09	0,081 2
3	0,14	0,139 6
4	0,20	0,178 1
5	0,18	0,180 0
6	0,15	0,150 0
7	0,09	0,106 0
8	0,06	0,064 9
9	0,04	0,034 9
10	0,02	0,016 7
11 et plus	0,01	0,011 5
Total	1,00	1,000 0

L'ajustement paraît satisfaisant. Toutefois pour en juger, il faut définir à la fois :
— une *mesure de la distance* entre la distribution observée et la distribution ajustée,
— un *moyen d'apprécier* la distance mesurée.

La définition de la distance à retenir ainsi que le critère d'appréciation de cette distance relèvent de la Statistique Mathématique. Nous en présenterons les résultats ci-dessous (4. 11. 1. 3.).

4. 3. LOI DE POISSON

4. 3. 1. Définition.

La variable de Poisson de paramètre m est la variable discrète qui prend les valeurs entières :

$$x = 0, 1, 2, ...,$$

avec les fréquences :
$$f_x = \frac{e^{-m} m^x}{x!},$$

m étant un paramètre *positif*. On la désigne par $\mathfrak{T}(m)$.
On vérifie que la somme des fréquences est égale à l'unité :
$$\sum_{x=0}^{\infty} e^{-m} \frac{m^x}{x!} = e^{-m} \sum_{x=0}^{\infty} \frac{m^x}{x!} = e^{-m} \cdot e^m = 1.$$

4. 3. 2. Calcul pratique des fréquences.

Le calcul pratique des fréquences repose — de façon analogue au cas de la loi binomiale — sur la relation de récurrence qui lie deux fréquences consécutives :
$$\frac{f_{x+1}}{f_x} = \frac{\dfrac{e^{-m} m^{x+1}}{(x+1)!}}{\dfrac{e^{-m} m^x}{x!}} = \frac{m}{x+1}$$

et
$$\frac{f_{x-1}}{f_x} = \frac{\dfrac{e^{-m} m^{x-1}}{(x-1)!}}{\dfrac{e^{-m} m^x}{x!}} = \frac{x}{m}.$$

On calcule ainsi la fréquence relative au mode et on en déduit de proche en proche les fréquences successives de part et d'autre du mode.

Exemple.

Soit à calculer les fréquences de la variable de Poisson de paramètre $m = 5$.
Les relations de récurrence sont :
$$\frac{f_{x+1}}{f_x} = \frac{5}{x+1}$$

et
$$\frac{f_{x-1}}{f_x} = \frac{x}{5}.$$

La fréquence relative au mode ([1]) ($M_0 = 5$) est :
$$f_5 = \frac{e^{-5} 5^5}{5!} = \frac{625}{24\, e^5} = 0{,}175\,47.$$

([1]) On notera ci-dessus que les valeurs $x = 4$ et $x = 5$ sont modales.

D'où le tableau de calcul :

Valeurs possibles	Coefficient multiplicateur	Fréquence
0		0,006 74
1	$\frac{1}{5}$	0,033 69
2	$\frac{2}{5}$	0,084 22
3	$\frac{3}{5}$	0,140 38
4	$\frac{4}{5}$	0,175 47
5	1	0,175 47
6	$\frac{5}{6}$	0,146 22
7	$\frac{5}{7}$	0,104 44
8	$\frac{5}{8}$	0,065 28
9	$\frac{5}{9}$	0,036 27
10	$\frac{5}{10}$	0,018 13
11	$\frac{5}{11}$	0,008 24
12	$\frac{5}{12}$	0,003 43
13	$\frac{5}{13}$	0,001 32
14	$\frac{5}{14}$	0,000 47
15	$\frac{5}{15}$	0,000 16
16	$\frac{5}{16}$	0,000 05
17	$\frac{5}{17}$	0,000 02
18 et plus	—	ε
Total	—	1,000 00

4. 3. 3. Caractéristiques de valeur centrale.

4. 3. 3. 1. Mode.

Le mode M_0 est l'entier qui vérifie :

$$\frac{f_{M_0+1}}{f_{M_0}} < 1 \quad \text{et} \quad \frac{f_{M_0-1}}{f_{M_0}} < 1,$$

soit :

$$\frac{m}{M_0 + 1} < 1 \quad \text{et} \quad \frac{M_0}{m} < 1$$

dont la solution est :

$$m - 1 < M_0 < m.$$

Le mode est ainsi la valeur entière comprise entre m et $m - 1$. Si m n'est pas entier, le mode est unique. Si toutefois m est entier, on peut vérifier que les valeurs $m - 1$ et m sont modales.

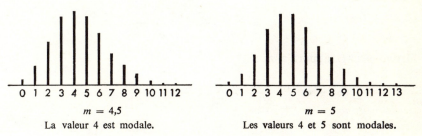

$m = 4{,}5$ — La valeur 4 est modale. $m = 5$ — Les valeurs 4 et 5 sont modales.

Fig. 4.3. Diagramme en bâtons des variables $\mathcal{P}(4{,}5)$ et $\mathcal{P}(5)$.

4. 3. 3. 2. Moyenne.

La moyenne est égale à :

$$\sum_{x=0}^{\infty} x \frac{e^{-m} m^x}{x!} = \sum_{x=1}^{\infty} \frac{e^{-m} m^x}{(x-1)!} = m \sum_{x-1=0}^{x-1=\infty} \frac{e^{-m} m^{x-1}}{(x-1)!}.$$

Posons $x - 1 = x'$. Il vient :

$$m \sum_{x-1=0}^{x-1=\infty} \frac{e^{-m} m^{x-1}}{(x-1)!} = m \sum_{x'=0}^{\infty} \frac{e^{-m} m^{x'}}{x'!} = m.$$

Ainsi la moyenne de la loi de Poisson est égale au paramètre. C'est d'ailleurs pourquoi on désigne celui-ci par m.

4. 3. 4. Caractéristiques de dispersion.

4. 3. 4. 1. Moments factoriels.

Le calcul des moments factoriels est analogue à celui de la moyenne :

$$\mu_{[k]} = \sum_{x=0}^{\infty} x(x-1)\cdots(x-k+1) \frac{e^{-m} m^x}{x!} = \sum_{x=k}^{\infty} \frac{e^{-m} m^x}{(x-k)!}$$

$$= m^k \sum_{x-k=0}^{\infty} \frac{e^{-m} m^{x-k}}{(x-k)!} = m^k.$$

Ainsi :

$$\mu_{[1]} = m$$
$$\mu_{[2]} = m^2$$
$$\mu_{[3]} = m^3$$

4. 3. 4. 2. Moments centrés.

Comme pour la loi binomiale, on peut établir une relation de récurrence entre les moments centrés de la loi de Poisson :

$$\mu_r = \sum_{x=0}^{\infty} (x-m)^r \frac{e^{-m} m^x}{x!}.$$

Dérivons par rapport à m :

$$\frac{d\mu_r}{dm} = -r \sum_{x=0}^{\infty} (x-m)^{r-1} \frac{e^{-m} m^x}{x!} - \sum_{x=0}^{\infty} (x-m)^r \frac{e^{-m} m^x}{x!}$$

$$+ \sum_{x=1}^{\infty} x(x-m)^r \frac{e^{-m} m^{x-1}}{x!}$$

$$= -r \sum_{x=0}^{\infty} (x-m)^{r-1} \frac{e^{-m} m^x}{x!} + \frac{1}{m} \sum_{x=0}^{\infty} (x-m)^{r+1} \frac{e^{-m} m^x}{x!}$$

$$= -r\mu_{r-1} + \frac{1}{m} \mu_{r+1}$$

c'est-à-dire :

$$\mu_{r+1} = m \left(\frac{d\mu_r}{dm} + r\mu_{r-1} \right)$$

Cette relation de récurrence, spécifique de la loi de Poisson, fournit de proche en proche les moments centrés à partir des deux premiers :

$$\mu_0 = 1$$
$$\mu_1 = 0.$$

D'où les moments suivants :

$$\mu_2 = m$$
$$\mu_3 = m$$
$$\mu_4 = m(1 + 3m)$$
etc.

4. 3. 5. Caractéristiques de forme.

Les coefficients γ_1 et γ_2 de Fisher sont égaux à :

$$\gamma_1 = \frac{\mu_3}{\sigma^3} = \frac{1}{\sqrt{m}} > 0 \quad \text{(distribution étalée vers la droite)}$$

$$\gamma_2 = \frac{\mu_4}{\sigma^4} - 3 = \frac{1}{m}.$$

On notera que la distribution de Poisson tend à devenir symétrique lorsque m augmente indéfiniment et qu'en même temps le coefficient γ_2 tend vers zéro : comme on l'établira dans le Cours de Calcul des Probabilités, ce double résultat traduit la convergence de la loi de Poisson vers la loi normale.

4. 3. 6. Conditions de validité de la loi de Poisson.

Montrons que, sous les hypothèses suivantes, la loi binomiale $\mathcal{B}(n, p)$ tend vers la loi de Poisson $\mathcal{P}(m)$:
si $n \to \infty$, $p \to 0$ de telle sorte que $np \to m$ fini :

$$C_n^x p^x (1-p)^{n-x} \to \frac{e^{-m} m^x}{x!}.$$

Posons en effet :

$$np = m + \varepsilon.$$

Il vient :

$$C_n^x p^x (1-p)^{n-x} = \frac{(np)^x}{x!} \frac{n(n-1)\cdots(n-x+1)}{n^x} \frac{1}{(1-p)^x} \left(1 - \frac{m+\varepsilon}{n}\right)^n$$

$$= \frac{(np)^x}{x!} \left[\left(1-\frac{1}{n}\right)\left(1-\frac{2}{n}\right)\cdots\left(1-\frac{x-1}{n}\right)\right] \times$$

$$\times \frac{1}{(1-p)^x}\left(1 - \frac{m+\varepsilon}{n}\right)^n.$$

Or lorsque $n \to \infty$:

$$\frac{(np)^x}{x!} \to \frac{m^x}{x!}$$

$$\left[\left(1-\frac{1}{n}\right)\left(1-\frac{2}{n}\right)\cdots\left(1-\frac{x-1}{n}\right)\right] \to 1$$

$$\frac{1}{(1-p)^x} \to 1$$

$$\left(1-\frac{m+\varepsilon}{n}\right)^n \to e^{-m}.$$

Donc :

$$C_n^x p^x (1-p)^{n-x} \to \frac{e^{-m} m^x}{x!}.$$

On rencontre ainsi la loi de Poisson dans le cas des *faibles probabilités* : si un événement A a la probabilité p d'apparaître au cours d'une épreuve élémentaire, p étant *très petit*, le nombre X d'apparitions de A au cours d'un *très grand* nombre n d'épreuves indépendantes suit la loi de Poisson de paramètre np. C'est pourquoi la loi de Poisson a été appelée la loi des petits nombres (*Das Gesetz der kleinen Zahlen*) par le statisticien Bortkiewicz.

Ainsi par exemple les variables suivantes satisfont fréquemment aux hypothèses précédentes et suivent la loi de Poisson :

— nombre de pièces défectueuses contenues dans un échantillon *important* prélevé dans un lot où la proportion de pièces défectueuses est *faible*;
— nombre d'erreurs commises dans une longue suite d'opérations;
— nombre d'appels téléphoniques sur une ligne pendant une période donnée;
— nombre d'émissions de particules radioactives;
— nombre de centenaires, de triplés,... par an dans un pays donné;
— nombre de suicides, d'accidents survenus au cours d'une période donnée, etc.

L'intérêt de pouvoir remplacer la loi binomiale par la loi de Poisson provient de la simplicité plus grande de cette dernière : alors que la loi binomiale dépend de 2 paramètres (n et p), la loi de Poisson ne dépend que d'un seul paramètre (m) : les tables donnant les fréquences f_x sont des tables à *double* entrée (x et m) dans le cas de la loi de Poisson et à *triple* entrée (x, n et p) pour la loi binomiale.

Dans les applications pratiques, on **remplace** habituellement la loi binomiale par la loi de Poisson lorsque simultanément n dépasse 50 et p est inférieur à 10 %.

Exemple.

Le tableau ci-après permet de comparer les distributions des variables binomiales $\mathcal{B}(50\,;\,12\,\%)$, $\mathcal{B}(60\,;\,10\,\%)$, $\mathcal{B}(75\,;\,8\,\%)$, $\mathcal{B}(100\,;\,6\,\%)$ à celle de la variable de Poisson de paramètre 6 : $\mathcal{P}(6)$.

Comparaison des variables

$\mathcal{B}(50\,;\,12\,\%)$, $\mathcal{B}(60\,;\,10\,\%)$, $\mathcal{B}(75\,;\,8\,\%)$, $\mathcal{B}(100\,;\,6\,\%)$ et $\mathcal{P}(6)$

valeurs de x	Fréquences individuelles f_x					Fréquences cumulées				
	$\mathcal{B}$ (50 ; 12 %)	$\mathcal{B}$ (60 ; 10 %)	$\mathcal{B}$ (75 ; 8 %)	$\mathcal{B}$ (100 ; 6 %)	$\mathcal{P}$ (6)	$\mathcal{B}$ (50 ; 12 %)	$\mathcal{B}$ (60 ; 10 %)	$\mathcal{B}$ (75 ; 8 %)	$\mathcal{B}$ (100 ; 6 %)	$\mathcal{P}$ (6)
0	0,001 7	0,001 8	0,001 9	0,002 1	0,002 5	0,001 7	0,001 8	0,001 9	0,002 1	0,002 5
1	0,011 4	0,012 0	0,012 5	0,013 1	0,014 9	0,013 1	0,013 8	0,014 5	0,015 2	0,017 4
2	0,038 2	0,039 3	0,040 4	0,041 4	0,044 6	0,051 3	0,053 0	0,054 8	0,056 6	0,062 0
3	0,083 3	0,084 4	0,085 4	0,086 4	0,089 2	0,134 5	0,137 4	0,140 2	0,143 0	0,151 2
4	0,133 4	0,133 6	0,133 7	0,133 8	0,133 9	0,268 0	0,271 0	0,273 9	0,276 8	0,285 1
5	0,167 4	0,166 2	0,165 1	0,163 9	0,160 6	0,435 3	0,437 2	0,439 0	0,440 7	0,445 7
6	0,171 2	0,169 3	0,167 4	0,165 7	0,160 6	0,606 5	0,606 5	0,606 4	0,606 4	0,606 3
7	0,146 7	0,145 1	0,143 5	0,142 0	0,137 7	0,753 3	0,751 6	0,749 9	0,748 3	0,744 0
8	0,107 5	0,106 8	0,106 1	0,105 4	0,103 3	0,860 8	0,858 4	0,856 0	0,853 7	0,847 2
9	0,068 4	0,068 6	0,068 7	0,068 7	0,068 8	0,929 2	0,926 9	0,924 7	0,922 5	0,916 1
10	0,038 3	0,038 9	0,039 4	0,039 9	0,041 3	0,967 5	0,965 8	0,964 1	0,962 4	0,957 4
11	0,019 0	0,019 6	0,020 3	0,020 9	0,022 5	0,986 5	0,985 4	0,984 3	0,983 2	0,979 9
12	0,008 4	0,008 9	0,009 4	0,009 9	0,011 3	0,994 9	0,994 3	0,993 7	0,993 1	0,991 2
13	0,003 4	0,003 7	0,004 0	0,004 3	0,005 2	0,998 2	0,998 0	0,997 7	0,997 4	0,996 4
14	0,001 2	0,001 4	0,001 5	0,001 7	0,002 2	0,999 4	0,999 3	0,999 2	0,999 1	0,998 6
15	0,000 4	0,000 5	0,000 5	0,000 6	0,000 9	0,999 8	0,999 8	0,999 8	0,999 7	0,999 5
16	0,000 1	0,000 1	0,000 2	0,000 2	0,000 3	1,000 0	1,000 0	0,999 9	0,999 9	0,999 8
17	ε	ε	0,000 1	0,000 1	0,000 1	1,000 0	1,000 0	1,000 0	1,000 0	1,000 0

4. 3. 7. Ajustement d'une distribution observée à une distribution de Poisson.

Le principe de l'ajustement d'une distribution observée à une distribution de Poisson est analogue à celui exposé plus haut (**4. 2. 7**) à propos de la loi binomiale. On montre en effet en Statistique Mathématique que la distribution de

Poisson la plus proche d'une distribution observée est celle qui a la *même moyenne* : on calcule en conséquence la moyenne des observations $\bar{x}$ et la loi de Poisson ajustée est celle qui a pour paramètre :

$$m = \bar{x}.$$

Exemple.

Le nombre d'accouchements quadruples (naissances de quadruplés) survenus annuellement en France de 1946 à 1969 est fourni par le tableau :

Année	Nombre d'accouchements quadruples
1946	4
1947	1
1948	1
1949	2
1950	1
1951	2
1952	0
1953	0
1954	1
1955	1
1956	0
1957	0
1958	0
1959	0
1960	2
1961	2
1962	0
1963	0
1964	0
1965	1
1966	3
1967	2
1968	1
1969	0
Total	24

D'où la répartition de la variable statistique observée : nombre d'accouchements quadruples annuels et son ajustement à la loi de Poisson de paramètre 1 (la moyenne de la variable statistique observée est en effet égale à 1 : sur les 24 années d'observations, il y a eu 24 accouchements quadruples) :

Nombre d'accouchements quadruples annuels	Nombre d'années observé	Nombre d'années ajusté
0	10	8,83
1	7	8,83
2	5	4,41
3	1	1,47
4	1	0,37
5 et plus	0	0,09
Total	24	24,00

L'hypothèse suivant laquelle le nombre d'accouchements quadruples suit la loi de Poisson se justifie par la faible probabilité qu'un accouchement soit quadruple et le grand nombre de naissances annuelles (de l'ordre de 800 000), c'est-à-dire, pratiquement, d'accouchements annuels. Comme le nombre moyen annuel d'accouchements quadruples est égal à 1, l'estimation de la probabilité qu'un accouchement soit quadruple est :

$$p = \frac{1}{800\ 000}.$$

Remarque.

Comme le nombre d'accouchements annuels n'a pas été exactement le même d'une année à l'autre, l'hypothèse d'une distribution poissonienne n'est pas fondée de façon tout à fait rigoureuse. La qualité de l'ajustement est toutefois très satisfaisante.

On obtient une meilleure estimation de la probabilité qu'un accouchement soit quadruple en divisant le nombre d'accouchements quadruples observés par le nombre total d'accouchements survenus de 1946 à 1969 (20 055 000) :

$$p = \frac{24}{20\ 055\ 000} = \frac{1}{835\ 000}.$$

* 4. 4. LOI HYPERGÉOMÉTRIQUE

4. 4. 1. Définition.

La loi hypergéométrique correspond aux sondages *exhaustifs* dans une population finie où les individus sont classés en deux catégories, par opposition à la loi binomiale qui correspond aux sondages *avec remise* :

Dans une urne de N boules dont une proportion p est formée de boules blanches (et une proportion $q = 1 - p$ de boules noires), on prélève d'*un seul coup* un échantillon de n boules. La loi du nombre X de boules blanches de l'échantillon est la loi hypergéométrique.

On montre en Calcul des Probabilités que la fréquence théorique attachée à la valeur x est :

$$f_x = \frac{C_{Np}^x C_{Nq}^{n-x}}{C_N^n}$$

Elle dépend donc de trois paramètres : la taille de l'urne, la taille de l'échantillon et la composition de l'urne, à la différence de la loi binomiale qui ne dépend que des deux derniers paramètres.

Les valeurs possibles de x sont comprises entre

$$\max(0, n - Nq) \leqslant x \leqslant \min(n, Np).$$

En effet le nombre de boules blanches de l'échantillon est inférieur simultanément :

— à l'effectif de l'échantillon : n,
— au nombre de boules blanches de l'urne : Np, d'où :

$$x \leqslant \min(n, Np).$$

En appliquant le même raisonnement aux boules noires de l'échantillon, on aboutit à l'autre inégalité :

$$n - x \leqslant \min(n, Nq)$$

soit :

$$x \geqslant \max(0, n - Nq).$$

Si la taille de l'urne est très grande par rapport à celle de l'échantillon, c'est-à-dire, de façon précise, si :

$$n \leqslant \min(Np, Nq),$$

les valeurs possibles de x sont :

$$0 \leqslant x \leqslant n.$$

La somme des fréquences théoriques est égale à l'unité, comme il convient :

$$\sum_x C_{Np}^x C_{Nq}^{n-x} = C_N^n.$$

La démonstration de ce résultat sera établie en Calcul des Probabilités.

4. 4. 2. Calcul pratique des fréquences.

Le calcul pratique des fréquences repose, ici encore, sur la relation de récurrence qui lie deux fréquences consécutives :

$$\frac{f_{x+1}}{f_x} = \frac{(Np - x)(n - x)}{(x + 1)(Nq - n + x + 1)}$$

$$\frac{f_{x-1}}{f_x} = \frac{x(Nq - n + x)}{(Np - x + 1)(n - x + 1)} = \frac{x}{n - x + 1} \frac{Nq - n + x}{Np - x + 1}.$$

On notera que si N est très grand, ces relations de récurrence sont pratiquement identiques à celles de la loi binomiale (cf. 4. 2. 2) :

$$\frac{f_{x+1}}{f_x} = \frac{n - x}{x + 1} \frac{Np - x}{Nq - n + x + 1} \approx \frac{n - x}{x + 1} \frac{p}{q}$$

$$\frac{f_{x-1}}{f_x} = \frac{x}{n - x + 1} \frac{Nq - n + x}{Np - x + 1} \approx \frac{x}{n - x + 1} \frac{q}{p}.$$

Le calcul des fréquences à partir de la fréquence relative au mode est effectué de proche en proche.

Exemple.

Soit X le nombre d'as contenu dans une donne de 13 cartes parmi 52 cartes.
En admettant que les 13 cartes sont tirées au hasard parmi les 52 cartes du jeu, la loi du nombre d'as est la loi hypergéométrique de paramètres :

$$N = 52$$
$$n = 13$$
$$p = \frac{4}{52} = \frac{1}{13}$$
$$q = \frac{48}{52} = \frac{12}{13}.$$

En effet le nombre d'as du jeu est égal à 4. D'où :

$$p = \frac{4}{52} = \frac{1}{13}.$$

On montrera ci-dessous que le mode est égal à 1.
La fréquence relative à la valeur x est :

$$f_x = \frac{C_4^x C_{48}^{13-x}}{C_{52}^{13}}.$$

D'où :

$$f_1 = \frac{C_4^1 C_{48}^{12}}{C_{52}^{13}} = \frac{37 \times 38 \times 39}{49 \times 50 \times 51} = 0{,}438\,8.$$

Les relations de récurrence entre fréquences consécutives sont :

$$\frac{f_{x-1}}{f_x} = \frac{x}{14-x} \frac{35+x}{5-x}$$

$$\frac{f_{x+1}}{f_x} = \frac{13-x}{x+1} \frac{4-x}{36+x}.$$

Les valeurs possibles de x sont :

$$\max(0, -12) \leqslant x \leqslant \min(13, 4)$$

soit :

$$0 \leqslant x \leqslant 4.$$

D'où le tableau de calcul des fréquences successives :

Valeurs possibles	Coefficient multiplicateur	Fréquence
0		0,303 8
	$\frac{9}{13}$	
1	$\frac{13}{18}$	0,438 8
	$\frac{18}{37}$	
2	$\frac{37}{11}$	0,213 5
	$\frac{11}{57}$	
3	$\frac{57}{5}$	0,041 2
	$\frac{5}{78}$	
4		0,002 7
Total	—	1,000 0

4. 4. 3. Caractéristiques de valeur centrale.

4. 4. 3. 1. Mode.

Le mode M_0 est la valeur entière qui vérifie :

$$\frac{f_{M_0+1}}{f_{M_0}} < 1 \quad \text{et} \quad \frac{f_{M_0-1}}{f_{M_0}} < 1$$

soit :

$$\frac{n - M_0}{M_0 + 1} \frac{Np - M_0}{Nq - x + M_0 + 1} < 1$$

et

$$\frac{M_0}{n - M_0 + 1} \frac{Nq - n + M_0}{Np - M_0 + 1} < 1$$

dont la solution est :

$$\frac{Nnp - Nq + n - 1}{N + 2} < M_0 < \frac{Nnp + Np + n + 1}{N + 2}.$$

Comme il existe toujours une valeur entière entre les deux bornes de cette double inégalité :

$$\frac{Nnp + Np + n + 1}{N + 2} - \frac{Nnp - Nq + n - 1}{N + 2} = \frac{N + 2}{N + 2} = 1,$$

le mode est en général unique. Toutefois, si l'une des bornes est une valeur entière, l'autre l'est aussi et on peut vérifier que les deux valeurs sont modales.

4. 4. 3. 2. MOYENNE.

La moyenne m est égale à :

$$m = \sum_x x \frac{C_{Np}^x C_{Nq}^{n-x}}{C_N^n} = np \sum_{x-1} \frac{C_{Np-1}^{x-1} C_{Nq}^{n-x}}{C_{N-1}^{n-1}}$$

c'est-à-dire, en posant :

$$x' = x - 1$$
$$N' = N - 1$$
$$n' = n - 1$$
$$N'p' = Np - 1$$
$$N'q' = Nq$$
$$m = np \sum_x \frac{C_{N'p'}^{x'} C_{N'q'}^{n'-x'}}{C_{N'}^{n'}} = np$$

puisque :

$$\sum_{x'} C_{N'p'}^{x'} C_{N'q'}^{n'-x'} = C_{N'}^{n'}.$$

Ainsi la moyenne est *indépendante* de N (c'est-à-dire de la taille de l'urne) et est *identique* à la moyenne de la loi binomiale :

$$m = np.$$

4. 4. 4. Caractéristiques de dispersion.

4. 4. 4. 1. Moments factoriels.

En généralisant la procédure du calcul de la moyenne, on obtient les moments factoriels :

$$\mu_{[k]} = \sum_x x(x-1)\cdots(x-k+1)\frac{C_{Np}^x C_{Nq}^{n-x}}{C_N^n} = \sum_{x-k} \frac{x!}{(x-k)!}\frac{C_{Np}^x C_{Nq}^{n-x}}{C_N^n}$$

$$= \frac{(Np)!}{(Np-k)!}\frac{n!}{(n-k)!}\frac{(N-k)!}{N!}\sum_{x-k}\frac{C_{Np-k}^{x-k}C_{Nq}^{n-x}}{C_{N-k}^{n-k}}$$

$$= \frac{(Np)!}{(Np-k)!}\frac{n!}{(n-k)!}\frac{(N-k)!}{N!}$$

puisque la somme est égale à 1.
Ainsi :

$$\mu_{[1]} = np$$

$$\mu_{[2]} = np\frac{(Np-1)(n-1)}{N-1}$$

etc.

4. 4. 4. 2. Moments centrés.

A partir des moments factoriels, on peut passer aux moments non centrés puis centrés (cf. **3. 3. 2. 2**) :

$$m_2 = \mu_{[2]} + \mu_{[1]} = np\left[\frac{(Np-1)(n-1)}{N-1}+1\right] = np\frac{Nnp+Nq-n}{N-1}$$

et par conséquent :

$$\mu_2 = m_2 - m_1^2 = np\frac{Nnp+Nq-n}{N-1} - (np)^2 = \frac{N-n}{N-1}npq.$$

Ainsi la variance de la loi hypergéométrique est *inférieure* à celle de la loi binomiale npq. Les deux lois n'ont même variance que si :
— $n = 1$: si on ne prélève qu'une seule boule, il y a *identité* entre tirages avec et sans remise ;
— $N = +\infty$: si l'urne est de très grande taille, les deux modes de tirage sont *équivalents* (cf. **4. 2. 6.** Remarque).
Le coefficient

$$\frac{N-n}{N-1},$$

appelé *coefficient d'exhaustivité*, est équivalent, lorsque N est grand, au complément à 1 du *taux de sondage* :

$$\frac{N-n}{N-1} \approx \frac{N-n}{N} = 1 - \frac{n}{N}.$$

La raison pour laquelle la variance de la loi hypergéométrique est inférieure à celle de la loi binomiale est la suivante : si les tirages sont effectués avec remise, il n'est pas impossible que certaines boules soient tirées plusieurs fois, ce qui introduit un élément de variabilité supplémentaire par rapport au tirage exhaustif où, par définition, les n boules de l'échantillon sont différentes.

4. 4. 5. Convergence de la loi hypergéométrique vers la loi binomiale.

Montrons que si N tend vers l'infini, les fréquences relatives à la loi hypergéométrique tendent vers les fréquences correspondantes de la loi binomiale :

$$f_x = \frac{C_{Np}^x C_{Nq}^{n-x}}{C_N^n} = \frac{\dfrac{(Np)!}{x!(Np-x)!} \dfrac{(Nq)!}{(n-x)!(Nq-n+x)!}}{\dfrac{N!}{n!(N-n)!}}$$

$$= \frac{n!}{x!(n-x)!} \times$$

$$\times \frac{[Np(Np-1)\cdots(Np-x+1)][Nq(Nq-1)\cdots(Nq-n+x+1)]}{N(N-1)\cdots(N-n+1)}$$

$$\to \frac{n!}{x!(n-x)!} p^x q^{n-x} \quad \text{si} \quad N \to \infty.$$

En effet :

$$Np(Np-1)\cdots(Np-x+1) \sim (Np)^x$$
$$Nq(Nq-1)\cdots(Nq-n+x+1) \sim (Nq)^{n-x}$$
$$N(N-1)\cdots(N-n+1) \sim N^n.$$

On vérifie ainsi l'équivalence asymptotique des tirages avec remise et des tirages sans remise.

L'intérêt de remplacer dans les calculs pratiques la loi hypergéométrique par la loi binomiale résulte de la plus grande simplicité de cette dernière qui ne dépend que de deux paramètres, la taille de l'échantillon n et la composition de l'urne p, alors que la loi hypergéométrique dépend du paramètre supplémentaire : la taille de l'urne N. En contrôle industriel, on convient de remplacer la loi hypergéométrique par la loi binomiale lorsque le taux de sondage n/N est inférieur à 10 %.

Remarque.

Le résultat qu'on vient d'établir sur la convergence de la loi hypergéométrique vers la loi binomiale est — en dehors de tout souci de simplification dans les calculs numériques — extrêmement important : la loi du nombre de boules blanches contenues dans un échantillon de n boules est pratiquement *indépendante* de la taille de l'urne, si celle-ci est de grande taille. Autrement dit, un échantillon de 100 pièces prélevé dans un lot de 2 000 pièces apporte autant d'information sur la composition p du lot qu'un échantillon de 100 pièces prélevé dans un lot de 10 000 pièces ou de 100 000 pièces : le degré d'information obtenu sur la proportion p ne dépend que de la taille de l'échantillon et *non de celle du lot*. Contrairement à ce qu'on pourrait penser, il ne dépend donc pas directement du taux de sondage.

DEUXIÈME PARTIE

DISTRIBUTIONS THÉORIQUES CONTINUES

4. 5. LOI CONTINUE UNIFORME

4. 5. 1. Définition.

La variable continue uniforme sur le segment (a, b) est la variable statistique dont la densité est *constante* sur l'intervalle (a, b) et *nulle* en dehors de cet intervalle. On la désigne par $\mathcal{U}(a, b)$.

4. 5. 2. Histogramme et courbe cumulative.

Comme la densité est constante sur l'intervalle (a, b), l'histogramme est un *rectangle* de base (a, b). La hauteur du rectangle — c'est-à-dire la valeur constante de la densité — est égale à :

$$f(x) = \frac{1}{b-a}$$

puisque l'aire située sous l'histogramme est égale à 1.
D'où la densité :

$$f(x) = \begin{cases} 0 & \text{si } x < a \\ \dfrac{1}{b-a} & \text{si } a < x < b \\ 0 & \text{si } x > b \end{cases}$$

et par intégration, la fonction cumulative :

$$F(x) = \int_{-\infty}^{x} f(x)\,dx = \begin{cases} 0 & \text{si } x \leqslant a \\ \dfrac{x-a}{b-a} & \text{si } a \leqslant x \leqslant b. \\ 1 & \text{si } x \geqslant b \end{cases}$$

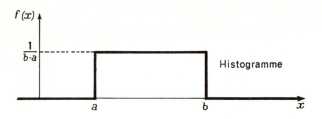

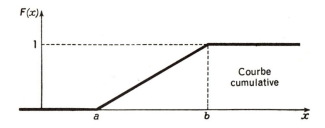

Fig. 4.4. Histogramme et courbe cumulative de la variable continue uniforme $\mathcal{U}(a, b)$.

Si on effectue le changement d'origine et d'échelle :

$$Y = \frac{X - a}{b - a},$$

on obtient la variable continue uniforme sur le segment (0; 1) :

$$Y = \frac{X - a}{b - a} = \mathcal{U}(0; 1).$$

Cette variable statistique a pour histogramme le *carré* de côté unité et pour courbe cumulative (**entre 0 et** 1) la première bissectrice :

$$g(y) = \begin{cases} 0 & \text{si} & y < 0 \\ 1 & \text{si} & 0 < y < 1 \\ 0 & \text{si} & y > 1 \end{cases}$$

$$G(y) = \begin{cases} 0 & \text{si} & y \leqslant 0 \\ y & \text{si} & 0 \leqslant y \leqslant 1 \\ 1 & \text{si} & y \geqslant 1. \end{cases}$$

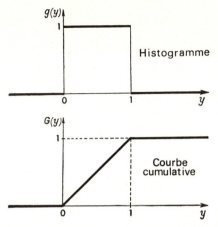

Fig. 4.5. Histogramme et courbe cumulative de la variable $\mathcal{U}(0\,;1)$.

4. 5. 3. Caractéristiques de tendance centrale.

Comme la variable statistique $\mathcal{U}(a, b)$ est symétrique par rapport à :

$$x = \frac{a+b}{2},$$

la médiane et la moyenne sont confondues avec le centre de symétrie, ainsi qu'on peut le vérifier :

Médiane M :
$$F(M) = 1/2$$

soit :
$$\frac{M-a}{b-a} = \frac{1}{2}$$

ou encore :
$$M = \frac{a+b}{2}.$$

Moyenne m :
$$m = \int_{-\infty}^{+\infty} x f(x)\,dx = \int_a^b \frac{x}{b-a}\,dx = \frac{a+b}{2}.$$

4. 5. 4. Caractéristiques de dispersion.

Les moments non centrés sont égaux à :

$$m_r = \int_{-\infty}^{+\infty} x^r f(x)\,dx = \int_a^b \frac{x^r}{b-a}\,dx = \frac{1}{r+1}\frac{b^{r+1}-a^{r+1}}{b-a}.$$

Les moments centrés d'ordre impair sont nuls par symétrie. Les moments centrés d'ordre pair sont **égaux** à :

$$\mu_{2r} = \int_{-\infty}^{+\infty} \left(x - \frac{a+b}{2}\right)^{2r} f(x)\,dx = \int_a^b \left(x - \frac{a+b}{2}\right)^{2r} \frac{dx}{b-a}$$

$$= 2\int_{(a+b)/2}^b \left(x - \frac{a+b}{2}\right)^{2r} \frac{dx}{b-a} = \frac{1}{2r+1}\left(\frac{b-a}{2}\right)^{2r}.$$

Ainsi :

$$\mu_2 = \frac{1}{12}(b-a)^2$$

$$\mu_4 = \frac{1}{80}(b-a)^4$$

4. 5. 5. Caractéristiques de forme.

Du fait de la symétrie de la distribution, le coefficient γ_1 est nul.
Le coefficient γ_2 est égal à :

$$\gamma_2 = \frac{\mu_4}{\mu_2^2} - 3 = \frac{1/80}{(1/12)^2} - 3 = \frac{9}{5} - 3 = -\frac{6}{5}.$$

4. 5. 6. Caractéristiques de concentration.

En supposant a non négatif (pour que la notion de concentration, qui s'applique à des variables *positives*, ait un sens), la courbe de concentration a pour équation :

$$p = F(x) = \frac{x-a}{b-a}$$

$$q = \frac{1}{m}\int_{-\infty}^x \xi f(\xi)\,d\xi = \frac{2}{b^2 - a^2}\int_a^x \xi\,d\xi = \frac{x^2 - a^2}{b^2 - a^2}$$

c'est-à dire encore :

$$p = \frac{\sqrt{a^2 + (b^2 - a^2)q} - a}{b - a}.$$

La courbe de concentration est ainsi un *arc de parabole*.

L'indice de concentration est égal à :

$$i = -1 + 2\int_0^1 p\,dq = -1 + 2\int_a^b \frac{x-a}{b-a}\frac{2x\,dx}{b^2-a^2}$$

$$= \frac{1}{3}\frac{b-a}{b+a}.$$

En particulier, l'indice de concentration de la variable $\mathcal{U}(0; 1)$ est égal à $1/3$. Dans ce cas, la courbe de concentration est l'arc de parabole :

$$p = \sqrt{q}.$$

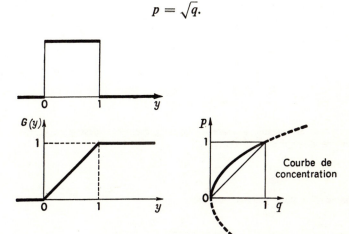

Fig. 4.6. Histogramme, courbe cumulative et courbe de concentration de la variable $\mathcal{U}(0; 1)$.

Remarques.

1. La représentation graphique — au moyen de l'histogramme — des distributions continues empiriques dont on ne connaît que les effectifs par classe revient à supposer que la densité dans chaque classe est *constante* et égale à la densité moyenne de la classe : la hauteur du tuyau d'orgue correspondant à la classe (e_{i-1}, e_i) est égale, sur tout l'intervalle (e_{i-1}, e_i), à la densité moyenne :

$$\frac{f_i}{e_i - e_{i-1}} = \frac{f_i}{a_i},$$

que nous avons appelée *fréquence moyenne par unité d'amplitude* (cf. **2. 2. 2. 2.**).

La même convention conduit — sur la courbe cumulative empirique — à joindre les points $[e_i, F(e_i)]$ par un *segment de droite* : si la densité est constante sur l'intervalle (e_{i-1}, e_i), la courbe cumulative est le segment de droite joignant les points $[e_{i-1}, F(e_{i-1})]$ et $[e_i, F(e_i)]$. Sur la courbe de concentration, la même convention conduit à joindre les points (q_i, p_i) suivant un *arc de parabole* et non un segment de droite.

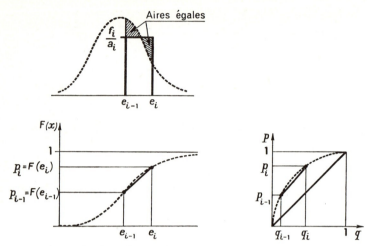

Fig. 4.7. Approximations des courbes représentatives d'une distribution continue avec découpage en classes.

2. Considérons la variable *discrète* uniforme présentée ci-dessus en **4. 1.** et effectuons le changement d'origine et d'échelle :

$$Z = \frac{X - 0,5}{n}.$$

La variable Z a pour valeurs possibles :

$$z = \frac{1}{2n}, \frac{3}{2n}, ..., \frac{2n-1}{2n}$$

Son diagramme en bâtons et sa courbe cumulative sont représentés ci-dessous :

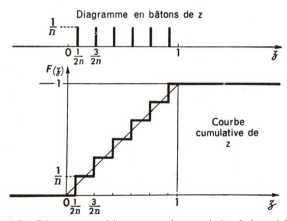

Fig. 4.8. Diagramme en bâtons et courbe cumulative de la variable Z.

Lorsque n augmente indéfiniment, la fonction cumulative de Z converge en tout point vers la fonction cumulative de la variable continue uniforme $Y = \mathcal{U}(0; 1)$.

Vérifions que les caractéristiques correspondantes convergent également :

Caractéristiques de la variable :	
Z	$Y = \mathcal{U}(0; 1)$
$\bar{z} = \dfrac{1}{2}$	$\bar{y} = \dfrac{1}{2}$
$\mu_2(Z) = \dfrac{n^2 - 1}{12n^2}$	$\mu_2(Y) = \dfrac{1}{12}$
$\mu_4(Z) = \dfrac{(n^2 - 1)(3n^2 - 7)}{240 n^4}$	$\mu_4(Y) = \dfrac{1}{80}$
$\gamma_1(Z) = 0$	$\gamma_1(Y) = 0$
$\gamma_2(Z) = -\dfrac{6}{5} \dfrac{n^2 + 1}{n^2 - 1}$	$\gamma_2(Y) = -\dfrac{6}{5}$

D'une façon générale, on dit qu'une variable Z converge vers une variable Y si la fonction cumulative de Z converge uniformément vers la fonction cumulative de Y. On montre alors que les caractéristiques de Z convergent vers les caractéristiques correspondantes de Y [1]. On verra ci-dessous d'autres exemples de convergence.

* 4. 6. LOI γ_ν

4. 6. 1. Définition.

On appelle *variable γ_ν* — ou encore *variable du type III de Pearson* — la variable statistique continue définie sur l'intervalle $(0, +\infty)$ par la densité :

$$f(x) = \frac{1}{\Gamma(\nu)} e^{-x} x^{\nu - 1},$$

ν étant un paramètre *positif*, la fonction $\Gamma(\nu)$ étant la fonction eulérienne de seconde espèce :

$$\Gamma(\nu) = \int_0^\infty e^{-x} x^{\nu - 1} \, dx.$$

---

[1] Dans le *Cours de Calcul des Probabilités*, cette notion de convergence en loi sera précisée.

4.6.2. Compléments mathématiques sur la fonction Γ.

La fonction eulérienne de seconde espèce $\Gamma(\nu)$ est définie pour toute valeur positive de la variable ν. Considérons en effet la fonction :

$$y(x) = e^{-x} x^{\nu-1}. \qquad (x > 0).$$

Sa représentation graphique varie avec ν :

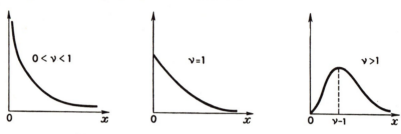

Fig. 4.9. — Courbes représentatives de $y(x) = e^{-x} x^{\nu-1}$.

Montrons que l'intégrale qui définit $\Gamma(\nu)$ est convergente. Elle pourrait en effet diverger, quel que soit ν, lorsque x tend vers l'infini et d'autre part, pour ν inférieur à 1, lorsque x tend vers zéro.

a) Pour ν donné, il existe toujours un nombre A :

$$A = A(\nu)$$

tel que :

pour tout $x > A$: $x^{\nu-1} < e^{x/2}$.

En effet, le rapport :

$$\frac{x^{\nu-1}}{e^{x/2}} = e^{-x/2} x^{\nu-1}$$

tend vers zéro lorsque x tend vers l'infini. Si ν est inférieur à 1, le résultat est évident. Si ν est supérieur à 1, cela provient de ce que l'exponentielle l'emporte sur la fonction puissance.

En conséquence, il existe un nombre A tel que ce rapport soit inférieur à 1, c'est-à-dire tel que :

pour tout $x > A$: $x^{\nu-1} < e^{x/2}$.

Il s'ensuit que :

$$\int_A^\infty e^{-x} x^{\nu-1} \, dx < \int_A^\infty e^{-x} e^{x/2} \, dx = \int_A^\infty e^{-x/2} \, dx = 2 e^{-A/2},$$

ce qui montre que l'intégrale :

$$\int_A^\infty e^{-x} x^{\nu-1} dx$$

tend vers zéro si A tend vers l'infini.

 b) Il reste à établir que l'intégrale :

$$\int_0^B e^{-x} x^{\nu-1} dx$$

tend vers zéro si B tend vers zéro par valeurs positives.

Comme e^{-x} est inférieur à 1 lorsque x est positif :

$$\int_0^B e^{-x} x^{\nu-1} dx < \int_0^B x^{\nu-1} dx = \frac{B^\nu}{\nu} \to 0,$$

ce qui assure la convergence de l'intégrale pour $\nu > 0$.

En conséquence, la fonction $\Gamma(\nu)$ est définie pour toute valeur de ν positive, puisque l'intégrale qui la définit est convergente.

Fonction Γ et fonction factorielle.

Intégrons par parties la fonction $e^{-x} x^{\nu-1}$:

$$\Gamma(\nu) = \int_0^\infty e^{-x} x^{\nu-1} dx = \int_0^\infty e^{-x} d\left[\frac{x^\nu}{\nu}\right] = \left[\frac{e^{-x} x^\nu}{\nu}\right]_0^\infty - \int_0^\infty \frac{x^\nu}{\nu} d[e^{-x}]$$

$$= \frac{1}{\nu} \int_0^\infty e^{-x} x^\nu dx = \frac{\Gamma(\nu+1)}{\nu}.$$

On obtient ainsi la relation de récurrence :

$$\Gamma(\nu + 1) = \nu \Gamma(\nu).$$

En multipliant entre elles les égalités :

$$\Gamma(\alpha + 1) = \alpha \Gamma(\alpha)$$
$$\Gamma(\alpha + 2) = (\alpha + 1)\Gamma(\alpha + 1)$$
$$\cdots\cdots\cdots\cdots = \cdots\cdots\cdots\cdots$$
$$\Gamma(\alpha + r + 1) = (\alpha + r)\Gamma(\alpha + r)$$

on obtient la relation, où r est entier et α quelconque :

$$\Gamma(\alpha + r + 1) = \alpha(\alpha + 1) \cdots (\alpha + r)\Gamma(\alpha).$$

Il suffit donc de connaître les valeurs de $\Gamma(\alpha)$ pour $0 < \alpha < 1$ puisqu'on peut en déduire, par la relation précédente, les valeurs de $\Gamma(v)$ pour v quelconque.

Exemple.

$$\Gamma(4,5) = 3,5 \times 2,5 \times 1,5 \times 0,5 \, \Gamma(0,5).$$

Or la valeur de $\Gamma(0,5)$ est donnée par les tables de la fonction Γ :

$$\Gamma(0,5) = 1,772.$$

D'où :

$$\Gamma(4,5) = 11,63.$$

La valeur de $\Gamma(1)$ est 1. En effet :

$$\Gamma(1) = \int_0^\infty e^{-x} dx = \mathbf{1.}$$

Par conséquent, lorsque v est entier :

$$\Gamma(v+1) = v(v-1) \cdots 1 \cdot \Gamma(1) = v!$$

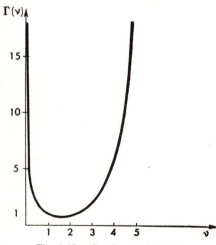

Fig. 4.10. Courbe représentative de la fonction $\Gamma(v)$.

La fonction Γ réalise donc *l'interpolation* de la fonction factorielle :

$$\Gamma(1) = 0! = 1$$
$$\Gamma(2) = 1! = 1$$
$$\Gamma(3) = 2! = 2$$
$$\Gamma(4) = 3! = 6$$

etc.

La forme de la fonction $\Gamma(v)$ est celle de la courbe ci-contre.

Le minimum atteint est égal à 0,886 et correspond à $v = 1,462$.

Formule de Stirling.

On montre que lorsque v tend vers **l'infini**, $\Gamma(v+1)$ est équivalent à :

$$\Gamma(v+1) \sim (v/e)^v \sqrt{2\pi v}.$$

Cette approximation utilisée surtout pour $\nu!$ lorsque ν est entier est très rapidement excellente :

ν	A = Valeur de $\nu!$	B = Valeur de $(\nu/e)^\nu \sqrt{2\pi\nu}$	B/A
1	1	0,922	0,922
2	2	1,919	0,960
3	6	5,836	0,973
10	3 628 800	3 598 700	0,992
50	$0{,}304\ 14 \times 10^{65}$	$0{,}303\ 63 \times 10^{65}$	0,998
100	$0{,}933\ 26 \times 10^{158}$	$0{,}932\ 48 \times 10^{158}$	0,999 2

Calcul de $\Gamma(1/2)$.

La valeur $\Gamma(1/2)$ qu'on rencontrera plus loin à propos de la loi normale est égale à $\sqrt{\pi}$:

$$\Gamma(1/2) = \sqrt{\pi} = 1{,}772.$$

En effet :

$$\Gamma\left(\frac{1}{2}\right) = \int_0^\infty e^{-x} x^{-1/2} dx = 2\int_0^\infty e^{-u^2} du$$

en posant $x = u^2$.

D'où :

$$\left[\Gamma\left(\frac{1}{2}\right)\right]^2 = 4\left[\int_0^\infty e^{-u^2} du\right]^2 = 4\iint_{u,v>0} e^{-(u^2+v^2)} du\,dv.$$

Effectuons le changement de variables polaires :

$$u = r \cos\theta$$
$$v = r \sin\theta$$

Il vient :

$$\left[\Gamma\left(\frac{1}{2}\right)\right]^2 = 4\iint_{\substack{r>0 \\ 0<\theta<\pi/2}} e^{-r^2} r\,dr\,d\theta = 2\int_0^\infty e^{-r^2} d(r^2) \int_0^{\pi/2} d\theta$$

$$= 2 \times 1 \times \frac{\pi}{2} = \pi.$$

4.6.3. Histogramme.

La forme de l'histogramme de la loi γ_ν se déduit de l'étude de la fonction
$$y = e^{-x} x^{\nu-1}.$$

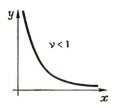 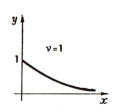 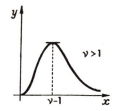

Fig. 4.11. — Histogramme de la loi γ_ν selon la valeur de ν.

4.6.4. Caractéristiques de valeur centrale.

4.6.4.1. Mode.

Le mode est égal à zéro si ν est compris entre 0 et 1. Il est égal à $\nu - 1$ si ν est supérieur ou égal à 1.

4.6.4.2. Moyenne.

La moyenne est égale à :

$$m = \int_0^\infty x \, \frac{1}{\Gamma(\nu)} \, e^{-x} x^{\nu-1} \, dx = \frac{1}{\Gamma(\nu)} \int_0^\infty e^{-x} x^\nu \, dx = \frac{\Gamma(\nu+1)}{\Gamma(\nu)} = \nu.$$

Ainsi la moyenne de la loi γ_ν est égale au paramètre ν.

4.6.5. Caractéristiques de dispersion.

Les moments non centrés sont égaux à :

$$m_r = \int_0^\infty x^r \, \frac{1}{\Gamma(\nu)} \, e^{-x} x^{\nu-1} \, dx = \frac{1}{\Gamma(\nu)} \int_0^\infty e^{-x} x^{\nu+r-1} \, dx$$
$$= \frac{\Gamma(\nu+r)}{\Gamma(\nu)} = \nu(\nu+1) \cdots (\nu+r-1).$$

On déduit les moments centrés des moments non centrés au moyen des formules établies ci-dessus en 3.3.2.2 :

$$\mu_2 = m_2 - m_1^2 = \nu(\nu+1) - \nu^2 = \nu \quad (^1)$$
$$\mu_3 = m_3 - 3m_2 m_1 + 2m_1^3 = 2\nu$$
$$\mu_4 = m_4 - 4m_3 m_1 + 6m_2 m_1^2 - 3m_1^4 = 3\nu(\nu+2)$$
etc.

(^{1}) Ce résultat est à rapprocher de celui établi à propos de la loi de Poisson : moyenne et variance d'une loi γ_ν sont égales à ν.

4. 6. 6. Caractéristiques de forme.

$$\gamma_1 = \frac{\mu_3}{\sigma^3} = \frac{2}{\sqrt{\nu}}$$

$$\gamma_2 = \frac{\mu_4}{\sigma^4} - 3 = \frac{6}{\nu}.$$

Lorsque ν tend vers l'infini, les deux coefficients de Fisher tendent vers zéro : ce résultat traduit la convergence de la loi γ vers la loi normale.

4. 6. 7. Généralisation de la loi γ_ν.

On appelle variable $\gamma_\nu(a, b)$ la variable déduite de la variable γ_ν par changement d'origine et d'échelle :

$$\gamma_\nu(a, b) = a + b\gamma_\nu.$$

Les caractéristiques de cette variable se déduisent de celles de la variable γ_ν. Ainsi :

moyenne : $a + b\nu$

variance : $b^2\nu$.

4. 6. 8. Conditions de validité de la loi γ.

La loi γ joue un rôle important en Statistique Mathématique (variable dite du χ^2) et en théorie des processus aléatoires (files d'attente, mouvements de stocks,...). On montre en effet en Calcul des Probabilités que si un processus probabiliste conduit à l'apparition d'événements $A_1, A_2,...$ *indépendants* tels que la probabilité d'apparition de l'un quelconque d'entre eux pendant un intervalle infinitésimal $(t, t + \mathrm{d}t)$ est $p\,\mathrm{d}t$, p étant une *constante* (non fonction du temps) :
— la loi du *nombre d'événements* survenant au cours d'un intervalle fini T est la loi de Poisson de paramètre pT;
— la loi de l'*intervalle de temps* séparant l'apparition de deux événements consécutifs est la loi $\gamma_1(0; 1/p)$;
— la loi de l'*intervalle de temps* séparant l'apparition du k-ième et du $\nu + k$-ième événement est la loi $\gamma_\nu(0; 1/p)$.

Le paramètre p est le nombre moyen d'apparitions par unité de temps; $1/p$ est la durée moyenne séparant deux apparitions successives.

Les événements $A_1, A_2,...,$ peuvent être très divers :
— arrivées de véhicules à un point donné d'une route;
— arrivées de navires dans un port;
— arrivées de camions à un quai de chargement;
— arrivées de clients à un guichet;
— arrivées de pannes dans un parc de machines ;
— réception de commandes portant sur un produit donné, etc.

4. 6. 9. Ajustement d'une distribution observée à une loi γ.

Dans la pratique se pose le problème de l'estimation du paramètre $1/p$ à partir de la distribution des intervalles séparant les arrivées de deux événements consécutifs. Comme la loi $\gamma_1(0; 1/p)$ a pour moyenne $1/p$, on estime $1/p$ par *l'intervalle moyen* séparant l'arrivée de deux événements consécutifs. Si $\bar{x}$ désigne cet intervalle moyen, la loi γ_1 ajustée est la loi :

$$\gamma_1(0; \bar{x}).$$

On notera que si on a observé k événements consécutifs au total et si le dernier événement est survenu à la date t_k (la date zéro correspondant au début des observations), la moyenne $\bar{x}$ est égale à :

$$\bar{x} = t_k/k$$

et le nombre moyen d'événements survenus par unité de temps est :

$$\frac{1}{\bar{x}} = \frac{k}{t_k}.$$

Exemple.

Sur une route, on a relevé les intervalles séparant les arrivées de voitures successives. On a obtenu la série suivante :

Intervalle entre deux voitures successives (en secondes)	Nombre d'intervalles observés
0 – 2	11
2 – 5	9
5 – 10	14
10 – 15	20
15 – 20	12
20 – 30	13
30 – 45	7
45 – 60	5
60 –	9
Total	100

Le tableau de calcul de la moyenne $\bar{x}$ est le suivant :

e_i	c_i	$x'_i = \dfrac{c_i - 17,5}{0,5}$	n_i	$n_i x'_i$
— 2	1	— 33	11	— 363
— 5	3,5	— 28	9	— 252
— 10	7,5	— 20	14	— 280
— 15	12,5	— 10	20	— 200
— 20	17,5	0	12	0
— 30	25	15	13	195
— 45	37,5	40	7	280
— 60	52,5	70	5	350
	67,5	100	9	900
Total	—	—	100	+ 630

La moyenne $\bar{x}$ est égale à :

$$\bar{x} = 17,5 + 0,5 \times \frac{630}{100} = 20,65 \text{ secondes.}$$

D'où la loi ajustée :

$$\gamma_1(0\,;\,20{,}65).$$

La fonction cumulative de la variable $\gamma_1(0\,;\,1/p)$ est :

$$F(x) = 1 - e^{-px}.$$

En effet la fonction cumulative de la variable γ_1 est :

$$G(y) = \frac{1}{\Gamma(1)} \int_0^y e^{-y} \, dy = 1 - e^{-y}.$$

Comme

$$\gamma_1\left(0\,;\,\frac{1}{p}\right) = \frac{1}{p}\gamma_1,$$

on a :

$$X = \frac{1}{p}Y,$$

c'est-à-dire :

$$Y = pX.$$

D'où la fonction cumulative ajustée :

$$F(x) = 1 - e^{-x/20,65}$$

et la distribution ajustée :

e_i	$1 - F(e_i)$ ajusté	Effectifs ajustés	Effectifs observés
— 2 —	— 0,910 —	9,0	11
— 5 —	— 0,789 —	12,1	9
— 10 —	— 0,615 —	17,4	14
— 15 —	— 0,484 —	13,1	20
— 20 —	— 0,380 —	10,4	12
— 30 —	— 0,234 —	14,6	13
— 45 —	— 0,113 —	12,1	7
— 60 —	— 0,055 —	5,8	5
		5,5	9
Total	—	100,0	100

L'ajustement est convenable : en moyenne les voitures arrivent toutes les 20,65 secondes ou encore le débit horaire est en moyenne de 175 voitures.

Ajustement graphique — Test de validité.

Comme la fonction cumulative de la variable $\gamma_1(0; 1/p)$ est :

$$F(x) = 1 - e^{-px},$$

si on représente sur un *papier semi-logarithmique* les couples $[e_i, 1 - F(e_i)]$, on doit obtenir des points alignés lorsque la distribution est effectivement du type γ_1.

L'équation de la droite est :

$$\ln[1 - F(x)] = -px.$$

Elle passe donc par $(x = 0, F(x) = 0)$ et sa pente est égale à $-p$.

D'où la procédure graphique d'ajustement : si les points $[e_i, 1 - F(e_i)]$ sont sensiblement alignés sur une droite issue de l'origine, on admettra l'hypothèse suivant laquelle la distribution est du type γ_1. La valeur de p est estimée sur la base d'un point quelconque de la droite ajustée. Il est utile de retenir que la moyenne de la variable γ_1 est le quantile d'ordre 0,632 1, c'est-à-dire correspond à :

$$1 - F(x) = 0,367\ 9.$$

En effet :

$$1 - F(1) = e^{-1} = \frac{1}{e} = \frac{1}{2,718\ 28} = 0,367\ 9.$$

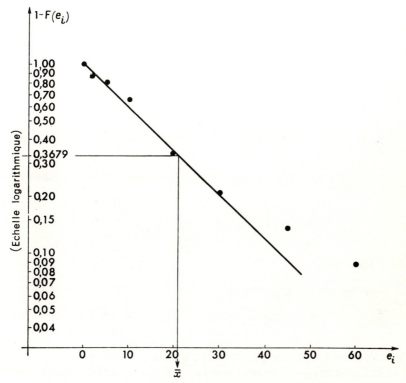

Fig. 4.12. Ajustement graphique d'une distribution observée à une loi γ_1 (graphique semi-logarithmique).

Remarque.

On notera que l'ajustement graphique ne doit pas accorder le même poids à chacun des points : les points correspondant à des faibles valeurs de $1 - F(x)$ ont un poids moindre que ceux correspondant aux valeurs élevées de $1 - F(x)$.

En effet l'échelle logarithmique dilate les écarts dans le premier cas, un écart de 1 cm entre la droite ajustée et un point observé représente une différence d'autant plus grande que $1 - F(x)$ a une plus grande valeur.

4.7. LOI NORMALE RÉDUITE

4.7.1. Définition.

On appelle variable *normale centrée réduite* — ou plus rapidement : variable *normale réduite* — la variable statistique continue définie sur l'intervalle $(-\infty, +\infty)$ par la densité :

$$y(u) = \frac{1}{\sqrt{2\pi}} e^{-u^2/2}.$$

Vérifions qu'il s'agit bien d'une variable statistique :

$$\int_{-\infty}^{+\infty} y(u) \, du = \frac{1}{\sqrt{2\pi}} \int_{-\infty}^{+\infty} e^{-u^2/2} \, du = \sqrt{\frac{2}{\pi}} \int_{0}^{\infty} e^{-u^2/2} \, du,$$

c'est-à-dire, en posant $u^2/2 = v$:

$$\int_{-\infty}^{+\infty} y(u) \, du = \frac{1}{\sqrt{\pi}} \int_{0}^{\infty} e^{-v} \frac{dv}{\sqrt{v}} = \frac{1}{\sqrt{\pi}} \Gamma\left(\frac{1}{2}\right) = 1.$$

La variable normale réduite est notée U. Sa fonction cumulative notée $\Pi(u)$ a pour expression :

$$\Pi(u) = \int_{-\infty}^{u} y(t) \, dt = \frac{1}{\sqrt{2\pi}} \int_{-\infty}^{u} e^{-t^2/2} \, dt.$$

4.7.2. Histogramme.

La fonction densité étant paire :

$$y(u) = y(-u) = \frac{1}{\sqrt{2\pi}} e^{-u^2/2},$$

la variable U est symétrique par rapport à $u = 0$.

Son histogramme — dénommé *courbe en cloche* — a la forme indiquée ci-dessous (Fig. 4.13).

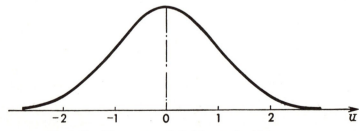

Fig. 4.13. Histogramme de la loi normale réduite.

La densité au mode est égale à :

$$y(0) = \frac{1}{\sqrt{2\pi}} = 0{,}399.$$

L'histogramme présente deux points d'inflexion : en $u = -1$ et en $u = 1$.

4. 7. 3. Fonction cumulative.

Du fait de la symétrie de la variable normale réduite, on a la relation :

$$\Pi(-u) = 1 - \Pi(u).$$

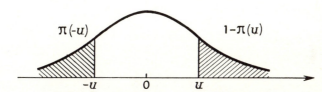

Fig. 4.14. Correspondance entre $\Pi(u)$ et $\Pi(-u)$.

Les tables usuelles de la loi normale réduite fournissent $\Pi(u)$ pour les valeurs *positives* de u (u variant de centième en centième). On obtient $\Pi(u)$ pour les valeurs négatives de u en appliquant la relation précédente.

La fonction $P(u)$, également tabulée, donne les valeurs de u telles qu'à l'extérieur de l'intervalle $(-u, +u)$ la masse de fréquences est égale à P.

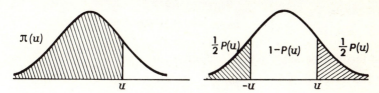

Fig. 4.15. Correspondance entre $\Pi(u)$ et $P(u)$.

La relation entre $P(u)$ et $\Pi(u)$ est :

$$P(u) = 2[1 - \Pi(u)].$$

La table de $\Pi(u)$ fournit la valeur de la fréquence correspondant à une valeur ronde de u; celle de $P(u)$ donne la valeur de u correspondant à une valeur ronde de P. On trouvera ces tables en annexe pages 467 et 468.

Ainsi :

u	$\Pi(u)$	$P(u)$	u
0	0,500 0	1,00	0
1	0,841 3	0,50	0,674 5
2	0,977 2	0,05	1,960 0
3	0,998 7	0,01	2,575 8
4	0,999 97	0,001	3,290 5

On désigne par u_α le quantile d'ordre α de la variable normale réduite :

$$\Pi(u_\alpha) = \alpha,$$

c'est-à-dire encore :

$$u_\alpha = \Pi^{-1}(\alpha).$$

La table $P(u)$ permet de calculer les quantiles u_α.

Ainsi l'extrait de la table donné ci-dessus fournit :

$$u_{0,50} = 0$$
$$u_{0,75} = 0{,}674\ 5$$
$$u_{0,975} = 1{,}960\ 0$$
$$u_{0,995} = 2{,}575\ 8$$
$$u_{0,999\ 5} = 3{,}290\ 5$$

D'une façon générale, on a la relation pour $\alpha > 1/2$:

$$P(u_\alpha) = 2(1 - \alpha).$$

4. 7. 4. Caractéristiques de la variable normale réduite.

4. 7. 4. 1. Caractéristiques de tendance centrale.

Du fait de la symétrie par rapport à $u = 0$, les caractéristiques de tendance centrale : mode, médiane, moyenne sont toutes égales à zéro :

$$M_0 = M = \bar{u} = 0.$$

4. 7. 4. 2. Quartiles.

Les quartiles Q_3 et Q_1 sont symétriques. Ils correspondent à $P = 0{,}50$:

$$Q_3 = -Q_1 = 0{,}674\,5.$$

4. 7. 4. 3. Moments.

Les moments centrés et non centrés sont identiques puisque la moyenne est nulle. Du fait de la symétrie, les moments d'ordre impair sont nuls.
Les moments d'ordre pair sont égaux à :

$$\mu_{2r} = \int_{-\infty}^{+\infty} u^{2r} \frac{1}{\sqrt{2\pi}} e^{-u^2/2}\, du = 2\int_0^{\infty} u^{2r}\frac{1}{\sqrt{2\pi}} e^{-u^2/2}\, du,$$

d'où, en posant $x = u^2/2$:

$$\mu_{2r} = 2\int_0^{\infty} \frac{1}{\sqrt{2\pi}} (2x)^{(2r-1)/2} e^{-x}\, dx = 2^r \frac{\Gamma(r+1/2)}{\Gamma(1/2)}$$

soit :

$$\mu_{2r} = 2^r\left(r-\frac{1}{2}\right)\left(r-\frac{3}{2}\right)\cdots \frac{1}{2} = 1 \cdot 3 \cdot 5 \cdots (2r-1).$$

Ainsi :

$$\mu_2 = 1$$
$$\mu_4 = 3$$
$$\text{etc.}$$

La variable normale réduite a ainsi pour moyenne 0 et pour écart-type 1. D'où son appellation complète : variable normale *centrée* (moyenne nulle) *réduite* (écart-type unité).

4. 7. 4. 4. Caractéristiques de forme.

Les coefficients de Fisher sont nuls :

$\gamma_1 = 0$ du fait de la symétrie de la distribution

$\gamma_2 = 0$ puisque $\mu_4 = 3$ et $\mu_2 = 1$.

4. 8. LOI NORMALE

4. 8. 1. Définition.

On appelle *variable normale* — ou variable de Laplace-Gauss — une variable statistique qui, moyennant un changement d'origine et d'échelle, suit la loi normale réduite : la variable X suit la loi normale s'il existe deux nombres a et b tels que :

$$X = a + bU$$

où U suit la loi normale réduite.

Désignons par m et σ la moyenne et l'écart-type de la loi de X et montrons que les coefficients du changement d'origine et d'échelle ne sont autres que m et σ :

La moyenne d'une forme linéaire est en effet la forme linéaire de la moyenne (cf. 3. 1. 3. 2); d'où, puisque la moyenne $\bar{u}$ de U est nulle :

$$m = a.$$

Par ailleurs l'écart-type d'une forme linéaire est (cf. 3. 2. 2. 1) le produit de l'écart-type par le coefficient d'échelle; d'où, puisque l'écart-type de U est égal à 1 :

$$\sigma = b \quad (^1).$$

Ainsi une variable normale est de la forme :

$$X = m + \sigma U,$$

où U suit la loi normale réduite, ou encore : la variable :

$$U = \frac{X - m}{\sigma},$$

où m et σ désignent la moyenne et l'écart-type de X, suit la loi normale réduite si X suit la loi normale.

On désigne par $\mathcal{N}(m, \sigma)$ la variable normale dont les paramètres sont respectivement m et σ (^{2}).

4. 8. 2. Fonction cumulative et quantiles. Densité.

La variable X est inférieure à x si la variable normale réduite U est inférieure à :

$$u = \frac{x - m}{\sigma}.$$

Par conséquent, la proportion des unités statistiques dont le caractère est inférieur à x est égale à :

$$F(x) = \Pi\left(\frac{x - m}{\sigma}\right).$$

(^{1}) En toute rigueur, on devrait écrire $|b|$. Mais comme U est une variable symétrique, $-U$ suit la même loi que U et, dans la définition de b, on peut supposer b positif.

(^{2}) La variable normale réduite U peut donc aussi s'écrire $\mathcal{N}(0\,;1)$.

Les quantiles de la variable X s'obtiennent par inversion de la fonction cumulative :

$$x_\alpha = F^{-1}(\alpha) = m + \sigma u_\alpha.$$

Ainsi la médiane de X — c'est-à-dire $x_{0,50}$ — est égale à m. Les quartiles Q_1 et Q_3 sont respectivement :

$$Q_1 = m - 0{,}674\,5\,\sigma$$
$$Q_3 = m + 0{,}674\,5\,\sigma.$$

La densité $f(x)$ est la dérivée de la fonction cumulative :

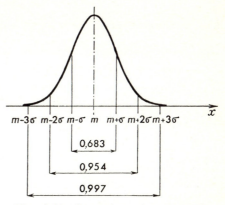

Fig. 4.16. Proportions des observations situées à moins de un, deux, trois écarts-types de la moyenne (loi normale).

$$f(x) = \frac{\mathrm{d}[F(x)]}{\mathrm{d}x} = \frac{\mathrm{d}\left[\Pi\left(\dfrac{x-m}{\sigma}\right)\right]}{\mathrm{d}x} = \frac{1}{\sigma} y\left(\frac{x-m}{\sigma}\right)$$

c'est-à-dire :

$$f(x) = \frac{1}{\sigma\sqrt{2\pi}} \exp\left[-\frac{1}{2}\left(\frac{x-m}{\sigma}\right)^2\right].$$

L'histogramme est ainsi symétrique par rapport à m.

On notera que les histogrammes des variables normales ayant le même écart-type se déduisent les uns des autres par une *translation* : l'écart entre les moyennes.

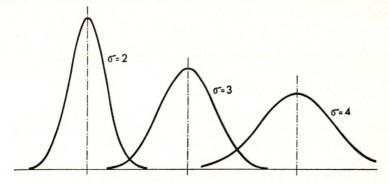

Fig. 4.17. Histogrammes de variables normales.

Suivant les valeurs de l'écart-type la distribution est plus ou moins dispersée ainsi que l'indique la figure ci-dessus.

4. 8. 3. Caractéristiques de la loi normale.

Toutes les caractéristiques de tendance centrale (mode, médiane et moyenne) sont égales à m, du fait de la symétrie.

Les moments centrés d'ordre impair sont nuls (par symétrie).

Les moments centrés d'ordre pair se déduisent de ceux de la loi normale réduite :

$$\mu_{2r}(X) = \sigma^{2r}\mu_{2r}(U) = 1 \cdot 3 \cdots (2r-1)\sigma^{2r}.$$

Les coefficients γ_1 et γ_2, égaux aux coefficients correspondants de la loi normale réduite (puisqu'ils sont invariants par changement d'origine et d'échelle), sont nuls.

4. 8. 4. Conditions de validité de la loi normale.

On montre en Calcul des Probabilités que si une variable X satisfait aux conditions suivantes :

X est la résultante d'un *très grand nombre* de causes *indépendantes* à effets *additifs*, chacune de ces causes ayant un *effet négligeable* devant l'ensemble, alors X est distribuée suivant la loi normale.

On justifie ainsi la validité de la loi normale dans le domaine des applications industrielles ou biométriques (par exemple : grandeurs attachées à des pièces fabriquées en série, où les facteurs de fluctuation sont nombreux : trépidations, température, approvisionnement, etc.).

Toutefois, malgré son **nom** et ses nombreuses propriétés, la loi normale ne possède pas un caractère *universel* : une distribution qui ne suit pas la loi normale n'est pas une distribution *anormale*. En effet, pour générales qu'elles soient, les conditions d'application de la loi normale ne sont pas toujours remplies simultanément.

4. 8. 5. Ajustement d'une distribution observée à une loi normale.

4. 8. 5. 1. Ajustement analytique.

Le principe de l'ajustement analytique d'une distribution observée à une distribution normale est analogue à celui rencontré à plusieurs reprises (loi binomiale, loi de Poisson). On montre en effet en Statistique Mathématique que la distribution normale la plus proche d'une distribution observée est celle qui a la *même moyenne* et le *même écart-type* que celle-ci.

On calcule donc la moyenne empirique $\bar{x}$ et l'écart-type σ de la distribution observée. La loi normale ajustée est alors la loi :

$$\mathcal{N}(\bar{x}, \sigma).$$

[4.8] LOI NORMALE 153

Exemple.

On a mesuré les diamètres des têtes de 200 rivets à 0,05 millimètre près. On a obtenu les résultats suivants (en mm) :

Diamètre mesuré	Classe correspondante	Nombre de rivets	$F(e_i)$
	13,125		
13,15		2	
	13,175		0,010
13,20		1	
	13,225		0,015
13,25		8	
	13,275		0,055
13,30		17	
	13,325		0,140
13,35		27	
	13,375		0,275
13,40		30	
	13,425		0,425
13,45		37	
	13,475		0,610
13,50		27	
	13,525		0,745
13,55		25	
	13,575		0,870
13,60		17	
	13,625		0,955
13,65		7	
	13,675		0,990
13,70		2	
	13,725		1,000
Total	—	200	

La forme de l'histogramme suggère une distribution normale (Fig. 4.18).

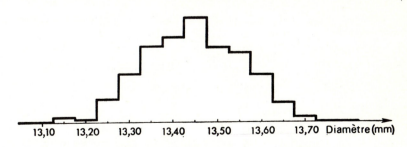

Fig. 4.18. Histogramme de la distribution des diamètres.

Calculons la moyenne et l'écart-type empiriques :

c_i	$x'_i = \dfrac{c_i - 13,45}{0,05}$	n_i	$n_i x_i$	$n_i x_i'^2$
13,15	— 6	2	— 12	72
13,20	— 5	1	— 5	25
13,25	— 4	8	— 32	128
13,30	— 3	17	— 51	153
13,35	— 2	27	— 54	108
13,40	— 1	30	— 30	30
13,45	0	37	0	0
13,50	1	27	27	27
13,55	2	25	50	100
13,60	3	17	51	153
13,65	4	7	28	112
13,70	5	2	10	50
Total	—	200	— 18	958

$$\bar{x} = 13,45 - 0,05 \frac{18}{200} = 13,445 \text{ mm}.$$

$$\sigma = 0,05 \sqrt{\frac{958}{200} - \left(\frac{18}{200}\right)^2} = 0,109 \text{ mm}.$$

D'où la distribution ajustée :

$$\mathcal{N}(13,445 \,;\, 0,109).$$

On obtient les effectifs ajustés à partir de la fonction cumulative ajustée F^*. Ainsi pour la valeur 13,30 qui correspond à la classe 13,275 à 13,325 :

$$F^*(13,275) = \Pi\left(\frac{13,275 - 13,445}{0,109}\right) = \Pi\left(-\frac{0,170}{0,109}\right) = \Pi(-1,56),$$
$$= 1 - \Pi(1,56) = 1 - 0,940\,6 = 0,059\,4.$$

Par ailleurs :

$$F^*(13,325) = \Pi\left(\frac{13,325 - 13,445}{0,109}\right) = \Pi\left(-\frac{120}{109}\right) = \Pi(-1,10)$$
$$= 1 - \Pi(1,10) = 1 - 0,864\,3 = 0,135\,7.$$

D'où l'effectif ajusté :

$$200(0{,}135\ 7 - 0{,}059\ 4) = 200 \times 0{,}076\ 3 = 15{,}2\ .$$

Le tableau de calcul suivant fournit les différents effectifs ajustés :

Centres de classe c_i	Extrémités de classes e_i	$u_i = \dfrac{e_i - 13{,}445}{0{,}109}$	$\Pi(u_i)$	Effectifs cumulés ajustés : $200\ \Pi(u_i)$	Effectifs ajustés	Effectifs observés
	— 13,125	— 2,94				
13,15					1,3	2
	— 13,175	— 2,48	0,006 6	1,3		
13,20					3,0	1
	— 13,225	— 2,02	0,021 7	4,3		
13,25					7,6	8
	— 13,275	— 1,56	0,059 4	11,9		
13,30					15,2	17
	— 13,325	— 1,10	0,135 7	27,1		
13,35					25,1	27
	— 13,375	— 0,64	0,261 1	52,2		
13,40					33,5	30
	— 13,425	— 0,18	0,428 6	85,7		
13,45					36,4	37
	— 13,475	0,28	0,610 3	122,1		
13,50					31,4	27
	— 13,525	0,73	0,767 3	153,5		
13,55					23,1	25
	— 13,575	1,19	0,883 0	176,6		
13,60					14,5	17
	— 13,625	1,65	0,950 5	191,1		
13,65					5,4	7
	— 13,675	2,11	0,982 6	196,5		
13,70					3,5	2
	— 13,725	2,57				

D'où l'histogramme ajusté :

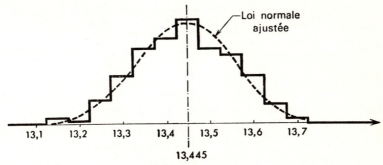

Fig. 4.19. Histogramme empirique et courbe normale ajustée.

4. 8. 5. 2. Ajustement graphique. Droite de Henri.

Il est possible d'ajuster graphiquement une loi normale à une distribution observée — et de s'assurer graphiquement de la normalité approchée de la distribution observée.

En effet une variable X est normale s'il existe deux nombres m et σ tels que la fonction cumulative $F(x)$ soit de la forme :

$$F(x) = \Pi\left(\frac{x-m}{\sigma}\right),$$

c'est-à-dire encore :

$$u_{F(x)} = \frac{x-m}{\sigma}.$$

L'existence des deux nombres m et σ est donc équivalente à la *linéarité* de la courbe représentative de $u_{F(x)}$ en fonction de x.

En conséquence, on peut s'assurer graphiquement de la normalité d'une distribution empirique : les points de coordonnées $[e_i, u_{F(e_i)}]$ doivent être sensiblement alignés pour que l'hypothèse de normalité soit acceptable.

Pour éviter d'avoir à calculer les valeurs $u_{F(e_i)}$ correspondant à chaque extrémité de classe e_i, on utilise un papier fonctionnel *gausso-arithmétique* où les graduations sur l'axe $F(x)$ sont portées à une distance de l'origine proportionnelle à $u_{F(x)}$ (échelle des ordonnées gaussienne).

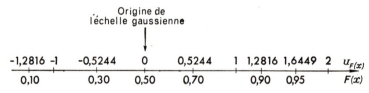

Fig. 4.20. Echelle gaussienne.

L'échelle gaussienne ci-dessus a été construite à partir des valeurs déduites de la table de $P(u)$:

$P(u)$	$\Pi(u)$	u
0,20	0,10	$-1,281\ 6$
0,60	0,30	$-0,524\ 4$
1	0,50	0
0,60	0,70	0,524 4
0,20	0,90	1,281 6
0,10	0,95	1,644 9

Ainsi, l'échelle gaussienne est arithmétique par rapport à u.

Sur le papier fonctionnel gausso-arithmétique, on lit les paramètres m et σ de la façon suivante : l'équation de la droite ajustée est :

$$u_{F(x)} = \frac{x-m}{\sigma}.$$

Donc :

$$x = m \quad \text{si } u_{F(x)} = 0, \quad \text{c'est à dire : } \quad F(x) = 0{,}500\,0,$$
$$x = m + 2\sigma \text{ si } u_{F(x)} = 2, \quad \text{c'est à dire : } \quad F(x) = 0{,}977\,2.$$

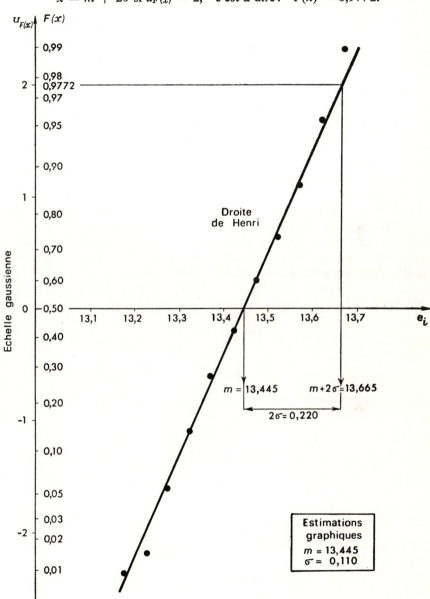

Fig. 4.21. Ajustement d'une distribution observée à une distribution normale (papier gausso-arithmétique).

A partir des lectures de m et $m + 2\sigma$ on déduit m et σ (voir Fig. 4.21; on trouvera les valeurs de $F(e_i)$ sur le tableau de la page 153).

La droite représentant la fonction cumulative de la loi normale sur papier gausso-arithmétique s'appelle la droite de Henri. Son équation est, dans l'exemple considéré :

$$u_{F(x)} = \frac{x - m}{\sigma} = \frac{x - 13{,}445}{0{,}110}.$$

* 4.9. LOI LOG-NORMALE [1].

4.9.1. Définition.

Une variable statistique X suit la *loi log-normale* si son logarithme suit la loi normale.

Comme les divers logarithmes (correspondant à des bases différentes) se déduisent les uns des autres par un changement d'échelle, si le logarithme décimal par exemple suit la loi normale, il en est de même du logarithme népérien. On peut donc retenir indifféremment l'un ou l'autre. Toutefois, pour simplifier les calculs algébriques ultérieurs, il est préférable de considérer le logarithme népérien et de caractériser une loi log-normale par les *paramètres* de la loi normale suivie par son *logarithme népérien*.

Ainsi une variable X suit la loi log-normale de paramètres m et σ si son logarithme *népérien* suit la loi normale de paramètres m et σ :

$$\ln X = \mathcal{N}(m, \sigma) \text{ [2]},$$

c'est-à-dire encore :

$$X = e^{m + \sigma U}$$

où U suit la loi normale réduite.

Les paramètres de la loi normale suivie par le logarithme *décimal* sont :

$$m' = 0{,}43429\, m$$
$$\sigma' = 0{,}43429\, \sigma$$

et

$$X = 10^{m' + \sigma' U}.$$

4.9.2. Fonction cumulative et quantiles. Densité.

La variable X est inférieure à x si la **variable** normale réduite correspondante U :

$$U = \frac{\ln X - m}{\sigma}$$

---

[1] On dit encore Loi de GALTON, Loi de GALTON-MAC ALISTER, Loi de l'effet proportionnel.
[2] Nous désignons par ln x le logarithme népérien de x.

est inférieure à :

$$u = \frac{\ln x - m}{\sigma}.$$

Par conséquent, la proportion des unités statistiques **dont le caractère est** inférieur à x est égale à :

$$F(x) = \Pi\left(\frac{\ln x - m}{\sigma}\right)$$

Les quantiles de la variable X s'obtiennent par inversion de la fonction cumulative :

$$x_\alpha = F^{-1}(\alpha) = e^{m + \sigma u_\alpha}.$$

Ainsi la médiane de X — c'est-à-dire $x_{0,50}$ — est égale à :

$$M = e^m.$$

Les quartiles Q_1 et Q_3 sont respectivement :

$$Q_1 = e^{m - 0,6745\,\sigma}$$
$$Q_3 = e^{m + 0,6745\,\sigma}.$$

La *densité* $f(x)$ est la dérivée de la fonction cumulative :

$$f(x) = \frac{d[F(x)]}{dx} = \frac{d\left[\Pi\left(\frac{\ln x - m}{\sigma}\right)\right]}{dx} = \frac{1}{\sigma x} y\left(\frac{\ln x - m}{\sigma}\right)$$

c'est-à-dire :

$$f(x) = \frac{1}{\sigma x \sqrt{2\pi}} \exp\left[-\frac{1}{2\sigma^2}(\ln x - m)^2\right].$$

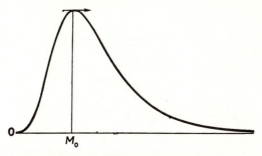

Fig. 4.22. Histogramme de la loi log-normale.

D'une façon générale, la distribution log-normale est dissymétrique et étalée vers la droite.

On notera que deux distributions log-normales ayant le même paramètre σ se déduisent l'une de l'autre par un *changement* d'échelle. En effet si X et Y ont pour expression :

$$X = e^{m+\sigma U}$$
$$Y = e^{m'+\sigma U}$$

la relation liant X à Y est :

$$X = e^{m-m'} Y.$$

Remarque.

La figure 3.22 (page 98) qui montre la correspondance entre les trois courbes caractéristiques d'une distribution continue (histogramme, courbe cumulative, courbe de concentration) a été établie en prenant l'exemple de la loi log-normale.

4. 9. 3. Caractéristiques de la loi log-normale.

4. 9. 3. 1. Champ de variation.

La fonction exponentielle étant à valeurs *positives*, le champ de variation de X est $(0, +\infty)$. Il correspond au champ de variation infini dans les deux sens $(-\infty, +\infty)$ de U :

$$X = e^{m+\sigma U}.$$

4. 9. 3. 2. Mode.

La densité :

$$f(x) = \frac{1}{\sigma x \sqrt{2\pi}} \exp\left[-\frac{1}{2}\left(\frac{\ln x - m}{\sigma}\right)^2\right]$$

est maximum si :

$$\frac{1}{x} \exp\left[-\frac{1}{2}\left(\frac{\ln x - m}{\sigma}\right)^2\right]$$

est maximum.

Posons : $$u = \frac{\ln x - m}{\sigma}$$

c'est-à-dire : $$x = e^{m+\sigma u} :$$

$$\frac{1}{x} \exp\left[-\frac{1}{2}\left(\frac{\ln x - m}{\sigma}\right)^2\right] = e^{-(m+\sigma u)} \cdot e^{-u^2/2}$$

$$= \exp\left[-\frac{1}{2}(u+\sigma)^2 - m + \frac{\sigma^2}{2}\right].$$

dont le maximum correspond à :

$$u = -\sigma.$$

Ainsi le mode est :

$$M_0 = e^{m-\sigma^2}$$

La densité au mode est égale à :

$$f(M_0) = \frac{1}{\sigma\sqrt{2\pi}} e^{-m+\sigma^2/2} = \frac{0{,}399}{\sigma} e^{-m+\sigma^2/2}$$

4. 9. 3. 3. Moments.

Le moment non centré d'ordre r est égal à :

$$m_r = \int_0^{\infty} x^r \frac{1}{\sigma x\sqrt{2\pi}} \exp\left[-\frac{1}{2}\left(\frac{\ln x - m}{\sigma}\right)^2\right] dx.$$

Posons :

$$u = \frac{\ln x - m}{\sigma}.$$

Il vient :

$$m_r = \int_{-\infty}^{+\infty} e^{r(m+\sigma u)} \frac{1}{\sqrt{2\pi}} e^{-u^2/2} du = e^{rm+r^2\sigma^2/2} \int_{-\infty}^{+\infty} \frac{1}{\sqrt{2\pi}} e^{-1/2(u-r\sigma)^2} du.$$

Or cette dernière intégrale est égale à l'unité. Donc :

$$m_r = e^{rm+r^2\sigma^2/2}$$

D'où la moyenne :

$$m_1 = e^{m+\sigma^2/2}$$

et le moment non centré d'ordre 2 :

$$m_2 = e^{2(m+\sigma^2)}$$

qui conduit à la variance :

$$\mu_2 = m_2 - m_1^2 = e^{2(m+\sigma^2)} - e^{2m+\sigma^2}$$

et à l'écart-type :

$$\sqrt{\mu_2} = e^{m+\sigma^2}\sqrt{1 - e^{-\sigma^2}}.$$

4. 9. 3. 4. Relation entre mode, médiane et moyenne.

Les calculs précédents ont conduit aux résultats suivants :

- mode : $M_0 = e^{m-\sigma^2}$
- médiane : $M = e^m$
- moyenne : $\bar{x} = e^{m+\sigma^2/2}$.

On vérifie bien que la médiane est comprise entre le mode et la moyenne et plus près de la moyenne que du mode (cf. 3. 1. 3. 4).

En éliminant m et σ entre ces trois égalités, on obtient la relation entre mode, médiane et moyenne :

$$\left(\frac{\bar{x}}{M}\right)^2 = \frac{M}{M_0},$$

c'est-à-dire, au second ordre près :

$$2(\bar{x} - M) = M - M_0.$$

La médiane est donc environ deux fois plus proche de la moyenne que du mode.

Cette relation à laquelle satisfait la loi log-normale est à peu près vérifiée pour de nombreuses distributions dissymétriques étalées vers la droite.

4. 9. 3. 5. Courbe de concentration.

Posons, ici encore :

$$u = \frac{\ln x - m}{\sigma}.$$

Il vient :

$$p = \Pi(u)$$

$$q = \frac{1}{\bar{x}} \int_0^x x f(x)\,dx = e^{-m-\sigma^2/2} \int_{-\infty}^u e^{m+\sigma t} \frac{e^{-t^2/2}}{\sqrt{2\pi}}\,dt$$

$$= \int_{-\infty}^u \frac{e^{-1/2(t-\sigma)^2}}{\sqrt{2\pi}}\,dt = \int_{-\infty}^{u-\sigma} \frac{e^{-t^2/2}}{\sqrt{2\pi}}\,dt = \Pi(u - \sigma).$$

D'où l'équation de la courbe de concentration :

$$p = \Pi(u)$$
$$q = \Pi(u - \sigma),$$

c'est-à-dire :

$$u_p = u_q + \sigma.$$

Ainsi, la courbe de concentration de la distribution log-normale — qui ne dépend que de σ (et non de m) — est une *droite parallèle à la première bissectrice* sur un papier à double échelle fonctionnelle *gaussienne* (voir Figure 4.24).

On notera que la médiale, qui correspond à $u = \sigma$, est égale à :

$$\mathcal{M} = e^{m+\sigma^2}.$$

4.9.4. Généralisation de la loi log-normale.

Comme on l'a déjà rencontré à propos de la loi normale et de la loi γ_ν, on généralise une variable statistique par un changement d'origine et d'échelle.

Dans le cas de la loi log-normale, il convient de noter qu'un changement d'échelle ne conduit pas à une variable nouvelle. En effet, si la variable X' suit la loi log-normale de paramètres m et σ :

$$X' = e^{m+\sigma U},$$

la variable :

$$X = aX'$$

suit la loi log-normale de paramètres $m + \ln a$, σ :

$$X = aX' = a e^{m+\sigma U} = e^{(m+\ln a)+\sigma U}.$$

En revanche un changement d'origine conduit à une variable qui n'est plus du même type que la variable initiale : si X' suit la loi log-normale de paramètres m et σ, la variable :

$$X = X' + x_0$$

suit la loi :

$$X = x_0 + e^{m+\sigma U}.$$

On appelle variable *log-normale généralisée* une variable statistique qui, moyennant un changement d'origine, suit la loi log-normale :

$$X = x_0 + e^{m+\sigma U}$$

ou encore :

$$\frac{\ln(X-x_0) - m}{\sigma} = U = \mathcal{N}(0;1).$$

La variable log-normale généralisée dépend ainsi de trois paramètres :

$$x_0, \quad m, \quad \sigma.$$

Les caractéristiques de la variable log-normale généralisée se déduisent aisément des caractéristiques correspondantes de la variable log-normale :

Fonction cumulative : $F(x) = \Pi\left[\dfrac{\ln(x - x_0) - m}{\sigma}\right]$

Quantiles : $x_\alpha = x_0 + e^{m + \sigma u_\alpha}$.

Densité : $\dfrac{1}{\sigma(x - x_0)\sqrt{2\pi}} \exp\left[-\dfrac{1}{2}\left(\dfrac{\ln(x - x_0) - m}{\sigma}\right)^2\right]$.

Champ de variation : $x > x_0$.

Mode : $M_0 = x_0 + e^{m - \sigma^2}$.

Médiane : $M = x_0 + e^m$.

Moyenne : $\bar{x} = x_0 + e^{m + \sigma^2/2}$.

Variance : $V = e^{2m + 2\sigma^2}(1 - e^{-\sigma^2})$.

Toutefois, la courbe de concentration a une expression plus compliquée :

$$q = \dfrac{x_0 p + e^{m + \sigma^2/2} \Pi(u_p - \sigma)}{x_0 + e^{m + \sigma^2/2}}.$$

4. 9. 5. Conditions de validité de la loi log-normale.

Les conditions exposées ci-dessus en **4. 8. 4** qui définissent un processus de génération de la loi normale conduisent, *mutatis mutandis*, aux conditions analogues pour la loi log-normale :

Si X est la résultante d'un *très grand nombre* de causes indépendantes à effets *positifs*, se composant de façon *multiplicative*, chacune de ces causes ayant un *effet négligeable* devant l'effet global, alors X est distribuée suivant la loi log-normale.

De façon plus précise, si X est de la forme :

$$X = x_0 + \prod_{i=1}^{n}[\xi_i(1 + \rho_i)] \quad (^1)$$

où ξ_i désigne la part *systématique* de l'effet imputable au facteur n° i, ρ_i la

---

(^{1}) On rappelle que le symbole $\prod\limits_{i=1}^{n}$ désigne le produit $x_1 \, x_2, ... x_n$

$$\prod_{i=1}^{n} x_i = x_1 \, x_2 ... x_n$$

part *aléatoire relative* correspondante, X suit la loi log-normale à condition que :

— les facteurs soient *très nombreux* : n grand ;
— les facteurs soient *indépendants* ;
— les effets ξ_i et ρ_i soient *négligeables*, quel que soit i.

Ainsi à *l'additivité* des effets qui conduit à la loi normale, correspond, dans le cas de la loi log-normale, la *proportionnalité* des effets. C'est pourquoi la loi log-normale s'appelle aussi la *loi de l'effet proportionnel*.

Dans le domaine industriel, la loi log-normale peut ainsi recevoir des justifications théoriques, les caractéristiques d'un matériel (résistance, dureté, conductibilité,...) pouvant résulter d'une combinaison multiplicative de facteurs élémentaires.

Dans le domaine économique, la loi log-normale qu'on rencontre assez fréquemment (distributions de salaires, distributions de chiffres d'affaires, et d'une façon générale : distributions d'unités économiques suivant la taille) est assez difficile à justifier par des considérations analogues. Dans ce cas, la loi log-normale constitue seulement un modèle de référence permettant des calculs simples et des synthèses commodes.

4. 9. 6. Ajustement d'une distribution observée à une loi log-normale.

4. 9. 6. 1. Ajustement analytique.

Nous n'envisagerons l'ajustement analytique que dans le cas où la constante x_0 de la loi log-normale est connue.

Dans la mesure où x_0 est la plus petite valeur possible de la variable (le champ de variation est en effet $X > x_0$), il peut arriver que x_0 soit connu *a priori*.

Il suffit d'ailleurs que x_0 soit grossièrement estimé, une erreur sur x_0 n'entraînant pas en général une erreur grave sur l'estimation de m et de σ.

Dans ces conditions, on peut supposer que x_0 est nul, après avoir, le cas échéant, soustrait x_0 aux différentes observations.

Les paramètres m et σ sont alors déduits de la moyenne $\bar{x}$ et de la variance V de la distribution *observée* par identification :

$$\bar{x} = e^{m+\sigma^2/2}$$
$$V = e^{2(m+\sigma^2)} - e^{2m+\sigma^2}.$$

Ce système de deux équations à deux inconnues fournit facilement m et σ :

$$\sigma^2 = \ln\left(1 + \frac{V}{\bar{x}^2}\right)$$

$$m = \ln\left(\frac{\bar{x}^2}{\sqrt{\bar{x}^2 + V}}\right)$$

c'est-à-dire encore, en fonction des moments m_1 et m_2 de la distribution observée :

$$\sigma^2 = \ln\left(\frac{m_2}{m_1^2}\right) = \ln m_2 - 2 \ln m_1$$

$$m = \ln\left(\frac{m_1^2}{\sqrt{m_2}}\right) = 2 \ln m_1 - \tfrac{1}{2} \ln m_2.$$

Exemple

Soit à ajuster la distribution des ouvriers suivant le salaire annuel (donnée p. 29) à une loi log-normale. On peut retenir comme salaire minimum la valeur $x_0 = 0$, ainsi qu'on le verra ci-dessous sur la représentation graphique.

Le calcul de la moyenne et de la variance (cf. **3**. 2. 2. 1.) conduit à :

$$m_1 = 316{,}0$$
$$m_2 = (130{,}0)^2 + (316{,}0)^2 = 116\,756.$$

D'où :

$$\sigma^2 = \ln \frac{116\,756}{99\,856} = 2{,}302\,6 \; \lg 1{,}169\,3 \; (^1) = 0{,}156\,4$$

$$\sigma = 0{,}396$$

$$m = \ln \frac{99\,856}{\sqrt{116\,756}} = 2{,}302\,6 \; \lg 292{,}2 = 5{,}678.$$

Ainsi la distribution log-normale ajustée a pour paramètres :

$$x_0 = 0$$
$$m = 5{,}678$$
$$\sigma = 0{,}396.$$

Elle correspond à la variable salaire annuel exprimée en milliers de francs.

Le calcul des fréquences ajustées s'effectue de la façon suivante :

— On calcule la valeur u_i de la variable normale réduite correspondant à l'extrémité de classe e_i :

$$u_i = \frac{\ln e_i - 5{,}678}{0{,}396} = \frac{\lg e_i - 2{,}466}{0{,}172}.$$

— On calcule la fréquence cumulée ajustée correspondante $F^*(e_i)$:

$$F^*(e_i) = \Pi(u_i) = \Pi\left(\frac{\lg e_i - 2{,}466}{0{,}172}\right).$$

(^{1}) lg désigne le logarithme *décimal*.

— On obtient la fréquence ajustée de la classe n° i :

$$f_i^* = F^*(e_i) - F^*(e_{i-1}) = \Pi\left(\frac{\lg e_i - 2{,}466}{0{,}172}\right) - \Pi\left(\frac{\lg e_{i-1} - 2{,}466}{0{,}172}\right).$$

Ainsi pour la classe 250 à 300 :

$$F^*(250) = \Pi\left(\frac{\lg 250 - 2{,}466}{0{,}172}\right) = \Pi(-0{,}395) = 0{,}347,$$

$$F^*(300) = \Pi\left(\frac{\lg 300 - 2{,}466}{0{,}17}\right) = \Pi(+0{,}064) = 0{,}526.$$

D'où la fréquence ajustée :

$$F^*(300) - F^*(250) = 0{,}179,$$

qui se trouve coïncider avec la fréquence observée (cf. p. 29).

4. 9. 6. 2. Ajustement graphique. Droite de Henri.

De même que la courbe cumulative de la variable normale est une droite si on la représente sur un papier gausso-arithmétique, de même la courbe cumulative de la distribution log-normale, tracée sur *papier gausso-logarithmique*, est également une droite : la droite de Henri.

Ajustement graphique lorsque x_0 est connu.

Supposons x_0 connu. Une variable X est log-normale s'il existe deux nombres m et σ tels que la fonction cumulative de X soit :

$$F(x) = \Pi\left[\frac{\ln(x - x_0) - m}{\sigma}\right]$$

c'est-à-dire encore :

$$u_{F(x)} = \frac{\ln(x - x_0) - m}{\sigma}.$$

L'existence des deux nombres m et σ est donc *équivalente* à la *linéarité* de la courbe représentative de $u_{F(x)}$ en fonction de $\ln(x - x_0)$.

En conséquence on peut s'assurer graphiquement qu'une distribution observée est approximativement log-normale : les points de coordonnées [$\ln(e_i - x_0)$, $u_{F(e_i)}$] doivent être sensiblement alignés pour que l'hypothèse envisagée soit acceptable.

Pour éviter d'avoir à calculer les valeurs $\ln(e_i - x_0)$ et $u_{F(e_i)}$ correspondant à chaque extrémité de classe e_i, on utilise un papier fonctionnel *gausso-loga-*

rithmique où les graduations sur l'axe vertical, exprimées en $F(x)$, sont portées à une distance de l'origine proportionnelle à $u_{F(x)}$ et où les graduations sur l'axe horizontal, exprimées en $x - x_0$ sont portées à une distance de l'origine proportionnelle à $\ln(x - x_0)$: échelle des ordonnées gaussienne et échelle des abscisses logarithmique.

On détermine les valeurs m et σ de la façon suivante. La droite ajustée a pour équation :

$$u_{F(x)} = \frac{\ln(x - x_0) - m}{\sigma}.$$

Donc :

$\ln(x - x_0) = m$ lorsque $u_{F(x)} = 0$, c'est-à-dire $F(x) = 0,500\,0$
$\ln(x - x_0) = m + 2\sigma$ lorsque $u_{F(x)} = 2$, c'est-à-dire $F(x) = 0,977\,2$.

A partir des lectures des valeurs x_1 et x_2 correspondant à $F(x_1) = 0,500\,0$ et $F(x_2) = 0,977\,2$, on obtient :

$$\ln(x_1 - x_0) = m$$
$$\ln(x_2 - x_0) = m + 2\sigma,$$

soit :

$$m = \ln(x_1 - x_0)$$
$$\sigma = \frac{1}{2}\ln\left(\frac{x_2 - x_0}{x_1 - x_0}\right)$$

Ainsi pour la distribution des salaires des ouvriers, on lit sur la figure 4.23 :

$$x_1 = 290$$
$$x_2 = 615.$$

D'où :

$$m = \ln 290 = 5,67$$
$$\sigma = \frac{1}{2}\ln\frac{615}{290} = 0,38.$$

Ces estimations sont vraisemblablement plus précises que celles obtenues ci-dessus en identifiant la moyenne et la variance observées à la moyenne et à la variance de la distribution log-normale. En effet, le calcul de la variance — et dans une plus faible mesure, celui de la moyenne — est entaché de l'erreur qui résulte du groupement des observations en classes.

On remarquera que, dans le cas où x_0 est nul, la linéarité de la courbe de concentration fournit un test graphique de l'hypothèse d'une distribution log-normale et permet d'estimer le paramètre σ. On a vu en effet que la courbe de concentration de la variable log-normale est une parallèle à la première bissectrice sur papier à double échelle gaussienne (voir la figure 4.24 ; les données p et q figurent p. 77).

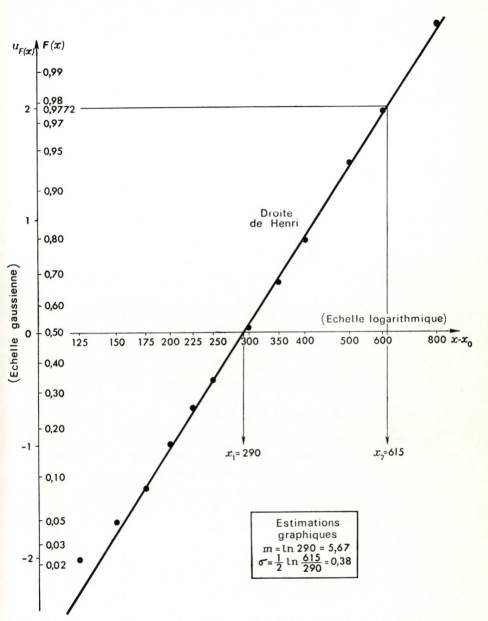

Fig. 4.23. Ajustement d'une distribution observée à une distribution log-normale (papier gausso-logarithmique).

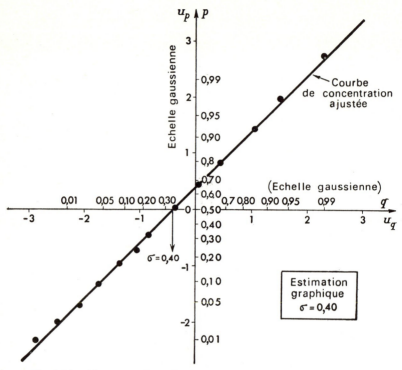

Fig. 4.24. Ajustement d'une distribution observée à une loi log-normale
(à partir de la courbe de concentration).

Ajustement graphique lorsque x_0 n'est pas connu.

Lorsque x_0 n'est pas connu, on porte encore la courbe cumulative sur un papier gausso-logarithmique. Dans ces conditions, la courbe représentative de $F(x)$ n'est plus une droite : son équation, dans le système d'axes de coordonnées

$$\eta = u_{F(x)}$$
$$\xi = \ln x$$

a pour expression :

$$F(x) = \Pi\left[\frac{\ln(x - x_0) - m}{\sigma}\right]$$

soit :

$$\eta = \frac{\ln(e^\xi - x_0) - m}{\sigma}.$$

La forme de cette courbe dépend du signe de x_0.

a) $x_0 > 0$ (cas le plus fréquent).

Si x_0 est positif, elle présente deux asymptotes (Fig. 4.25) :
— l'une verticale correspondant à $\xi = \ln x_0$, c'est-à-dire encore à $x = x_0$;
— l'autre oblique :

$$\eta = \frac{\xi - m}{\sigma}.$$

Considérons deux points de même ordonnée η dont le premier M' est sur l'asymptote oblique et dont l'autre M'' sur la courbe cumulative. Les abscisses M' et M'' sont respectivement :

$$\xi' = m + \sigma\eta$$
$$\xi'' = \ln\left(x_0 + e^{m+\sigma\eta}\right)$$

d'où :

$$x' = e^{\xi'} - e^{m+\sigma\eta}$$
$$x'' = e^{\xi''} = x_0 + e^{m+\sigma\eta}.$$

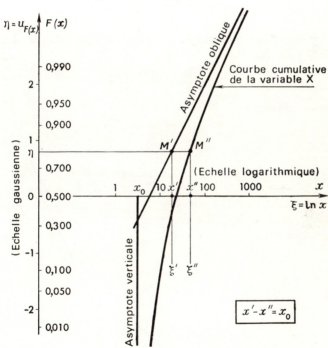

Fig. 4.25. Ajustement graphique à une loi log-normale ($x_0 > 0$).

Ainsi, quelle que soit l'ordonnée η la différence $x'' - x'$ est égale à x_0 :

$$x'' - x' = x_0.$$

En conséquence x_0 est la distance horizontale lue sur l'échelle logarithmique entre l'asymptote oblique et la courbe cumulative.

Pratiquement, pour estimer x_0, on cherchera à placer par tâtonnement une droite qui corresponde approximativement à l'asymptote et telle que l'écart horizontal entre la courbe cumulative et la droite soit approximativement constant lorsqu'il est mesuré en x. On doit vérifier alors que la droite verticale d'abscisse x_0 est approximativement asymptote.

Remarques.

1. La détermination de x_0 est assez imprécise. Elle n'influe pas toutefois de façon sensible sur l'estimation de m et σ.

2. L'asymptote oblique est la droite de Henri de la distribution de $X - x_0$, puisque l'écart horizontal, mesuré en x, est précisément égal à x_0.

b) $x_0 < 0$.

Si x_0 est négatif, la courbe cumulative d'équation

$$\eta = \frac{\ln(e^\xi - x_0) - m}{\sigma}$$

présente une asymptote horizontale et une asymptote oblique. L'asymptote horizontale a pour équation :

$$\eta = \frac{\ln(-x_0) - m}{\sigma}$$

et l'asymptote oblique :

$$\eta = \frac{\xi - m}{\sigma}.$$

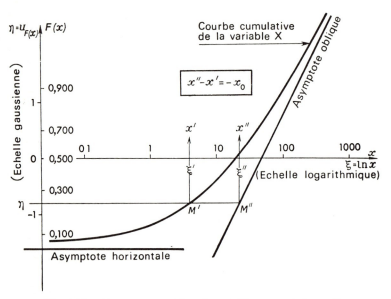

Fig. 4.26. Ajustement graphique à une loi log-normale ($x_0 < 0$).

De façon analogue au cas où x_0 est positif, l'écart horizontal entre l'asymptote oblique et la courbe cumulative, mesuré en x est constant et égal à $-x_0$:

$$\xi' = \ln(x_0 + e^{m+\sigma\eta})$$
$$\xi'' = m + \sigma\eta.$$

D'où :
$$x'' - x' = e^{m+\sigma\eta} - x_0 - e^{m+\sigma\eta} = -x_0.$$

On détermine ainsi x_0 en plaçant par tâtonnement une droite approximativement asymptote telle que l'écart horizontal mesuré en x soit à peu près constant (Fig. 4.26).

* 4. 10. LOI DE PARETO

4. 10. 1. Définition.

On appelle variable de Pareto de paramètres α et x_0 la variable statistique dont la fonction cumulative est :

$$F(x) = 0 \qquad \text{si} \quad x < x_0$$
$$F(x) = 1 - \left(\frac{x_0}{x}\right)^\alpha \qquad \text{si} \quad x > x_0.$$

Il s'agit bien d'une variable statistique continue si α et x_0 sont positifs. En effet, la fonction cumulative croît continûment de façon monotone entre 0 et 1 quand x croît de x_0 à l'infini.

La densité de la variable de Pareto s'obtient par dérivation :

$$f(x) = \frac{\alpha}{x_0}\left(\frac{x_0}{x}\right)^{\alpha+1}.$$

D'où l'histogramme :

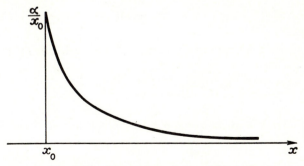

Fig. 4.27. Histogramme de la variable de Pareto.

4. 10. 2. Caractéristiques de la loi de Pareto.

4. 10. 2. 1. Quantiles.

Le quantile d'ordre p de la variable de Pareto se déduit de la fonction cumulative :
$$F(x_p) = p$$
soit :
$$1 - \left(\frac{x_0}{x_p}\right)^\alpha = p$$
c'est-à-dire :
$$x_p = \frac{x_0}{(1-p)^{1/\alpha}}.$$
La médiane est ainsi égale à :
$$M = x_{0,50} = x_0 2^{1/\alpha}.$$

4. 10. 2. 2. Mode.

Le mode est égal à x_0. La densité modale vaut :
$$f(x_0) = \alpha/x_0.$$

4. 10. 2. 3. Moments.

Le moment non centré d'ordre r est égal à :
$$m_r = \int_{x_0}^{\infty} \frac{\alpha}{x_0}\left(\frac{x_0}{x}\right)^{\alpha+1} x^r \, dx = \frac{\alpha x_0^r}{\alpha - r}.$$

Il n'existe que si l'intégrale est convergente c'est-à-dire si r est inférieur à α. En particulier :
— la moyenne $\bar{x}$ n'existe que si α est supérieur à 1. Elle est alors égale à :
$$\bar{x} = \frac{\alpha}{\alpha - 1} x_0 \, ;$$
— la variance V n'existe que si α est supérieur à 2. Elle est alors égale à :
$$V = m_2 - m_1^2 = \frac{\alpha x_0^2}{\alpha - 2} - \left(\frac{\alpha}{\alpha - 1} x_0\right)^2 = \frac{\alpha x_0^2}{(\alpha - 2)(\alpha - 1)^2}.$$

4. 10. 2. 4. Caractéristiques de concentration.

La courbe de concentration n'est définie que si α est supérieur à 1 (pour que la moyenne $\bar{x}$ soit définie). Son équation est donnée par :

$$p = 1 - \left(\frac{x_0}{x}\right)^\alpha$$

$$q = \frac{\alpha - 1}{\alpha x_0} \int_{x_0}^{x} x \frac{\alpha}{x_0} \left(\frac{x_0}{x}\right)^{\alpha+1} \mathrm{d}x = 1 - \left(\frac{x_0}{x}\right)^{\alpha-1}.$$

Par conséquent :

$$p = 1 - (1-q)^{\alpha/(\alpha-1)}.$$

La médiale qui correspond à $q = 1/2$ est égale à :

$$\mathcal{M} = x_0 2^{1/(\alpha-1)}.$$

On vérifie, comme il convient, que la médiale est supérieure à la médiane :

$$\frac{\mathcal{M}}{M} = 2^{1/\alpha(\alpha-1)} \geqslant 2^0 = 1.$$

L'indice de concentration est égal à :

$$i = 2 \int_0^1 p \, \mathrm{d}q - 1 = 2 \int_0^1 [1 - (1-q)^{\alpha/(\alpha-1)}] \, \mathrm{d}q - 1$$

$$= 2\left(1 - \frac{1}{\frac{\alpha}{\alpha-1} + 1}\right) - 1 = \frac{1}{2\alpha - 1}.$$

4. 10. 3. Ajustement graphique d'une distribution observée à une distribution de Pareto.

Le principe de l'ajustement est analogue à celui de la loi normale ou lognormale. L'équation de la courbe cumulative :

$$F(x) = 1 - \left(\frac{x_0}{x}\right)^\alpha$$

peut en effet s'écrire :

$$\lg [1 - F(x)] = \alpha(\lg x_0 - \lg x).$$

Si on porte sur un graphique les points de coordonnées $\lg e_i$, $\lg [1 - F(e_i)]$, ils doivent être sensiblement alignés lorsque la distribution est voisine d'une distribution de Pareto. Pour éviter de calculer les valeurs de lg e_i et de lg $[1 — F(e_i)]$ correspondant à chaque extrémité de classe, on porte les points $[e_i, 1 — F(e_i)]$ sur un papier à *double échelle logarithmique*.

Les valeurs ajustées de x_0 et α se déduisent de deux points de la droite ajustée. Il est commode de retenir la valeur x_1 de x qui correspond à $F(x) = 0$ et celle x_2 qui correspond à $F(x) = 0,90$. La première coïncide avec x_0 et la seconde (quantile d'ordre 0,90) est égale à $x_0 10^{1/\alpha}$. D'où les paramètres :

$$x_0 = x_1$$

$$\alpha = \frac{1}{\lg x_2/x_1}.$$

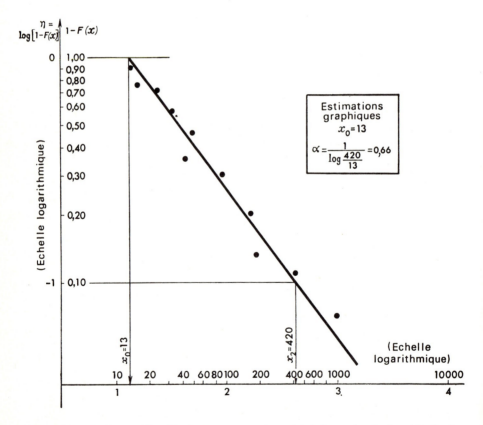

Fig. 4.28. Ajustement d'une distribution observée à une loi de Pareto (papier logarithmique).

4. 10. 4. Conditions d'application de la loi de Pareto.

La loi de Pareto n'a pas de justifications probabilistes simples comme la loi normale, la loi log-normale ou la loi γ_ν. Pareto l'a introduite pour décrire des unités économiques suivant la taille (salaires, revenus, entreprises suivant le chiffre d'affaires ou le nombre d'employés,...) : le nombre de personnes dont le revenu dépasse x est de la forme :

$$N_x = \frac{A}{x^a}.$$

Dans le cas de distributions de revenus qui suivent de façon satisfaisante la loi de Pareto, on observe des valeurs du paramètre α voisines de 2.

Il convient toutefois de noter que les ajustements à une loi log-normale se révèlent souvent meilleurs que les ajustements à une loi de Pareto. C'est ainsi que la distribution des salaires des ouvriers étudiée ci-dessus en **4. 9. 6. 2.** est très sensiblement différente d'une distribution de Pareto.

4. 11. GÉNÉRALITÉS SUR LES AJUSTEMENTS

Les différentes lois théoriques examinées au cours de ce chapitre sont à proprement parler des modèles probabilistes dont la justification et l'étude complète seront développées dans le cadre du cours de Calcul des Probabilités. Il nous a toutefois semblé utile de donner quelques indications sommaires — et nécessairement sans démonstration — sur les conditions d'application de ces modèles généraux qui permettent, dans de nombreux cas pratiques, de représenter valablement un ensemble d'observations.

Avant de terminer ce chapitre, il convient encore de définir dans quelle mesure un modèle théorique ajusté à une distribution observée peut être considéré comme satisfaisant.

4. 11. 1. Critique de l'ajustement d'une distribution observée à une loi théorique.

Au moins en ce qui concerne la loi γ_1, la loi normale, la loi log-normale et la loi de Pareto, nous avons indiqué comment on peut procéder **graphiquement** pour s'assurer qu'une distribution donnée appartient à une famille de lois théoriques à deux paramètres : on trace sur le papier fonctionnel adéquat la fonction cumulative de la distribution observée. Si celle-ci appartient au type de loi envisagé, la fonction cumulative doit être approximativement linéaire ; l'appartenance de la distribution observée à la famille de lois théoriques envisagée est équivalente à la linéarité de la fonction cumulative : les points de coordonnées [e_i, $F(e_i)$] doivent être sensiblement alignés.

Dans tous les cas étudiés ci-dessus, on a indiqué comment on procède pour ajuster analytiquement une distribution observée à une famille de lois théoriques dépendant d'un ou plusieurs paramètres : la loi théorique de la famille qui est la plus proche de la distribution observée est celle dont les premiers moments coïncident avec les moments correspondants de la distribution observée. Cette procédure sera justifiée dans le cours de Statistique Mathématique.

Quelle que soit la qualité de l'ajustement réalisé, il subsiste toujours quelques écarts entre la distribution observée et la distribution ajustée. Le problème se pose donc de savoir dans quelle mesure ces écarts sont :

— ou bien *le fait du hasard* : les observations sont de nature probabiliste et les fluctuations aléatoires sont responsables des divergences entre le modèle théorique et la distribution observée. Ces divergences tendent à s'estomper si le nombre d'observations devient très grand mais, pour un nombre d'observations fini, il y a nécessairement des divergences :

— ou bien *le fait d'une inadéquation du modèle retenu* : les divergences constatées proviennent de ce que la loi théorique suivie *effectivement* par les observations n'est pas celle qui est envisagée.

Ce problème de *test statistique* sera étudié dans le cours de Statistique Mathématique. Nous en présentons ici seulement les résultats.

La démarche qui conduit à la réalisation du test comporte deux étapes. Elle consiste à définir une *mesure* de la distance entre distribution observée et loi théorique et ensuite un *moyen d'apprécier* la distance ainsi mesurée.

4. 11. 1. 1. La distance entre la distribution observée et la loi théorique.

Soit O la distribution observée de la variable statistique X. Les *modalités* de la variable X sont au nombre de k : si la variable X est discrète, les modalités sont des valeurs isolées ou des groupes de valeurs isolées ; si la variable X est continue, les modalités sont des classes de valeurs possibles.

Désignons d'une façon générale par $C_1, C_2,..., C_i,..., C_k$ les k modalités de la variable X et par $n_1, n_2,..., n_i,..., n_k$ les *effectifs observés* dont le total n est égal à l'effectif de la population.

Soit T la distribution théorique envisagée. Cette distribution affecte aux k modalités $C_1,..., C_i,..., C_k$ les *fréquences théoriques* $p_1,..., p_i,..., p_k$ dont la somme est égale à l'unité. Les produits $np_1,..., np_i,..., np_k$ dont le total est égal à l'effectif n de la population sont appelés les *effectifs théoriques*.

Modalités	Distribution observée O. Effectifs	Distribution théorique T. Effectifs
C_1	n_1	np_1
.	.	.
.	.	.
.	.	.
C_i	n_i	np_i
.	.	.
.	.	.
.	.	.
C_k	n_k	np_k
Total	n	n

La distance entre la distribution observée O et la distribution théorique T retenue par K. Pearson est :

$$D = \sum_{i=1}^{k} \frac{(n_i - np_i)^2}{np_i}$$

c'est-à-dire, en notation condensée :

$$D = \sum_{i=1}^{k} \frac{(O_i - T_i)^2}{T_i}.$$

4. 11. 1. 2. L'appréciation de la distance D.

Cette distance ([1]) aléatoire D suit, lorsque la distribution théorique est *effectivement* la loi T et ceci *quelle que soit* cette loi T, la loi dite du χ^2 à ν degrés de liberté.

Le nombre de degrés de liberté d'une variable χ^2 est un *paramètre* dont l'appellation sera justifiée en Statistique Mathématique. Il est tout à fait analogue par exemple au paramètre m d'une loi de Poisson.

Le nombre ν de degrés de liberté dépend du nombre k de *modalités* retenues et du nombre r de *paramètres* qu'il a fallu estimer sur la base des observations pour définir la loi T parmi une famille de lois théoriques à plusieurs paramètres :

$$\nu = k - r - 1.$$

([1]) En toute rigueur, la quantité D ne satisfait pas à la définition mathématique de la distance :
$$D[(O_i), (T_i)] \neq D[(T_i), (O_i)].$$
Néanmoins, il est commode dans l'exposé de retenir cette appellation qui a le mérite de faire comprendre **la démarche** suivie.

Ainsi pour l'ajustement à une loi de Poisson où à une loi binomiale, r est égal à 1 (paramètre m estimé par la moyenne observée $\bar{x}$, paramètre p estimé par le quotient $\bar{x}/n$), pour l'ajustement à une loi normale, r est égal à 2 (paramètre m estimé par $\bar{x}$, paramètre σ estimé par l'écart-type de la distribution observée).

La loi du χ^2 est tabulée. Pour un nombre de degrés de liberté ν donné, la table fournit la valeur qui a une probabilité donnée d'être dépassée. Ainsi il y a 5 chances sur 100 pour qu'une variable χ^2 à $\nu = 10$ degrés de liberté dépasse la valeur 18,37 (voir la table page 474).

Le test statistique effectué est celui de la *compatibilité de la distance D avec les fluctuations aléatoires admissibles* mesurées par la variable χ^2 : si la probabilité que la variable χ^2 dépasse D est très faible, on imputera à l'inadéquation de la loi T cette distance D observée. Si au contraire la probabilité que la variable χ^2 dépasse D est importante, on considérera que la distance observée peut être imputée aux fluctuations aléatoires et on conclura que l'hypothèse suivant laquelle les observations suivent la loi T est acceptable. On peut dire encore que si D a une valeur *élevée* (alors la probabilité que χ^2 dépasse D est *faible*), c'est l'indice que la loi T est inadéquate puisque le hasard seul est insuffisant pour expliquer cette distance élevée; au contraire, si D a une valeur *faible* (alors la probabilité que χ^2 dépasse D est *importante*), les fluctuations aléatoires suffisent à expliquer la distance enregistrée.

On notera que plusieurs lois théoriques T peuvent être jugées acceptables pour représenter un ensemble donné d'observations : une *hypothèse acceptable* n'est évidemment pas une *hypothèse nécessairement vraie*. En revanche, une *hypothèse jugée inacceptable* est vraisemblablement une *hypothèse fausse*. En ce sens, un test est *positif* (c'est-à-dire apporte une information catégorique) lorsqu'il est *négatif* (c'est-à-dire lorsqu'il conduit à rejeter l'hypothèse envisagée). La théorie des tests statistiques sera étudiée de façon détaillée dans le cours de Statistique Mathématique dont elle constitue — avec la théorie de l'estimation — la partie essentielle.

Remarques.

1. L'application du critère de distance D n'est valable que si les effectifs théoriques np_i des différentes modalités ne sont pas trop petits. En pratique, on considère généralement qu'ils doivent être au moins égaux à 4 ou 5. En conséquence, il est parfois nécessaire de regrouper plusieurs modalités en une seule (en particulier aux extrémités de la distribution). Le nombre k intervenant dans la détermination du nombre de degrés de liberté ($\nu = k - r - 1$) est le nombre de modalités retenues *après* regroupement éventuel de certaines modalités.

2. Il existe d'autres critères de distance que celui qui vient d'être envisagé et qui possèdent des propriétés analogues. Ainsi, on étudiera en Statistique Mathématique le test de Kolmogoroff qui, comme le test du χ^2, est un test d'adéquation.

3. Les seuils de probabilité à partir desquels on considère la distance D trop élevée pour pouvoir être raisonnablement expliquée par le hasard sont généralement de l'ordre de 1 % à 5 %.

Nombre de pièces à rebuter par lot	Effectifs observés n_i	Loi $\mathcal{B}(100;6\%)$			Loi $\mathcal{B}(100;5\%)$			Loi $\mathcal{P}(5)$		
		Effectifs théoriques np_i	Effectifs observés regroupés	$\dfrac{(n_i-np_i)^2}{np_i}$	Effectifs théoriques np_i	Effectifs observés regroupés	$\dfrac{(n_i-np_i)^2}{np_i}$	Effectifs théoriques np_i	Effectifs observés regroupés	$\dfrac{(n_i-np_i)^2}{np_i}$
0	0	0,2 ⎫			0,6 ⎫			0,7 ⎫		
1	2	1,3 ⎬ 5,7	11	4,93	3,1 ⎬ 11,8	11	0,06	3,4 ⎬ 12,5	11	0,18
2	9	4,2 ⎭			8,1 ⎭			8,4 ⎭		
3	14	8,7	14	3,23	14,0	14	—	14,0	14	—
4	20	13,4	20	3,25	17,8	20	0,27	17,6	20	0,33
5	18	16,4	18	0,16	18,0	18	—	17,5	18	0,01
6	15	16,6	15	0,15	15,0	15	—	14,6	15	0,01
7	9	14,2	9	1,90	10,6	9	0,24	10,5	9	0,21
8	6	10,5	6	1,93	6,5	6	0,04	6,5	6	0,04
9	4	6,9	4	1,22	3,5 ⎫			3,6 ⎫		
10	2	4,0 ⎫			1,7 ⎬ 6,3	7	0,08	1,8 ⎬ 6,8	7	—
11	1	2,1 ⎬ 7,6	3	2,78	0,7			0,9		
12 et plus	0	1,5 ⎭			0,4 ⎭			0,5 ⎭		
Total	100	100,0	100	19,55	100,0	100	0,69	100,0	100	0,78

Exemple d'ajustement à une loi discrète.

Reprenons l'exemple envisagé en **4**. 2. 7. de la distribution des lots suivant le nombre de pièces à rebuter. Chacun des 100 lots est constitué de 100 pièces dont x sont à rebuter. Testons successivement les hypothèses suivantes : la distribution du nombre de pièces à rebuter par lot s'ajuste à :
— la loi binomiale $\mathcal{B}(100\,;\,6\,\%)$;
— une loi binomiale de la forme $\mathcal{B}(100,\,p)$;
— une loi de Poisson $\mathcal{P}(m)$.

La loi binomiale la plus proche de la distribution observée est (cf. **4**. 2. 7.) la loi $\mathcal{B}(100,\,5\,\%)$. De même la loi de Poisson la plus proche est la loi $\mathcal{P}(5)$.

Calculons les distances D entre la distribution observée et ces trois lois théoriques : $\mathcal{B}(100,\,6\,\%)$, $\mathcal{B}(100\,;\,5\,\%)$ et $\mathcal{P}(5)$.

On obtient respectivement (voir tableau de calcul page 181) :

$$D_1 = 19{,}55,\ \text{avec}\ v_1 = 9 - 0 - 1 = 8\ \text{degrés de liberté},$$
$$D_2 = 0{,}69,\ \text{avec}\ v_2 = 8 - 1 - 1 = 6\ \text{degrés de liberté},$$
$$D_3 = 0{,}78,\ \text{avec}\ v_3 = 8 - 1 - 1 = 6\ \text{degrés de liberté}.$$

Or la table du χ^2 fournit les résultats suivants :

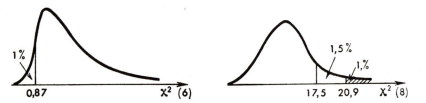

Fig. 4.29. Histogrammes des variables $\chi^2(6)$ et $\chi^2(8)$.

La valeur 19,55 a environ une chance sur cent d'être dépassée. Cette probabilité étant faible, l'hypothèse de la loi binomiale $\mathcal{B}(100\,;\,6\,\%)$ est *inacceptable*.

Comme les valeurs 0,69 et 0,78 ont de l'ordre de 99 chances sur 100 d'être dépassées, les hypothèses suivant lesquelles les observations suivent une loi binomiale ou une loi de Poisson sont l'une et l'autre tout à fait acceptables.

Ainsi les ajustements à la loi de Poisson $\mathcal{P}(5)$ ou à la loi binomiale $\mathcal{B}(100\,;\,5\,\%)$ sont satisfaisants, alors que l'ajustement à la loi $\mathcal{B}(100\,;\,6\,\%)$ ne l'est pas.

Exemple d'ajustement à une distribution continue.

Reprenons l'exemple envisagé en **4**. 8. 5. 1. d'un ajustement à une loi normale. Les effectifs observés et théoriques sont donnés par le tableau :

Extrémités de classes	Effectifs observés n_i	Effectifs théoriques np_i	$\dfrac{(n_i - np_i)^2}{np_i}$
—— 13,175 ——	$\left.\begin{array}{c}2\\1\end{array}\right\}3$	$\left.\begin{array}{c}1,3\\3,0\end{array}\right\}4,3$	0,39
—— 13,225 ——	8	7,6	0,02
—— 13,275 ——	17	15,2	0,21
—— 13,325 ——	27	25,1	0,14
—— 13,375 ——	30	33,5	0,37
—— 13,425 ——	37	36,4	0,01
—— 13,475 ——	27	31,4	0,62
—— 13,525 ——	25	23,1	0,16
—— 13,575 ——	17	14,5	0,43
—— 13,625 ——			
—— 13,675 ——	$\left.\begin{array}{c}7\\2\end{array}\right\}9$	$\left.\begin{array}{c}5,4\\3,5\end{array}\right\}8,9$	0,00
Total	200	200,0	2,35

La valeur de D est ainsi égale à 2,35. Or la probabilité que la variable χ^2 à

$$10 - 2 - 1 = 7 \text{ degrés de liberté}$$

dépasse 2,83 est égale à 0,90 : l'hypothèse suivant laquelle la distribution observée est normale est donc acceptable.

4. 11. 2. Intérêt d'un modèle théorique de référence.

La recherche d'un modèle théorique qui permet de représenter valablement un ensemble d'observations ne procède pas d'un simple souci de curiosité mathématique. Si la technique de l'ajustement était une fin en soi, elle serait évidemment vaine. La réduction d'un ensemble d'observations à l'équation analytique de la fonction cumulative ou de la densité de répartition permet de mener à leur terme des *calculs ultérieurs sous forme algébrique* (recherche d'optima en particulier). De plus, la référence au modèle facilite les *interpolations* et plus encore autorise les *extrapolations* en dehors du champ couvert par les observations. Par ailleurs, lorsqu'on sait qu'une variable suit une loi théorique appartenant à une famille de lois à un ou plusieurs paramètres, la distribution observée est entièrement *résumée* par les estimations des paramètres correspondants, ce qui permet de réduire le nombre d'observations à effectuer pour identifier une variable encore inconnue et ce qui facilite les comparaisons entre distributions du même type. Enfin, dans certains cas, la nature du modèle ajusté peut apporter des informations sur la *structure* du processus qui conduit à l'obtention des observations. Ainsi par exemple, si une variable suit une loi binomiale, c'est la preuve que la probabilité p d'apparition du phénomène étudié est stable d'une observation à l'autre. S'il y avait variabilité de la probabilité p, les conditions d'application de la loi binomiale ne seraient pas en effet réunies (cf. ci-dessus **4**. 2. 6).

CHAPITRE 5

LES DISTRIBUTIONS STATISTIQUES A DEUX CARACTÈRES. TABLEAUX STATISTIQUES. REPRÉSENTATION GRAPHIQUE

Ce chapitre est l'analogue du chapitre 2 pour les séries statistiques à deux caractères. Il est consacré à la présentation des tableaux statistiques, à la définition des distributions marginales et conditionnelles et à la représentation graphique de ces distributions.

5.1. PRÉSENTATION : LES TABLEAUX STATISTIQUES

Considérons une population de n individus décrits *simultanément* suivant deux caractères A et B. Désignons par $A_1, ..., A_i, ..., A_k$ les k modalités du caractère A et par $B_1, ..., B_j, ..., B_p$ les p modalités du caractère B. Soit n_{ij} le nombre des individus de la population qui présentent *à la fois* la modalité A_i du caractère A et la modalité B_j du caractère B. Du fait que les modalités de A, comme celles de B, sont incompatibles et exhaustives, la somme des effectifs n_{ij} est égale à l'effectif de la population :

$$\sum_{i=1}^{k} \sum_{j=1}^{p} n_{ij} = n.$$

Le tableau statistique décrivant les n individus est un tableau à double entrée où figurent en ligne les modalités de A et en colonne les modalités de B (tableau de k lignes et de p colonnes). On supposera que tous les effectifs d'une même ligne (ou d'une même colonne) ne sont pas nuls simultanément. Si tel était le cas, il suffirait de ne pas considérer la modalité correspondante de A (ou de B) ou encore de la regrouper avec une autre modalité.

Modalités du caractère B / Modalités du caractère A	B_1	B_2	...	B_j	...	B_p	Totaux horizontaux
A_1	n_{11}	n_{12}	...	n_{1j}	...	n_{1p}	$n_{1.}$
A_2	n_{21}	n_{22}	...	n_{2j}	...	n_{2p}	$n_{2.}$
...	...	...	...	...	...	...	...
A_i	n_{i1}	n_{i2}	...	n_{ij}	...	n_{ip}	$n_{i.}$
...	...	...	...	...	...	...	...
A_k	n_{k1}	n_{k2}	...	n_{kj}	...	n_{kp}	$n_{k.}$
Totaux verticaux	$n_{.1}$	$n_{.2}$	...	$n_{.j}$	...	$n_{.p}$	$n_{..}$

On désigne par un point une totalisation suivant l'indice i ou l'indice j : $n_{i.}$ est le total des effectifs n_{ij} suivant j, $n_{.j}$ le total des effectifs n_{ij} suivant i et $n_{..}$ (égal à n) est aussi bien le total des effectifs n_{ij} suivant i et j que le total des totaux $n_{i.}$ suivant i ou des totaux $n_{.j}$ suivant j :

$$n_{i.} = \sum_{j=1}^{p} n_{ij},$$
$$n_{.j} = \sum_{i=1}^{k} n_{ij},$$
$$n_{..} = \sum_{i=1}^{k}\sum_{j=1}^{p} n_{ij} = \sum_{i=1}^{k} n_{i.} = \sum_{j=1}^{p} n_{.j} = n.$$

L'effectif $n_{i.}$ est le nombre des individus de la population qui présentent la modalité A_i du caractère A, indépendamment des modalités du caractère B qu'ils présentent. De même $n_{.j}$ est le nombre d'individus de la population qui présentent la modalité B_j du caractère B.

On appelle *fréquence* du couple de modalités A_i et B_j (ou encore *fréquence totale*) la proportion des individus qui présentent *simultanément* les modalités A_i et B_j :

$$f_{ij} = \frac{n_{ij}}{n}.$$

[5.1] PRÉSENTATION : LES TABLEAUX STATISTIQUES 187

La somme des fréquences totales étendue à tous les couples de modalités possibles est égale à l'unité :

$$\sum_{i=1}^{k} \sum_{j=1}^{p} f_{ij} = 1.$$

Les sommes partielles sont également désignées par un point à la place de l'indice qui fait l'objet de la sommation :

$$f_{i.} = \sum_{j=1}^{p} f_{ij} = \frac{n_{i.}}{n}$$

$$f_{.j} = \sum_{i=1}^{k} f_{ij} = \frac{n_{.j}}{n}$$

et

$$\sum_{i=1}^{k} f_{i.} = \sum_{j=1}^{p} f_{.j} = 1.$$

5. 1. 1. Distributions marginales.

Considérons la colonne marginale du tableau à double entrée. Les effectifs $n_{i.}$ définissent ce qu'on appelle la *distribution marginale* selon le caractère A seul. C'est une distribution à un seul caractère.

La fréquence marginale de la modalité A_i est égale à $f_{i.}$:

$$\frac{n_{i.}}{n} = f_{i.}$$

La somme des fréquences marginales est bien, comme il convient, égale à l'unité :

$$\sum_{i=1}^{k} f_{i.} = 1.$$

Modalités du caractère A	Effectifs	Fréquences
A_1	$n_{1.}$	$f_{1.}$
⋮	⋮	⋮
A_i	$n_{i.}$	$f_{i.}$
⋮	⋮	⋮
A_k	$n_{k.}$	$f_{k.}$
Total	$n_{..}$	1

De façon analogue, la distribution marginale selon le caractère B est définie par les effectifs marginaux $n_{.j}$.
La fréquence marginale de la modalité B_j est :

$$f_{.j} = \frac{n_{.j}}{n}.$$

5. 1. 2. Distributions conditionnelles.

Considérons les $n_{.j}$ individus qui présentent la modalité B_j du caractère B. La j-ième colonne du tableau à double entrée décrit cette sous-population suivant le caractère A : n_{ij} individus sur $n_{.j}$ présentent la modalité A_i.
On dit encore que la *fréquence conditionnelle de la modalité A_i liée par B_j* est égale à :

$$f_i^j = \frac{n_{ij}}{n_{.j}}$$

(lire : f, i si j).
Les effectifs n_{ij} et les fréquences f_i^j ($i = 1, 2, ..., k$) définissent la *distribution conditionnelle* selon le caractère A des individus qui possèdent en commun la modalité B_j de B. Cette distribution conditionnelle est évidemment une distribution à un seul caractère. Il y a p distributions conditionnelles selon le caractère A : elles correspondent chacune à une modalité B_j du caractère B.
Le tableau statistique de la distribution de A si B_j a la forme suivante :

Modalités du caractère A	Effectifs	Fréquences
A_1	n_{1j}	f_1^j
.	.	.
.	.	.
.	.	.
A_i	n_{ij}	f_i^j
.	.	.
.	.	.
.	.	.
A_k	n_{kj}	f_k^j
Total	$n_{.j}$	1

De façon analogue on définit la distribution conditionnelle de B si A_i : les $n_{i.}$ individus qui possèdent en commun la modalité A_i du caractère A se répartissent selon le caractère B d'après les effectifs de la i-ième ligne du tableau à double entrée. La fréquence conditionnelle de B_j si A_i est :

$$f_j^i = \frac{n_{ij}}{n_{i.}}.$$

Il y a k distributions conditionnelles selon le caractère B.
Notons les relations suivantes qui résultent des définitions :

$$\frac{n_{ij}}{n_{..}} = \frac{n_{i.}}{n_{..}} \frac{n_{ij}}{n_{i.}} = \frac{n_{.j}}{n_{..}} \frac{n_{ij}}{n_{.j}}$$

c'est-à-dire en termes de fréquences :

$$f_{ij} = f_{i.} f_j^i = f_{.j} f_i^j.$$

Ces relations valables pour tout couple i, j sont analogues à celles du Calcul des Probabilités (axiome des probabilités composées) :

$$\Pr\{AB\} = \Pr\{A\} \cdot \Pr\{B/A\} = \Pr\{B\} \cdot \Pr\{A/B\}.$$

Remarque.

On peut considérer la distribution marginale selon le caractère A comme le mélange des distributions conditionnelles de A si B_j (cf. **3.6.**) : la sous-population définie par les $n_{.j}$ individus possédant en commun la modalité B_j du caractère B représente, dans le mélange que constitue la population totale, la proportion :

$$\frac{n_{.j}}{n_{..}} = f_{.j}.$$

On peut ainsi écrire symboliquement :

$$(A) = \sum_{j=1}^{p} f_{.j}(A/B_j),$$

où (A) désigne la distribution marginale selon le caractère A et (A/B_j) la distribution conditionnelle de A si B_j.

De la même façon, en permutant les rôles de A et B, on obtient :

$$(B) = \sum_{i=1}^{k} f_{i.}(B/A_i).$$

Ce point de vue sera spécialement fructueux pour l'étude de la corrélation.

5.2. INDÉPENDANCE ET LIAISON FONCTIONNELLE

La liaison entre deux caractères A et B peut être plus ou moins accentuée. Ce paragraphe est consacré aux deux cas extrêmes : l'absence de liaison qu'on appelle l'*indépendance* et la liaison totale ou *liaison fonctionnelle*.

5. 2. 1. Indépendance.

On dit que le caractère A *est indépendant du caractère* B (A et B pris dans cet ordre) si les fréquences conditionnelles f_i^j sont égales entre elles pour i fixé :

f_i^j dépend de i éventuellement mais non de j.

Considérons par exemple une répartition de salariés selon le montant du salaire et l'âge. Le salaire est indépendant de l'âge si, parmi les salariés des différents groupes d'âge, la proportion de ceux dont le salaire est compris entre telle limite et telle autre limite ne varie pas d'un groupe d'âge à l'autre, et ceci quelles que soient ces limites.

Ceci revient à dire que les colonnes du tableau à double entrée donnant les effectifs n_{ij} sont *proportionnelles* entre elles. Montrons que, dans ces conditions, elles sont également proportionnelles à la colonne marginale. L'indépendance de A par rapport à B s'écrit :

$$\frac{n_{i1}}{n_{.1}} = \frac{n_{i2}}{n_{.2}} = \cdots = \frac{n_{ij}}{n_{.j}} = \cdots = \frac{n_{ip}}{n_{.p}} \qquad (i = 1, 2, ..., k).$$

Ces fractions, égales entre elles, sont égales à la fraction obtenue en ajoutant numérateurs et dénominateurs :

$$\frac{n_{i1}}{n_{.1}} = \frac{n_{i2}}{n_{.2}} = \cdots = \frac{n_{ij}}{n_{.j}} = \cdots = \frac{n_{ip}}{n_{.p}} = \frac{n_{i1} + \cdots + n_{ip}}{n_{.1} + \cdots + n_{.p}} = \frac{n_{i.}}{n_{..}},$$

c'est-à-dire :

$$\frac{n_{ij}}{n_{.j}} = \frac{n_{i.}}{n_{..}} \qquad (i = 1, 2, ..., k ; j = 1, 2, ..., p)$$

ou encore :

$$f_i^j = f_{i.}.$$

Ainsi, lorsque A est indépendant de B, les distributions (A/B_j) sont identiques à la distribution marginale (A) : si les colonnes du tableau à double entrée sont proportionnelles entre elles, elles sont proportionnelles à la colonne marginale.

Considérons d'autre part la relation :

$$f_{ij} = f_{i.} f_j^i = f_{.j} f_i^j.$$

Lorsque A est indépendant de B, on a :

$$f_i^j = f_{i.}.$$

Par conséquent, en reportant dans l'égalité précédente, il vient :

$$f_j^i = f_{.j}$$

et

$$f_{ij} = f_{i.}f_{.j}.$$

Ainsi, lorsque A est indépendant de B, les distributions conditionnelles (B/A_i) sont identiques entre elles (f_j^i ne dépend pas de i puisque $f_j^i = f_{.j}$) : B est indépendant de A. L'indépendance de A par rapport à B entraîne donc l'indépendance de B par rapport à A : l'indépendance est *réciproque*, ce qu'on exprime en disant que les deux caractères sont indépendants *l'un de l'autre*.

L'indépendance se traduit ainsi sur le tableau statistique par la relation symétrique :

$$f_{ij} = f_{i.}f_{.j}$$

ou encore :

$$n_{ij} = \frac{n_{i.}n_{.j}}{n_{..}}.$$

L'effectif de chaque case est proportionnel aux effectifs marginaux : les lignes du tableau à double entrée sont proportionnelles entre elles, les colonnes également.

Exemple.

La distribution suivante est celle de deux caractères indépendants :

A \ B	B_1	B_2	B_3	B_4	Total
A_1	3	5	2	4	14
A_2	6	10	4	8	28
A_3	12	20	8	16	56
Total	21	35	14	28	98

Les distributions conditionnelles et marginales selon A et B sont respectivement :

Modalités de A	Fréquences
A_1	1/7
A_2	2/7
A_3	4/7
Total	1

Modalités de B	Fréquences
B_1	3/14
B_2	5/14
B_3	2/14
B_4	4/14
Total	1

5. 2. 2. Liaison fonctionnelle.

On dit que le caractère A est *lié fonctionnellement* au caractère B si à chaque modalité B_j de B correspond une *seule* modalité possible de A : pour tout j, l'effectif n_{ij} est nul, sauf pour une valeur $i = \varphi(j)$, où n_{ij} est égal à $n_{.j}$. Ainsi dans chaque colonne, un terme et un seul est différent de zéro. En revanche, il peut y avoir plusieurs termes non nuls dans une même ligne.

Exemple.

Le caractère A est lié fonctionnellement au caractère B dans l'exemple ci-après :

A \ B	B_1	B_2	B_3	B_4	B_5	Total
A_1	4	0	7	0	0	11
A_2	0	6	0	0	2	8
A_3	0	0	0	9	0	9
Total	4	6	7	9	2	28

Les distributions conditionnelles (A/B_j) sont ainsi *dégénérées*, mais en général il n'en est pas de même des distributions conditionnelles (B/A_i) ni des distributions marginales (A) et (B).

Lorsque la correspondance $i = \varphi(j)$ est *biunivoque*, c'est-à-dire lorsque, non seulement à une modalité B_j de B correspond une modalité possible seulement de A mais encore à une modalité A_i de A correspond une modalité possible seulement de B : $j = \varphi^{-1}(i)$, on dit que la liaison fonctionnelle est *réciproque* : dans *chaque* ligne et dans *chaque* colonne du tableau figure *un et un seul* terme non nul. Pour qu'il en soit ainsi, il faut en particulier que le tableau soit *carré* c'est-à-dire que A et B présentent le même nombre de modalités ($k = p$).

A la différence de l'indépendance, la liaison fonctionnelle n'est donc pas toujours réciproque.

Exemple.

Dans le tableau ci-après, les caractères A et B sont liés fonctionnellement par une relation réciproque.

A \ B	B_1	B_2	B_3	Total
A_1	3	0	0	3
A_2	0	0	2	2
A_3	0	4	0	4
Total	3	4	2	9

5. 2. 3. Cas général.

L'indépendance et la liaison fonctionnelle sont deux cas extrêmes qu'on rencontre rarement à l'état pur dans la pratique. S'il y a indépendance entre A et B, le fait de savoir qu'un individu présente la modalité B_j du caractère B ne fournit aucune indication sur la modalité A_i du caractère A qu'il peut présenter (information *nulle*). En revanche, si le caractère A est lié fonctionnellement au caractère B, la connaissance de la modalité B_j présentée permet de déduire la modalité A_i simultanément présentée : $A_i = A_{\varphi(j)}$ (information *totale*). En pratique, on se trouve entre ces deux cas extrêmes : savoir qu'un individu présente la modalité B_j de B apporte un élément d'information qui restreint les modalités possibles ou probables de A (information *partielle*). On étudiera au chapitre 6 comment on peut mesurer l'intensité de la liaison entre deux caractères A et B.

Exemple.

Si la population étudiée est l'ensemble des mariages célébrés une année donnée décrits selon les âges combinés des époux, lorsqu'on connaît l'âge d'un époux (25 ans par exemple), on possède une *certaine* information sur l'âge de l'épouse (il est fort probable qu'elle a moins de 30 ans). L'information serait *totale* si les hommes de 25 ans épousaient tous des femmes de même âge ; elle serait *nulle* si la distribution par âge des épouses d'hommes de 25 ans était la même que celle correspondant à des hommes de 20, de 30 ou de 50 ans.

5. 3. EXEMPLES DE DISTRIBUTIONS A DEUX CARACTÈRES. REPRÉSENTATION GRAPHIQUE

On peut classer les distributions à deux caractères suivant la nature de chacun de ces deux caractères : qualitatifs, quantitatifs discrets, quantitatifs continus. D'où six types généraux de distributions à deux caractères A et B qui peuvent être :

— tous deux qualitatifs,
— l'un qualitatif, l'autre quantitatif discret,
— l'un qualitatif, l'autre quantitatif continu,
— tous deux quantitatifs discrets,
— tous deux quantitatifs continus,
— tous deux quantitatifs, l'un discret, l'autre continu.

Par ailleurs, la représentation graphique peut s'attacher à mettre en évidence :

— la *distribution globale*, c'est-à-dire l'ensemble des effectifs du tableau à double entrée,
— chacune des *distributions conditionnelles* suivant un caractère en fonction des modalités de l'autre.

D'où une grande variété de distributions statistiques et une non moins grande variété de représentations graphiques.

5. 3. 1. Caractères A et B qualitatifs.

Il est possible dans ce cas de représenter sur le même graphique la distribution globale et une famille de distributions conditionnelles (A/B_j) (ou l'inverse B/A_i) mais pas les deux simultanément. On représente l'effectif n_{ij} par un rectangle dont la base est proportionnelle à $n_{.j}$ et dont la hauteur est proportionnelle à la fréquence conditionnelle f_i^j. L'aire du rectangle est alors proportionnelle à :

$$n_{.j} f_i^j = n_{ij}.$$

On met ainsi en évidence sur le graphique :
— les effectifs marginaux $n_{.j}$ (base des rectangles),
— les effectifs du tableau à double entrée n_{ij} (aire des rectangles),
— les fréquences conditionnelles f_i^j (hauteur des rectangles),

ce qui permet de comparer visuellement ces différentes quantités.

Exemple.

Logements (résidences principales) suivant l'époque de construction et la catégorie socio-professionnelle du chef de ménage (*Source : Recensement général de la Population*, 1968).

Catégorie socio-professionnelle \ Epoque de construction	Avant 1871	De 1871 à 1914	De 1915 à 1948	Après 1948	Total
Agriculteurs	663 440	339 920	138 760	123 500	1 265 620
Salariés agricoles	152 760	75 080	35 260	40 400	303 500
Patrons de l'industrie et du commerce	329 720	349 300	257 820	344 480	1 281 320
Professions libérales et cadres supérieurs	80 540	161 500	151 780	403 800	798 620
Cadres moyens	135 580	228 060	211 540	592 620	1 167 800
Employés	198 380	283 000	229 080	473 660	1 184 120
Ouvriers	938 540	992 000	836 540	1 645 220	4 412 300
Personnel de service	95 820	114 180	75 240	102 700	387 940
Autres catégories	51 600	55 200	54 800	146 300	307 900
Personnes non actives	1 463 960	1 349 100	1 102 060	753 860	4 668 980
Total	4 111 340	3 947 340	3 092 880	4 626 540	15 778 100

Les distributions conditionnelles cumulées selon l'époque de construction sont les suivantes pour chaque catégorie socio-professionnelle :

Catégorie socio-professionnelle / Epoque de construction	Avant 1871	De 1871 à 1914	De 1915 à 1948	Après 1948
Agriculteurs	52,4	79,3	90,2	100,0
Salariés agricoles	50,3	75,1	86,7	100,0
Patrons de l'industrie et du commerce	25,7	53,0	73,1	100,0
Professions libérales et cadres supérieurs	10,2	30,4	49,4	100,0
Cadres moyens	11,6	31,1	49,3	100,0
Employés	16,8	40,7	60,0	100,0
Ouvriers	21,3	43,8	62,7	100,0
Personnel de service	24,7	54,1	73,5	100,0
Autres catégories	16,8	34,7	52,5	100,0
Personnes non actives	31,4	60,2	83,9	100,0
Toutes catégories socio-professionnelles réunies	26,1	51,1	70,7	100,0

D'où la représentation graphique figurant page 198 (Fig. 5.1).

On peut également permuter les rôles des deux caractères étudiés : la catégorie socio-professionnelle et l'époque de construction, en considérant, époque par époque, la distribution des logements suivant la catégorie socio-professionnelle du chef de ménage (Fig. 5.2, p.199). Cette seconde représentation est moins suggestive que la précédente. En principe, il est pourtant équivalent, lorsqu'on veut comparer l'ancienneté des logements occupés par les ménages appartenant aux diverses catégories socio-professionnelles, d'étudier, catégorie par catégorie, l'époque de construction des logements occupés ou d'étudier, époque par époque, la catégorie des ménages occupants. Mais les différentes époques de construction se hiérarchisent naturellement selon l'ancienneté alors que les catégories socio-professionnelles ne sont pas ordonnables : de ce fait les proportions cumulées dans le premier système ont une signification (proportion des logements construits avant une date donnée, catégorie par catégorie) qu'elles n'ont pas dans le second.

Il n'est pas rare qu'il en soit ainsi et que l'une des familles de distributions conditionnelles soit plus intéressante à considérer que l'autre.

Catégorie socio-professionnelle \ Epoque de construction	Avant 1871	De 1871 à 1914	De 1915 à 1948	Après 1948	Toutes époques de construction réunies
Agriculteurs	16,1	8,6	4,5	2,7	8,0
Salariés agricoles	19,9	10,5	5,6	3,5	10,0
Patrons de l'industrie et du commerce	27,9	19,4	14,0	11,0	18,1
Professions libérales et cadres supérieurs	29,9	23,5	18,9	19,7	23,1
Cadres moyens	33,2	29,2	25,7	32,5	30,5
Employés	38,0	36,4	33,1	42,8	38,0
Ouvriers	60,8	61,5	60,2	78,3	66,0
Personnel de service	63,1	64,4	62,6	80,5	68,5
Autres catégories	64,4	65,8	64,4	83,7	70,4
Personnes non actives	100,0	100,0	100,0	100,0	100,0

Lorsque l'un des caractères qualitatifs ne présente que deux modalités, on peut utiliser une représentation par secteurs : les angles au centre sont proportionnels aux fréquences conditionnelles f_i^j et les rayons proportionnels à la racine carrée des effectifs marginaux $n_{.j}$ si bien que les aires des secteurs sont proportionnelles aux effectifs du tableau à double entrée n_{ij}. On représente ainsi la distribution globale et une famille de distributions conditionnelles.

Exemple.

Distribution de la population française de 65 ans ou plus par sexe et état matrimonial au 1-1-1970.

Unité : millier

Sexe \ Etat matrimonial	Célibataire	Marié	Veuf	Divorcé	Total
Masculin	161	1 764	470	64	2 459
Féminin	419	1 328	2 155	109	4 011
Total	580	3 092	2 625	173	6 470

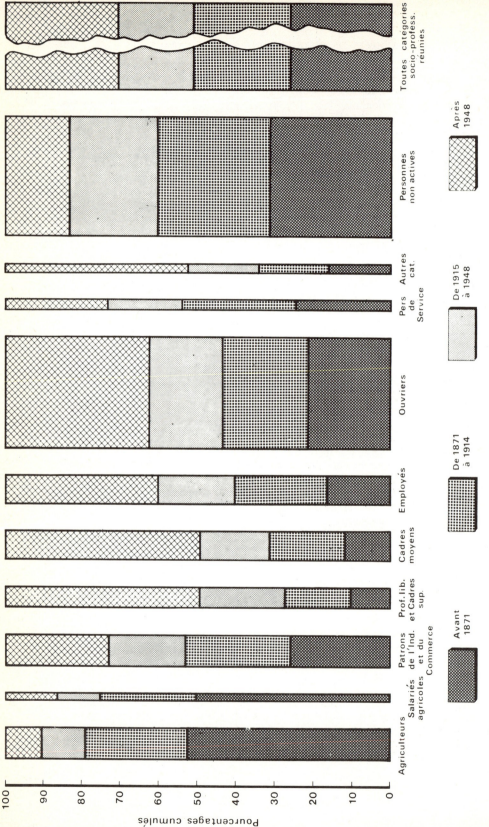

Fig. 5.1. Distribution des logements selon l'époque de construction, en fonction de la catégorie socio-professionnelle du chef de ménage.

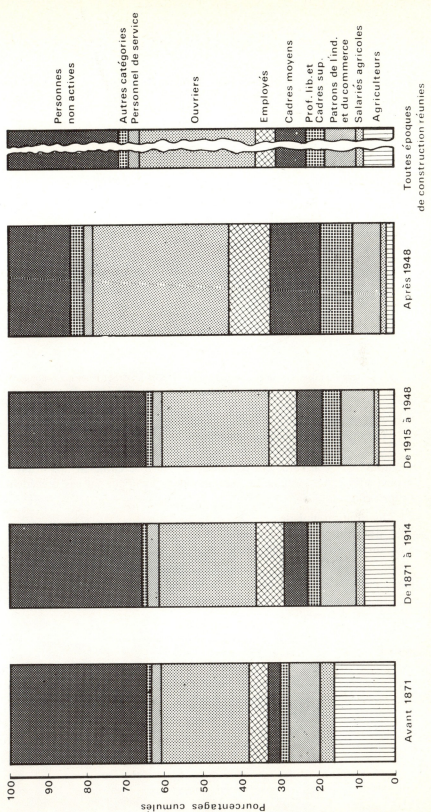

Fig. 5.2. Distribution des logements selon la catégorie socio-professionnelle du chef de ménage, en fonction de l'époque de construction.

Les distributions conditionnelles les plus intéressantes à faire apparaître sont les distributions selon l'état matrimonial pour les hommes d'une part et pour les femmes de l'autre.

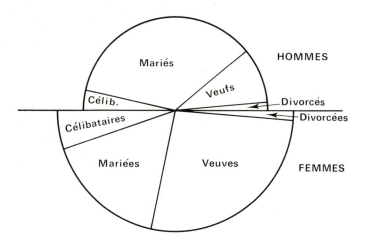

Fig. 5.3. Distribution des personnes de 65 ans ou plus selon le sexe et l'état matrimonial.

5. 3. 2. Caractères qualitatifs et quantitatifs.

Désignons par A le caractère qualitatif et par B le caractère quantitatif. On peut utiliser un système de représentation analogue au cas précédent pour représenter :

— la distribution globale,
— les distributions conditionnelles A/B_j,
— les distributions conditionnelles B/A_i.

On peut également, pour représenter ces dernières, dresser autant de diagrammes différentiels (histogrammes ou diagrammes en bâtons suivant la nature continue ou discrète du caractère quantitatif), que le caractère qualitatif comporte de modalités.

Exemple 1.

Distribution des logements selon le statut d'occupation et le nombre de pièces (*Recensement général de la Population*, 1962).

[5.3] EXEMPLES DE DISTRIBUTIONS A DEUX CARACTÈRES

Nombre de pièces / Statut d'occupation	1	2	3	4	5 et plus	Total
Propriétaires ···	371 600	1 078 420	1 639 960	1 460 700	1 491 800	6 042 480
Locataires ([1])	1 099 040	1 923 280	1 673 760	868 140	477 140	6 041 360
Autres ([2])......	658 540	509 560	576 720	431 440	278 100	2 454 360
Total	2 129 180	3 511 260	3 890 440	2 760 280	2 247 040	14 538 200

([1]) Locataires d'un logement loué vide.
([2]) Personnes logées par leur employeur (1 280 000), personnes logées à titre gracieux (670 000), locataires ou sous-locataires d'un local meublé (500 000).

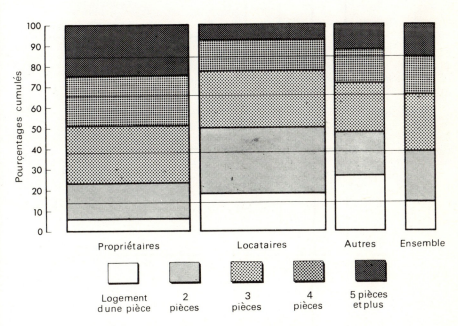

Fig. 5.4. Distribution des logements selon le nombre de pièces, en fonction du statut d'occupation.

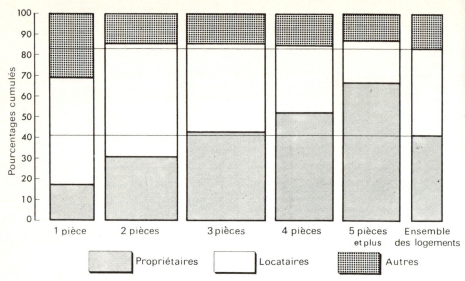

Fig. 5.5. Représentation des logements selon le statut d'occupation, en fonction du nombre de pièces.

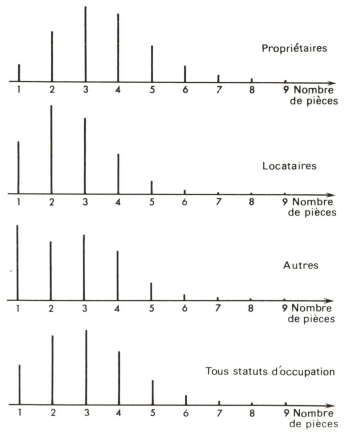

Fig. 5.6. Diagramme en bâtons des logements selon le nombre de pièces, en fonction du statut d'occupation.

Exemple 2.

Répartition de la population française masculine par âge et état matrimonial.

On peut représenter la distribution globale sous la forme de la pyramide des âges (Fig. 5.9).

On peut également représenter les distributions conditionnelles suivant l'âge pour les quatre modalités de l'état matrimonial (Fig. 5.10).

Enfin, on peut représenter les distributions conditionnelles suivant l'état matrimonial, année par année d'âge, en juxtaposant les tuyaux d'orgue correspondant à chaque année d'âge : si on désigne en effet par c_x, m_x, v_x, d_x les pourcentages respectifs d'hommes célibataires, mariés, veufs, divorcés d'âge x, la représentation de la distribution par état matrimonial sous forme d'un tuyau d'orgue correspond à la figure 5.7.

La juxtaposition de ces tuyaux d'orgue de base infiniment petite conduit, lorsqu'on fait varier l'âge x, à trois courbes continues (voir Fig. 5.11 et 5.12).

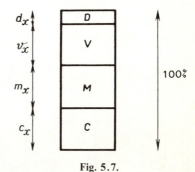

Fig. 5.7.

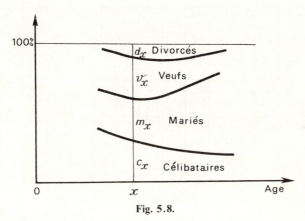

Fig. 5.8.

5.3.3. Caractères quantitatifs.

Lorsque les deux caractères sont quantitatifs, désignons par X et Y les variables statistiques correspondantes. Les modalités de X (valeurs possibles ou classes de valeurs possibles) sont repérées par l'indice i ($i = 1, 2, ..., k$) et les modalités de Y par l'indice j ($j = 1, 2, ..., p$).

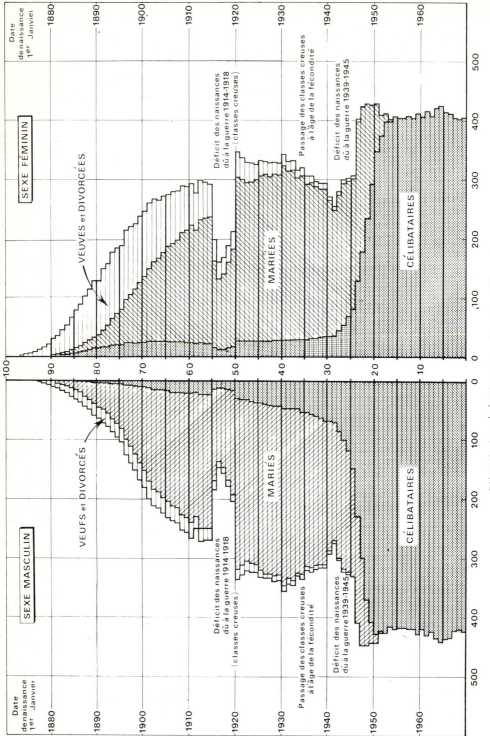

[5.3] EXEMPLES DE DISTRIBUTIONS A DEUX CARACTÈRES 205

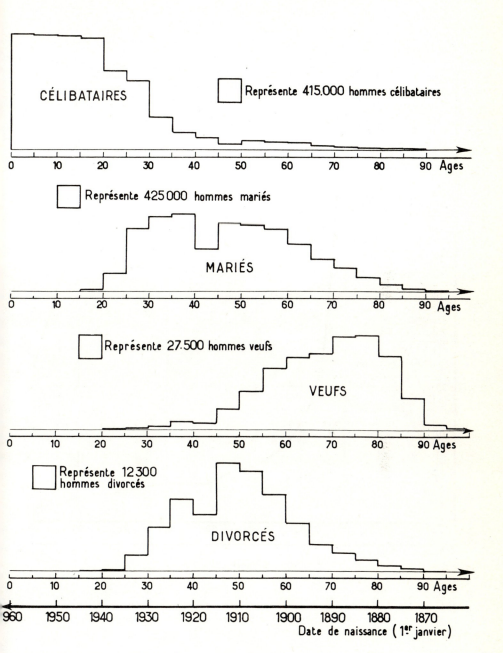

Fig. 5.10. Distributions des âges de la population française masculine suivant l'état matrimonial. Evaluation au 1-1-1960 (*Source* : INSEE).

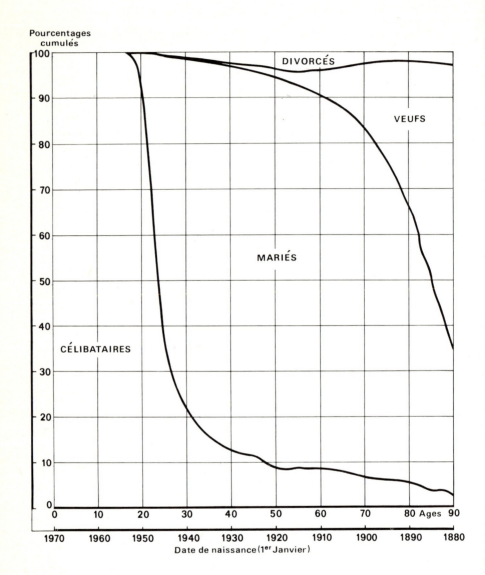

Fig. 5.11. Répartition proportionnelle de la population masculine française par état matrimonial suivant l'âge. Evaluation au 1-1-1970 (*Source* : INSEE).

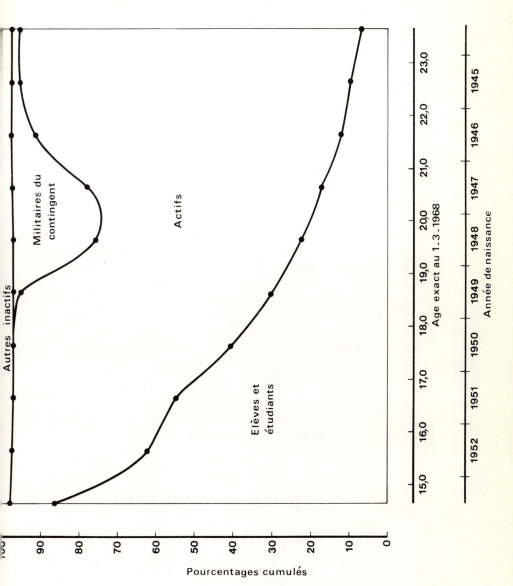

Fig. 5.12. Répartition de la population masculine de 15 à 23 ans suivant le type d'activité (*Source* : *Recensement général de la Population* ; 1er mars 1968).

La représentation des distributions conditionnelles de $X/_{Y=y_j}$ (ou de $Y/_{X=x_i}$) ne soulève pas de difficulté particulière : on considère les modalités de la variable X (ou Y) comme les modalités d'un caractère qualitatif (représentation analogue à celle utilisée p. 198 ou 199).

En revanche, la représentation de la distribution globale est plus complexe :

— si X et Y sont des variables discrètes, on représente l'effectif n_{ij} par un cercle ou un carré centré en (x_i, y_j) dont la surface est proportionnelle à n_{ij} (rayon ou côté proportionnel à la racine carrée de n_{ij}) ;

— si X est une variable continue et Y une variable discrète, on représente les fréquences moyennes par unité d'amplitude en x au moyen de divers histogrammes dont les aires sont égales aux effectifs marginaux correspondant à la variable discrète ;

— si X et Y sont des variables continues, la généralisation de l'histogramme est le *stéréogramme* : série de parallélépipèdes-rectangles dont les hauteurs sont proportionnelles aux fréquences moyennes par unité d'amplitude en x et en y, c'est-à-dire dont le volume est proportionnel à l'effectif n_{ij}. Le parallélépipède relatif à la classe n° i en x d'amplitude a_i^x et à la classe n° j en y d'amplitude a_j^y a pour hauteur :

$$\frac{f_{ij}}{a_i^x a_j^y}$$

et pour volume :

$$a_i^x \cdot a_j^y \times \frac{f_{ij}}{a_i^x a_j^y} = f_{ij}.$$

Le volume situé sous le stéréogramme — c'est-à-dire la somme des volumes des parallélépipèdes — est égal à 1 :

$$\sum_i \sum_j f_{ij} = 1.$$

Le défaut majeur de la représentation par stéréogramme est la complexité de sa réalisation pratique. Par ailleurs, il est impossible en général de représenter l'ensemble de la distribution : certains parallélépipèdes sont masqués par d'autres situés plus en avant.

Une autre méthode consiste à porter dans le rectangle relatif aux classes n° i en x et n° j en y un nombre de points régulièrement répartis proportionnel à l'effectif correspondant n_{ij}.

Exemple 1.

Répartition des ménages selon le nombre de personnes et le nombre de pièces du logement occupé (Recensement général de la Population, 1968).

[5.3] EXEMPLES DE DISTRIBUTIONS A DEUX CARACTÈRES 209

Nbre de personnes \ Nbre de pièces	1	2	3	4	5	6 et plus	Total
1	1 010 700	973 480	671 920	326 340	125 880	89 940	3 198 260
2	497 040	1 160 260	1 305 740	774 920	297 800	202 060	4 237 820
3	190 440	599 800	999 120	683 720	280 980	188 140	2 942 200
4	78 620	296 300	734 140	739 720	322 640	206 020	2 377 440
5	29 300	117 100	335 840	507 260	272 500	194 040	1 456 040
6 et plus	22 560	95 920	239 360	477 960	390 100	340 440	1 566 340
Total	1 828 660	3 242 860	4 286 120	3 509 920	1 689 900	1 220 640	15 778 100

Exemple 2.

Répartition proportionnelle des ménages suivant l'âge du chef de ménage et le nombre d'enfants de 16 ans ou moins (Recensement général de la Population, 1962).

Age du chef de ménage \ Nbre d'enfants du ménage	0	1	2	3	4	5	6 et plus	Total
— 25 ans	1 477	376	131	35	11	3	1	2 034
— 30 ans	2 736	2 142	1 192	430	133	43	24	6 700
— 35 ans	2 120	2 372	2 496	1 345	597	249	177	9 356
— 40 ans	1 983	2 130	2 612	1 688	892	424	336	10 065
— 45 ans	2 315	2 159	2 137	1 309	690	308	263	9 181
— 50 ans	3 086	1 913	1 313	685	345	147	111	7 600
— 55 ans	6 275	2 420	1 072	433	193	68	53	10 514
— 65 ans	17 000	2 489	886	281	107	34	23	20 820
	22 139	951	406	158	55	16	5	23 730
Total	59 131	16 952	12 245	6 364	3 023	1 292	993	100 000

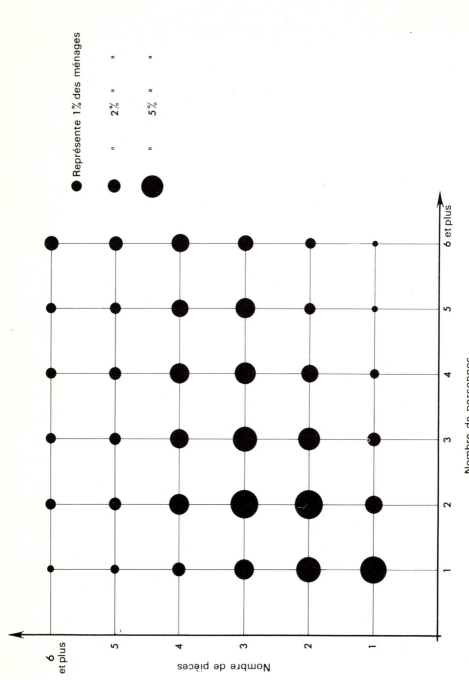

Fig. 5.12. Distribution des ménages suivant le nombre de personnes et le nombre de pièces du logement occupé

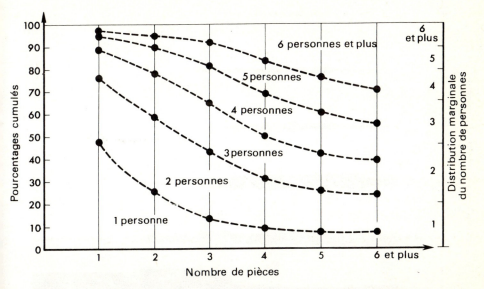

Fig. 5.14. Distributions conditionnelles des logements selon le nombre de personnes, en fonction du nombre de pièces.

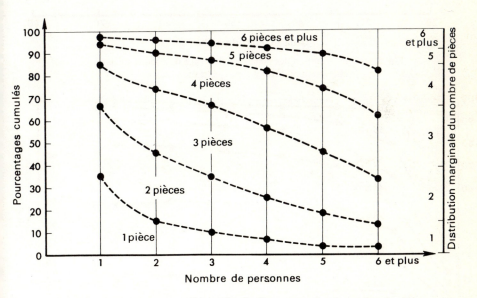

Fig. 5.15. Distributions conditionnelles des logements selon le nombre de pièces, en fonction du nombre de personnes.

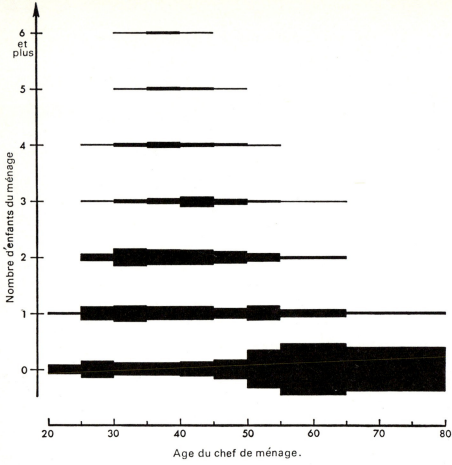

Fig. 5.16. Distribution des ménages selon l'âge du chef de ménage et le nombre d'enfants de 16 ans ou moins.

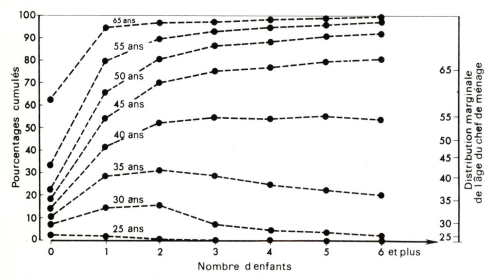

Fig. 5.17. Distributions conditionnelles des ménages selon l'âge du chef de ménage, en fonction du nombre d'enfants de 16 ans ou moins.

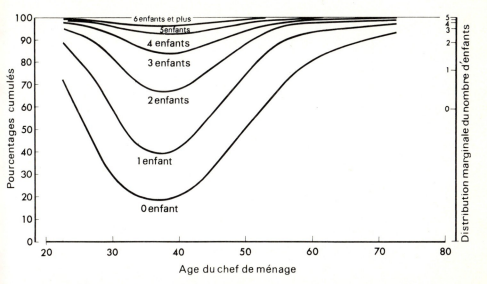

Fig. 5.18. Distributions conditionnelles des ménages selon le nombre d'enfants, en fonction de l'âge du chef de ménage.

Exemple 3.

Distribution des mariages suivant les âges combinés des époux ([1]).

Age de l'épouse \ Age de l'époux	20	25	30	35	40	50	Total
20	6 756	3 051	180	15	3	3	0	10 017
25	29 416	84 556	13 430	1 205	168	50	10	128 835
30	15 893	54 978	22 774	3 890	651	113	14	98 313
35	1 789	8 289	7 809	4 111	1 021	244	15	23 278
40	255	1 304	1 996	2 078	1 232	362	20	7 247
50	66	283	447	733	852	697	120	3 200
	6	46	59	83	145	336	472	1 147
Total	54 190	152 507	46 695	12 115	4 072	1 807	651	272 037

A partir de ces données, on a construit le stéréogramme figurant page 214. Les distributions conditionnelles sont représentées page 215.

([1]) Mariages entre célibataires ; statistique portant sur l'année 1962.

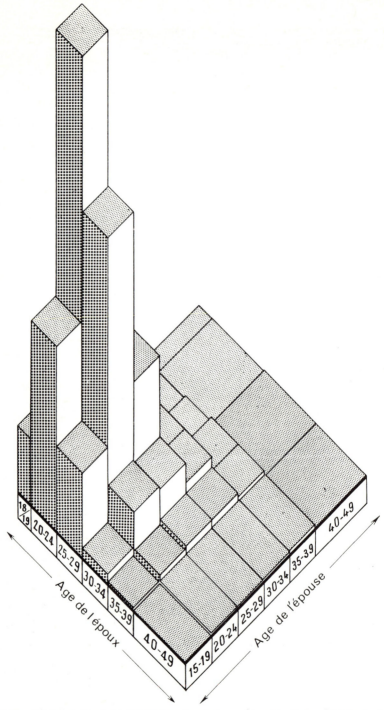

Fig. 5.19. Stéréogramme de la distribution des mariages suivant les âges combinés des époux.

[5.3] EXEMPLES DE DISTRIBUTIONS A DEUX CARACTÈRES 215

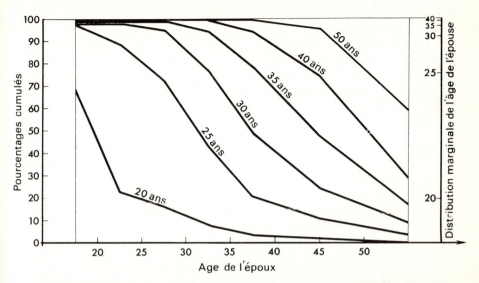

Fig. 5.20. Distributions conditionnelles de l'âge de l'épouse en fonction de l'âge de l'époux.

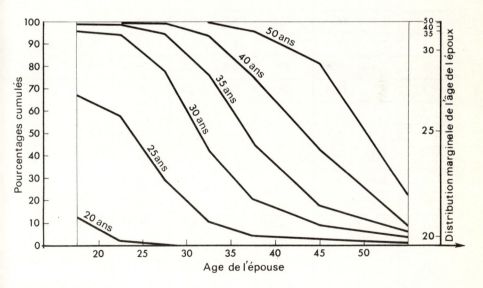

Fig. 5.21. Distributions conditionnelles de l'âge de l'époux en fonction de l'âge de l'épouse.

5. 3. 4. Population décrite individu par individu.

Si les deux caractères considérés sont quantitatifs et si la population étudiée est peu nombreuse, on peut représenter, pour chaque individu, le couple de valeurs x et y qui lui est attaché.

Dans ce cas, la représentation consiste à porter sur un graphique cartésien les points de coordonnées x et y correspondant aux divers individus.

Exemple.

Lors du dépouillement d'une enquête de nutrition effectuée dans une ville du Proche-Orient, on a recueilli, pour chaque ménage soumis à l'enquête, le nombre d'unités de nutrition x (besoins alimentaires calculés en tenant compte du nombre de personnes et de leurs caractéristiques : sexe, âge, travail effectué) et le nombre de milliers de calories y consommées par le ménage.

Ménage n°	x	y	Ménage n°	x	y	Ménage n°	x	y
1	5,1	11,9	14	5,7	12,1	27	5,9	8,2
2	7,3	16,0	15	4,7	11,5	28	7,2	28,2
3	7,2	18,0	16	4,8	16,3	29	6,4	14,3
4	5,6	9,4	17	2,6	10,5	30	5,4	8,2
5	7,1	15,4	18	7,6	9,0	31	2,4	6,1
6	5,6	12,3	19	6,7	17,9	32	3,5	6,3
7	3,0	5,8	20	10,1	25,8	33	4,0	9,9
8	3,3	9,3	21	9,8	25,8	34	5,7	14,9
9	8,9	14,6	22	3,1	7,3	35	5,3	14,6
10	5,2	10,1	23	6,7	13,4	36	4,6	13,2
11	4,5	7,1	24	3,7	8,9	37	2,8	8,6
12	4,1	8,9	25	3,1	9,3	38	6,1	19,4
13	7,3	19,0	26	9,2	13,6			

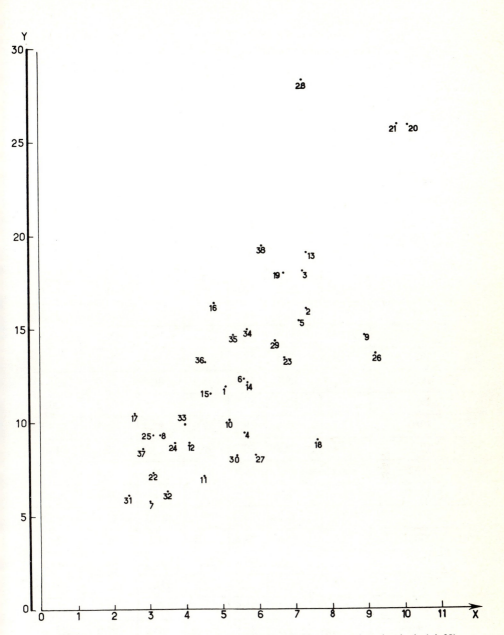

Fig. 5.22. Diagramme de corrélation : distribution de 38 ménages (numérotés de 1 à 38) selon le nombre d'unités de nutrition (X) et la consommation (Y, en milliers de calories).

5. 3. 5. Série chronologique.

Lorsque l'un des caractères quantitatifs est le *temps*, la série statistique s'appelle *série chronologique* ou *chronique*. Le second caractère peut être quantitatif ou qualitatif.

Exemple 1.

Série annuelle des logements neufs terminés de 1954 à 1970 selon le secteur de construction. (Source : Ministère de l'Equipement.)

Unité : Millier de logements

Année \ Secteur de construction	Reconstruction	H. L. M. Location	H. L. M. Accession	Logements primés Logécos	Logements primés Autres primés	Construction sans aide de l'Etat	Total
1954	37,2	20,2	10,4	11,9	61,1	21,2	162,0
1955	34,7	36,0	14,2	34,6	70,4	25,1	215,0
1956	32,6	30,4	15,2	51,7	78,5	22,9	231,3
1957	32,9	54,5	18,7	67,4	78,4	21,8	273,7
1958	24,3	68,7	18,9	73,9	80,4	25,5	291,7
1959	17,1	82,8	18,1	86,6	87,6	28,2	320,4
1960	12,7	77,0	18,8	89,0	87,7	31,3	316,5
1961	11,8	70,8	20,7	99,0	81,7	32,1	316,1
1962	8,3	68,3	20,9	103,4	74,2	33,9	309,0
1963	3,9	78,9	22,5	112,8	79,2	38,9	336,2
1964	2,4	92,3	24,9	103,1	104,2	41,9	368,8
1965	1,3	95,8	28,6	84,5	142,5	58,9	411,6
1966	0,7	96,9	30,1	38,3	163,5	84,7	414,2
1967	0,3	105,3	31,5	8,3	184,8	92,7	422,9
1968	0,1	116,5	31,8	—	176,8	85,8	411,0
1969	—	116,8	31,3	—	181,9	97,0	427,0
1970	—	118,8	34,0	—	197,9	100,7	451,4
Total	220,3	1 330,0	390,6	964,5	1 930,8	842,6	5 678,8

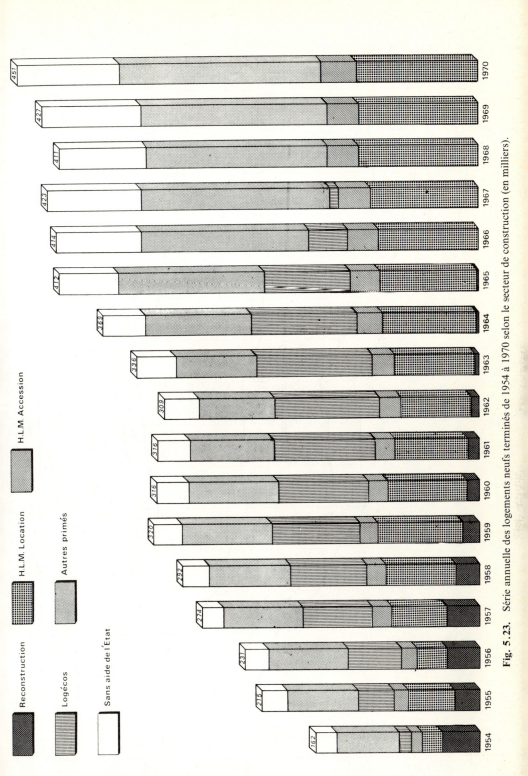

Fig. 5.23. Série annuelle des logements neufs terminés de 1954 à 1970 selon le secteur de construction (en milliers).

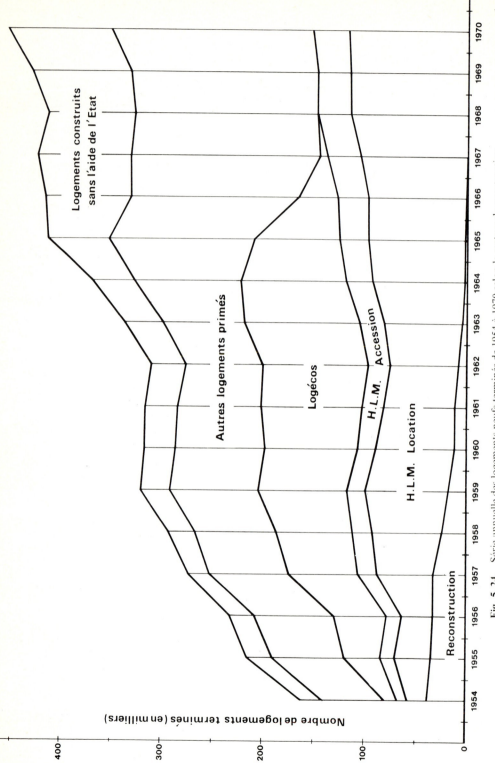

Fig. 5.24. Série annuelle des logements neufs terminés de 1954 à 1970 selon le secteur de construction.

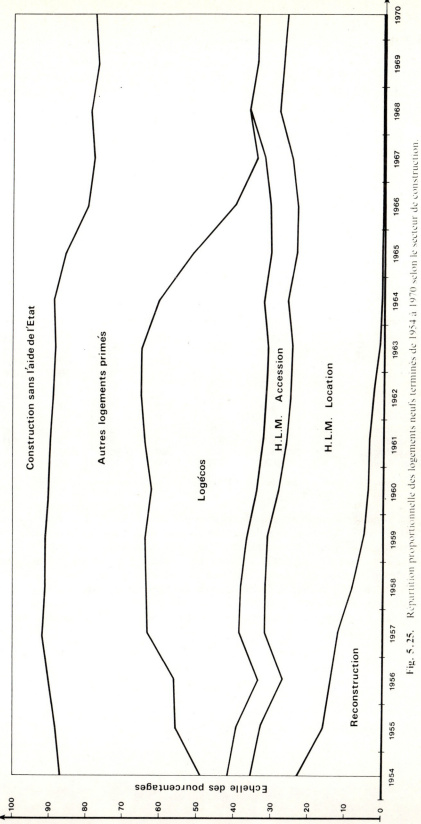

Fig. 5.25. Répartition proportionnelle des logements neufs terminés de 1954 à 1970 selon le secteur de construction.

L'unité statistique est le logement neuf. Les deux caractères sont respectivement l'année de terminaison des travaux et le secteur de construction. On peut représenter la distribution globale sous forme de courbes ou de tuyaux d'orgue et les distributions conditionnelles suivant le secteur de construction en fonction de l'année (voir figures 5.23 à 5.25).

Exemple 2.

Série des chiffres d'affaires mensuels d'un rayon d'un grand magasin (exemple cité par R. Dumas dans *L'entreprise et la statistique*; Dunod éditeur).

Unité : 10 000 *anciens francs*

Mois \ Année	1950	1951	1952	1953	1954	1955	1956
Janvier	700	750	775	815	850	925	945
Février	650	725	775	775	810	840	895
Mars	635	675	750	780	765	825	845
Avril	675	700	735	760	750	800	845
Mai	750	825	810	850	870	890	915
Juin	800	850	870	920	950	1 000	1 015
Juillet	725	825	805	855	875	920	960
Août	650	700	745	810	850	860	875
Septembre	675	700	750	795	835	855	895
Octobre	750	800	825	865	895	930	995
Novembre	800	825	875	960	1 010	1 090	1 120
Décembre	975	1 000	1 050	1 090	1 175	1 285	1 300

La population étudiée est celle des chiffres d'affaires mensuels. Les deux caractères sont la période de réalisation et le montant. Du fait de l'unicité de chaque mois, cette série chronologique est un exemple de *liaison fonctionnelle* : à chaque mois correspond un et un seul montant du chiffre d'affaires. En revanche, à un montant donné peuvent correspondre plusieurs mois (liaison fonctionnelle non réciproque).

Si on voulait respecter la forme générale des tableaux statistiques décrivant une population suivant deux caractères, il conviendrait de modifier la présentation du tableau et, par exemple pour l'année 1950, d'adopter la disposition du tableau ci-après.

[5.3] EXEMPLES DE DISTRIBUTIONS A DEUX CARACTÈRES

Période de réalisation \ Montant	635	650	675	700	725	750	800	975	Total
Janvier				1					1
Février		1							1
Mars	1								1
Avril			1						1
Mai					1				1
Juin							1		1
Juillet					1				1
Août		1							1
Septembre .			1						1
Octobre....						1			1
Novembre .							1		1
Décembre ..								1	1
Total	1	2	2	1	1	2	2	1	12

La représentation (^{1}) de cette série chronologique qu'on trouvera page 224 est celle d'une grandeur y liée *fonctionnellement* à une grandeur x (y est le montant du chiffre d'affaires et x le mois de réalisation).

Si on veut mettre en évidence les deux dimensions *annuelle* et *mensuelle* du temps, on porte en abscisse le mois et en ordonnée le montant : à chaque année correspond une courbe exprimant la liaison fonctionnelle. Ce système de représentation sera spécialement utile pour l'analyse des séries chronologiques (cf. chap. 8). On trouvera le graphique correspondant à la série ci-dessous page 225.

On peut également utiliser un système de représentation *polaire* où chaque mois correspond à l'un des douze rayons issus de l'origine. On a représenté page 226 les années 1954, 1955 et 1956 suivant cette méthode.

(^{1}) On a utilisé un papier arithmétique. On utilise également des papiers fonctionnels pour représenter l'évolution des séries chronologiques.

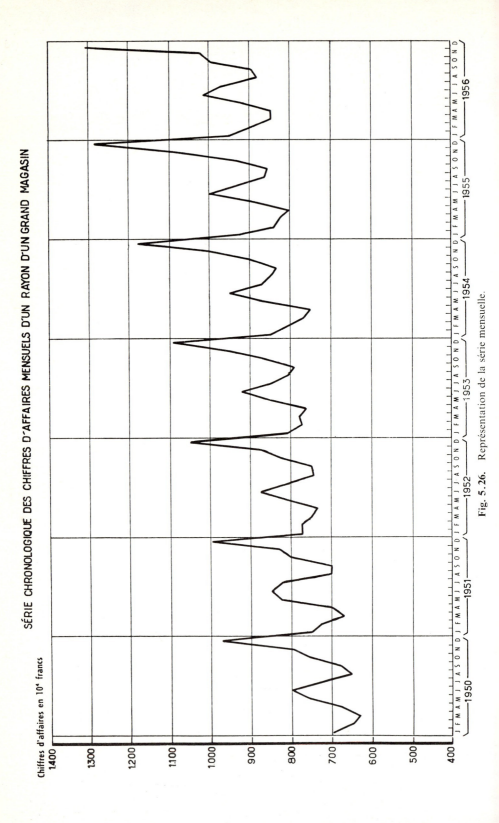

Fig. 5.26. Représentation de la série mensuelle.

[5.3] EXEMPLES DE DISTRIBUTIONS A DEUX CARACTÈRES 225

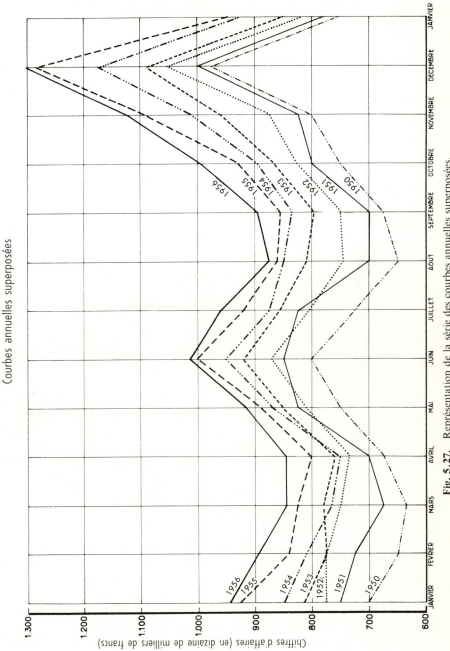

Fig. 5.27. Représentation de la série des courbes annuelles superposées.

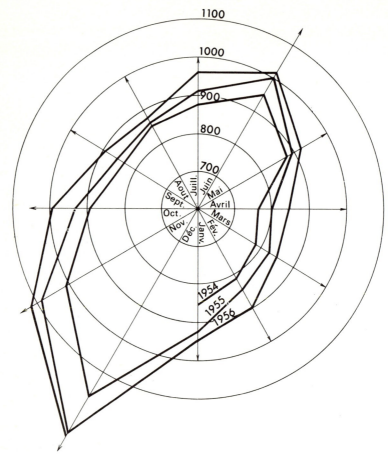

Fig. 5.28. Série chronologique des chiffres d'affaires mensuels d'un rayon d'un grand magasin (années 1954 à 1956). Représentation polaire.

5. 3. 6. Représentations par cartogrammes.

Les représentations par cartogrammes ne se rapportent pas à proprement parler à la description d'unités statistiques selon *deux* caractères, mais à la description d'unités géographiques (à *deux* dimensions : la localisation) selon *un seul* caractère. Nous les évoquons dans ce chapitre parce que les procédés de représentation utilisés s'apparentent étroitement à ceux qu'on emploie dans le cas des distributions selon deux caractères.

Nous envisagerons, pour fixer les idées, le cas des 95 départements français décrits selon un caractère quantitatif. Tout d'abord, nous présenterons quelques remarques importantes :

1. Les cartogrammes sont des représentations par *surfaces* qui accordent à chaque unité géographique une importance proportionnelle à sa *superficie*.
2. Il est fréquent que les différentes zones d'un découpage géographique aient des *superficies variables*. Ainsi la superficie du département le plus étendu (la Gironde : 10 000 km^2) est 100 fois supérieure à celle du département le plus petit (Paris : 105 km^2).
3. L'importance, démographique ou économique. des différentes zones d'un découpage géographique dépend souvent assez peu de la superficie. Par exemple, le poids démographique des départements varie de 1 à 33 (Lozère : 77 000 habitants en 1968, Paris : 2 600 000 habitants) alors que leur superficie varie de 1 à 100 et la densité de population de 1 à 1 650 (15 habitants au km^2 en Lozère et dans les Alpes de Haute-Provence contre près de 25 000 à Paris).
4. Il peut arriver dans certains cas exceptionnels que les zones résultant d'un découpage géographique constituent des unités statistiques véritables : distribution des départements selon le nombre d'habitants du chef-lieu, distribution des cantons selon l'étiquette politique du conseiller général.
Mais, le plus souvent, les différentes zones ne présentent guère de caractère d'*individualité propre* et sont très analogues aux éléments d'un carroyage auxquels on aurait attribué des noms. Dans ces conditions, le découpage en zones n'est qu'un moyen de repérage commode de la localisation sur le territoire.
5. L'effet produit à l'œil par la partie d'un cartogramme représentant une zone donnée dépend à la fois :
    — de l'*intensité de la tonalité* (teinte, hachure, trame) correspondant à la valeur du caractère attaché à la zone ;
    — de l'*étendue de la zone* : une zone foncée de petite étendue produira un effet moindre qu'une zone de même tonalité ayant une grande étendue ;
    — de l'*intensité des zones voisines* : par contraste, une zone peu foncée entourée de zones très claires produira un effet plus grand qu'une zone plus foncée mais entourée de zones analogues ou plus foncées encore. Ceci est particulièrement net pour les zones côtières ou frontalières.

5. 3. 6. 1. Représentation d'intensités.

Lorsque le caractère à représenter est une *intensité*, on utilise un système de tonalités (hachures, semis de points, gamme de couleurs) s'appliquant à la surface comprise entre les limites de chaque unité géographique.

Ce procédé convient tout spécialement à la représentation des *densités par unité de surface* : nombre d'habitants au kilomètre carré, proportion de la superficie totale du département consacrée à telle culture, etc. Dans ce cas, en effet, la *tonalité* est proportionnelle à la *densité* et l'*étendue* représentant une unité géographique est proportionnelle à sa *superficie*, c'est-à-dire au dénominateur de l'intensité. Une telle représentation permet d'apprécier à la fois le *niveau* et la *portée* de cette intensité.

Lorsque l'intensité à représenter ne se rapporte pas à l'unité de surface (par exemple : nombre de personnes actives pour 100 habitants, taux de mortalité infantile, c'est-à-dire proportion des enfants qui décèdent avant d'atteindre l'âge d'un an, proportion des logements construits depuis une certaine date, indice d'activité d'une branche d'industrie donnée, indice de prix, nombre moyen de salariés par entreprise), la représentation par tonalités n'est pas aussi satisfaisante. En effet, dans le cas d'un taux par exemple, si l'intensité lumineuse dépend bien du niveau de la grandeur considérée, l'étendue couverte correspondant à un département est proportionnelle à la superficie de ce département et non au dénominateur du taux : lorsqu'on représente le taux de mortalité infantile, deux départements apparaissent comme équivalents si à la fois les taux correspondants appartiennent à la même tranche et si les superficies sont voisines. On comparera ainsi le cas du Nord et du Cantal sur la figure 5.29. D'une façon générale, avec ce type de représentation, une unité géographique étendue mais peu peuplée risque d'apparaître avec une importance injustifiée, tandis qu'une autre unité géographique peu étendue mais très peuplée apparaîtra comme insignifiante.

En conséquence, selon le but qu'on vise, on peut procéder de façon différente :

— Si on cherche seulement (ou principalement) *à localiser* les niveaux de l'intensité considérée, indépendamment de la portée quantitative de chacun de ces niveaux, on appliquera à l'intérieur des limites départementales un système de tonalités (comme dans la figure 5.29).

— Si on veut simultanément localiser les niveaux et mettre l'accent sur la *dimension* de chaque niveau, on fera en sorte d'accorder à chaque département une *étendue* proportionnelle à l'*effectif* auquel se rapporte le taux considéré et une *tonalité* proportionnelle à la *valeur* du taux. Ainsi pour les exemples envisagés plus haut, les effectifs à prendre en en compte sont les suivants :

Quantité à représenter	Effectif correspondant
Nombre de personnes actives pour 100 habitants	Population
Taux de mortalité infantile	Nombre de naissances
Proportion de logements neufs	Nombre total de logements
Indice d'activité d'une branche d'industrie	Population active travaillant dans la branche
Indice de prix de détail	Population ou nombre de ménages
Nombre moyen de salariés par entreprise	Nombre d'entreprises

Pour représenter la surface relative à l'effectif auquel se rapporte l'intensité, on peut faire figurer à l'intérieur des limites départementales un cercle (ou un carré) dont le rayon (ou le côté) est proportionnel à la racine carrée de cet effectif. Cette représentation présente toutefois un inconvénient majeur : elle rompt la continuité géographique du phénomène représenté par la présence de la zone interstitielle au milieu de laquelle se trouvent les différentes surfaces (voir Fig. 5.30).

Un autre procédé consiste à modifier les limites départementales — sans changer, dans la mesure du possible, les positions relatives de chaque département — en donnant à chacun une surface proportionnelle à l'effectif auquel se rapporte l'intensité à représenter. L'inconvénient de ce mode de représentation est d'une part la complexité de sa réalisation et d'autre part la difficulté de lecture du cartogramme : l'œil est dérouté par la modification des limites géographiques auxquelles il est habitué. C'est pourquoi en définitive il semble préférable de retenir la première représentation (voir Fig. 5.31).

5.3.6.2. Représentation d'effectifs ou de quantités absolues.

Lorsqu'on veut représenter des *effectifs* ou des *quantités en valeur absolue*, et non plus des *intensités*, c'est-à-dire des *valeurs relatives*, il est préférable d'utiliser des *surfaces* (proportionnelles aux quantités à représenter) plutôt qu'un système de *tonalités*. D'une part un système de tonalités conférerait aux limites géographiques une importance qu'elles n'ont pas : si on divisait une unité en deux parties, chacune de ces parties pourrait être représentée par une tonalité claire alors que l'unité dans son ensemble serait représentée par une tonalité foncée. D'autre part l'œil donnerait, à égalité de tonalité, plus d'importance à une zone étendue qu'à une zone restreinte alors que précisément on veut indiquer que ces deux zones sont équivalentes du point de vue de la quantité à représenter.

Signalons un autre système — d'ailleurs excellent — de représentation des effectifs : la représentation par *points*. On porte à l'intérieur de chaque unité géographique un nombre de points proportionnel à l'effectif représenté. Ce système est spécialement intéressant pour faire apparaître la répartition de la population sur un territoire donné : le nombre de points figure les effectifs, l'intensité moyenne ressentie visuellement indique la densité. Le seul inconvénient de cette représentation est sa difficulté d'exécution (Fig. 5.33).

5.3.6.3. Choix des limites de classes (représentation par tonalités discontinues).

Lorsqu'on utilise un jeu de quelques tonalités pour représenter des intensités (trames, hachures), le problème du choix des limites de classe correspondant à chacune des tonalités se pose. Ce problème n'a guère de solution idéale. Il serait souhaitable en effet que les limites de classe soient des valeurs

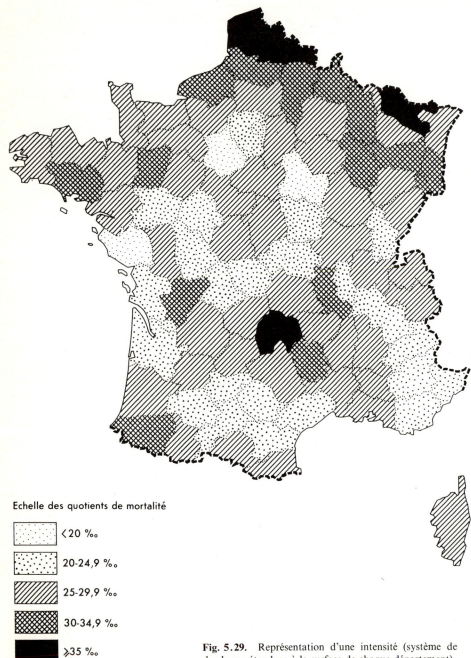

Fig. 5.29. Représentation d'une intensité (système de hachures étendues à la surface de chaque département).

[5.3] EXEMPLES DE DISTRIBUTIONS A DEUX CARACTÈRES 231

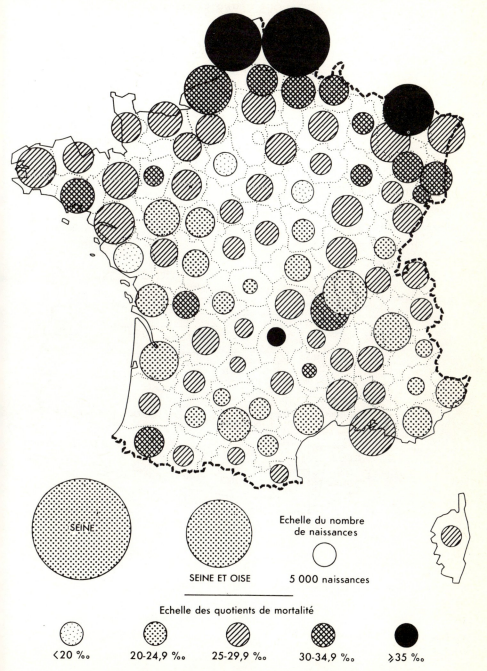

Fig. 5.30. Représentations du niveau et de la portée d'une intensité.

(Source : Tableaux de l'Economie française 1960 ; INSEE)

Fig. 5.31. Population des départements en 1954. Surface représentative.

PAYS DU MONDE SUIVANT LEUR SUPERFICIE

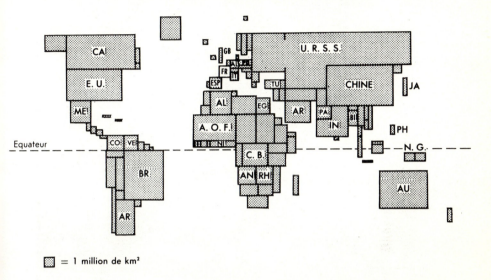

☐ = 1 million de km²

PAYS DU MONDE SUIVANT LEUR POPULATION

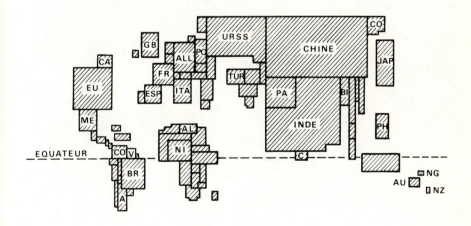

▨ = 10 millions d'habitants

Fig. 5.32. Pays du monde suivant la superficie et la population. Représentation par surfaces.

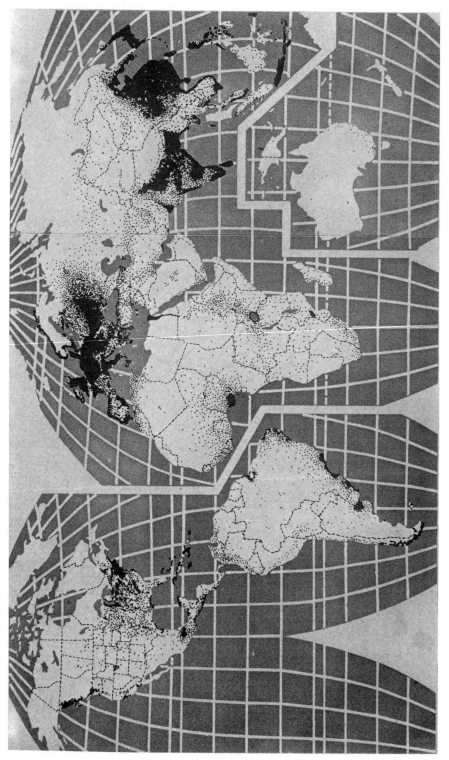

Fig. 5.33. Représentation par points : répartition de la population mondiale (1 point = 100 000 habitants).

simples (valeurs rondes), que les diverses classes aient des amplitudes comparables, que les nombres d'unités géographiques correspondant à chacune des tonalités soient du même ordre de grandeur, que les unités géographiques présentant des caractéristiques analogues soient représentées par la même tonalité, que des unités géographiques sensiblement différentes soient représentées par des tonalités différentes.

Si on désigne par n le nombre de classes retenu, ces diverses règles peuvent s'énoncer ainsi :

a) *Classes de même amplitude* : si t_i et t_s désignent respectivement la plus petite et la plus grande intensité observée, on partage l'intervalle (t_i, t_s) en n classes égales. Cette règle convient assez bien pour montrer la dispersion d'un même phénomène à travers le territoire (comparaison des unités géographiques entre elles).

b) *Nombre identique d'unités géographiques par classe* : on range les N unités géographiques par ordre de valeur croissante de l'intensité et la première classe est constituée des N/n unités où l'intensité est la plus faible, la seconde classe des N/n unités suivantes, etc. Cette méthode est appelée la *méthode des quantiles* : les limites de classes sont les quantiles d'ordre $1/n$, $2/n$, ..., de la variable statistique représentée.

Cette règle est assez intéressante pour la comparaison de plusieurs cartogrammes : la tonalité d'une unité géographique rend compte du *classement* de cette unité parmi l'ensemble, ce qui permet de situer une même unité géographique par rapport à plusieurs phénomènes différents (et ceci pour chacune des unités géographiques).

c) Pour faire en sorte que deux unités géographiques analogues soient affectées à la même classe et que deux unités différentes correspondent à deux classes différentes, un procédé pratique consiste à porter préalablement sur un axe les valeurs de l'intensité à représenter pour chacune des unités géographiques. Si la distribution des points fait apparaître certains groupements, on choisira des limites de classe de telle sorte que les unités géographiques de chaque groupement correspondent à la même classe. Si un même groupement rassemble un trop grand nombre d'unités, on le fractionnera en deux ou trois parts en retenant des limites telles que les unités d'une même région correspondent si possible à la même classe (le critère de voisinage géographique, l'important sur celui de l'égalité du nombre d'unités géographiques par classe ou sur celui de l'égalité des amplitudes de chaque classe). Cette règle peut être appliquée lorsqu'on ne s'intéresse qu'à la représentation d'une *seule* grandeur.

On constate ainsi le caractère contradictoire de ces diverses règles.

En pratique, on utilise des systèmes de trames ou de hachures comportant un nombre impair d'éléments (de manière à disposer d'une classe médiane et d'un nombre égal de classes de part et d'autre de cette classe médiane) : parfois 5 classes, souvent 7 classes, exceptionnellement 9 classes.

5. 3. 6. 4. Représentation des intensités au moyen de semis de points.

Un procédé de représentation des intensités au moyen de semis de points de taille variable a été présenté par le professeur J. Bertin dans son ouvrage *Sémiologie graphique* (Mouton et Gauthier-Villars, Paris, 1967).

Les divers semis utilisés sont constitués de cercles noirs sur fond blanc dont les centres sont disposés selon un maillage régulier, identique d'un semis à l'autre, et dont les rayons dépendent du semis. Chaque semis se caractérise par sa quantité de noir, c'est-à-dire par le pourcentage de noir par unité de surface : si les centres sont, en abscisse comme en ordonnée, disposés selon un maillage de pas a, le semis dont les cercles ont pour rayon r correspond à un pourcentage de noir y égal à $\pi r^2/a^2$.

La loi de perception visuelle qui est à la base de la méthode de représentation est la suivante : lorsqu'on regarde deux semis dont les pourcentages de noir sont respectivement égaux à y_1 et à y_2, la différence d'effet ressenti par l'œil est proportionnelle à la différence des *logarithmes* des rapports du *noir au blanc* :

$$i_2 - i_1 = k\left[\lg\left(\frac{y_2}{1-y_2}\right) - \lg\left(\frac{y_1}{1-y_1}\right)\right],$$

c'est-à-dire encore, en écriture différentielle :

$$di = k\,d\left[\lg\left(\frac{y}{1-y}\right)\right].$$

Cette loi de perception visuelle a été établie expérimentalement en examinant les différences d'effets ressentis visuellement lorsqu'on regarde différents couples de semis [1]. Soit quatre semis S_1, S_2, S_3, S_4 dont les pourcentages de noir sont respectivement y_1, y_2, y_3, y_4. La « distance visuelle » entre les semis S_1 et S_2 est égale à la « distance visuelle » entre les semis S_3 et S_4 si on a :

$$\frac{y_2/(1-y_2)}{y_1/(1-y_1)} = \frac{y_4/(1-y_4)}{y_3/(1-y_3)},$$

c'est-à-dire :

$$\lg\frac{y_2}{1-y_2} - \lg\frac{y_1}{1-y_1} = \lg\frac{y_4}{1-y_4} - \lg\frac{y_3}{1-y_3}.$$

De cette relation supposée valable quels que soient y_1, y_2, y_3 et y_4, on tire la loi :

$$di = k\,d\left[\lg\left(\frac{y}{1-y}\right)\right].$$

---

[1] Comme le fait remarquer le professeur Bertin, cette loi n'est qu'approchée lorsque le rapport du noir au blanc est faible (tonalités claires).

Soit maintenant une grandeur x à représenter. On peut s'attacher à ce que l'œil soit sensible aux *variations absolues* ou aux *variations relatives* de x. Dans le premier cas, il faut assurer la proportionnalité de di et de dx ; dans le second cas de di et de dx/x, c'est-à-dire encore de di et de $d(\lg x)$. Pour y aboutir, il suffit que la correspondance entre les semis et les valeurs de x soit selon le cas :

$$d\left[\lg\left(\frac{y}{1-y}\right)\right] = k\,dx \quad \text{ou} \quad d\left[\lg\left(\frac{y}{1-y}\right)\right] = k\,d(\lg x).$$

En intégrant, il vient :

$$\lg\left(\frac{y}{1-y}\right) = \alpha x + \beta \quad \text{ou} \quad \lg\left(\frac{y}{1-y}\right) = \alpha \lg x + \beta.$$

Pour choisir les valeurs de α et β, on peut se fixer les valeurs de y correspondant à deux valeurs particulières de x. Par exemple, si on représente les 95 départements français, on peut se fixer les valeurs y^* et y^{**} correspondant aux 10e et 86e départements, lorsque ceux-ci ont été classés selon les valeurs croissantes de x. De cette manière, si on réalise plusieurs cartogrammes, on obtiendra des tonalités moyennes sensiblement équivalentes.

La gamme des semis utilisés par le professeur Bertin comprend 27 semis dont les pourcentages de noir varient de 1 % à 80 %. Considérons trois semis consécutifs S_1, S_2 et S_3 dont les pourcentages de noir sont y_1, y_2 et y_3 et les rapports de noir au blanc z_1, z_2, z_3 :

$$z_1 = \frac{y_1}{1-y_1}, \quad z_2 = \frac{y_2}{1-y_2}, \quad z_3 = \frac{y_3}{1-y_3}.$$

Comme la fonction qui intervient dans les relations ci-dessus est $\lg z$, on associe au semis médian S_2 l'ensemble des valeurs de z telles que :

$$1/2(\lg z_1 + \lg z_2) < \lg z < 1/2(\lg z_2 + \lg z_3),$$

soit

$$\sqrt{z_1 z_2} < z < \sqrt{z_2 z_3}.$$

En termes de x, le semis S_2 correspondra donc aux valeurs de x telles que :

$$\lg(\sqrt{z_1 z_2}) < \alpha x + \beta < \lg(\sqrt{z_2 z_3}) \quad \text{ou} \quad \lg(\sqrt{z_1 z_2}) < \alpha \lg x + \beta < \lg(\sqrt{z_2 z_3}).$$

Si S_1 est le semis correspondant à la plus petite valeur de z (semis le plus clair), on lui associera les valeurs de x telles que :

$$\alpha x + \beta < \lg(\sqrt{z_1 z_2}) \quad \text{ou} \quad \alpha \lg x + \beta < \lg(\sqrt{z_1 z_2})$$

tandis que, si S_3 correspond à la plus grande valeur de z (semis le plus foncé), on lui associera les valeurs de x telles que :

$$\alpha x + \beta > \lg(\sqrt{z_2 z_3}) \quad \text{ou} \quad \alpha \lg x + \beta > \lg(\sqrt{z_2 z_3}).$$

Exemple.

Soit à représenter (Fig. 5.34) la série départementale des nombres moyens d'enfants par famille (*Source* : *Enquête sur les familles*, INSEE, 1962).

Après classement des départements selon le nombre moyen d'enfants par famille x, il apparaît que le 10e département est le Var qui correspond à $x = 1,979$ enfant par famille et le 86e est le Calvados qui correspond à $x = 2,811$ enfants par famille.

On convient par exemple d'affecter respectivement le Var et le Calvados aux semis comportant des pourcentages de noir égaux à 6 % et 57 %. D'autre part on s'attache à représenter les variations *relatives* de x plutôt que les variations absolues.

Dans ces conditions, la correspondance linéaire entre $\lg[y/(1-y)]$ et $\lg x$ est la suivante :

Département	y	$\lg \dfrac{y}{1-y}$	x	$\lg x$
Var	0,06	$-1,19498$	1,979	0,29645
Calvados	0,57	0,12240	2,811	0,44886

D'où :

$$\alpha = \frac{0,12240 + 1,19498}{0,44886 - 0,29645} = 8,64366$$

$$\beta = 0,12240 - 0,44886\,\alpha$$
$$= 0,12240 - 3,87979$$
$$= -3,75739$$

soit la correspondance :

$$\lg \frac{y}{1-y} = 8,64366 \lg x - 3,75739.$$

Considérons les trois semis consécutifs S_1, S_2, S_3 correspondant respectivement à $y = 40\%$, 45 % et 50 %. Pour déterminer l'intervalle en x correspondant au semis médian S_2, on retient pour frontières en termes de $\lg[y/(1-y)]$ la demi-somme des valeurs-frontières. D'où le calcul :

Semis	y	$\lg[y/(1-y)]$		$\lg x$	x
		Semis	Frontière		
S_1	0,40	$-0,17609$	$-0,13162$	0,41947	2,6271
S_2	0,45	$-0,08715$			
S_3	0,50	0,00000	$-0,04358$	0,42966	2,6894

[5.3] EXEMPLES DE DISTRIBUTIONS A DEUX CARACTÈRES 239

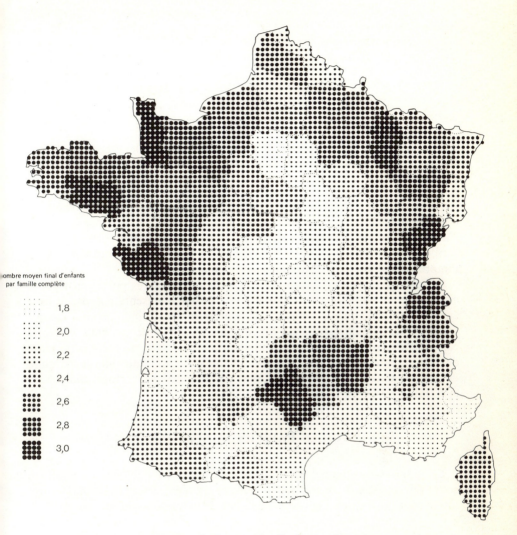

Fig. 5.34. Nombre moyen d'enfants par famille ([1]). Représentation par semis.

([1]) Il s'agit du nombre moyen d'enfants par famille complète (femmes nées de 1891 à 1916). Une famille est dite complète lorsque le couple n'est pas dissous lorsque la femme atteint son 45e anniversaire. Le nombre d'enfants nés avant le 45e anniversaire est le nombre d'enfants final.

Le semis S_2 correspond ainsi aux valeurs de x comprises entre $x = 2{,}628$ et $2{,}689$ (bornes comprises).

Le lecteur pourra vérifier que si on avait représenté les variations absolues et non relatives de x la correspondance entre y et x aurait été :

$$\lg \frac{y}{1-y} = 1{,}583\,39\,x - 4{,}328\,51$$

et le semis S_2 aurait correspondu aux valeurs de x comprises entre $2{,}651$ et $2{,}706$ (bornes comprises).

Ainsi, lorsque la grandeur représentée x ne varie pas dans des proportions considérables, il est sensiblement équivalent de s'attacher aux variations absolues ou aux variations relatives.

L'intérêt de la représentation par semis est de lever les difficultés résultant d'un découpage en un nombre réduit de tranches : la « distance » visuelle entre deux semis consécutifs étant de l'ordre du minimum perceptible à l'œil, la position des limites de tranches devient sans importance. On a ainsi l'impression d'une représentation sensiblement *continue*.

On observera que l'indication de l'*échelle* des tonalités portée en légende est différente selon qu'on utilise le système de représentation par trames (jeu de hachures) ou par semis. Dans le premier cas, on indique pour chaque trame l'intervalle de valeurs qui lui correspond. Au contraire, dans le second cas, on indique les semis correspondant à quelques valeurs *rondes* de la grandeur représentée ; ces valeurs rondes sont choisies dans l'intervalle de variation de cette grandeur (on comparera ainsi les légendes des cartogrammes 5.29 et 5.34).

5. 4. LES PAPIERS FONCTIONNELS

Les papiers fonctionnels dont on a déjà rencontré quelques exemples au cours du chapitre **4** constituent un moyen de représentation graphique très intéressant pour étudier la forme de la liaison entre deux grandeurs.

5. 4. 1. Echelle fonctionnelle.

Considérons une fonction f *monotone croissante* ([1])

$$\xi = f(x) :$$

à chaque valeur de x correspond une et une seule valeur de ξ, à chaque valeur de ξ correspond une et une seule valeur de x et les valeurs ξ_1, ξ_2 correspon-

---

([1]) Si la fonction était monotone décroissante, on obtiendrait des résultats analogues. En pratique les fonctions f utilisées sont généralement monotones croissantes.

dant à deux valeurs x_1, x_2 sont rangées dans le même ordre que ces dernières :

$$\frac{x_1 - x_2}{\xi_1 - \xi_2} > 0.$$

En se limitant aux fonctions f continues, les hypothèses précédentes reviennent à : f possède une fonction inverse f^{-1}, la dérivée f' de f est positive.

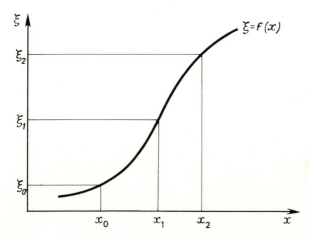

Fig. 5.35. Courbe représentative d'une fonction f monotone croissante.

On appelle *échelle fonctionnelle f* une échelle obtenue en plaçant sur un axe orienté les points x à une distance de l'origine x_0 égale à $\xi - \xi_0$.

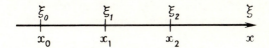

Fig. 5.36. Echelle fonctionnelle.

L'échelle fonctionnelle f par rapport à x est ainsi une échelle arithmétique par rapport à $\xi = f(x)$.

Exemple.

L'échelle ci-après est une échelle logarithmique. Le point x est porté à une distance du point 1 égale à $\lg x$.

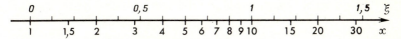

Fig. 5.37. Echelle fonctionnelle logarithmique.

Comme les logarithmes de bases différentes sont multiples les uns des autres, un changement de base des logarithmes correspond à un changement d'unité de longueur sur l'échelle logarithmique : une échelle logarithmique correspond aussi bien aux logarithmes décimaux qu'aux logarithmes népériens.

5. 4. 2. Papier fonctionnel.

5. 4. 2. 1. Définition.

On appelle *papier fonctionnel* un système d'axes orthogonaux à échelles fonctionnelles. En désignant par f et g les fonctions de transformation, respectivement sur l'axe des abscisses et sur l'axe des ordonnées :

$$\xi = f(x)$$
$$\eta = g(y),$$

le papier fonctionnel (f, g) est un papier arithmétique par rapport à ξ et η.

Considérons une courbe C d'équation, sur papier arithmétique :

$$y = \varphi(x).$$

Si on représente cette courbe sur le papier fonctionnel (f, g), son équation devient :
$$g^{-1}(\eta) = \varphi[f^{-1}(\xi)],$$
c'est-à-dire :
$$\eta = g\{\varphi[f^{-1}(\xi)]\}.$$

L'image de la fonction φ sur le papier fonctionnel (f, g) est ainsi la fonction :

$$\varphi^* = g[\varphi(f^{-1})].$$

L'intérêt du papier fonctionnel est — entre autres — de présenter par une fonction φ^* plus simple une fonction φ compliquée grâce à un choix judicieux des fonctions f et g.

La pente de la courbe C au point de coordonnées (ξ, η) est égale à :

$$\frac{d\eta}{d\xi} = \frac{g'(y)\,dy}{f'(x)\,dx}.$$

Elle est ainsi le produit de la pente dy/dx par le rapport des dérivées $g'(y)/f'(x)$.

5. 4. 2. 2. Utilisation des papiers fonctionnels.

Rappelons brièvement les principales utilisations de la représentation au moyen d'un graphique cartésien sur papier arithmétique :

a) la pente de la tangente à la courbe représentative de la fonction $y(x)$ est égale à la *dérivée* de y par rapport à x : dy/dx [1] ;

---

[1] Ainsi, si x est le temps et y le chemin parcouru, la dérivée de y par rapport à x est la *vitesse* : la vitesse est représentée par la pente de la tangente de y par rapport à x.

b) si la liaison entre *y* et *x* est sensiblement linéaire, les points de coordonnées (x_i, y_i) sont disposés approximativement suivant une *droite*, ce qui permet de s'assurer graphiquement de la linéarité d'une dépendance fonctionnelle et d'estimer, après ajustement d'une droite au nuage de points observés, les deux paramètres de cette droite ;

c) si on a tracé dans le plan les courbes d'équation :

$$\alpha(x, y) = k$$

pour différentes valeurs de *k*, on peut estimer par interpolation visuelle la valeur de $\alpha(x_0, y_0)$ pour un couple de valeurs (x_0, y_0) donné (graduation du plan au moyen des courbes $\alpha(x, y)$ = constante).

Exemple.

Le graphique de la page 245 illustre les points *a* et *c* : on a porté sur ce graphique le montant de l'impôt annuel ([1]) sur les personnes physiques pour un ménage dont le chef a moins de 65 ans et ne dispose que de revenus salariaux, en fonction du salaire mensuel net (c'est-à-dire égal au douzième du premier chiffre figurant sur la déclaration de revenu) et du nombre de parts du ménage. Les différentes courbes sont des segments de droite dont la pente est proportionnelle au taux *marginal* μ de l'impôt (l'impôt supplémentaire annuel correspondant à un revenu supplémentaire annuel de 1 franc est égal à μ). Ainsi pour un célibataire actif de moins de 65 ans (une part), l'impôt marginal est indiqué en fonction du salaire mensuel page 244.

Par ailleurs, on peut faire figurer sur le graphique le taux *moyen m* de l'impôt exprimé en % du salaire annuel ou encore en mois de salaire : les courbes correspondant à un taux moyen constant sont des droites issues de l'origine.

De façon tout à fait analogue, les papiers fonctionnels sont utilisés pour :

a) représenter un élément différentiel liant *y* à *x* par la pente de la tangente à la courbe représentative ;

b) vérifier graphiquement la forme analytique de la liaison entre deux grandeurs *y* et *x* et estimer — lorsque la forme analytique dépend au plus de deux paramètres — les valeurs de ces paramètres grâce à l'ajustement d'une droite ;

c) estimer la valeur d'une fonction $\alpha(x, y)$ pour tout couple (x, y) grâce à la graduation préalable du plan au moyen des courbes $\alpha(x, y) = k$, ces différentes courbes étant spécialement simples sur le papier fonctionnel (droites principalement).

Remarquons qu'un papier arithmétique est défini à quatre constantes près qui correspondent au choix de l'origine et de l'unité de longueur à la fois sur l'axe des abscisses et sur l'axe des ordonnées :

$$\xi = \alpha x + \beta, \qquad \eta = \gamma y + \delta.$$

([1]) Le barème de l'impôt est celui de 1971 (revenus de 1970).

Taux moyen et taux marginal de l'impôt sur le revenu
en fonction du salaire mensuel net
(cas d'un célibataire de moins de 65 ans n'ayant pour revenu que son salaire ;
barème de l'impôt sur le revenu de 1970).

Salaire mensuel (en francs)	Taux marginal μ de l'impôt (%)	Taux moyen m de l'impôt (%)
	0	0
645		
	15,6	0
958		5,1
	10,2	
985		5,2
	13,6	
1 000		5,4
	12,2	
1 140		6,2
	12,7	6,4
1 429		7,7
	13,0	7,9
1 458		8,0
	19,4	9,2
1 632		
	19,9	9,4
1 825		10,5
	20,3	10,7
2 018		11,6
	20,7	11,9
2 211		12,7
	21,2	12,9
2 321		13,3
	28,2	15,3
2 672		15,6
	28,8	20,2
4 119		20,4
	29,1	21,4
4 641		
	36,4	23,5
5 381		23,7
	36,7	26,0
6 538		26,3
	37,1	29,5
9 282		
	44,5	
∞		44,5

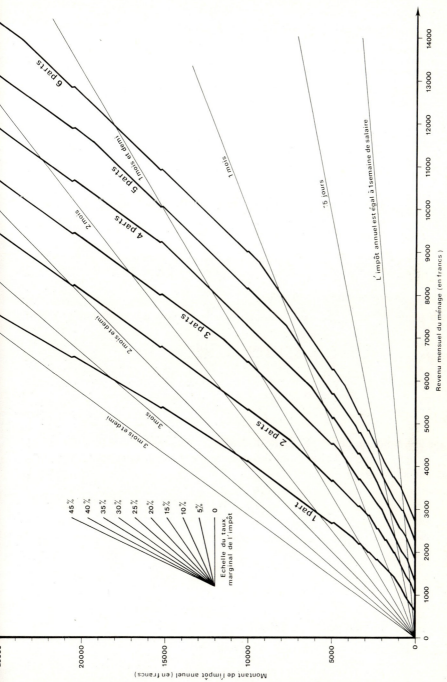

Fig. 5.38. Montant de l'impôt sur le revenu (revenus de l'année 1970) en fonction du revenu mensuel réel suivant le nombre de parts du ménage. (Cas d'un ménage dont le chef a moins de 65 ans, qui dispose de revenus uniquement salariaux et comporte un salarié dans le cas d'une part, deux salariés au-delà.)

5. 4. 2. 3. Représentation d'éléments différentiels.

Deux éléments différentiels sont spécialement intéressants, en dehors de la dérivée dy/dx. Ce sont :

— le *taux d'accroissement relatif* :
$$\frac{dy/y}{dx} = \frac{dy}{y\,dx};$$

— *l'élasticité* ou quotient des variations relatives :
$$\frac{dy/y}{dx/x} = \frac{x}{y}\frac{dy}{dx}.$$

Recherchons les papiers fonctionnels qui permettent de représenter ces éléments différentiels par la pente de la tangente à la courbe représentative :
$$\frac{d\eta}{d\xi} = \frac{g'(y)}{f'(x)}\frac{dy}{dx}.$$

a) *Le taux d'accroissement relatif.*

La pente de la tangente est proportionnelle au taux d'accroissement relatif si :
$$\frac{g'(y)}{f'(x)}\frac{dy}{dx} = \lambda\frac{1}{y}\frac{dy}{dx}$$

c'est-à-dire si, quels que soient x et y :
$$yg'(y) = \lambda f'(x).$$

Or une fonction de y : $yg'(y)$ n'est identiquement égale à une fonction de x : $\lambda f'(x)$ que si l'une et l'autre sont des constantes. En conséquence, $g(y)$ et $f(x)$ doivent satisfaire à :
$$yg'(y) = c$$
$$\lambda f'(x) = c,$$

système différentiel dont la solution est :
$$g(y) = c \ln y + d$$
$$f(x) = \frac{c}{\lambda} x + e$$

c'est-à-dire, en changeant de notations :
$$g(y) = \alpha \lg y + \beta$$
$$f(x) = \gamma x + \delta.$$

Le nombre de modules à retenir pour représenter des couples (x_i, y_i) doit être au moins égal au logarithme décimal du rapport de la plus grande à la plus petite ordonnée :

$$n = \lg \frac{y_M}{y_m}.$$

La constante multiplicative est choisie aussi simple que possible de façon que les valeurs rondes de l'échelle logarithmique initiale correspondent à des valeurs rondes après multiplication.

Les papiers semi-logarithmiques habituels ont 1, 2, 3 ou 4 modules. L'exemple figurant page 265 correspond à un papier semi-logarithmique à 3 modules. Il permet de représenter des couples (x, y) où y varie dans le rapport de 1 à 1 000.

5. 4. 3. 2. Droites sur papier semi-logarithmiques.

La courbe représentative de la fonction $y(x)$ est une droite sur papier semi-logarithmique si le taux d'accroissement relatif :

$$r = \frac{\mathrm{d}y}{y\,\mathrm{d}x}$$

est constant. D'où :

$$\frac{\mathrm{d}y}{y} = r\,\mathrm{d}x$$

et

$$y = y_0\, \mathrm{e}^{r(x-x_0)}.$$

Ainsi les *courbes exponentielles* deviennent des droites sur papier semi-logarithmique.

Lorsque la variable x est le temps, le taux r porte le nom de *taux d'accroissement instantané*.

La lecture du taux r à partir d'un ajustement graphique est effectuée en sélectionnant deux points de la droite ajustée. Si ces points ont pour coordonnées (x_1, y_1) et (x_2, y_2), le taux r est égal à :

$$r = \frac{\ln y_2 - \ln y_1}{x_2 - x_1} = 2{,}302\,6\,\frac{\lg y_2/y_1}{x_2 - x_1}.$$

Remarque.

Il est fréquent de mesurer le taux d'accroissement d'une grandeur en fonction du temps non par le taux instantané r mais par le taux annuel i (forme actuarielle analogue au taux de l'intérêt) en % par an.

Les taux i et r sont reliés par :

$$y = y_0 \, e^{r(x-x_0)} = y_0(1+i)^{x-x_0}$$

soit :

$$e^r = 1 + i$$

ou encore :

$$i = e^r - 1 \sim r + \frac{r^2}{2}.$$

La correspondance exacte entre i et r est la suivante :

i en %	r en %
1	0,995
2	1,98
3	2,96
4	3,92
5	4,88
8	7,70
10	9,53
20	18,23

La période de doublement T de la grandeur y correspond à :

$$e^{rT} = (1+i)^T = 2,$$

c'est-à-dire :

$$T = \frac{0{,}693\,15}{r} = \frac{0{,}301\,03}{\lg(1+i)} \sim \frac{69}{i \,(\text{en \% par an})}.$$

i en %	T
1	69 ans 8 mois
2	35 ans
3	23 ans 5 mois
4	17 ans 8 mois
5	14 ans 2 mois
8	9 ans 1 mois
10	7 ans 3 mois
20	3 ans 10 mois

Sur papier semi-logarithmique, on obtient le taux i à partir de deux points (x_1, y_1) et (x_2, y_2) par la formule :

$$\lg(1+i) = \frac{\lg y_2/y_1}{x_2 - x_1}$$

Exemple d'utilisation.

On trouvera un exemple d'utilisation du papier semi-logarithmique page 254 : Production annuelle d'électricité aux Etats-Unis et en France de 1923 à 1968. Le taux d'accroissement annuel *i* se lit par référence à l'échelle des taux indiquée par le faisceau de droites.

5. 4. 4. Le papier logarithmique.

5. 4. 4. 1. Présentation.

Le papier logarithmique est défini par deux échelles logarithmiques en abscisse et en ordonnée.

En général, les papiers logarithmiques — qui peuvent comporter un nombre différent de modules sur chaque axe — correspondent à des modules de longueur identique sur les deux axes. Seules les constantes multiplicatives, en abscisse et en ordonnée, sont à la disposition de l'utilisateur. Le nombre de modules à retenir sur l'axe des abscisses doit être au moins égal au logarithme décimal du rapport de la plus grande abscisse à la plus petite. Il en est de même pour les ordonnées.

Le papier logarithmique figurant page 266 comporte 2,5 modules en abscisse et 3 modules en ordonnée. Il permet de représenter des couples (x, y) où x varie dans le rapport de 1 à 300 et y dans le rapport de 1 à 1 000.

5. 4. 4. 2. Droites sur papier logarithmique.

La courbe représentative de la fonction $y(x)$ est une droite sur papier logarithmique si l'élasticité de y par rapport à x est constante :

$$\alpha = \frac{x}{y} \frac{dy}{dx}.$$

D'où :
$$\frac{dy}{y} = \alpha \frac{dx}{x}$$

et
$$y = Ax^\alpha.$$

Ainsi les fonctions *puissance* correspondent sur papier logarithmique à des droites.

La lecture de l'élasticité α à partir d'un ajustement graphique est effectuée en sélectionnant deux points de la droite ajustée. Si ces points ont pour coordonnées (x_1, y_1) et (x_2, y_2), l'élasticité α est égale à :

$$\alpha = \frac{\lg y_2 - \lg y_1}{\lg x_2 - \lg x_1} = \frac{\lg y_2/y_1}{\lg x_2/x_1}.$$

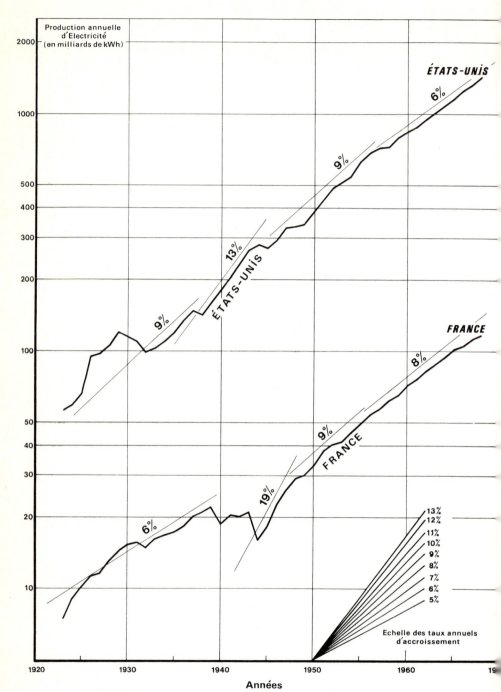

Fig. 5.42. Représentation de séries temporelles sur papier semi-logarithmique : production annuelle d'électricité aux Etats-Unis et en France, de 1923 à 1968.

Exemple.

On trouvera page 256 un exemple d'utilisation du papier logarithmique : Répartition des dépenses des ménages non agricoles (de 2 adultes et un enfant de moins de six ans) en 1956. Source : *Annales de la consommation* ; *juillet-septembre* 1960. Les différents groupes de ménages correspondent à des tranches de revenus annuels.

Tranche de revenu en francs ([1])	Type de dépense	Alimentation	Habillement	Logement	Automobile	Autres dépenses	Dépense totale
3 000 à 4 000		3 104,7	610,6	950,5	177,1	817,5	5 660,4
4 000 à 5 000		3 262,2	730,5	1 188,3	358,7	1 102,1	6 641,8
5 000 à 6 000		3 506,5	934,6	1 603,8	316,7	1 204,3	7 565,9
6 000 à 7 000		3 854,7	1 156,1	1 737,1	559,3	1 646,1	8 953,3
7 000 à 8 000		3 872,0	1 194,3	1 745,0	852,0	1 615,2	9 278,5
8 000 à 10 000		3 783,0	1 237,7	2 210,1	849,4	2 296,7	10 376,9
10 000 à 12 000		4 042,1	1 475,8	2 844,6	1 482,0	2 625,6	12 470,1

([1]) Il s'agit du revenu *déclaré* qui en moyenne sous-estime de 30 % le revenu réel.

On remarquera que le graphique logarithmique a été construit avec des modules de longueur inégale sur les deux axes : les droites d'élasticité 1 ont pour pente 1/5.

On a porté sur l'échelle verticale de droite le pourcentage de chaque dépense par rapport à la dépense totale. Ce pourcentage augmente lorsque l'élasticité est supérieure à 1 et diminue lorsque l'élasticité est inférieure à 1.

Les quatre dépenses partielles figurant sur le graphique présentent des élasticités à peu près constantes par rapport à la dépense totale :

> Alimentation : 0,4
> Logement   : 1,3
> Habillement : 1,1
> Automobile : 2,6.

Ainsi deux ménages dont les dépenses totales diffèrent de 10 % ont des dépenses d'alimentation qui diffèrent de 4 % (dépense peu élastique) et des dépenses d'automobile qui diffèrent de 26 % (dépense très élastique).

Remarque.

Il arrive fréquemment qu'on utilise le papier semi-logarithmique ou logarithmique lorsque les abscisses et les ordonnées des points à représenter ont une grande ampli-

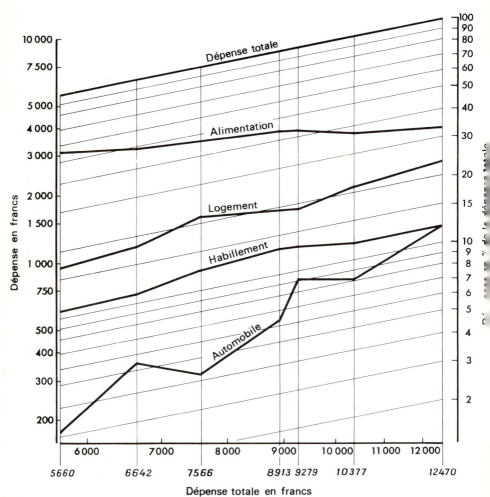

Fig. 5.43. Représentation sur papier logarithmique des dépenses des ménages non agricoles (de deux adultes et un enfant de moins de 6 ans) : 1956.

tude de variation. L'intérêt de l'échelle logarithmique est en effet de fournir une précision *relative* constante en dilatant les zones correspondant aux valeurs les plus faibles et en réduisant celles correspondant aux valeurs les plus élevées.

* 5. 4. 5. Le graphique triangulaire.

5. 4. 5. 1. Présentation.

Le graphique triangulaire est utilisé pour la représentation d'une quantité *constante* fractionnée en trois éléments *variables*. Le cas typique est celui de la ventilation en pourcentage d'une grandeur en trois postes.

Considérons en effet un triangle équilatéral et un point M intérieur à ce triangle. Si on mène par M les parallèles aux côtés du triangle, les longueurs des segments découpés sur ces côtés ont une somme constante et égale à la longueur de chacun des côtés.

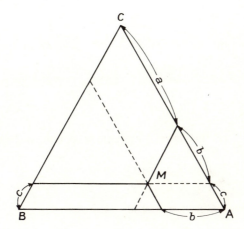

Fig. 5.44. Représentation par graphique triangulaire.

La démonstration de cette propriété est immédiate en considérant les parallélogrammes et triangles équilatéraux déterminés par les parallèles aux côtés.

En conséquence, chaque point intérieur au triangle équilatéral correspond à un triplet de coordonnées a, b, c dont la somme $a + b + c$ est constante.

L'intérêt du graphique triangulaire est de faire jouer aux trois quantités a, b, c simultanément un rôle symétrique.

Si on n'en considérait que deux — par exemple a et b — la représentation au moyen d'un graphique cartésien détruirait la symétrie ternaire.

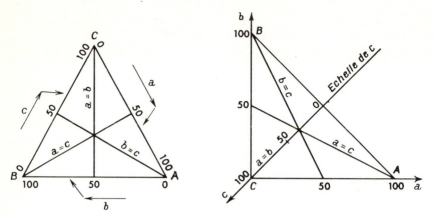

Fig. 5.45. Points et droites remarquables du graphique triangulaire et du graphique cartésien.

5. 4. 5. 2. Points et droites remarquables.

Les *côtés* du triangle correspondent à l'égalité à zéro d'un des trois pourcentages :

AB : $c = 0$
CA : $b = 0$
BC : $a = 0$.

Les *sommets* du triangle correspondent à l'égalité à 100 % de l'un des pourcentages :

A : $a = 100$ $(b = c = 0)$
B : $b = 100$ $(a = c = 0)$
C : $c = 100$ $(a = b = 0)$.

Les *milieux des côtés* correspondent à l'égalité à 50 % de deux pourcentages :

milieu de AB : $a = b = 50$ $(c = 0)$
milieu de CA : $a = c = 50$ $(b = 0)$
milieu de BC : $b = c = 50$ $(a = 0)$.

Le *centre* du triangle correspond à l'égalité des trois pourcentages :

$$a = b = c = \frac{100}{3}.$$

Les *hauteurs* du triangle correspondent à l'égalité de deux pourcentages :

hauteur issue de A : $b = c$
hauteur issue de B : $a = c$
hauteur issue de C : $a = b$.

Les hauteurs du triangle délimitent six régions où les trois coordonnées sont rangées dans un même ordre.

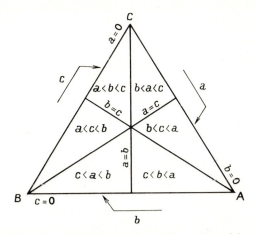

Fig. 5.46. Régionnement du graphique triangulaire.

5. 4. 5. 3. VARIANTE DU GRAPHIQUE TRIANGULAIRE.

Il existe une variante du graphique triangulaire qui consiste à repérer les coordonnées d'un point intérieur au triangle par les longueurs des segments découpés sur les hauteurs. Ces longueurs sont dans le rapport $\cos 30° = \sqrt{3}/2$ avec celles découpées sur les côtés si bien que la somme des coordonnées est égale à chacune des hauteurs du triangle

$$\frac{\alpha}{a} = \frac{\beta}{b} = \frac{\gamma}{c} = \cos 30° = \frac{\sqrt{3}}{2}.$$

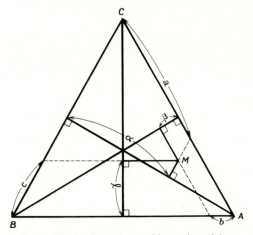

Fig. 5.47. Variante du graphique triangulaire.

Cette représentation — qui est tout à fait identique à la précédente pour ce qui est de la position des points figuratifs et qui n'en diffère que par le système de repérage des coordonnées — est moins pratique que la première parce que les points à représenter interfèrent avec les échelles. Il est préférable de repérer les coordonnées par une échelle extérieure au triangle plutôt qu'intérieure.

5. 4. 5. 4. Exemples.

Le graphique triangulaire — dont la lecture nécessite une certaine habitude — est très utilisé pour représenter l'évolution d'une grandeur constante en trois postes variables.

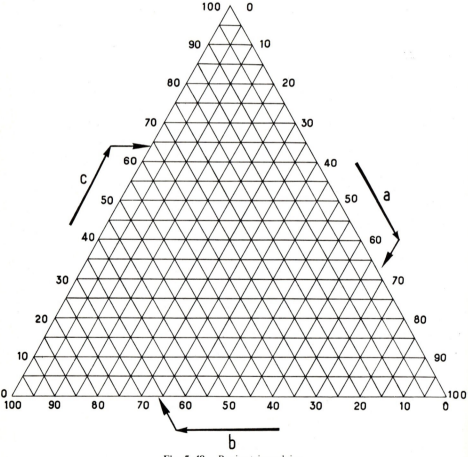

Fig. 5.48. Papier triangulaire.

1. On a représenté ci-dessous la répartition de la population masculine française (en 1960) suivant l'état matrimonial en trois postes (célibataires, mariés, veufs et divorcés) année par année d'âge. La courbe passant par les différents points représente le *chemin matrimonial* d'une population (en toute rigueur, il conviendrait non pas de représenter différentes générations à la même date mais la même génération à différentes dates). Ce genre de graphique a été utilisé pour la projection de la répartition de la population suivant l'état matrimonial par extrapolation de tels chemins matrimoniaux relatifs à différentes générations.

L'intérêt du graphique est de fournir une extrapolation *simultanée* des trois pourcentages tout en assurant l'égalité de leur somme à 100 %.

2. Le graphique de la page 262 fournit la répartition des départements français suivant la structure de la population active : secteur primaire (agriculture, pêche, forêts, mines), secteur secondaire (industries de transformation, bâtiment et travaux publics), secteur tertiaire (transports, services, administration, commerces).

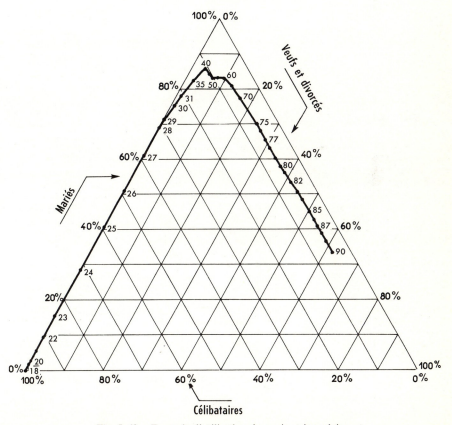

Fig. 5.49. Exemple d'utilisation du papier triangulaire.

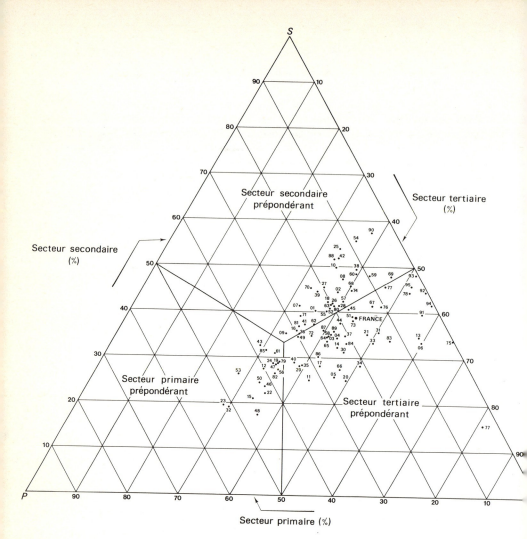

N°	Départements	N°	Départements	N°	Départements	N°	Départements	N°	Départements
01	Ain	20	Corse	39	Jura	58	Nièvre	77	Seine-et-Marne
02	Aisne	21	Côte-d'Or	40	Landes	59	Nord	78	Yvelines
03	Allier	22	Côtes-du-Nord	41	Loir-et-Cher	60	Oise	79	Sèvres (Deux-)
04	Alpes de Hte Provence	23	Creuse	42	Loire	61	Orne	80	Somme
05	Alpes (Hautes-)	24	Dordogne	43	Loire (Haute-)	62	Pas-de-Calais	81	Tarn
06	Alpes-Maritimes	25	Doubs	44	Loire-Atlantique	63	Puy-de-Dôme	82	Tarn-et-Garonne
07	Ardèche	26	Drôme	45	Loiret	64	Pyrénées-Atlant.	83	Var
08	Ardennes	27	Eure	46	Lot	65	Pyrénées (Hautes-)	84	Vaucluse
09	Ariège	28	Eure-et-Loir	47	Lot-et-Garonne	66	Pyrénées-Orient.	85	Vendée
10	Aube	29	Finistère	48	Lozère	67	Rhin (Bas-)	86	Vienne
11	Aude	30	Gard	49	Maine-et-Loire	68	Rhin (Haut-)	87	Vienne (Haute-)
12	Aveyron	31	Garonne (Haute-)	50	Manche	69	Rhône	88	Vosges
13	Bouches-du-Rhône	32	Gers	51	Marne	70	Saône (Haute-)	89	Yonne
14	Calvados	33	Gironde	52	Marne (Haute-)	71	Saône-et-Loire	90	Belfort (Territ. de
15	Cantal	34	Hérault	53	Mayenne	72	Sarthe	91	Essonne
16	Charente	35	Ille-et-Vilaine	54	Meurthe-et-Mos.	73	Savoie	92	Hauts-de-Seine
17	Char.-Maritime	36	Indre	55	Meuse	74	Savoie (Haute-)	93	Seine-Saint-Denis
18	Cher	37	Indre-et-Loire	56	Morbihan	75	Paris	94	Val-de-Marne
19	Corrèze	38	Isère	57	Moselle	76	Seine-Maritime	95	Val-d'Oise

Fig. 5.50. Répartition des départements suivant la structure de la population active.
(*Source* : INSEE. Recensement 1968).

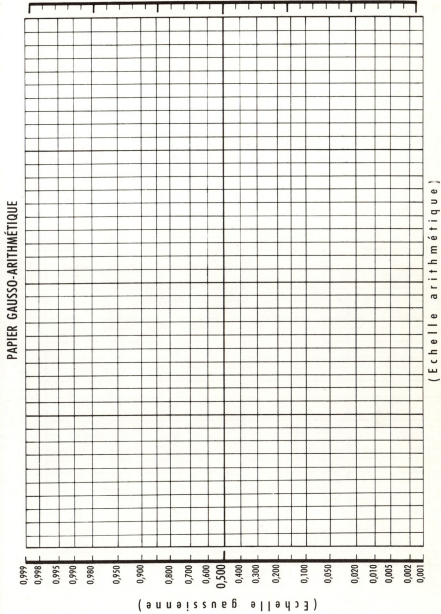

Fig. 5.51. Exemple de papier gausso-arithmétique.

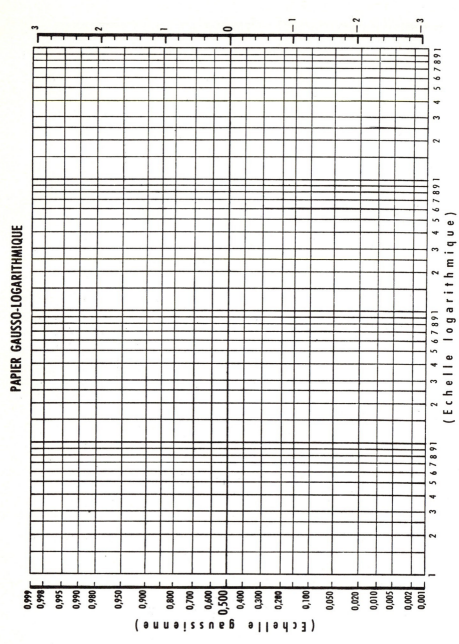

Fig. 5.52. Exemple de papier gausso-logarithmique à 4 modules.

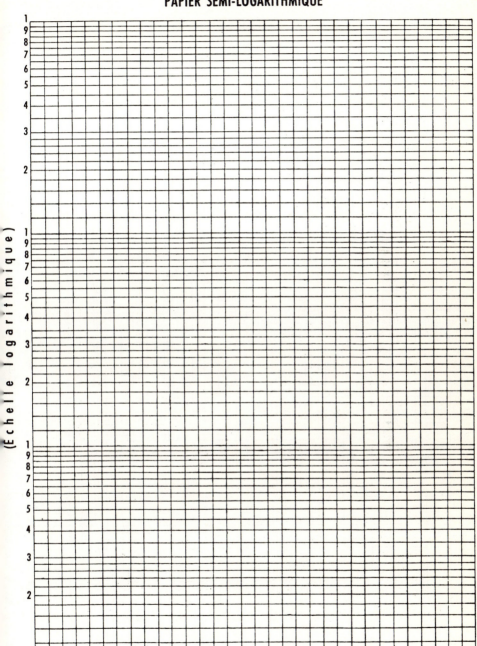

Fig. 5.53. Exemple de papier semi-logarithmique à 3 modules.

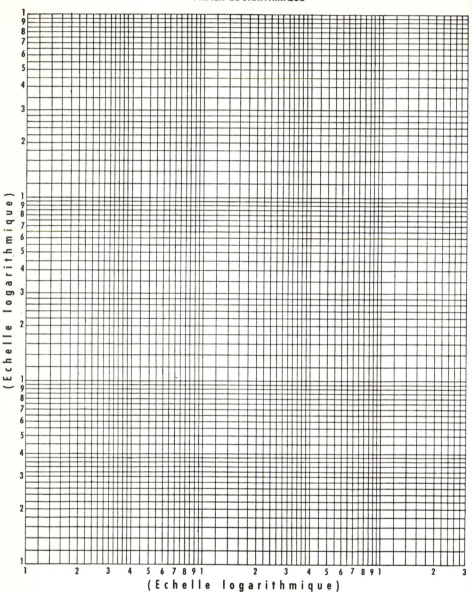

Fig. 5.54. Exemple de papier logarithmique à 2,5 et 3 modules.

CHAPITRE 6

DESCRIPTION NUMÉRIQUE DES SÉRIES STATISTIQUES A DEUX CARACTÈRES QUANTITATIFS (VARIABLES STATISTIQUES A DEUX DIMENSIONS)

Nous poursuivons dans ce chapitre l'analogie avec les séries statistiques à une dimension : tandis que le chapitre 5 est consacré aux représentations gragraphiques et correspond au chapitre 2, ce chapitre 6 est l'analogue du chapitre 3 ; il étudie les caractéristiques quantitatives d'une distribution à deux dimensions et met en évidence la notion fondamentale de dépendance statistique *entre deux variables (corrélation), notion qui se substitue à celle de* dépendance fonctionnelle *entre une fonction et une variable dans le domaine de l'Analyse. A la fin du chapitre, on envisage la technique de l'ajustement linéaire (méthode des moindres carrés) sans entrer dans les détails de sa signification probabiliste qui est du ressort de la Statistique Mathématique.*

6.1. DISTRIBUTIONS MARGINALES ET CONDITIONNELLES RELATIONS ENTRE LEURS CARACTÉRISTIQUES

Considérons une population de n individus décrite suivant deux caractères quantitatifs X et Y, c'est-à-dire suivant *deux* variables statistiques simultanément : le couple (X, Y) constitue *une* variable statistique à *deux* dimensions.

Si les variables X et Y sont discrètes, soit $\{x_i\}$ l'ensemble des valeurs possibles de X ($i = 1, 2,..., k$) et $\{y_j\}$ l'ensemble des valeurs possibles de Y ($j = 1, 2, ..., p$). Le tableau statistique décrivant la population indique l'effectif n_{ij} des individus qui présentent *à la fois* la valeur x_i de la variable X et la valeur y_j de la variable Y.

X \ Y	y_1	...	y_j	...	y_p	Total
x_1	n_{11}	...	n_{1j}	...	n_{1p}	$n_{1\bullet}$
.	.		.		.	.
.	.	...	.	...	.	.
.	.		.		.	.
x_i	n_{i1}	...	n_{ij}	...	n_{ip}	$n_{i\bullet}$
.	.		.		.	.
.	.	...	.	...	.	.
.	.		.		.	.
x_k	n_{k1}	...	n_{kj}	...	n_{kp}	$n_{k\bullet}$
Total	$n_{\bullet 1}$	...	$n_{\bullet j}$	...	$n_{\bullet p}$	$n_{\bullet\bullet}$

Si la variable X (et/ou la variable Y) est continue, x_i (et/ou y_j) désignera le centre de la classe n° i (ou j), de telle sorte qu'on ramène le cas continu au cas discret ainsi qu'on l'a déjà fait à propos des variables statistiques à une dimension (cf. **3**. 1. 3. 2.).

6. 1. 1. Notations des caractéristiques marginales et conditionnelles.

Considérons la colonne marginale du tableau : elle indique les effectifs $n_{i\bullet}$ d'individus qui présentent la valeur x_i de X ; par conséquent, elle définit la variable *marginale* X. Les caractéristiques marginales de X sont désignées par :

moyenne ([1]) :
$$\bar{\bar{x}} = \frac{1}{n_{\bullet\bullet}} \sum_{i=1}^{k} n_{i\bullet} x_i = \sum_{i=1}^{k} f_{i\bullet} x_i,$$

variance :
$$V(x) = \frac{1}{n_{\bullet\bullet}} \sum_{i=1}^{k} n_{i\bullet}(x_i - \bar{\bar{x}})^2 = \sum_{i=1}^{k} f_{i\bullet}(x_i - \bar{\bar{x}})^2.$$

De même la variable marginale Y a pour caractéristiques :

moyenne :
$$\bar{\bar{y}} = \sum_{j=1}^{p} f_{\bullet j} y_j,$$

([1]) La notation $\bar{\bar{x}}$ (avec une *double* barre) sera justifiée ci-dessous : $\bar{\bar{x}}$ est une moyenne de moyennes.

variance :

$$V(y) = \sum_{j=1}^{p} f_{\cdot j}(y_j - \bar{y})^2.$$

Considérons maintenant la *j*-ième colonne du tableau statistique : elle décrit les $n_{\cdot j}$ individus qui présentent la valeur y_j de Y suivant la variable X. Elle définit par conséquent la variable *conditionnelle* $X/_{Y=y_j}$, à une dimension comme la variable marginale X. Les caractéristiques de cette distribution conditionnelle, repérées par l'indice *j*, sont désignées par :

moyenne :

$$\bar{x}_j = \frac{1}{n_{\cdot j}} \sum_{i=1}^{k} n_{ij} x_i = \sum_{i=1}^{k} f_i^j x_i,$$

variance :

$$V_j(X) = \frac{1}{n_{\cdot j}} \sum_{i=1}^{k} n_{ij}(x_i - \bar{x}_j)^2 = \sum_{i=1}^{k} f_i^j (x_i - \bar{x}_j)^2.$$

De façon analogue, on désigne les caractéristiques de la distribution conditionnelle de $Y/_{X=x_i}$ par :

moyenne :

$$\bar{y}_i = \sum_{j=1}^{p} f_j^i y_j,$$

variance :

$$V_i(Y) = \sum_{j=1}^{p} f_j^i (y_j - \bar{y}_i)^2.$$

6. 1. 2. Relations entre caractéristiques marginales et conditionnelles.

On a montré en **5. 1. 2** (Remarque) que la population totale pouvait être considérée comme un mélange :

— la distribution marginale de X résulte du mélange des distributions conditionnelles $X/_{Y=y_j}$ représentées en proportions $f_{\cdot j}$.

— la distribution marginale de Y résulte du mélange des distributions conditionnelles $Y/_{X=x_i}$ représentées en proportions f_i.

En conséquence, les résultats établis en **3. 6. 4** à propos des mélanges de distributions s'appliquent directement.

6. 1. 2. 1. Moyenne marginale et moyennes conditionnelles.

La moyenne d'un mélange est égale à la moyenne pondérée des moyennes par les proportions du mélange (cf. **3. 6. 4**).
Par conséquent :

$$\bar{\bar{x}} = \sum_{j=1}^{p} f_{\cdot j}\, \bar{x}_j,$$

$$\bar{\bar{y}} = \sum_{i=1}^{k} f_{i\cdot}\, \bar{y}_i.$$

Ainsi les moyennes marginales sont égales aux moyennes des moyennes conditionnelles pondérées par les fréquences marginales de la variable de liaison. Il en résulte en particulier que la moyenne marginale est toujours comprise entre les moyennes conditionnelles extrêmes :

$$\min_{j}(\bar{x}_j) \leqslant \bar{\bar{x}} \leqslant \max_{j}(\bar{x}_j),$$

$$\min_{i}(\bar{y}_i) \leqslant \bar{\bar{y}} \leqslant \max_{i}(\bar{y}_i).$$

6. 1. 2. 2. Variance marginale et variances conditionnelles.

La variance d'un mélange est égale à la moyenne pondérée des variances augmentée de la variance pondérée des moyennes (cf. **3. 6. 5**). Par conséquent :

$$V(X) = \sum_{j=1}^{p} f_{\cdot j} V_j(X) + \sum_{j=1}^{p} f_{\cdot j} (\bar{x}_j - \bar{\bar{x}})^2,$$

$$V(Y) = \sum_{i=1}^{k} f_{i\cdot} V_i(Y) + \sum_{i=1}^{k} f_{i\cdot} (\bar{y}_i - \bar{\bar{y}})^2.$$

L'hétérogénéité de la distribution marginale résulte donc à la fois :

— de l'hétérogénéité propre à chacune des distributions conditionnelles,
— de l'hétérogénéité des moyennes conditionnelles entre elles.

La variance marginale est donc toujours au moins égale à la plus petite des variances conditionnelles.

6. 1. 3. Exemple.

La distribution des ménages suivant l'âge du chef de ménage et le nombre d'enfants de 16 ans ou moins du ménage a pour moyennes et variances conditionnelles les valeurs indiquées par les tableaux ci-après (on trouvera le **tableau de calcul** détaillé page 296) :

[6.1] DISTRIBUTIONS MARGINALES ET CONDITIONNELLES

Nombre d'enfants du ménage : y_j	Age moyen des chefs de ménage ayant y_j enfants : $\bar{x}_j$	Variance et écart-type de l'âge des chefs de ménage ayant y_j enfants :	
		Variance $V_j(X)$	Écart-type $\sigma_j(X)$
0	58,4	210,1	14,5
1	44,4	163,5	12,8
2	41,4	114,2	10,7
3	40,7	87,2	9,3
4	40,7	71,7	8,5
5	40,3	58,4	7,6
6 et plus	40,3	47,0	6,9
Distribution marginale	$\bar{\bar{x}} = 51,8$	$V(X) = 237,5$	$\sigma(X) = 15,4$

On notera la décroissance des variances conditionnelles $V_j(X)$: les chefs de ménage ayant 5 enfants sont plus homogènes (relativement à l'âge) que ceux ayant 0 ou 1 enfant ([1]).

De même, pour les distributions conditionnelles $Y/_{X=x_i}$:

Age du chef de ménage x_i	Nombre moyen d'enfants des chefs de ménage d'âge i : $\bar{y}_i$	Variance et écart-type du nombre d'enfants des chefs de ménage d'âge i	
		Variance $V_i(Y)$	Écart-type $\sigma_i(Y)$
—— 25 ans ——	0,40	0,59	0,77
—— 30 ans ——	1,00	1,25	1,12
—— 35 ans ——	1,74	2,20	1,48
—— 40 ans ——	2,03	2,73	1,65
—— 45 ans ——	1,80	2,66	1,63
—— 50 ans ——	1,25	2,12	1,46
—— 55 ans ——	0,70	1,22	1,11
—— 65 ans ——	0,28	0,51	0,71
	0,11	0,22	0,47
Distribution marginale	$\bar{\bar{y}} = 0,86$	$V(Y) = 1,79$	$\sigma(Y) = 1,34$

([1]) On rappelle qu'il s'agit des enfants *de 16 ans ou moins vivant dans le ménage*.

6. 2. CARACTÉRISTIQUES GLOBALES D'UNE DISTRIBUTION A DEUX VARIABLES

6. 2. 1. Courbes de régression.

6. 2. 1. 1. DÉFINITION.

On appelle *courbe de régression de Y en x* la courbe représentative des moyennes conditionnelles $\bar{y}_i$ en fonction des valeurs x_i de la variable de liaison.

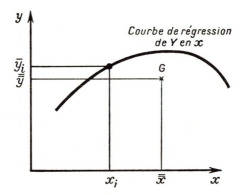

Fig. 6.1. Courbe de régression de Y en x.

Il s'agit d'une courbe véritable si la variable X est continue (alors x_i prend un ensemble continu de valeurs possibles) ou d'une suite de points si la variable X est discrète (les valeurs x_i sont des valeurs isolées). On parlera néanmoins de *courbe* de régression dans les deux cas.

Montrons que le centre de gravité des points situés sur la courbe de régression de Y en x — pondérés par les fréquences marginales $f_{i.}$ — est aussi le centre de gravité G des points (x_i, y_j) pondérés par les fréquences totales f_{ij}.

Le centre de gravité G des points (x_i, y_j) a pour coordonnées les moyennes des coordonnées :

$$x_G = \sum_{i=1}^{k}\sum_{j=1}^{p} f_{ij} x_i = \sum_{i=1}^{k}\sum_{j=1}^{p} f_{i.} f_j^i x_i$$
$$= \sum_{i=1}^{k}\left[f_{i.} x_i \sum_{j=1}^{p} f_j^i \right] = \sum_{i=1}^{k} f_{i.} x_i = \bar{\bar{x}}.$$

et de la même façon, en permutant les rôles de x et y d'une part et de i et j d'autre part :

$$y_G = \bar{\bar{y}}.$$

Or on a établi plus haut que $\bar{\bar{y}}$ était la moyenne des moyennes conditionnelles $\bar{y}_i$ pondérées par les fréquences marginales $f_{i.}$:

$$y_G = \bar{\bar{y}} = \sum_{i=1}^{k} f_{i.} \bar{y}_i,$$

$$x_G = \bar{\bar{x}} = \sum_{i=1}^{k} f_{i.} x_i.$$

Ainsi le centre de gravité des points $(x_i, \bar{y}_i)$ pondérés par les fréquences marginales $f_{i.}$ est également le centre de gravité G des points (x_i, y_j) pondérés par f_{ij}, c'est-à-dire le point $(\bar{\bar{x}}, \bar{\bar{y}})$.

Il en résulte que si la courbe de régression de Y en x présente une concavité de signe constant, le point G est situé dans la concavité. Si la courbe de régression de Y en x est une droite, le point G est nécessairement *sur* cette droite.

En permutant les rôles des deux variables, on démontre de la même façon que G est aussi le centre de gravité des points de coordonnées $(\bar{x}_j, y_j)$ définissant la *courbe de régression de X en y*, ces différents points étant pondérés par les fréquences marginales de Y : $f_{.j}$. Les remarques précédentes relatives à la position de G par rapport à la courbe de régression de Y en x s'appliquent également à la courbe de régression de X en y. En particulier, si les deux courbes de régression sont des droites, elles se coupent au centre de gravité G de coordonnées $(\bar{\bar{x}}, \bar{\bar{y}})$.

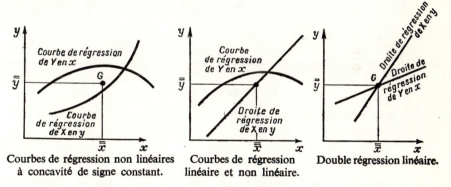

Courbes de régression non linéaires à concavité de signe constant.   Courbes de régression linéaire et non linéaire.   Double régression linéaire.

Fig. 6.2. Position du centre de gravité par rapport aux courbes de régression.

On trouvera page 274 la représentation des courbes de régression relatives à la distribution des ménages suivant l'âge du chef et le nombre d'enfants.

Par ailleurs, le graphique de la page 275 fournit la courbe de régression de l'âge des épouses $\bar{y}_i$ en fonction de l'âge de l'époux x_i pour les mariages célébrés en 1962. On remarquera qu'on a indiqué pour chaque point $(\bar{y}_i, x_i)$ sa pondération : le nombre de mariages $n_{i.}$ correspondant à chaque valeur x_i.

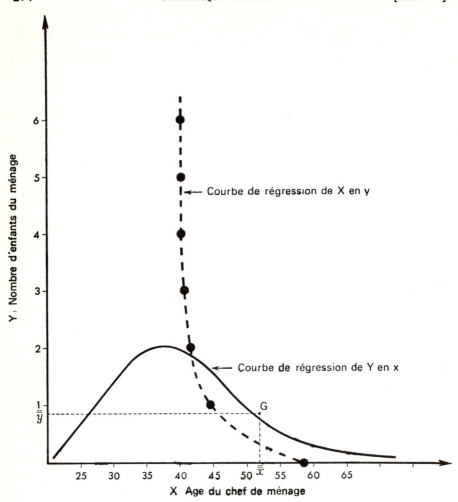

Fig. 6.3. Courbes de régression de la distribution des ménages suivant l'âge du chef et le nombre d'enfants de 16 ans ou moins.

6. 2. 1. 2. Cas de l'indépendance.

Si les variables X et Y sont indépendantes, les *distribution*s conditionnelles sont identiques entre elles et identiques à la distribution marginale correspondante. Il en résulte en particulier que les *moyenne*s conditionnelles sont identiques entre elles et identiques à la moyenne marginale correspondante :

$$\bar{x}_j \equiv \bar{\bar{x}},$$
$$\bar{y}_i \equiv \bar{\bar{y}}.$$

Par conséquent les courbes de régression sont toutes deux des droites parallèles aux axes de coordonnées.

[6.2] CARACTÉRISTIQUES GLOBALES D'UNE DISTRIBUTION 275

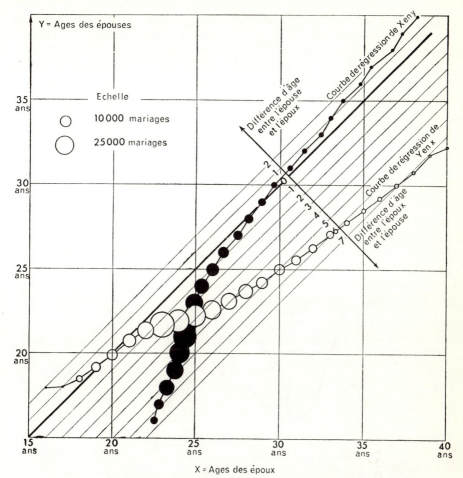

Fig. 6.4. Courbes de régression de la distribution des mariages célébrés en 1962 suivant l'âge de l'époux (X) et l'âge de l'épouse (Y).

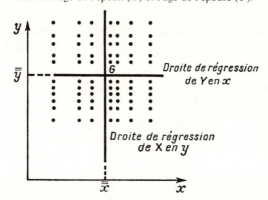

Fig. 6.5. Courbes de régression dans le cas de l'indépendance.

On notera que si l'indépendance a pour conséquence le parallélisme ([1]) des courbes de régression aux axes de coordonnées, en revanche les courbes de régression peuvent être parallèles aux axes de coordonnées sans que pour autant les variables soient indépendantes : il ne suffit pas que les *moyennes* conditionnelles soient identiques pour assurer l'indépendance, il faut encore que les *distributions* conditionnelles soient identiques. Or plusieurs distributions peuvent avoir la même moyenne sans être nécessairement identiques.

6. 2. 1. 3. Cas de la liaison fonctionnelle.

a) *Liaison fonctionnelle non réciproque.*

Supposons que la variable Y soit liée fonctionnellement à la variable X : à chaque valeur possible x_i de X correspond une seule valeur y_i de Y. La moyenne de la variable conditionnelle $Y/_{X=x_i}$ ainsi dégénérée est égale à y_i. Par conséquent la courbe de régression de Y en x est confondue avec la courbe de liaison.

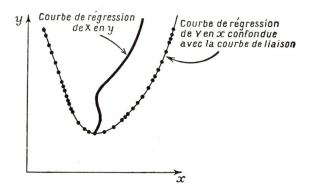

Fig. 6.6. Exemple de liaison fonctionnelle $(x \to y)$.

Si la liaison fonctionnelle n'est pas réciproque, c'est-à-dire si la relation entre Y et X n'est pas biunivoque, la courbe de régression de X en y n'est pas confondue avec la courbe de liaison.

b) *Liaison fonctionnelle réciproque.*

Lorsque la liaison fonctionnelle entre X et Y est *réciproque*, les *deux* courbes de régression sont confondues avec la courbe de liaison.

---

[1] Lorsque les courbes de régression sont parallèles aux axes de coordonnées, on dit qu'il y a absence réciproque de corrélation entre X et Y (voir ci-dessous 6. 2. 1. 4.).

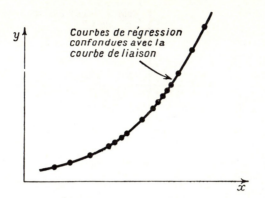

Fig. 6.7. Exemple de liaison fonctionnelle réciproque ($x \leftrightarrow y$).

6. 2. 1. 4. Corrélation.

Lorsque la courbe de régression de Y en x n'est pas parallèle à l'axe des abscisses, on dit que Y est *corrélé avec X* ou encore que Y est *en corrélation avec X*.

Notons que l'absence de corrélation n'est pas en général réciproque : Y peut être sans corrélation avec X alors que X est corrélé avec Y. A l'extrême, Y peut être sans corrélation avec X alors que X est lié fonctionnellement à Y.

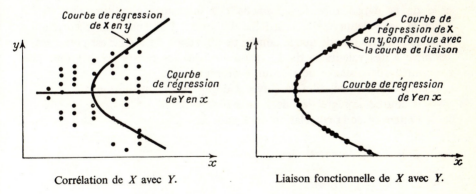

Fig. 6.8. Absence de corrélation de Y avec X.

L'indépendance est un cas particulier d'*absence réciproque de corrélation*. Comme on l'a souligné plus haut, l'absence réciproque de corrélation n'entraîne pas l'indépendance.

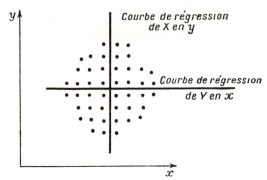

Fig. 6.9. Absence réciproque de corrélation distincte de l'indépendance.

Sur la figure 6.9, qui correspond à une absence réciproque de corrélation, il ne saurait y avoir indépendance : l'étendue de $Y/_{X=x_i}$ varie avec x_i. La notion de corrélation se rapporte exclusivement aux *moyennes conditionnelles*. Si par exemple on considère une population décrite suivant le salaire et l'âge, le salaire est sans corrélation avec l'âge si le *salaire moyen* des personnes de 25 ans, des personnes de 30 ans, etc. est égal au salaire moyen de l'ensemble de la population. L'indépendance des salaires avec l'âge serait réalisée si la *pyramide de salaires* des personnes de 25 ans était identique à celle des personnes de 30 ans, etc. et à celle de la population totale. Il peut y avoir absence de corrélation sans qu'il y ait indépendance. Par exemple les salaires moyens étant constants en fonction de l'âge, il pourrait néanmoins exister divers éventails de salaires, variables avec l'âge.

Ainsi, l'étude de la corrélation d'une variable Y avec une variable X est celle de la dépendance fonctionnelle des moyennes conditionnelles $\bar{y}_i$ en fonction des valeurs x_i de la variable de liaison. L'intensité de la corrélation est d'autant plus grande que la courbe de régression de Y en x est plus « *représentative* » des valeurs y_j de Y c'est-à-dire que les points (x_i, y_j) sont plus concentrés au voisinage de la courbe de régression.

L'étude de la corrélation de Y avec X dégage ainsi deux notions :
— la courbe de régression de Y en x ;
— l'intensité de la corrélation de Y avec X.

6. 2. 2. Rapport de corrélation.

6. 2. 2. 1. Définition.

On a montré plus haut (**6. 1. 2. 2.**) que la variance marginale de la variable Y se décomposait en la somme de deux termes positifs : la variance des moyennes conditionnelles et la moyenne des variances conditionnelles.

$$V(Y) = \sum_{i=1}^{k} f_{i.}(\bar{y}_i - \bar{\bar{y}})^2 + \sum_{i=1}^{k} f_{i.} V_i(Y).$$

On appelle *rapport de corrélation de Y en x* la proportion de la variance marginale représentée par la variance des moyennes conditionnelles :

$$\eta^2_{y;x} = \frac{\sum_{i=1}^{k} f_i.(\bar{y}_i - \bar{\bar{y}})^2}{V(Y)} = 1 - \frac{\sum_{i=1}^{k} f_i.V_i(Y)}{V(Y)}.$$

En tant que pourcentage, le rapport de corrélation est compris entre 0 et 1. Il est égal au carré du sinus de l'angle α du schéma ci-contre :

On définit de façon analogue le *rapport de corrélation de X en y* :

$$\eta^2_{x;y} = \frac{\sum_{j=1}^{p} f_{.j}(\bar{x}_j - \bar{\bar{x}})^2}{V(X)} = 1 - \frac{\sum_{j=1}^{p} f_{.j}V_j(X)}{V(X)}$$

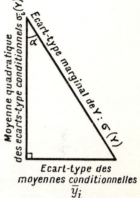

Fig. 6.10. Décomposition de l'écart-type marginal de Y.

En général les deux rapports de corrélation sont différents. Ils satisfont à l'inégalité :

$$0 \leqslant (\eta^2_{y;x}, \eta^2_{x;y}) \leqslant 1,$$

6. 2. 2. 2. SIGNIFICATION D'UN RAPPORT DE CORRÉLATION.

Le rapport de corrélation $\eta^2_{y;x}$ est nul si la variance des moyennes conditionnelles est nulle. Or une variance n'est *nulle* que si tous les éléments sont *identiques*. Il s'ensuit que les moyennes conditionnelles sont identiques et que la courbe de régression de Y en x est parallèle à l'axe des abscisses : par conséquent Y est sans corrélation avec X. Réciproquement, l'absence de corrélation de Y avec X entraîne l'égalité du rapport de corrélation $\eta^2_{y;x}$ à zéro.

Le rapport de corrélation $\eta^2_{y;x}$ est égal à 1 si la moyenne des variances conditionnelles $V_i(Y)$ est nulle. Or une moyenne de termes *positifs* n'est *nulle* que si tous les éléments sont *nuls*. Les variances $V_i(Y)$ sont donc nulles : à la valeur x_i de X correspond une seule valeur de Y et par conséquent Y est lié fonctionnellement à X. Réciproquement, la liaison fonctionnelle de Y par rapport à X implique l'égalité du rapport de corrélation $\eta^2_{y;x}$ à l'unité.

On peut résumer ces conclusions par le tableau suivant :

$\eta^2_{y;x}$ \ $\eta^2_{x;y}$	$\eta^2_{x;y} = 0$	$0 < \eta^2_{x;y} < 1$	$\eta^2_{x;y} = 1$
$\eta^2_{y;x} = 0$	Absence réciproque de corrélation	Cas général d'absence de corrélation de Y par rapport à X	Liaison fonctionnelle ($y \to x$) Absence de corrélation de Y par rapport à X.
$0 < \eta^2_{y;x} < 1$	Cas général d'absence de corrélation de X par rapport à Y.	Cas général	Cas général de liaison fonctionnelle non réciproque ($y \to x$)
$\eta^2_{y;x} = 1$	Liaison fonctionnelle ($x \to y$) Absence de corrélation de X par rapport à Y.	Cas général de liaison fonctionnelle non réciproque ($x \to y$)	Liaison fonctionnelle réciproque

Ce tableau est un tableau *d'équivalence* et se lit dans les deux sens; ainsi par exemple $\eta^2_{y;x} = \eta^2_{x;y} = 0$ signifie l'absence réciproque de corrélation. Inversement l'absence réciproque de corrélation entraîne l'égalité des deux rapports de corrélation à zéro.

Ainsi le rapport de corrélation de Y en x : $\eta^2_{y;x}$ est une *mesure de l'intensité de la liaison de Y avec X.*

On montre sans difficulté qu'il est invariant (comme également l'autre rapport de corrélation $\eta^2_{x;y}$) si on effectue sur X ou sur Y un changement d'origine ou d'échelle.

6. 2. 3. Propriété des courbes de régression : courbes des moindres carrés.

Déterminons parmi toutes les courbes du plan (x, y) dont l'équation est de la forme :

$$y = \varphi(x),$$

c'est-à-dire parmi toutes les fonctions univoques ($x \to y$) celle qui réalise l'optimum suivant : la moyenne — pondérée par les fréquences totales f_{ij} — des carrés des écarts comptés parallèlement à l'axe des ordonnées entre les différents points M_{ij} de coordonnées (x_i, y_j) et la courbe est *minimum* :

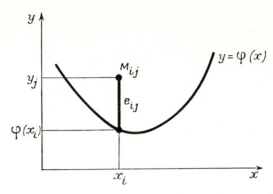

Fig. 6.11. Courbe des moindres carrés.

$$\Delta = \sum_{i=1}^{k}\sum_{j=1}^{p} f_{ij}\, e_{ij}^2 = \sum_{i=1}^{k}\sum_{j=1}^{p} f_{ij}\,[y_j - \varphi(x_i)]^2 = \text{minimum}.$$

La somme double définissant Δ peut être décomposée de la façon suivante :

$$\Delta = \sum_{i=1}^{k}\sum_{j=1}^{p} f_{i.} f_j^i\,[y_j - \varphi(x_i)]^2 = \sum_{i=1}^{k}\left\{ f_{i.}\sum_{j=1}^{p} f_j^i\,[y_j - \varphi(x_i)]^2 \right\}.$$

Or la quantité

$$\sum_{j=1}^{p} f_j^i\,[y_j - \varphi(x_i)]^2,$$

où i est *fixé* est la moyenne des carrés des écarts entre les valeurs possibles de la variable $Y/_{X=x_i}$ et un nombre constant $\varphi(x_i)$.

En appliquant le théorème de König, il vient :

$$\sum_{j=1}^{p} f_j^i [y_j - \varphi(x_i)]^2 = V_i(Y) + [\bar{y}_i - \varphi(x_i)]^2.$$

D'où :

$$\Delta = \sum_{i=1}^{k} f_{i.}\left\{ V_i(Y) + [\bar{y}_i - \varphi(x_i)]^2 \right\}$$

$$= \sum_{i=1}^{k} f_{i.} V_i(Y) + \sum_{i=1}^{k} f_{i.}[\bar{y}_i - \varphi(x_i)]^2.$$

Sous cette forme la valeur optimum $\varphi(x_i)$ correspondant à chaque valeur x_i apparaît clairement : la deuxième somme qui est *positive* atteint son minimum (égal à *zéro*) lorsque, pour tout x_i :

$$\varphi(x_i) = \bar{y}_i,$$

Ainsi la courbe optimum d'équation $y = \varphi(x)$ qui est en un certain sens *la plus proche* de la distribution (^{1}) est la courbe de régression de Y en x : courbe des moyennes conditionnelles $\bar{y}_i$ en fonction de x_i.

Le minimum M atteint par Δ est égal à :

$$M = \sum_{i=1}^{k} f_{i.} V_i(Y) = [1 - \eta_{y;x}^2] V(Y).$$

Remarques.

1. On observera que le résultat obtenu n'est qu'une conséquence de celui établi en **3. 1. 3. 3** : c'est par rapport à la moyenne que la moyenne des carrés des écarts est minimum. La fonction $\varphi(x)$ optimum dans le problème qui vient d'être traité est celle qui est optimum pour *tout* x_i c'est-à-dire la moyenne $\bar{y}_i$.

2. La décomposition de la variance marginale de Y en ses deux termes :

$$V(Y) = \sum_{i=1}^{k} \sum_{j=1}^{p} f_{ij}(y_j - \bar{\bar{y}})^2 = \sum_{i=1}^{k} f_{i.} V_i(Y) + \sum_{i=1}^{k} f_{i.}(\bar{y}_i - \bar{\bar{y}})^2$$

peut s'interpréter ainsi :

$$V(Y) = \sum_{i=1}^{k} \sum_{j=1}^{p} f_{ij}(y_j - \bar{\bar{y}})^2$$

est la moyenne des carrés des écarts (comptés parallèlement à l'axe des ordonnées) entre les points M_{ij} et la droite d'ordonnée $\bar{\bar{y}}$: *variance totale*.

$$\sum_{i=1}^{k} \sum_{j=1}^{p} f_{ij}(y_j - \bar{y}_i)^2 = \sum_{i=1}^{k} f_{i.} V_i(Y)$$

est la moyenne des carrés des écarts (comptés parallèlement à l'axe des ordonnées) entre les points M_{ij} et la courbe de régression de Y en x : variance autour de la courbe de régression ou encore *variance résiduelle*.

$$\sum_{i=1}^{k} \sum_{j=1}^{p} f_{ij}(\bar{y}_i - \bar{\bar{y}})^2 = \sum_{i=1}^{k} f_{i.}(\bar{y}_i - \bar{\bar{y}})^2$$

est la moyenne des carrés des écarts (comptés parallèlement à l'axe des ordonnées) entre les points de la courbe de régression de Y en x et la droite d'ordonnée $\bar{\bar{y}}$: *variance expliquée par la régression* (^{2}) (on dit encore : variance due à la régression).

$$V(Y) = \sum_{i=1}^{k} \sum_{j=1}^{p} f_{ij}\, a_{ij}^2 = \sum_{i=1}^{k} \sum_{j=1}^{p} f_{ij}\, e_{ij}^2 + \sum_{i=1}^{k} \sum_{j=1}^{p} f_{ij}\, d_i^2.$$

variance totale = variance résiduelle + variance expliquée.

(^{1}) Au sens des moindres carrés des écarts comptés parallèlement à l'axe des ordonnées : la courbe de régression est ainsi la courbe des *moindres carrés*.

(^{2}) Cette variance est dite *expliquée* par la courbe de régression parce qu'elle mesure la variabilité de Y que l'on prend en compte lorsqu'on résume l'ensemble des observations (x_i, y_j) par la courbe de régression de Y en x.

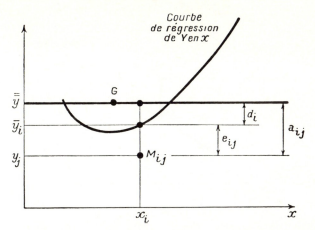

Fig. 6.12. Décomposition de la variance totale de Y.

Le rapport de corrélation de Y en x : $\eta_{y;x}^2$ est par conséquent la part de la variance totale expliquée par la régression de Y en x. Il mesure l'intensité de la corrélation de Y avec X.

3. En permutant les rôles des variables X et Y, on obtient le résultat analogue : c'est par rapport à la courbe de régression de X en y que la moyenne des carrés des écarts comptés parallèlement à l'axe des *abscisses* est minimum.

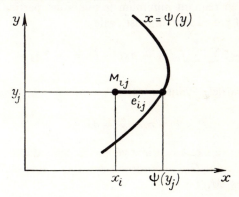

Fig. 6.13. Courbe de régression de X en y.

Le minimum atteint est égal à :

$$M' = [1 - \eta_{x;y}^2] V(X).$$

6. 2. 4. Droite des moindres carrés.

Déterminons parmi toutes les *droites* du plan celle qui est la plus proche des points M_{ij} de la distribution, la distance étant encore mesurée par la moyenne des carrés des écarts comptés parallèlement à l'axe des ordonnées.

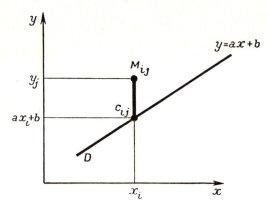

Fig. 6.14. Droite des moindres carrés.

La droite optimum D, d'équation $y = ax + b$, correspond aux valeurs des coefficients a et b qui rendent minimum la quantité :

$$A = \sum_{i=1}^{k} \sum_{j=1}^{p} f_{ij}\, c_{ij}^2 = \sum_{i=1}^{k} \sum_{j=1}^{p} f_{ij}(y_j - ax_i - b)^2.$$

Recherchons pour a *donné* la valeur de b qui rend A minimum ([1]). On déterminera ensuite a en rendant minimum le minimum partiel obtenu.

La dérivée de A par rapport à b est égale à :

$$\frac{\partial A}{\partial b} = -2 \sum_{i=1}^{k} \sum_{j=1}^{p} f_{ij}(y_j - ax_i - b) = -2\,(\bar{\bar{y}} - a\bar{\bar{x}} - b).$$

Le minimum partiel atteint en faisant varier b pour a donné correspond donc à :

$$b = \bar{\bar{y}} - a\bar{\bar{x}}.$$

Cette relation entre a et b exprime géométriquement que la droite D recherchée passe par le point G de coordonnées $(\bar{x}, \bar{y})$ c'est-à-dire par le centre de gravité des points M_{ij} :

$$\bar{\bar{y}} = a\bar{\bar{x}} + b.$$

La valeur du minimum partiel atteint est obtenue en portant la valeur de b dans l'expression de A :

$$\mathcal{A} = \min_{b} A = \sum_{i=1}^{k} \sum_{j=1}^{p} f_{ij}(y_j - ax_i - \bar{\bar{y}} + a\bar{\bar{x}})^2$$

$$= \sum_{i=1}^{k} \sum_{j=1}^{p} f_{ij}[y_j - \bar{\bar{y}} - a(x_i - \bar{\bar{x}})]^2.$$

([1]) A est, pour a fixé, un trinôme du second degré en b dont le premier coefficient (celui de b^2) est positif : en annulant la dérivée de A par rapport à b, on obtiendra donc bien le *minimum*.

Déterminons la valeur de a qui rend minimum (¹) le minimum partiel $\mathcal{A}$:

$$\frac{\partial \mathcal{A}}{\partial a} = -2 \sum_{i=1}^{k} \sum_{j=1}^{p} \{f_{ij}(x_i - \bar{\bar{x}})[y_j - \bar{\bar{y}} - a(x_i - \bar{\bar{x}})]\}$$

La valeur de a qui annule cette dérivée est :

$$a = \frac{\sum_{i=1}^{k} \sum_{j=1}^{p} f_{ij}(x_i - \bar{\bar{x}})(y_j - \bar{\bar{y}})}{\sum_{i=1}^{k} \sum_{j=1}^{p} f_{ij}(x_i - \bar{\bar{x}})^2}.$$

Cette expression de a peut encore se mettre sous la forme :

$$a = \frac{\sum_{i=1}^{k} f_{i.}(x_i - \bar{\bar{x}})(\bar{y}_i - \bar{\bar{y}})}{\sum_{i=1}^{k} f_{i.}(x_i - \bar{\bar{x}})^2} = \frac{\sum_{i=1}^{k} f_{i.}(x_i - \bar{\bar{x}})(\bar{y}_i - \bar{\bar{y}})}{V(X)}.$$

Posons par définition :

$$r = \frac{\sum_{i=1}^{k} \sum_{j=1}^{p} f_{ij}(x_i - \bar{\bar{x}})(y_j - \bar{\bar{y}})}{\sigma_X \sigma_Y} = \frac{\sum_{i=1}^{k} f_{i.}(x_i - \bar{\bar{x}})(\bar{y}_i - \bar{\bar{y}})}{\sigma_X \sigma_Y}$$

où σ_X et σ_Y sont les écarts-types marginaux de X et de Y. Ce coefficient r — qui est symétrique par rapport à X et à Y, à la différence du rapport de corrélation η^2 — s'appelle le *coefficient de corrélation linéaire* entre X et Y. Nous l'étudierons spécialement ci-dessous. Son introduction ici a pour but de simplifier les notations.

La pente a de la droite D optimum peut ainsi s'écrire :

$$a = r \frac{\sigma_Y}{\sigma_X}.$$

D'où l'équation de D :

$$y - \bar{\bar{y}} = r \frac{\sigma_Y}{\sigma_X}(x - \bar{\bar{x}}).$$

On obtient le minimum m atteint par A en remplaçant dans l'expression de A les coefficients a et b par leur valeur optimum :

$$m = \sum_{i=1}^{k} \sum_{j=1}^{p} f_{ij}[y_j - \bar{\bar{y}} - r \frac{\sigma_Y}{\sigma_X}[x_i - \bar{\bar{x}}]]^2$$

(¹) On obtient effectivement le *minimum* (et non le maximum) en annulant la dérivée, car $\mathcal{A}$ est un trinôme du second degré en a, dont le premier coefficient (celui de a^2) est positif.

soit, en développant le carré :

$$m = \sum_{i=1}^{k} \sum_{j=1}^{p} f_{ij}(y_j - \bar{y})^2 + r^2 \frac{\sigma_Y^2}{\sigma_X^2} \sum_{i=1}^{k} \sum_{j=1}^{p} f_{ij}(x_i - \bar{x})^2$$
$$- 2r \frac{\sigma_Y}{\sigma_X} \sum_{i=1}^{k} \sum_{j=1}^{p} f_{ij}(y_j - \bar{y})(x_i - \bar{x}).$$

Or :

$$\sum_{i=1}^{k} \sum_{j=1}^{p} f_{ij}(y_j - \bar{y})^2 = \sum_{j=1}^{p} f_{.j}(y_j - \bar{y})^2 = V(Y) = \sigma_Y^2$$

$$\sum_{i=1}^{k} \sum_{j=1}^{p} f_{ij}(x_i - \bar{x})^2 = \sum_{i=1}^{k} f_{i.}(x_i - \bar{x})^2 = V(X) = \sigma_X^2$$

$$\sum_{i=1}^{k} \sum_{j=1}^{p} f_{ij}(y_j - \bar{y})(x_i - \bar{x}) = r\sigma_Y\sigma_X.$$

D'où :

$$m = \sigma_Y^2 + r^2 \frac{\sigma_Y^2}{\sigma_X^2} \sigma_X^2 - 2r \frac{\sigma_Y}{\sigma_X} r\sigma_Y\sigma_X$$
$$= (1 - r^2)V(Y).$$

Ainsi la droite D optimum, c'est-à-dire la plus proche des points M_{ij} de la distribution, donne à la moyenne des carrés des écarts la valeur :

$$m = (1 - r^2)V(Y)$$

alors que la courbe optimum (courbe de régression de Y en x) conduit à :

$$M = (1 - \eta_{y;x}^2)V(Y).$$

et la droite d'ordonnée $\bar{y}$ à :

$$V(Y).$$

Ces trois quantités positives sont rangées dans l'ordre suivant :

$$0 \leq (1 - \eta_{y;x}^2)V(Y) \leq (1 - r^2)V(Y) \leq V(Y),$$

puisque la courbe de régression est l'optimum parmi les courbes et la droite D l'optimum parmi les droites, soit :

$$0 \leq r^2 \leq \eta_{y;x}^2 \leq 1.$$

En permutant les rôles de X et Y, on obtient la droite D' des moindres carrés des écarts comptés parallèlement à l'axe des *abscisses* :

droite D : $y - \bar{y} = r\dfrac{\sigma_Y}{\sigma_X}(x - \bar{x})$ minimum : $m = (1 - r^2)V(Y)$

droite D' : $x - \bar{x} = r\dfrac{\sigma_X}{\sigma_Y}(y - \bar{y})$ minimum : $m' = (1 - r^2)V(X)$

c'est-à-dire encore :

$$\text{droite } D' : y - \bar{\bar{y}} = \frac{1}{r}\frac{\sigma_Y}{\sigma_X}(x - \bar{\bar{x}}).$$

On observera que les formules donnant les pentes :

$$\text{droite } D : r\frac{\sigma_Y}{\sigma_X}$$

$$\text{droite } D' : \frac{1}{r}\frac{\sigma_Y}{\sigma_X}$$

ne s'échangent pas lorsqu'on permute les rôles de X et de Y. La raison est la suivante : la pente d'une droite est la **tangente de l'angle formé avec l'axe des abscisses**. En permutant les rôles de X et de Y, on passe de la pente de la droite D à la tangente de l'angle formé par D' avec l'axe des *ordonnées* c'est-à-dire à l'inverse de la pente de D'.

Les rapports de corrélation et le coefficient de corrélation linéaire satisfont ainsi à la suite d'inégalités :

$$0 \leqslant r^2 \leqslant (\eta_{y;x}^2, \eta_{x;y}^2) \leqslant 1.$$

6. 2. 4. 1. Comparaison entre les rapports de corrélation et le coefficient de corrélation linéaire.

Le coefficient de corrélation linéaire est un nombre compris entre -1 et $+1$, puisque son carré est compris entre zéro et 1.

Le carré du coefficient de corrélation linéaire est égal au rapport de corrélation $\eta_{y;x}^2$ si les minima m et M sont égaux :

$$m = (1 - r^2)V(Y) \qquad M = (1 - \eta_{y;x}^2)V(Y),$$

c'est-à-dire si la courbe optimum est identique à la droite optimum. Comme la courbe optimum est la courbe de régression de Y en x, il s'ensuit donc que celle-ci est une *droite*.

Ainsi l'égalité de r^2 au rapport de corrélation de Y en x est équivalente à la linéarité de la courbe de régression de Y en x. On dit alors que Y présente une *corrélation linéaire* avec X. Il convient d'observer qu'en général la corrélation linéaire n'est pas réciproque : la courbe de régression de Y en x peut être une droite sans que la courbe de régression de X en y le soit également.

Si les deux rapports de corrélation sont égaux au carré du coefficient de corrélation linéaire, on dit que les variables X et Y sont *en double corrélation linéaire*.

L'absence de corrélation est un cas particulier de corrélation linéaire puisqu'elle se traduit par l'égalité à zéro d'un rapport de corrélation — ce qui entraîne l'égalité (à zéro) avec le carré du coefficient de corrélation linéaire :

$$0 \leqslant r^2 \leqslant (\eta_{y;x}^2, \eta_{x;y}^2).$$

Le coefficient de corrélation linéaire est égal à ∓ 1 si le minimum m est nul. Or m est la moyenne des carrés des écarts entre les points M_{ij} de la distribution et la droite D; m n'est nul que si tous les écarts sont nuls, c'est-à-dire si les points M_{ij} sont alignés sur D : l'égalité du coefficient de corrélation linéaire à ± 1 signifie donc que les variables X et Y se correspondent *fonctionnellement par une relation linéaire*.

Cette liaison fonctionnelle est réciproque puisque la fonction linéaire est monotone : si r^2 est égal à 1, les deux rapports de corrélation sont égaux à 1, comme il résulte de l'inégalité :

$$r^2 \leqslant (\eta^2_{y;x}, \eta^2_{x;y}) \leqslant 1.$$

Tandis que l'égalité à zéro d'un rapport de corrélation entraîne l'égalité à zéro du coefficient de corrélation linéaire et que, de façon analogue, l'égalité à 1 du carré r^2 du coefficient de corrélation linéaire entraîne l'égalité à 1 des deux rapports de corrélation, en revanche l'égalité à zéro du coefficient de corrélation linéaire n'implique rien en ce qui concerne les rapports de corrélation. De même l'égalité à 1 de l'un des rapports de corrélation n'implique rien en ce qui concerne le coefficient de corrélation linéaire :

$$0 \leqslant r^2 \leqslant (\eta^2_{y;x}, \eta^2_{x;y}) \leqslant 1.$$

6. 2. 4. 2. Comparaison des droites des moindres carrés.

Les droites D et D' ont pour équation :

$$D : y - \bar{\bar{y}} = r \frac{\sigma_Y}{\sigma_X} (x - \bar{\bar{x}});$$

$$D' : y - \bar{\bar{y}} = \frac{1}{r} \frac{\sigma_Y}{\sigma_X} (x - \bar{\bar{x}}).$$

Ces deux droites se coupent au centre de gravité G des observations M_{ij}.

Leurs pentes $r\sigma_Y/\sigma_X$ et $r^{-1}\sigma_Y/\sigma_X$ sont de même signe. En valeur absolue, la pente de D' est supérieure à celle de D puisque r est inférieur à 1 en valeur absolue : les droites D et D' sont ascendantes ou descendantes simultanément, la droite D' étant plus proche de la verticale que la droite D.

Les droites D et D' ne sont confondues que si r^2 est égal à 1 c'est-à-dire si X et Y sont en correspondance fonctionnelle linéaire. Elles sont parallèles aux axes de coordonnées lorsque le coefficient de corrélation linéaire est nul.

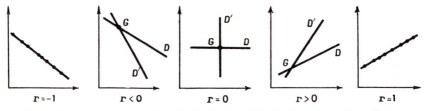

Fig. 6.15. Positions respectives des droites D et D' selon les valeurs du coefficient de corrélation linéaire r.

6. 2. 4. 3. Décomposition de la variance marginale.

On a montré plus haut (**6. 2. 3.** Remarque 2) que la variance marginale de Y peut se décomposer en deux termes lorsqu'on fait intervenir la courbe de régression de Y en x : la variance autour de la courbe de régression et la variance expliquée par la courbe de régression.

Montrons que de la même façon on peut décomposer la variance marginale de Y en faisant intervenir la droite D des moindres carrés : la variance marginale de Y est la somme de la variance autour de la droite D et de la variance expliquée par la droite D :

En effet :

$$V(Y) = \sum_{i=1}^{k} \sum_{j=1}^{p} f_{ij}(y_j - \bar{\bar{y}})^2$$

$$= \sum_{i=1}^{k} \sum_{j=1}^{p} f_{ij}\{[y_j - \bar{\bar{y}} - a(x_i - \bar{\bar{x}})] + [a(x_i - \bar{\bar{x}})]\}^2$$

$$= \sum_{i=1}^{k} \sum_{j=1}^{p} f_{ij}[y_j - \bar{\bar{y}} - a(x_i - \bar{\bar{x}})]^2 + \sum_{i=1}^{k} \sum_{j=1}^{p} f_{ij}[a(x_i - \bar{\bar{x}})]^2$$

$$+ 2a\sum_{i=1}^{k} \sum_{j=1}^{p} f_{ij}(x_i - \bar{\bar{x}})[y_j - \bar{\bar{y}} - a(x_i - \bar{\bar{x}})]$$

$$= \sum_{i=1}^{k} \sum_{j=1}^{p} f_{ij}(y_j - ax_i - b)^2 + \sum_{i=1}^{k} \sum_{j=1}^{p} f_{ij}(ax_i + b - \bar{\bar{y}})^2$$

puisque le terme :

$$2a\sum_{i=1}^{k} \sum_{j=1}^{p} f_{ij}(x_i - \bar{\bar{x}})[y_j - \bar{\bar{y}} - a(x_i - \bar{\bar{x}})]$$

est nul d'après la définition de a :

$$a = \frac{\sum_{i=1}^{k} \sum_{j=1}^{p} f_{ij}(x_i - \bar{\bar{x}})(y_j - \bar{\bar{y}})}{\sum_{i=1}^{k} \sum_{j=1}^{p} f_{ij}(x_i - \bar{\bar{x}})^2}.$$

Or :

$$\sum_{i=1}^{k} \sum_{j=1}^{p} f_{ij}(y_j - ax_i - b)^2$$

est le minimum m égal à :

$$m = (1 - r^2)V(Y)$$

Par conséquent :

$$\sum_{i=1}^{k} \sum_{j=1}^{p} f_{ij}(ax_i + b - \bar{\bar{y}})^2 = r^2 V(Y).$$

On a ainsi la décomposition :
$$V(Y) = \sum_{i=1}^{k}\sum_{j=1}^{p} f_{ij}[y_j - \bar{\bar{y}} - a(x_i - \bar{\bar{x}})]^2 + \sum_{i=1}^{k} f_{i.}(ax_i + b - \bar{\bar{y}})^2$$
$$V(Y) = (1 - r^2)V(Y) + r^2 V(Y)$$
$$\begin{pmatrix}\text{variance} \\ \text{marginale} \\ \text{de } Y\end{pmatrix} \quad \begin{pmatrix}\text{Variance autour} \\ \text{de la droite } D\end{pmatrix} \qquad \begin{pmatrix}\text{Variance expliquée} \\ \text{par la droite } D\end{pmatrix}$$

c'est-à-dire encore (Fig. 6.16) :
$$\sum_{i=1}^{k}\sum_{j=1}^{p} f_{ij} a_{ij}^2 = \sum_{i=1}^{k}\sum_{j=1}^{p} f_{ij} c_{ij}^2 + \sum_{i=1}^{k}\sum_{j=1}^{p} f_{ij} b_i^2$$

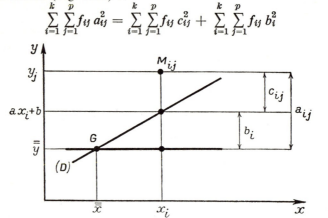

Fig. 6.16. Décomposition de la variance totale de Y.

	η^2 r^2	Absence de corrélation de Y avec X	Absence réciproque de corrélation entre X et Y	Corrélation linéaire de Y avec X
		$\eta_{y:x}^2 = 0$ $\eta_{x:y}^2 \neq 0$	$\eta_{y:x}^2 = 0$ $\eta_{x:y}^2 = 0$	$\eta_{y:x}^2 = r^2$ $\eta_{x:y}^2 \neq r^2$
Les droites des moindres carrés sont parallèles aux axes de coordonnées	0	Y est sans corrélation avec X mais X est corrélé avec Y	X et Y sont sans corrélation l'un avec l'autre (X et Y ne sont pas nécessairement indépendants)	Y est sans corrélation avec X mais X est corrélé avec Y
X et Y sont en correspondance fonctionnelle linéaire	1			
Cas général	$0 < r^2 < 1$			La corrélation de Y avec X est linéaire celle de X avec Y ne l'est pas. On a : $\eta_{x:y}^2 > \eta_{y:x}^2$

Cette décomposition analogue à celle établie en **6.2.3.** (Remarque 2) montre que r^2 est la fraction de la variance de Y expliquée par la droite D ([1]), $\eta^2_{y;x}$ étant la fraction de la variance de Y expliquée par la courbe de régression de Y en x. La fraction r^2 est inférieure à la fraction $\eta^2_{y;x}$.

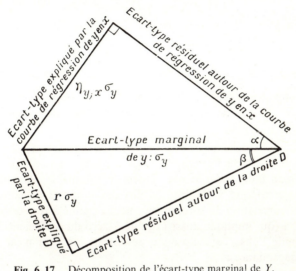

Fig. 6.17. Décomposition de l'écart-type marginal de Y.

Double corrélation linéaire entre X et Y	Liaison fonctionnelle non réciproque ($x \to y$)	Liaison fonctionnelle réciproque	Cas général
$\eta^2_{y;x} = r^2$ $\eta^2_{x;y} = r^2$	$\eta^2_{y;x} = 1$ $\eta^2_{x;y} \neq 1$	$\eta^2_{y;x} = 1$ $\eta^2_{x;y} = 1$	$0 < r^2 < (\eta^2_{y;x}, \eta^2_{x;y}) < 1$
Y sont sans corrélation l'un avec l'autre (X Y ne sont pas nécessairement indépendants)	Y est lié fonctionnellement à X mais la liaison fonctionnelle n'est pas réciproque. Les droites des moindres carrés sont parallèles aux axes de coordonnées		Les droites des moindres carrés sont parallèles aux axes de coordonnées.
Y sont en correspondance fonctionnelle linéaire		X et Y sont en correspondance fonctionnelle linéaire	
Y sont en corrélation linéaire l'un avec l'autre	Y est lié fonctionnellement à X mais la liaison fonctionnelle n'est pas réciproque	X et Y sont en correspondance fonctionnelle biunivoque non linéaire	Cas général

([1]) Il s'agit de la variabilité de Y prise en compte lorsqu'on résume l'ensemble des observations (x_i, y_i) par la droite $D : (x_i, ax_i + b)$.

Le coefficient de corrélation linéaire : r est le sinus de l'angle β figurant sur la figure 6.17, la racine carrée du rapport de corrélation de Y en x : $\eta_{y;x}$ est égale au sinus de l'angle α. L'angle α est supérieur ou égal à l'angle β.

En permutant les rôles de X et Y, on aboutit à un résultat analogue :

$$V(X) = (1 - r^2)V(X) + r^2V(X)$$

où $(1 - r^2)V(X)$ est la variance autour de la droite D' et $r^2V(X)$ la variance expliquée par la droite D'.

6. 2. 4. 4. Signification des mesures de la corrélation.

Des développements précédents, on peut tirer le tableau récapitulatif ci-dessus qui résume les différentes situations possibles pour un couple de variables Y et X [1].

On notera que l'égalité à zéro du coefficient de corrélation linéaire n'implique rien en ce qui concerne l'intensité de la corrélation entre X et Y : il peut y avoir aussi bien indépendance que liaison fonctionnelle. Par ailleurs, si l'indépendance correspond à l'égalité à zéro des rapports de corrélation et du coefficient de corrélation linéaire, inversement l'égalité à zéro des deux rapports de corrélation (qui implique aussi l'égalité à zéro du coefficient de corrélation linéaire) signifie l'absence réciproque de corrélation (qui n'est pas nécessairement l'indépendance).

6. 2. 5. Coefficient de corrélation linéaire.

6. 2. 5. 1. Définition.

Le coefficient de corrélation linéaire entre Y et X est le rapport :

$$r = r_{x,y} = r_{y,x} = \frac{\sum_{i=1}^{k}\sum_{j=1}^{p} f_{ij}(x_i - \bar{\bar{x}})(y_j - \bar{\bar{y}})}{\sqrt{\sum_{i=1}^{k} f_{i.}(x_i - \bar{\bar{x}})^2}\sqrt{\sum_{j=1}^{p} f_{.j}(y_j - \bar{\bar{y}})^2}}.$$

C'est un nombre sans dimension [2] compris entre -1 et $+1$. On a montré plus haut que r^2 est la fraction de la variance marginale de Y prise en compte par la formule linéaire définissant la droite D des moindres carrés. Comme la définition de r est symétrique par rapport à X et Y, c'est aussi la part de la variance de X prise en compte par la formule linéaire définissant D'.

Le coefficient de corrélation linéaire n'est particulièrement intéressant que dans le cas où la corrélation est à peu près linéaire (double corrélation linéaire ou simple corrélation linéaire). A la différence des rapports de corrélation, le coefficient de corrélation linéaire peut être calculé lorsque la population est connue individu par individu (voir ci-dessous : **6. 2. 5. 4**).

[1] Les cases blanches correspondent aux situations impossibles.
[2] **Comme on va l'établir ci-dessous : 6. 2. 5. 2.**

6. 2. 5. 2. Calcul pratique.

Le coefficient de corrélation linéaire est invariant par changement d'origine et d'échelle (nombre sans dimension). En effet si on pose :

$$X' = \frac{X - x_0}{a}$$

$$Y' = \frac{Y - y_0}{b}$$

on a :

$$\bar{\bar{x}}' = \frac{\bar{\bar{x}} - x_0}{a}$$

$$\bar{\bar{y}}' = \frac{\bar{\bar{y}} - y_0}{b}$$

D'où :

$$x'_i - \bar{\bar{x}}' = \frac{x_i - \bar{\bar{x}}}{a}$$

$$y'_j - \bar{\bar{y}}' = \frac{y_j - \bar{\bar{y}}}{b}$$

et

$$r' = \frac{\sum_{i=1}^{k}\sum_{j=1}^{p} f_{ij}(x'_i - \bar{\bar{x}}')(y'_j - \bar{\bar{y}}')}{\sqrt{\sum_{i=1}^{k} f_{i.}(x'_i - \bar{\bar{x}}')^2}\sqrt{\sum_{j=1}^{p} f_{.j}(y'_j - \bar{\bar{y}}')^2}}$$

$$= \frac{\frac{1}{ab}\sum_{i=1}^{k}\sum_{j=1}^{p} f_{ij}(x_i - \bar{\bar{x}})(y_j - \bar{\bar{y}})}{\frac{1}{a}\sqrt{\sum_{i=1}^{k} f_{i.}(x_i - \bar{\bar{x}})^2}\frac{1}{b}\sqrt{\sum_{j=1}^{p} f_{.j}(y_j - \bar{\bar{y}})^2}} = r.$$

En conséquence on peut calculer r sur un couple de variables transformées. Les paramètres (x_0, a) et (y_0, b) sont ceux qu'on utilise pour calculer les caractéristiques marginales de X et de Y (cf. 3. 1. 3. 2.).

On notera que le théorème de König simplifie les calculs :

$$\sum_{i=1}^{k} n_{i.}(x'_i - \bar{\bar{x}}')^2 = \sum_{i=1}^{k} n_{i.}x'^2_i - n\bar{\bar{x}}'^2$$

$$\sum_{j=1}^{p} n_{.j}(y'_j - \bar{\bar{y}}')^2 = \sum_{j=1}^{p} n_{.j}y'^2_j - n\bar{\bar{y}}'^2.$$

TABLEAU DE CALCUL DES RAPPORTS DE CORRÉLATI[ON]

$x' \diagdown y'$		y'_j		Total de la ligne	B_i	D_i
x'_i		n_{ij}		$n_{i.}$	$B_i = \sum_j n_{ij} y'_j$	$D_i = \sum n_{ij} y'^2_j$
Total de la colonne		$n_{.j}$		n	B	D
A_j		$A_j = \sum_i n_{ij} x'_i$		A		
C_j		$C_j = \sum_i n_{ij} x'^2_i$		C		
$E_j = y'_j A_j$		$E_j = y'_j \sum_i n_{ij} x'_i$		E		
$\bar{x}'_j$		$\dfrac{A_j}{n_{.j}}$		$\bar{\bar{x}}' = \dfrac{A}{n}$		
$\bar{x}_j$		$x_0 + a \dfrac{A_j}{n_{.j}}$		$\bar{\bar{x}} = x_0 + a \dfrac{A}{n}$		
$V_j(X')$		$\dfrac{C_j}{n_{.j}} - \dfrac{A_j^2}{n_{.j}^2}$		$V(X') = \dfrac{C}{n} - \dfrac{A^2}{n^2}$		
$V_j(X)$		$a^2 \left(\dfrac{C_j}{n_{.j}} - \dfrac{A_j^2}{n_{.j}^2} \right)$		$a^2 \left(\dfrac{C}{n} - \dfrac{A^2}{n^2} \right)$		

DU COEFFICIENT DE CORRÉLATION LINÉAIRE

$E_i = x'_i B_i$	$\bar{y}'_i$	$\bar{y}_i$	$V_i(Y')$	$V_i(Y)$
$E_i = x'_i \sum_j n_{ij} y'_j$	$\dfrac{B_i}{n_{i.}}$	$y_0 + b\dfrac{B_i}{n_{i.}}$	$\dfrac{D_i}{n_{i.}} - \dfrac{B_i^2}{n_{i.}^2}$	$b^2\left(\dfrac{D_i}{n_{i.}} - \dfrac{B_i^2}{n_{i.}^2}\right)$
E	$\bar{\bar{y}}' = \dfrac{B}{n}$	$\bar{\bar{y}} = y_0 + b\dfrac{B}{n}$	$V(Y') = \dfrac{D}{n} - \dfrac{B^2}{n^2}$	$V(Y) = b^2\left(\dfrac{D}{n} - \dfrac{B^2}{n^2}\right)$

$$\eta^2_{y;x} = \frac{\sum_{i=1}^{k} \dfrac{B_i^2}{n_{i.}} - \dfrac{B^2}{n}}{D - B^2/n}$$

$$\eta^2_{x;y} = \frac{\sum_{j=1}^{p} \dfrac{A_j^2}{n_{.j}} - \dfrac{A^2}{n}}{C - A^2/n}$$

$$r = \frac{E - AB/n}{\sqrt{(C - A^2/n)(D - B^2/n)}}.$$

Nota : Les huit cases entourées de noir ne correspondent pas au total de la ligne ou de la colonne ; leur contenu figure explicitement dans chacune d'elles.

x_i \ y_j	0	1	2	3	4	5	7	Total	B_i	D_i	E_i	$\bar{y}_i$	$V_i(y)$
25 — −12	1 477	376	131	35	11	3	1	2 034	809	1 515	− 9 708	0,40	0,59
30 — −10	2 736	2 142	1 192	430	133	43	24	6 700	6 731	15 159	− 67 310	1,00	1,25
35 — −8	2 120	2 372	2 496	1 345	597	249	177	9 356	16 271	48 911	− 130 168	1,74	2,20
40 — −6	1 983	2 130	2 612	1 688	892	424	336	10 065	20 458	69 106	− 122 748	2,03	2,73
45 — −4	2 315	2 159	2 137	1 309	690	308	263	9 181	16 501	54 115	− 66 004	1,80	2,66
50 — −2	3 086	1 913	1 313	685	345	147	111	7 600	9 486	27 964	− 18 972	1,25	2,12
55 — 0	6 275	2 420	1 072	433	193	68	53	10 514	7 346	17 990	0	0,70	1,22
65 — 3	17 000	2 489	886	281	107	34	23	20 820	5 863	12 251	17 589	0,28	0,51
80 — 8	22 139	951	406	158	55	16	5	23 730	2 572	5 522	20 576	0,11	0,22
Total	59 131	16 952	12 245	6 364	3 023	1 292	993	100 000	86 037	252 533	376 745	0,860	1,785
A_j	138 738	− 55 075	− 54 400	− 30 107	− 14 279	− 6 298	− 4 849	− 26 270					
C_j	2 312 636	622 293	465 242	231 213	102 107	42 778	31 147	3 807 416					
E_j	0	− 55 075	− 108 800	− 90 321	− 57 116	− 31 490	− 33 943	− 376 745					
$\bar{x}'_j$	2,35	− 3,25	− 4,44	− 4,73	− 4,72	− 4,87	− 4,88	0,263					
$\bar{x}_j$	58,4	44,4	41,4	40,7	40,7	40,3	40,3	51,84					
$V_j(x')$	33,61	26,16	18,26	13,95	11,47	9,35	7,52	38,01					
$V_j(x)$	210,1	163,5	114,2	87,2	71,7	58,4	47,0	237,5					

variance des moyennes conditionnelles 0,515

moyenne des variances conditionnelles 1,270

variances des moyennes conditionnelles 10,03

moyenne des variances conditionnelles 27,98

$\eta^2_{\bar{y};x} = \dfrac{0,515}{1,785} = 0,288$

$\eta^2_{\bar{x};y} = \dfrac{10,03}{38,01} = 0,264$

$$r = \dfrac{-376\,745 + \dfrac{26\,270 \times 86\,037}{100\,000}}{\sqrt{3\,807\,416 - \dfrac{(26\,270)^2}{100\,000}}\sqrt{252\,533 - \dfrac{(86\,037)^2}{100\,000}}} = -0{,}43.$$

De même (généralisation du théorème de König) :

$$\sum_{i=1}^{k}\sum_{j=1}^{p} n_{ij}[(x_i' - \bar{x}')(y_j' - \bar{y}')] = \sum_{i=1}^{k}\sum_{j=1}^{p} n_{ij}x_i'y_j' - n\bar{x}'\bar{y}'.$$

En effet :

$$\sum_{i=1}^{k}\sum_{j=1}^{p} n_{ij}(x_i' - \bar{x}')(y_j' - \bar{y}') = \sum_{i=1}^{k}\sum_{j=1}^{p} n_{ij}(x_i'y_j' - \bar{x}'y_j' - \bar{y}'x_i' + \bar{x}'\bar{y}')$$

$$= \sum_{i=1}^{k}\sum_{j=1}^{p} n_{ij}x_i'y_j' - \bar{x}'\sum_{i=1}^{k}\sum_{j=1}^{p} n_{ij}y_j'$$

$$- \bar{y}'\sum_{i=1}^{k}\sum_{j=1}^{p} n_{ij}x_i' + n\bar{x}'\bar{y}'$$

$$= \sum_{i=1}^{k}\sum_{j=1}^{p} n_{ij}x_i'y_j' - n\bar{x}'\bar{y}' - n\bar{x}'\bar{y}' + n\bar{x}'\bar{y}'$$

$$= \sum_{i=1}^{k}\sum_{j=1}^{p} n_{ij}x_i'y_j' - n\bar{x}'\bar{y}'.$$

Le calcul du coefficient de corrélation linéaire r nécessite donc le calcul des cinq quantités :

$$A = \sum_{i=1}^{k} n_{i.}x_i'$$

$$B = \sum_{j=1}^{p} n_{.j}y_j'$$

$$C = \sum_{i=1}^{k} n_{i.}x_i'^2$$

$$D = \sum_{j=1}^{p} n_{.j}y_j'^2$$

$$E = \sum_{i=1}^{k}\sum_{j=1}^{p} n_{ij}x_i'y_j' = \sum_{i=1}^{k} n_{i.}x_i'\bar{y}_i' = \sum_{j=1}^{p} n_{.j}\bar{x}_j'y_j'.$$

D'où l'on déduit :

$$\bar{x} = x_0 + a\frac{A}{n}$$

$$\bar{y} = y_0 + b\frac{B}{n}$$

$$\sigma_X = a\sqrt{\frac{C}{n} - \frac{A^2}{n^2}}$$

$$\sigma_Y = b\sqrt{\frac{D}{n} - \frac{B^2}{n^2}}$$

$$r = \frac{E - AB/n}{\sqrt{\left(C - \frac{A^2}{n}\right)\left(D - \frac{B^2}{n}\right)}}$$

Le tableau de calcul figurant pages 294 et 295 fournit tous les éléments de la corrélation entre Y et X :

— rapports de corrélation ($\eta^2_{y;x}$ et $\eta^2_{x;y}$);
— coefficient de corrélation linéaire (r);
— moyennes conditionnelles ($\bar{y}_i$ et $\bar{x}_j$) et marginales ($\bar{\bar{y}}$ et $\bar{\bar{x}}$);
— variances conditionnelles ($V_i(Y)$ et $V_j(X)$) et marginales ($V(Y)$ et $V(X)$).

On notera qu'il n'est pas utile de calculer tous les éléments de ce tableau si on n'a en vue que l'obtention du coefficient r de corrélation linéaire : seules, les cinq quantités A, B, C, D, E sont en effet nécessaires.

6. 2. 5. 3. Exemple.

Reprenons l'exemple de la distribution des ménages suivant l'âge du chef et le nombre d'enfants (tableau des données figurant page 209).
On a posé, dans le tableau de calcul de la page 296 :

$$X' = \frac{X - 52,5}{2,5}$$

$$Y' = Y.$$

Les centres des classes extrêmes de l'âge ont été fixés conventionnellement à 22,5 ans et 80 ans. Par ailleurs, on a retenu pour « *6 enfants et plus* » la valeur $x_i = 7$.

Le coefficient de corrélation linéaire est égal à — 0,43. Son carré vaut donc 0,185. Par ailleurs, les rapports de corrélation $\eta^2_{y;x}$ et $\eta^2_{x;y}$ sont égaux respectivement à 0,288 et 0,264 : la corrélation entre les deux variables est donc assez loin d'être linéaire et par conséquent le coefficient de corrélation linéaire n'a pas dans cet exemple une grande signification. L'intensité de la corrélation entre X et Y est par ailleurs assez faible.

6. 2. 5. 4. Cas où la population est connue individuellement.

Lorsque la population étudiée suivant deux caractères X et Y continus est de faible effectif, on dispose en général des couples de valeurs (x_i, y_i) attachées aux divers individus de la population (cas des échantillons). Dans ce cas, un regroupement en classes permettant le calcul des rapports de corrélation [1] est à peu près impossible : les classes seraient très peu nombreuses, de très large amplitude et les calculs fortement imprécis. En revanche, on peut calculer le coefficient de corrélation linéaire dont la définition ne suppose pas le groupement en classes.

Si on repère par l'indice i les n individus de la population ($i = 1, 2,..., n$), les moyennes et variances marginales et le coefficient de corrélation linéaire ont pour expression [2] :

$$\bar{y} = \frac{1}{n} \sum_{i=1}^{n} y_i$$

$$\bar{x} = \frac{1}{n} \sum_{i=1}^{n} x_i$$

$$V(Y) = \frac{1}{n} \sum_{i=1}^{n} (y_i - \bar{y})^2$$

$$V(X) = \frac{1}{n} \sum_{i=1}^{n} (x_i - \bar{x})^2$$

$$r = \frac{\sum_{i=1}^{n}(x_i - \bar{x})(y_i - \bar{y})}{\sqrt{\sum_{i=1}^{n}(x_i - \bar{x})^2}\sqrt{\sum_{i=1}^{n}(y_i - \bar{y})^2}}.$$

En effectuant les changements de variables :

$$X' = \frac{X - x_0}{a}$$

$$Y' = \frac{Y - y_0}{b}$$

---

[1] Il est en effet nécessaire de disposer de plusieurs observations par classe pour calculer une variance conditionnelle. Or la connaissance des variances conditionnelles est indispensable au calcul des rapports de corrélation.

[2] Par rapport aux expressions rencontrées plus haut, il suffit de remplacer n_{ij} par 1 et y_j par y_i.

il suffit de calculer les cinq **quantités** :

$$A = \sum_{i=1}^{n} x'_i$$

$$B = \sum_{i=1}^{n} y'_i$$

$$C = \sum_{i=1}^{n} x'^2_i$$

$$D = \sum_{i=1}^{n} y'^2_i$$

$$E = \sum_{i=1}^{n} x'_i y'_i$$

d'où l'on déduit :

$$\bar{\bar{x}} = x_0 + a \frac{A}{n}$$

$$\bar{\bar{y}} = y_0 + b \frac{B}{n}$$

$$\sigma_X = a \sqrt{\frac{C}{n} - \frac{A^2}{n^2}}$$

$$\sigma_Y = b \sqrt{\frac{D}{n} - \frac{B^2}{n^2}}$$

$$r = \frac{E - AB/n}{\sqrt{(C - A^2/n)(D - B^2/n)}}.$$

Exemple.

Considérons la distribution des 38 ménages de l'échantillon donné page 216 suivant le nombre d'unités de nutrition (X) et la consommation effective (Y). La figure 6.18 suggère une double corrélation linéaire.

Le calcul des éléments conduisant à l'équation de chacune des droites D et D' des moindres carrés a été effectué à l'aide des changements de variables :

$$X' = \frac{X - 6}{0,1}$$

$$Y' = \frac{Y - 13}{0,1}.$$

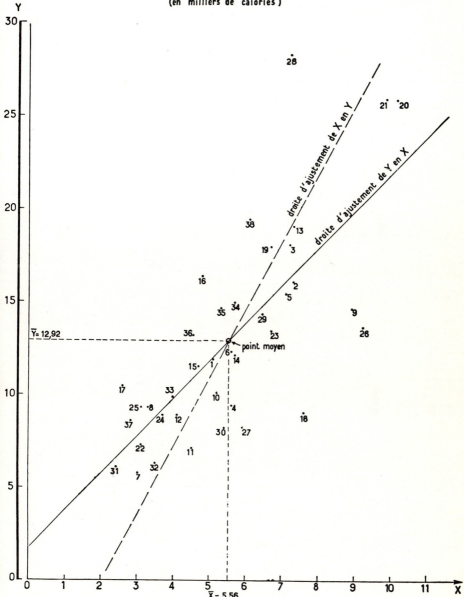

Fig. 6.18. Ajustement linéaire sur un nuage de points individuels.

On obtient ainsi (tableau de calcul page 303)

$$\bar{\bar{x}} = 6 - 0{,}1 \times \frac{167}{38} = 5{,}56$$

$$\bar{\bar{y}} = 13 - 0{,}1 \times \frac{29}{38} = 12{,}92$$

$$\sigma_X = 0{,}1 \sqrt{\frac{15\,825}{38} - \left(\frac{167}{38}\right)^2} = 1{,}99$$

$$\sigma_Y = 0{,}1 \sqrt{\frac{111\,739}{38} - \left(\frac{29}{38}\right)^2} = 5{,}42$$

$$r = \frac{30\,470 - \dfrac{167 \times 29}{38}}{\sqrt{15\,825 - (167)^2/38}\,\sqrt{111\,739 - (29)^2/38}} = 0{,}74$$

D'où les équations des droites D et D' (voir Fig. 6.18) :

$$D : \quad y - \bar{\bar{y}} = r \frac{\sigma_Y}{\sigma_X}(x - \bar{\bar{x}})$$

soit :

$$y - 12{,}92 = \frac{30\,470 - \dfrac{167 \times 29}{38}}{15\,825 - \dfrac{(167)^2}{38}} (x - 5{,}56)$$

c'est-à-dire :

$$y = 2{,}00x + 1{,}80 \;;$$

$$D' : \quad y - \bar{\bar{y}} = \frac{1}{r} \frac{\sigma_Y}{\sigma_X}(x - \bar{\bar{x}})$$

soit :

$$y - 12{,}92 = \frac{111\,739 - \dfrac{(29)^2}{38}}{30\,470 - \dfrac{167 \times 29}{38}} (x - 5{,}56),$$

c'est-à-dire :

$$y = 3{,}68x - 7{,}55.$$

N° du ménage : i	x_i	y_i	$\dfrac{x_i-6}{0,1}=x'_i$	$\dfrac{y_i-13}{0,1}=y'_i$	x'^2_i	y'^2_i	$x'_i y'_i$
1	5,1	11,9	— 9	— 11	81	121	99
2	7,3	16,0	13	30	169	900	390
3	7,2	18,0	12	50	144	2 500	600
4	5,6	9,4	— 4	— 36	16	1 296	144
5	7,1	15,4	11	24	121	576	264
6	5,6	12,3	— 4	— 7	16	49	28
7	3,0	5,8	— 30	— 72	900	5 184	2 160
8	3,3	9,3	— 27	— 37	729	1 369	999
9	8,9	14,6	29	16	841	256	464
10	5,2	10,1	— 8	— 29	64	841	232
11	4,5	7,1	— 15	— 59	225	3 481	885
12	4,1	8,9	— 19	— 41	361	1 681	779
13	7,3	19,0	13	60	169	3 600	780
14	5,7	12,1	— 3	— 9	9	81	27
15	4,7	11,5	— 13	— 15	169	225	195
16	4,8	16,3	— 12	33	144	1 089	— 396
17	2,6	10,5	— 34	— 25	1 156	625	850
18	7,6	9,0	16	— 40	256	1 600	— 640
19	6,7	17,9	7	49	49	2 401	343
20	10,1	25,8	41	128	1 681	16 384	5 248
21	9,8	25,8	38	128	1 444	16 384	4 864
22	3,1	7,3	— 29	— 57	841	3 249	1 653
23	6,7	13,4	7	4	49	16	28
24	3,7	8,9	— 23	— 41	529	1 681	943
25	3,1	9,3	— 29	— 37	841	1 369	1 073
26	9,2	13,6	32	6	1 024	36	192
27	5,9	8,2	— 1	— 48	1	2 304	48
28	7,2	28,2	12	152	144	23 104	1 824
29	6,4	14,3	4	13	16	169	52
30	5,4	8,2	— 6	— 48	36	2 304	288
31	2,4	6,1	— 36	— 69	1 296	4 761	2 484
32	3,5	6,3	— 25	— 67	625	4 489	1 675
33	4,0	9,9	— 20	— 31	400	961	620
34	5,7	14,9	— 3	19	9	361	— 57
35	5,3	14,6	— 7	16	49	256	— 112
36	4,6	13,2	— 14	2	196	4	— 28
37	2,8	8,6	— 32	— 44	1 024	1 936	1 408
38	6,1	19,4	1	64	1	4 096	64
Total	—	—	— 167	— 29	15 825	111 739	30 470

6. 3. L'AJUSTEMENT LINÉAIRE

La technique de l'ajustement linéaire fait l'objet, dans le cours de Statistique Mathématique, de justifications précises sous le nom de Théorie de la Régression. Nous ne l'envisagerons ici que sous son aspect numérique et descriptif.

6.3.1. Présentation.

Considérons un ensemble de n couples de valeurs (x_i, y_i) — dont certains peuvent éventuellement être identiques.

La méthode des moindres carrés conduit à la détermination de la droite D qui possède la propriété d'être la plus proche de l'ensemble des points de coordonnées (x_i, y_i), la distance étant mesurée par la somme des carrés des écarts :

$$\sum_{i=1}^{n} e_i^2 = \sum_{i=1}^{n} (y_i - ax_i - b)^2$$

où :

$$y = ax + b$$

est l'équation de la droite D.

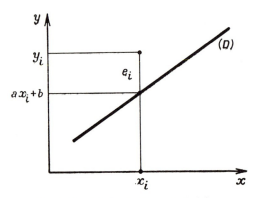

Fig. 6.19. Droite d'ajustement linéaire.

On montre en Statistique Mathématique que la droite D ainsi obtenue est l'estimation d'une droite Δ inconnue qui a la signification suivante :

1. L'ensemble des couples (x_i, y_i) est un échantillon aléatoire représentatif prélevé dans une population où le caractère Y est en corrélation linéaire avec le caractère X : la courbe de régression de Y par rapport à X dans *l'ensemble de la population* est une droite Δ inconnue appelée *droite de régression* [1] de Y par rapport à X. Alors la droite D déterminée sur la base de l'échantillon par la méthode des moindres carrés est une estimation de la droite Δ. La droite D s'appelle alors la *droite d'ajustement* [1] de Y en x. Cette méthode d'estimation est tout à fait analogue à celle qui consiste à estimer la moyenne m d'une population par la moyenne $\bar{x}$ d'un échantillon prélevé dans cette population. En effet :

---

[1] Nous utilisons ce vocabulaire pour bien différencier la droite Δ relative à la **population totale** de la droite D relative à l'*échantillon*. L'appellation *droite de régression* est réservée à la courbe de régression lorsque celle-ci est une droite. La *droite d'ajustement* de Y en x (souvent désignée dans la littérature statistique par droite de régression de Y en x, ce qui prête à de fâcheuses confusions) est *l'estimation* de la *droite de régression* de Y en x.

La moyenne m du caractère X est la valeur la plus proche des valeurs x_α ($\alpha = 1, 2,..., N$) attachées aux N individus de la population totale :

$$\min_a \left[\sum_{\alpha=1}^{N} (x_\alpha - a)^2 \right] = \sum_{\alpha=1}^{N} (x_\alpha - m)^2.$$

De même, la moyenne $\bar{x}$ d'un échantillon de n observations est la valeur la plus proche des valeurs x_i ($i = 1, 2,..., n$) attachées aux n individus de l'échantillon :

$$\min_a \left[\sum_{i=1}^{n} (x_i - a)^2 \right] = \sum_{i=1}^{n} (x_i - \bar{x})^2.$$

L'estimation de la valeur m inconnue est fournie, à partir de l'échantillon, par la moyenne $\bar{x}$.

On retrouve très directement cette analogie :

La droite de régression Δ de Y en x (pente a_Δ, ordonnée à l'origine b_Δ) est la droite la plus proche des couples de valeurs (x_α, y_α) attachées aux N individus de la population :

$$\min_{a,b} \left[\sum_{\alpha=1}^{N} (y_\alpha - ax_\alpha - b)^2 \right] = \sum_{\alpha=1}^{N} (y_\alpha - a_\Delta x_\alpha - b_\Delta)^2.$$

La droite D d'ajustement de Y en x (pente a_D, ordonnée à l'origine b_D) est la droite la plus proche des couples de valeurs (x_i, y_i) attachées aux n individus de l'échantillon :

$$\min_{a,b} \left[\sum_{i=1}^{n} (y_i - ax_i - b)^2 \right] = \sum_{i=1}^{n} (y_i - a_D x_i - b_D)^2.$$

On estime la droite optimum Δ inconnue par la droite optimum D calculée sur la base des observations de l'échantillon. On observera que si, dans la population totale, les variables X et Y sont en *double* corrélation linéaire (droites de régression Δ de Y en x et Δ' de X en y), les droites D et D' d'ajustement sont des estimations des droites de régression Δ et Δ'.

2. L'ensemble des couples (x_i, y_i) est un ensemble d'observations où les valeurs y_i sont des mesures entachées d'erreur de grandeurs Y_i inconnues liées linéairement aux observations x_i, lesquelles sont supposées connues sans erreur (ou du moins sans erreur appréciable par rapport à celle commise sur Y_i) : Y est lié à x par une loi déterministe (comme par exemple une loi de la Physique) de forme linéaire, mais une erreur ε conduit à la mesure $y = Y + \varepsilon$ de Y. Les points de coordonnées (x_i, y_i) ne sont pas alignés du fait des erreurs ε_i. La droite D d'ajustement de Y en x est alors l'estimation de la droite Δ traduisant la liaison fonctionnelle linéaire entre Y et x :

$$Y = \alpha x + \beta,$$

à la condition que les ε_i soient des erreurs aléatoires non systématiques, c'est-à-dire en moyenne nulles sur un grand nombre d'expériences.

Si les individus étudiés sont prélevés par échantillonnage dans une population plus vaste, il n'est pas nécessaire que cet échantillon soit représentatif ni même qu'il soit prélevé par des procédures aléatoires. L'estimation de la droite Δ est effectuée sur un échantillon de correspondances $(x_i \rightarrow y_i)$ c'est-à-dire sur un échantillon de réalisations du mécanisme mi-déterministe (la liaison fonctionnelle $Y_i = \alpha x_i + \beta$ représentée par la droite Δ), mi-aléatoire (l'erreur ε_i) qui fait passer de x_i à y_i.

On observera que la droite D' d'ajustement de X en y ne présente dans ce cas aucune signification.

Toutefois si l'erreur ε affectait non pas y mais x, c'est cette droite D' qu'il conviendrait de retenir pour estimer la liaison fonctionnelle Δ.

Une variante du modèle 2 est la suivante :

y résulte de deux effets qui se composent *additivement*. L'effet *principal* y_1 résulte du facteur x suivant la loi :

$$y_1 = \alpha x + \beta_1.$$

L'effet *additionnel* y_2 résulte des autres facteurs que le facteur principal x (effets secondaires). Cet effet y_2 est de la forme :

$$y_2 = \beta_2 + \varepsilon$$

où ε est de moyenne nulle sur un grand nombre d'observations et où par conséquent β_2 représente l'effet *moyen* des facteurs secondaires.

Dans ces conditions y peut s'écrire :

$$y = y_1 + y_2 = \alpha x + \beta_1 + \beta_2 + \varepsilon$$

c'est-à-dire :

$$y = \alpha x + \beta + \varepsilon.$$

La droite D d'ajustement de Y en x fournit l'estimation de la liaison fonctionnelle Δ :

$$Y = \alpha x + \beta$$

représentant la somme de l'effet dû au facteur X et de l'effet additionnel moyen.

3. Enfin, il arrive qu'on utilise encore la méthode des moindres carrés pour *résumer* au moyen de deux paramètres (a et b) un ensemble de points (x_i, y_i) à peu près linéaire (nuage filiforme). La méthode des moindres carrés perd alors pratiquement toutes ses justifications probabilistes. Néanmoins, elle présente l'intérêt de conduire à un résumé objectif, préférable dans la pratique à un ajustement graphique toujours subjectif : ajustement mécanique d'une droite à un ensemble de points disposés à peu près linéairement.

* **Remarque**.

Dans cette troisième optique, on a proposé d'autres méthodes d'ajustement que celle des moindres carrés qui fournit la droite d'ajustement de Y en x.

Ainsi, la méthode des moindres *écarts* conduit à la détermination de la droite qui rend minimum la somme des valeurs absolues des différences ([1]) :

$$\sum_{i=1}^{n} | y_i - ax_i - b | = \text{minimum}.$$

Cette méthode qui a l'intérêt de donner un poids moindre aux couples (x_i, y_i) aberrants puisqu'elle fait intervenir la puissance 1 des écarts et non la puissance 2 conduit à des calculs inextricables sur le plan algébrique et doit, pour cette raison, être abandonnée.

On a proposé également la méthode de l'ajustement *orthogonal* qui fournit une droite unique alors que la méthode des moindres carrés en fournit deux, suivant que les écarts sont comptés parallèlement à l'axe des ordonnées ou à l'axe des abscisses : droite d'ajustement de Y en x et droite d'ajustement de X en y.

La méthode de l'ajustement orthogonal conduit à la détermination de la droite D_0 qui rend minimum la somme des carrés des écarts δ_i comptés *perpendiculairement* à la droite D_0.

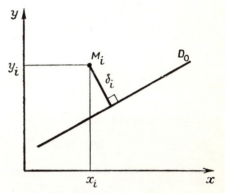

Fig. 6.20. Ajustement orthogonal.

Si on désigne par :

$$y \cos \theta - x \sin \theta - p = 0$$

l'équation de D_0, l'écart δ_i entre le point M_i et la droite D_0 est :

$$\delta_i = | y_i \cos \theta - x_i \sin \theta - p |.$$

Il convient donc de rendre minimum la quantité :

$$A = \sum_{i=1}^{n} (y_i \cos \theta - x_i \sin \theta - p)^2.$$

Recherchons pour θ donné la valeur de p qui rend A minimum :

$$\frac{\partial A}{\partial p} = -2 \sum_{i=1}^{n} (y_i \cos \theta - x_i \sin \theta - p) = 0$$

soit :

$$\bar{y} \cos \theta - \bar{x} \sin \theta - p = 0.$$

([1]) On notera que si la droite d'ajustement fournie par la méthode des moindres carrés coïncide avec la courbe de régression lorsque celle-ci est une droite, la droite d'ajustement fournie par la méthode des moindres écarts coïncide avec la courbe des *médianes* conditionnelles lorsque celle-ci est une droite. C'est en effet par rapport à la médiane que la moyenne des écarts est minimum (cf. 3.1.1.2.).

Ainsi la droite D_0 — comme les droites D et D' fournies par la méthode des moindres carrés — passe par le centre de gravité G des observations (de coordonnées $\bar{x}, \bar{y}$).

La valeur de θ qui rend A minimum s'obtient en rendant minimum le minimum $\mathcal{A}$ atteint

$$\min_{p} A = \mathcal{A} = \sum_{i=1}^{n} [(y_i - \bar{y}) \cos \theta - (x_i - \bar{x}) \sin \theta]^2.$$

Or $\mathcal{A}$ peut se mettre sous la forme :

$$\frac{\mathcal{A}}{n} = \sigma_Y^2 \cos^2 \theta - 2r\sigma_X\sigma_Y \sin \theta \cos \theta + \sigma_X^2 \sin^2 \theta$$

c'est-à-dire encore, en fonction de la pente t de la droite D_0 :

$$\operatorname{tg} \theta = t :$$

$$\frac{\mathcal{A}}{n} = \frac{1}{1 + t^2}(\sigma_X^2 t^2 - 2r\sigma_X\sigma_Y t + \sigma_Y^2).$$

La dérivée de $\mathcal{A}/n$ par rapport à θ est :

$$2r\sigma_X\sigma_Y \cos 2\theta - (\sigma_X^2 - \sigma_Y^2) \sin 2\theta.$$

Elle s'annule donc si :

$$\operatorname{tg} 2\theta = \frac{2r\sigma_X\sigma_Y}{\sigma_X^2 - \sigma_Y^2}$$

ou encore si t est racine de :

$$f(t) = t^2 + \frac{\sigma_X^2 - \sigma_Y^2}{r\sigma_X\sigma_Y} t - 1 = 0.$$

On obtient ainsi deux solutions :

— en θ, qui diffèrent de $\pi/2$,
— en t dont le produit est égal à -1.

Les deux droites solutions sont ainsi perpendiculaires.
L'une des solutions correspond à un maximum et l'autre à un minimum :

— si r est positif, la plus grande racine (qui est positive) de l'équation en t correspond au minimum.
— si r est négatif, la plus petite racine (qui est négative) de l'équation en t correspond au minimum;

Montrons que les droites D et D' fournies par la méthode des moindres carrés sont situées de part et d'autre de D_0 :

$$f\left(r \frac{\sigma_Y}{\sigma_X}\right) = (r^2 - 1) \frac{\sigma_Y^2}{\sigma_X^2} < 0$$

$$f\left(\frac{1}{r} \frac{\sigma_Y}{\sigma_X}\right) = \left(\frac{1}{r^2} - 1\right) \frac{\sigma_Y^2}{\sigma_X^2} > 0.$$

L'AJUSTEMENT LINÉAIRE

Si r est positif, les pentes des droites D, D_0 et D' sont donc dans l'ordre :

$$0 < r\frac{\sigma_Y}{\sigma_X} < t < \frac{1}{r}\frac{\sigma_Y}{\sigma_X}$$

tandis que si r est négatif :

$$\frac{1}{r}\frac{\sigma_Y}{\sigma_X} < t < r\frac{\sigma_Y}{\sigma_X} < 0.$$

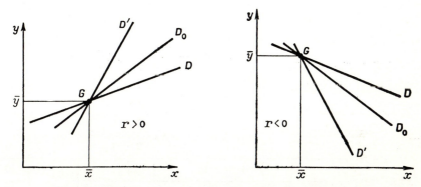

Fig. 6.21. Positions respectives de la droite D_0 et des droites D et D'.

La droite D_0 n'est confondue avec D ou D' que si r^2 est égal à 1 : X et Y sont en correspondance fonctionnelle linéaire et les trois droites sont alors confondues.

Un reproche majeur que l'on peut faire à la méthode de l'ajustement orthogonal est sa sensibilité aux changements d'origine et d'échelle. Alors que les droites d'ajustement sont invariantes par changement d'origine et d'échelle :

$$\frac{y - \bar{y}}{\sigma_Y} = r\frac{x - \bar{x}}{\sigma_X} \quad \text{(droite } D\text{)}$$

$$\frac{y - \bar{y}}{\sigma_Y} = \frac{1}{r}\frac{x - \bar{x}}{\sigma_X} \quad \text{(droite } D'\text{)}$$

la droite D_0 ne possède pas cette propriété :

$$\frac{y - \bar{y}}{\sigma_Y} = \frac{-(\sigma_X^2 - \sigma_Y^2) \pm \sqrt{(\sigma_X^2 - \sigma_Y^2)^2 + 4r^2\sigma_X^2\sigma_Y^2}}{2r\sigma_Y^2} \frac{x - \bar{x}}{\sigma_X} \quad \text{(droite } D_0\text{)}$$

puisqu'en variables réduites $(y - \bar{y})/\sigma_Y$, $(x - \bar{x})/\sigma_X$ son équation fait intervenir le rapport σ_X/σ_Y. Par conséquent suivant le choix des unités qu'on retient pour mesurer X ou Y, on obtient une droite D_0 différente.

En outre cette méthode de l'ajustement orthogonal ne possède pas de justification probabiliste.

6. 3. 2. Exemple.

Sur un échantillon de 183 fibres de coton, on a mesuré la résistance à la rupture et la longueur de la fibre (respectivement y et x).

x \ y	80	85	90	95	100	105	110	115	120	125	130	Total
60 —	1			1								2
65 —	1	2	1	2	1		1					8
70 —	1	3	4	4	12	4	1					29
75 —	2	2	5	12	10	8	1					40
80 —		1		5	5	9	9	4				33
85 —		1	2	3	7	11	7	2	2		2	37
90 —			1	1	7	3	1	2	1	1	2	20
95 —					1	1	1	2	3	1	1	10
100 —										1	2	3
											1	1
Total	5	9	13	28	43	36	21	8	5	4	6	183

Sur la figure 6.22 (page 311) on a représenté cette distribution (il s'agit en fait de deux caractères quantitatifs continus mais, pour la clarté du graphique, on a représenté la distribution discrète obtenue en affectant à chaque centre de classe en x et en y l'effectif de la classe).

La forme de ce graphique suggère une liaison linéaire entre la résistance à la rupture et la longueur d'une fibre. Toutefois, la longueur n'est pas le seul élément conditionnant la résistance à la rupture : différentes fibres ayant la même longueur présentent des résistances à la rupture différentes. En assimilant les autres facteurs que la longueur à des facteurs secondaires dont l'effet est en moyenne constant — c'est-à-dire indépendant de la longueur — on peut estimer les paramètres de la dépendance fonctionnelle moyenne entre la résistance à la rupture et la longueur par la droite D d'ajustement linéaire de Y en x.

On a calculé le rapport de corrélation :

$$\eta^2_{y;x} = 0{,}45$$

et le coefficient de corrélation linéaire :

$$r = 0{,}63$$

soit
$$r^2 = 0{,}40 \approx 0{,}45$$

ce qui autorise l'ajustement linéaire.

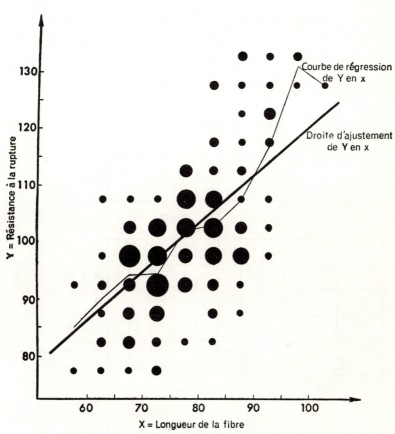

Fig. 6.22. Distribution d'un échantillon de fibres de coton suivant la résistance à la rupture et la longueur. Droites d'ajustement.

Le tableau de calcul **(p. 312)** où on a effectué les changements de variables :

$$X' = \frac{X - 77{,}5}{5}$$

$$Y' = \frac{Y - 102{,}5}{5}$$

y'_i \ x'_i	-5	-4	-3	-2	-1	0	1	2	3	4	5	6	Total	$\sum_j m_{ij} y'_j$	$\sum_j m_{ij} y'^2_j$	$x'_i \sum_j m_{ij} y'_j$	$\bar{y}'_i$	$\bar{y}_i$	$V_i(Y')$
-4	1			1									2	-7	29	28	-3,50	85,0	2,25
-3	1	2	1	2	1								8	-20	76	60	-2,50	90,0	3,25
-2	1	3	4	4	12	4	1						29	-48	138	96	-1,66	94,2	2,02
-1	2	2	5	12	10	8	1						40	-66	186	66	-1,65	94,3	1,93
0		1		5	5	9	9	4					33	-2	66	0	-0,06	102,2	2,00
1		1	2	3	7	11	7	2	2		2		37	4	136	4	0,11	103,0	3,66
2			1	1	7	3	1	2	1	1	1	1	20	17	151	34	0,85	106,8	6,83
3					1	1	1		2	3	1	2	10	29	129	87	2,90	117,0	4,49
4											1		3	17	97	68	5,67	130,8	0,22
5											1		1	5	25	25	5,0	127,5	0
Total	5	9	13	28	43	36	21	8	5	4	6	5	183	-71	1 033	468	-0,388	100,56	5,494
$\sum_i m_{ij} x'_i$	-11	-13	-12	-25	-13	4	6	6	10	11	16	15	-6						
$\sum_i m_{ij} x'^2_i$	31	33	36	69	111	56	34	10	24	31	56	49	540						

Moyenne des variances $V_i(Y') = 3,004$.
Variance des moyennes $\bar{y}'_i = 2,490$.

D'où : $\eta^2_{y.x} = \dfrac{2,490}{5,494} = 0,45$.

conduit à :

$$\bar{x} = 77{,}5 - 5 \times \frac{6}{183} = 77{,}34$$

$$\bar{y} = 102{,}5 - 5 \times \frac{71}{183} = 100{,}56$$

$$r\frac{\sigma_Y}{\sigma_X} = \frac{468 - \dfrac{71 \times 6}{183}}{540 - \dfrac{6 \times 6}{183}} = 0{,}862.$$

D'où l'équation de la droite D :

$$y - 100{,}56 = 0{,}862(x - 77{,}34)$$

c'est-à-dire :

$$y = 0{,}862\, x + 33{,}9.$$

Cette relation définissant la droite D est l'estimation de la loi qui relie en moyenne la résistance à la rupture à la longueur d'une fibre.

* **6. 3. 3. Généralisation de l'ajustement linéaire.**

La méthode des moindres carrés est utilisée en Statistique, en dehors du cas linéaire, pour ajuster une courbe d'un type *donné* comportant plusieurs paramètres inconnus à un nuage de points (x_i, y_i).

6. 3. 3. 1. Cas où une transformation simple ramène a l'ajustement linéaire.

Si le type de courbe à ajuster est de la forme :

$$g(y) = \alpha f(x) + \beta$$

où α et β sont deux paramètres dont les valeurs sont *inconnues* et où f et g sont des fonctions *données* à l'avance, on a vu que sur papier fonctionnel la courbe représentative $y(x)$ est transformée en une droite :

$$\eta = \alpha \xi + \beta$$

où :

$$\eta = g(y)$$
$$\xi = f(x).$$

En conséquence, on ajuste une droite par la méthode des moindres carrés aux couples (ξ_i, η_i) pour estimer les paramètres α et β.

Exemple.

Le tableau suivant fournit la série chronologique des productions et des prix des pommes à cidre de 1888 à 1916 (exemple cité par MM. Morice et Chartier : *Méthode Statistique*, tome I, page 94, Imprimerie Nationale. 1954).

Année i	Prix y_i	Production x_i	$\xi_i = \lg_{10} x_i$	$\eta_i = \lg_{10} y_i$	ξ_i^2	$\xi_i \eta_i$
1888	8,12	12,7	1,104	0,910	1,218 8	1,004 6
1889	9,71	4,6	0,663	0,987	0,439 6	0,654 4
1890	9,77	9,6	0,982	0,990	0,964 3	0,972 2
1891	10,19	8,2	0,914	1,008	0,835 4	0,921 3
1892	6,69	15,9	1,201	0,825	1,442 4	0,990 8
1893	3,14	38,8	1,589	0,497	2,524 9	0,789 7
1894	6,13	16,9	1,228	0,787	1,508 0	0,966 4
1895	4,18	28,2	1,450	0,621	2,102 5	0,900 5
1896	7,33	11,4	1,057	0,865	1,117 2	0,914 3
1897	10,27	7,9	0,898	1,002	0,806 4	0,899 8
1898	9,66	10,6	1,025	0,985	1,050 6	1,009 6
1899	5,76	22,5	1,352	0,760	1,827 9	1,027 5
1900	3,50	37,5	1,574	0,544	2,477 5	0,856 3
1901	6,85	12,6	1,100	0,836	1,210 0	0,919 6
1902	11,79	8,6	0,935	1,072	0,874 2	1,002 3
1903	12,68	5,4	0,732	1,103	0,535 8	0,807 4
1904	2,91	62,6	1,797	0,464	3,229 2	0,833 8
1905	12,20	4,6	0,663	1,086	0,439 6	0,720 0
1906	5,04	26,1	1,417	0,702	2,007 9	0,994 7
1907	13,48	4,2	0,623	1,130	0,388 1	0,704 0
1908	6,18	22,4	1,350	0,791	1,822 5	1,067 9
1909	8,00	12,7	1,104	0,903	1,218 8	0,996 9
1910	9,02	13,4	1,127	0,955	1,270 1	1,076 3
1911	6,41	30,8	1,489	0,807	2,217 1	1,201 6
1912	6,54	23,9	1,378	0,816	1,898 9	1,124 4
1913	4,06	51,2	1,709	0,609	2,920 7	1,040 8
1914	4,19	24,2	1,384	0,622	1,915 5	0,860 8
1915	3,99	37,2	1,571	0,601	2,468 0	0,944 2
1916	11,45	8,8	0,944	1,059	0,891 1	0,999 7
Total	—	—	34,360	24,337	43,623 0	27,201 8

On a reporté les données sur un graphique logarithmique ci-dessous : l'allure générale du nuage de points est sensiblement linéaire, ce qui traduit une élasticité à peu près constante des prix par rapport aux productions. On ajustera donc une courbe de la forme :

$$y = Ax^a \quad \text{(fonction puissance)}$$

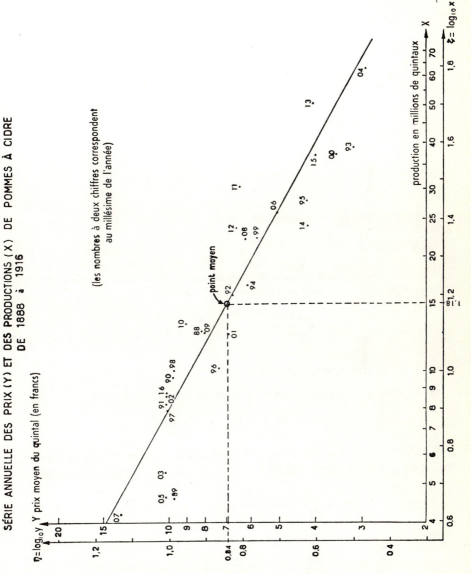

Fig. 6.23. Ajustement d'une droite sur papier logarithmique.

c'est-à-dire, en posant :

$$\xi = \lg_{10} x$$
$$\eta = \lg_{10} y.$$

une droite aux couples (ξ_i, η_i).

On obtient ainsi (tableau de calcul p. 314) :

$$\overline{\xi} = \frac{34{,}360}{29} = 1{,}185 \qquad \overline{\eta} = \frac{24{,}337}{29} = 0{,}839$$

$$r \frac{\sigma_\eta}{\sigma_\xi} = \frac{27{,}201\,8 - \dfrac{34{,}360 \times 24{,}337}{29}}{43{,}623\,0 - \dfrac{(34{,}360)^2}{29}} = -\,0{,}561.$$

D'où l'équation de la droite ajustée :

$$\eta - 0{,}839 = -\,0{,}561(\xi - 1{,}185)$$

soit :

$$\eta = -\,0{,}561\,\xi + 1{,}504$$

c'est-à-dire :

$$y = 31{,}9\,x^{-0{,}561}.$$

L'élasticité des prix par rapport aux quantités est ainsi évaluée à $-\,0{,}561$.

Remarque.

Comme la droite ajustée passe par le point moyen $(\overline{\xi}, \overline{\eta})$, la fonction puissance ajustée passe par le centre de gravité *géométrique* des points (x_i, y_i) :

$$\overline{\xi} = 1{,}185, \qquad \overline{\eta} = 0{,}839$$
$$G_x = 10^{\overline{\xi}} = 15{,}3, \qquad G_y = 10^{\overline{\eta}} = 6{,}9.$$

6. 3. 3. 2. Ajustement polynomial.

Si le schéma de liaison entre y et x est de forme polynomiale :

$$y = a_0 + a_1 x + \cdots + a_k x^k$$

on utilise la méthode des moindres carrés pour estimer les coefficients a_0, $a_1, \ldots, a_k$. Les estimations sont les valeurs qui rendent minimum la quantité :

$$A = \sum_{i=1}^{n} (y_i - a_0 - a_1 x_i - \cdots - a_k x_i^k)^2.$$

D'où :

$$\frac{\partial A}{\partial a_r} = -2 \sum_{i=1}^{n} [x_i^r (y_i - a_0 - a_1 x_i - \cdots - a_k x_i^k)] = 0$$

Si on pose :

$$m_\lambda = \frac{1}{n}\sum_{i=1}^{n} x_i^\lambda$$

$$M_\lambda = \frac{1}{n}\sum_{i=1}^{n} x_i^\lambda y_i$$

les solutions $a_0,..., a_k$ sont celles du système de $k + 1$ équations linéaires à $k + 1$ inconnues :

$$a_0 m_r + a_1 m_{r+1} + \cdots + a_k m_{r+k} = M_r \qquad (r = 0, 1,..., k).$$

6. 3. 3. 3. Polynômes orthogonaux.

Pour éviter d'avoir à résoudre le système de $k + 1$ équations linéaires à $k + 1$ inconnues, on utilise des polynômes orthogonaux $P_0, P_1,..., P_k$.

Considérons en effet un ensemble de $k + 1$ polynômes $P_0, P_1,..., P_k$ linéairement indépendants ([1]) de degré respectivement 0, 1,..., k. On dit que ces polynômes sont orthogonaux pour l'ensemble $(x_1,..., x_i,..., x_n)$ si, quels que soient r et s, avec $r \neq s$, on a :

$$\sum_{i=1}^{n} P_r(x_i) P_s(x_i) = 0.$$

La liaison polynomiale entre y et x peut s'écrire :

$$y = b_0 P_0 + b_1 P_1 + \cdots + b_k P_k$$

puisque les polynômes P_r sont linéairement indépendants.

La méthode des moindres carrés conduit à rendre minimum la quantité :

$$A = \sum_{i=1}^{n}[y_i - b_0 P_0(x_i) - b_1 P_1(x_i) - \cdots - b_k P_k(x_i)]^2.$$

Donc :

$$\frac{\partial A}{\partial a_r} = -2\sum_{i=1}^{n}\{P_r(x_i)[y_i - b_0 P_0(x_i) - b_1 P_1(x_i) - \cdots - b_k P_k(x_i)]\}$$

$$= -2\left[\sum_{i=1}^{n} y_i P_r(x_i) - b_r \sum_{i=1}^{n} P_r^2(x_i)\right]$$

puisque, par définition des polynômes orthogonaux :

$$\sum_{i=1}^{n} P_r(x_i) P_s(x_i) = 0.$$

([1]) C'est-à-dire tels qu'aucun ne soit une combinaison linéaire de deux ou plusieurs autres. Dans ce cas, on dit qu'ils constituent une *base* de l'ensemble des polynômes de degré k : tout polynôme de degré k est une combinaison linéaire de la base. Les polynômes 1, x, x^2,..., x^k constituent une base — mais non orthogonale — des polynômes de degré k.

D'où les solutions b_r :

$$b_r = \frac{\sum_{i=1}^{n} y_i P_r(x_i)}{\sum_{i=1}^{n} P_r^2(x_i)}.$$

Le minimum atteint par A peut s'écrire, ainsi qu'on l'établira facilement :

$$\min A = \sum_{i=1}^{n} y_i^2 - b_0^2 \sum_{i=1}^{n} P_0^2(x_i) - b_1^2 \sum_{i=1}^{n} P_1^2(x_i) - \cdots - b_k^2 \sum_{i=1}^{n} P_k^2(x_i).$$

On notera que la méthode des polynômes orthogonaux — outre l'intérêt de fournir de façon très simple les coefficients b_r — présente les avantages suivants :

— si, après avoir estimé les coefficients $b_0,..., b_k$ d'un polynôme de degré k, on décide d'ajuster un polynôme de degré $k+1$, seul le coefficient b_{k+1} est à calculer car les coefficients $b_0,..., b_k$ demeurent valables : b_r ne dépend que de P_r. En revanche, avec les coefficients $a_0, a_1,..., a_k$, il conviendrait de recommencer tous les calculs car ces coefficients dépendent du degré du polynôme ajusté ;

— la réduction de la somme des carrés des écarts A lorsqu'on passe d'un polynôme de degré k à un polynôme de degré $k+1$ est égale à :

$$b_{k+1}^2 \sum_{i=1}^{n} P_{k+1}^2(x_i),$$

ce qui permet d'apprécier l'intérêt de recourir à un polynôme de degré plus élevé.

Il y a lieu de noter toutefois que si on ajuste un polynôme de degré $n-1$ à un ensemble de n couples (x_i, y_i), on trouve une solution unique qui rend A égal à zéro : il existe une courbe polynômiale de degré $n-1$ (c'est-à-dire dépendant de n paramètres) qui passe par n points donnés (x_i, y_i). C'est pourquoi, il convient de ne pas pousser inconsidérément les calculs : on ajuste rarement à un polynôme de degré supérieur à 5. Par ailleurs, la signification concrète des coefficients estimés diminue rapidement lorsque le degré du polynôme ajusté augmente.

6. 3. 3. 4. Exemples de polynomes orthogonaux.

Les polynômes orthogonaux usuels sont orthogonaux pour des valeurs x_i en *progression arithmétique* et ne peuvent être utilisés pour des valeurs x_i qui ne répondraient pas à cette condition.

Polynômes de Jordan.

Ils sont orthogonaux pour les valeurs x_i suivantes :
$$x_1 = 0, \quad x_2 = 1,..., \quad x_n = n-1.$$

Si les valeurs x_i sont en progression arithmétique de raison c, il suffit de poser :
$$x'_i = \frac{x_i - x_1}{c}$$

et de travailler avec les valeurs x'_i.

Le polynôme P_r de Jordan a pour expression :
$$P_r(x; n) = \frac{n!}{2^n} \sum_{h=0}^{r} C_{h+r}^r C_{r-n}^{r-h} C_x^h.$$

Ainsi :
$$P_0 = 1$$
$$P_1 = x - \frac{n-1}{2}$$
$$P_2 = \frac{3}{2} x^2 - \frac{3}{2}(n-1)x + \frac{1}{4}(n^2 - 3n + 2)$$
etc.

La somme $\sum_{x=0}^{n-1} P_r^2(x)$ est égale à :
$$\frac{n}{4^r(2r+1)}(n^2 - 1)(n^2 - 4) \cdots (n^2 - r^2).$$

Polynômes de Fisher.

Ils sont orthogonaux pour les valeurs x_i suivantes :
$$-p, \quad -p+1,..., \quad 0,..., \quad p-1, \quad p \qquad \text{si } n = 2p+1$$

ou bien :
$$-p+\frac{1}{2}, \quad -p+\frac{3}{2},..., \quad -\frac{1}{2}, \quad \frac{1}{2},..., \quad p-\frac{3}{2}, \quad p-\frac{1}{2} \qquad \text{si } n = 2p$$

et ont pour expression :
$$P_0 = 1$$
$$P_1 = x$$
$$P_2 = x^2 - \frac{n^2 - 1}{12}$$
$$P_3 = x^3 - \frac{3n^2 - 7}{20} x$$

et, d'une façon générale, satisfont à la relation de récurrence :

$$P_{r+1} = xP_r - \frac{r^2(n^2 - r^2)}{4(4r^2 - 1)}P_{r-1}.\ {}^{(1)}$$

La somme $\sum_x P_r^2(x)$ est égale à :

$$\frac{(r!)^4}{(2r)!(2r+1)!}\, n(n^2 - 1) \cdots (n^2 - r^2).$$

Exemple.

Soit à ajuster des polynômes de Fisher de degré 0, 1, 2, 3 aux données suivantes :

x_i	y_i
110	2,7
120	4,0
130	4,8
140	5,4
150	5,9
160	6,3
170	6,6
180	6,8
190	7,0
200	7,2
210	7,3

En posant :

$$x'_i = \frac{x_i - 160}{10}$$

$$y'_i = \frac{y_i - 5,9}{0,1}$$

---

[1] P_r est donc une fonction paire de x si r est pair et une fonction impaire de x si r est impair.

[6.3]   L'AJUSTEMENT LINÉAIRE   321

on obtient le tableau de calcul :

x_i	y_i	$x'_i = \dfrac{x_i - 160}{10}$	$y'_i = \dfrac{y_i - 5,9}{0,1}$	$y'_i x'_i$	$y'_i x'^2_i$	$y'_i x'^3_i$
110	2,7	— 5	— 32	160	— 800	4 000
120	4,0	— 4	— 19	76	— 304	1 216
130	4,8	— 3	— 11	33	— 99	297
140	5,4	— 2	— 5	10	— 20	40
150	5,9	— 1	0	0	0	0
160	6,3	0	4	0	0	0
170	6,6	1	7	7	7	7
180	6,8	2	9	18	36	72
190	7,0	3	11	33	99	297
200	7,2	4	13	52	208	832
210	7,3	5	14	70	350	1 750
Total		0	— 9	459	— 523	8 511

D'où :

$$\sum_{i=1}^{11} y'_i P_0(x'_i) = \sum_{i=1}^{11} y'_i = -9$$

$$\sum_{i=1}^{11} y'_i P_1(x'_i) = \sum_{i=1}^{11} y'_i x'_i = 459$$

$$\sum_{i=1}^{11} y'_i P_2(x'_i) = \sum_{i=1}^{11} y'_i \left(x'^2_i - \frac{11^2 - 1}{12} \right) = -523 + 90 = -433$$

$$\sum_{i=1}^{11} y'_i P_3(x'_i) = \sum_{i=1}^{11} y'_i \left(x'^3_i - \frac{3(11^2 - 7)}{20} x'_i \right) = 8\,511 - 17,8 \times 459 = 340,8$$

et :

$$\sum_{i=1}^{11} P_0^2(x'_i) = 11$$

$$\sum_{i=1}^{11} P_1^2(x'_i) = \frac{(1\,!)^4 11(11^2 - 1)}{2\,!3\,!} = 110$$

$$\sum_{i=1}^{11} P_2^2(x'_i) = \frac{(2\,!)^4 11(11^2 - 1)(11^2 - 2^2)}{4\,!5\,!} = 858$$

$$\sum_{i=1}^{11} P_3^2(x'_i) = \frac{(3\,!)^4 11(11^2 - 1)(11^2 - 2^2)(11^2 - 3^2)}{6\,!7\,!} = 6\,177,6$$

On en déduit les coefficients b_0, b_1, b_2, b_3 :

$$b_0 = \frac{-9}{11} = -0{,}818\,18$$

$$b_1 = \frac{459}{110} = 4{,}172\,727$$

$$b_2 = -\frac{433}{858} = -0{,}504\,662$$

$$b_3 = \frac{340{,}8}{6\,177{,}6} = 0{,}055\,167\,1$$

et les polynômes ajustés :

Degré zéro : $y' = -0{,}818$, soit : $y = 5{,}818$.
Degré 1 : $y' = -0{,}818 + 4{,}173\,x'$, soit : $y = 0{,}041\,73\,x - 0{,}858$.
Degré 2 : $y' = -0{,}818 + 4{,}173\,x' - 0{,}505(x'^2 - 10)$,
  soit : $y = -0{,}000\,505\,x^2 + 0{,}203\,2\,x - 13{,}27$.
Degré 3 : $y' = -0{,}818 + 4{,}173\,x' - 0{,}505(x'^2 - 10)$
  $+ 0{,}055\,17(x'^3 - 17{,}8\,x')$
  soit : $y = 0{,}000\,005\,517\,x^3 - 0{,}003\,152\,x^2 + 0{,}617\,x - 34{,}30$.

D'où les différentes valeurs ajustées (voir Fig. 6.24) :

x_i	y_i	Ajustement avec un polynôme de degré			
		0	1	2	3
110	2,7	5,82	3,73	2,97	2,78
120	4,0	5,82	4,15	3,85	3,89
130	4,8	5,82	4,56	4,61	4,76
140	5,4	5,82	4,98	5,29	5,44
150	5,9	5,82	5,40	5,86	5,95
160	6,3	5,82	5,82	6,32	6,32
170	6,6	5,82	6,24	6,69	6,60
180	6,8	5,82	6,65	6,96	6,80
190	7,0	5,82	7,07	7,12	6,97
200	7,2	5,82	7,49	7,18	7,14
210	7,3	5,82	7,90	7,15	7,35

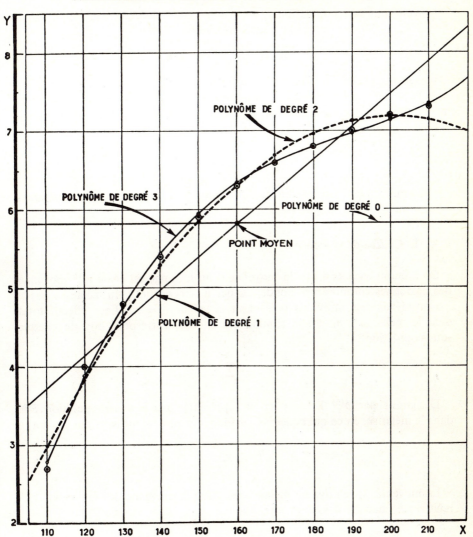

Fig. 6.24. Ajustement de polynômes de degré 0, 1, 2, 3 à une série empirique.

* 6. 4. **MÉLANGES DE DISTRIBUTIONS A DEUX VARIABLES**

Considérons une population P de n individus formée de sous-populations $P^{(1)}, P^{(2)},..., P^{(m)}$ d'effectifs respectifs $n^{(1)}, n^{(2)},..., n^{(m)}$:

$$n = n^{(1)} + n^{(2)} + \cdots + n^{(m)}.$$

Dans chaque sous-population, les individus sont décrits suivant deux caractères X et Y. Soit $n_{ij}^{(h)}$ le nombre d'individus de la sous-population $P^{(h)}$ dont le couple de valeurs correspondant est (x_i, y_j). Dans le mélange P, l'effectif relatif au couple (x_i, y_j) est donc :

$$n_{ij} = \sum_{h=1}^{m} n_{ij}^{(h)}.$$

Déterminons les caractéristiques du mélange en fonction des caractéristiques de chacune des sous-populations.

6. 4. 1. Courbe de régression.

On a établi en 3. 6. 4 que la moyenne d'un mélange est égale à la moyenne des moyennes composantes pondérées par les proportions du mélange.

Considérons les individus présentant la valeur $X = x_i$. Leur effectif total dans le mélange : $n_{i.}$ est la somme des effectifs correspondants de chaque sous-population :

$$n_{i.} = \sum_{h=1}^{m} n_{i.}^{(h)}.$$

Désignons par $p_i^{(h)}$ la proportion représentée par la sous-population $P^{(h)}$ dans le mélange, en ce qui concerne les individus présentant la valeur $X = x_i$:

$$p_i^{(h)} = \frac{n_{i.}^{(h)}}{n_{i.}}.$$

La moyenne $\bar{y}_i$ relative au mélange est donc la moyenne des moyennes $\bar{y}_i^{(h)}$ relatives à chacune des sous-populations :

$$\bar{y}_i = \sum_{h=1}^{m} p_i^{(h)} \bar{y}_i^{(h)}.$$

On notera que les proportions $p_i^{(h)}$ *varient* en général avec i et par conséquent les pondérations utilisées dans le calcul de $\bar{y}_i$ dépendent de la valeur x_i de la **variable de liaison.**

Ainsi la courbe de régression de Y en x relative au mélange P — comprise pour tout x_i entre les courbes de régression extrêmes — se déduit, par des moyennes pondérées à coefficients *variables* avec x_i, des courbes de régression de Y en x relatives aux diverses sous-populations.

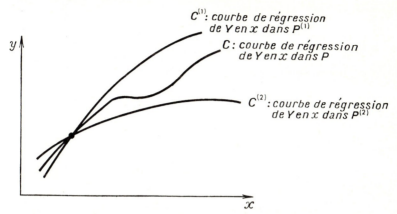

Fig. 6.25. Courbe de régression d'un mélange.

Les coefficients de pondération $p_i^{(h)}$ ne dépendent pas de x_i si :

$$\frac{n_{1\cdot}^{(h)}}{n_{1\cdot}} = \cdots = \frac{n_{i\cdot}^{(h)}}{n_{i\cdot}} = \cdots = \frac{n_{k\cdot}^{(h)}}{n_{k\cdot}} = \frac{n^{(h)}}{n},$$

soit :
$$\frac{n_{i\cdot}^{(h)}}{n^{(h)}} = \frac{n_{i\cdot}}{n} \quad \text{pour tout } i: 1, 2, ..., k,$$

c'est-à-dire si les distributions marginales suivant X sont *identiques* dans les diverses sous-populations $P^{(h)}$.

Il s'ensuit en particulier que si, dans les diverses sous-populations $P^{(h)}$, Y est en corrélation *linéaire* avec X, dans le mélange P, Y ne sera en corrélation linéaire avec X que si les distributions marginales suivant X sont identiques.

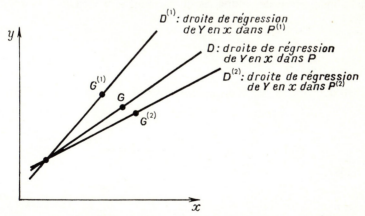

Fig. 6.26. Droite de régression d'un mélange.

En revanche, la corrélation de Y avec X dans P peut être linéaire sans que simultanément les corrélations de Y avec X soient linéaires dans chacune des sous-populations $P^{(h)}$.

6. 4. 2. Covariance.

On appelle *covariance* entre deux variables X et Y la quantité :

$$\text{Cov}(X, Y) = \sum_{i=1}^{k} \sum_{j=1}^{p} f_{ij}(y_j - \bar{y})(x_i - \bar{x}).$$

Cette définition généralise celle de la variance :

$$\text{Cov}(X, X) = \sum_{i=1}^{k} \sum_{j=1}^{p} f_{ij}(x_i - \bar{x})^2 = \sum_{i=1}^{k} f_{i.}(x_i - \bar{x})^2 = V(X).$$

$$\text{Cov}(Y, Y) = \sum_{i=1}^{k} \sum_{j=1}^{p} f_{ij}(y_j - \bar{y})^2 = \sum_{j=1}^{p} f_{.j}(y_j - \bar{y})^2 = V(Y).$$

Montrons que de façon analogue à la variance (cf. **3. 6. 5**), la covariance relative à un mélange est égale à la *moyenne des covariances* augmentée de la *covariance des moyennes*.

On a en effet :

$$f_{ij} = \frac{n_{ij}}{n} = \frac{\sum_{h=1}^{m} n_{ij}^{(h)}}{\sum_{h=1}^{m} n^{(h)}} = \sum_{h=1}^{m} p^{(h)} f_{ij}^{(h)}$$

en désignant par $f_{ij}^{(h)}$ la fréquence totale relative à la sous-population $P^{(h)}$ et par $p^{(h)}$ la proportion des individus du mélange appartenant à la sous-population $P^{(h)}$:

$$f_{ij}^{(h)} = \frac{n_{ij}^{(h)}}{n^{(h)}}, \qquad p^{(h)} = \frac{n^{(h)}}{n}.$$

D'après le théorème de König généralisé (**6. 2. 5. 2**) la covariance C est égale à :

$$C = \sum_{i=1}^{k} \sum_{j=1}^{p} f_{ij}(x_i - \bar{x})(y_j - \bar{y}) = \sum_{i=1}^{k} \sum_{j=1}^{p} f_{ij} x_i y_j - \bar{x}\bar{y}$$

et de même :

$$C^{(h)} = \sum_{i=1}^{k} \sum_{j=1}^{p} f_{ij}^{(h)}(x_i - \bar{x}^{(h)})(y_j - \bar{y}^{(h)}) = \sum_{i=1}^{k} \sum_{j=1}^{p} f_{ij}^{(h)} x_i y_j - \bar{x}^{(h)} \bar{y}^{(h)}.$$

En sommant suivant h ces dernières relations pondérées par $p^{(h)}$, il vient :

$$\sum_{h=1}^{m} p^{(h)} C^{(h)} = C + \bar{\bar{xy}} - \sum_{h=1}^{m} p^{(h)} \bar{\bar{x}}^{(h)} \bar{\bar{y}}^{(h)}$$

c'est-à-dire :

$$C = \sum_{h=1}^{m} p^{(h)} C^{(h)} + \sum_{h=1}^{m} p^{(h)} (\bar{\bar{x}}^{(h)} - \bar{\bar{x}})(\bar{\bar{y}}^{(h)} - \bar{\bar{y}}).$$

Le deuxième terme du second membre représente la *covariance des moyennes* : moyenne des produits des écarts entre les diverses moyennes ($\bar{\bar{x}}^{(h)}$, $\bar{\bar{y}}^{(h)}$) et leur moyenne ($\bar{\bar{x}}$, $\bar{\bar{y}}$).

6. 4. 3. Droites d'ajustement.

Désignons par

$$y = a^{(h)} x + b^{(h)}$$

l'équation de la droite $D^{(h)}$ d'ajustement de Y en x dans la sous-population $P^{(h)}$:

$$a^{(h)} = \frac{C^{(h)}}{[\sigma_X^{(h)}]^2}, \qquad b^{(h)} = \bar{y}^{(h)} - a^{(h)} \bar{x}^{(h)}.$$

La droite D d'ajustement de Y en x dans le mélange P a pour pente a et pour ordonnée à l'origine b :

$$a = \frac{C}{\sigma_X^2}, \qquad b = \bar{\bar{y}} - a \bar{\bar{x}}.$$

En exprimant la covariance C et la variance σ_X^2 en fonction des covariances et des variances composantes, on obtient :

$$C = a \sigma_X^2 = \sum_{h=1}^{m} p^{(h)} a^{(h)} [\sigma_X^{(h)}]^2 + \sum_{h=1}^{m} p^{(h)} (\bar{\bar{x}}^{(h)} - \bar{\bar{x}})(\bar{\bar{y}}^{(h)} - \bar{\bar{y}})$$

soit :

$$a = \frac{\sum_{h=1}^{m} p^{(h)} [\sigma_X^{(h)}]^2 a^{(h)} + \sum_{h=1}^{m} p^{(h)} (\bar{\bar{x}}^{(h)} - \bar{\bar{x}})(\bar{\bar{y}}^{(h)} - \bar{\bar{y}})}{\sum_{h=1}^{m} p^{(h)} [\sigma_X^{(h)}]^2 + \sum_{h=1}^{m} p^{(h)} (\bar{\bar{x}}^{(h)} - \bar{\bar{x}})^2}$$

et

$$b = \sum_{h=1}^{m} p^{(h)} \bar{y}^{(h)} - a \sum_{h=1}^{m} p^{(h)} \bar{x}^{(h)}$$
$$= \sum_{h=1}^{m} p^{(h)} b^{(h)} + \sum_{h=1}^{m} p^{(h)} \bar{x}^{(h)} (a^{(h)} - a).$$

Ainsi, ni a, ni b ne sont des moyennes pondérées des coefficients $a^{(h)}$ ou $b^{(h)}$.

6.4.3.1. Cas où les droites d'ajustement $D^{(h)}$ sont parallèles.

Un cas particulièrement important est celui où dans chaque sous-population $P^{(h)}$ le coefficient $a^{(h)}$ est le même. En désignant par a_0 la valeur commune, il vient :

$$a = \frac{a_0 \sum_{h=1}^{m} p^{(h)} [\sigma_X^{(h)}]^2 + \sum_{h=1}^{m} p^{(h)} (\bar{\bar{x}}^{(h)} - \bar{\bar{x}})(\bar{\bar{y}}^{(h)} - \bar{\bar{y}})}{\sum_{h=1}^{m} p^{(h)} [\sigma_X^{(h)}]^2 + \sum_{h=1}^{m} p^{(h)} (\bar{\bar{x}}^{(h)} - \bar{\bar{x}})^2}$$

ou encore :

$$a - a_0 = \frac{\sum_{h=1}^{m} p^{(h)} (\bar{\bar{x}}^{(h)} - \bar{\bar{x}})[\bar{\bar{y}}^{(h)} - \bar{\bar{y}} - a_0(\bar{\bar{x}}^{(h)} - \bar{\bar{x}})]}{\sum_{h=1}^{m} p^{(h)} [\sigma_X^{(h)}]^2 + \sum_{h=1}^{m} p^{(h)} (\bar{\bar{x}}^{(h)} - \bar{\bar{x}})^2}.$$

Ainsi la droite D n'est parallèle aux droites $D^{(h)}$ que si :

a) $\bar{\bar{x}}^{(h)} = \bar{\bar{x}}$: les distributions marginales suivant X ont même moyenne dans les sous-populations $P^{(h)}$.

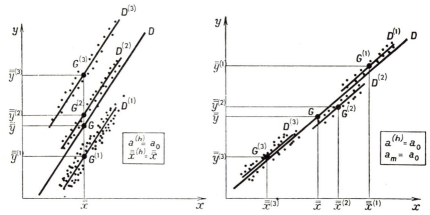

Fig. 6.27. Droite d'ajustement d'un mélange parallèle aux droites d'ajustement des composantes du mélange.

b)
$$a_0 = \frac{\sum_{h=1}^{m} p^{(h)} (\bar{\bar{x}}^{(h)} - \bar{\bar{x}})(\bar{\bar{y}}^{(h)} - \bar{\bar{y}})}{\sum_{h=1}^{m} p^{(h)} (\bar{\bar{x}}^{(h)} - \bar{\bar{x}})^2}.$$

Or le second membre est la pente de la droite ajustée par la méthode des moindres carrés sur les points moyens $(\bar{\bar{x}}^{(h)}, \bar{\bar{y}}^{(h)})$ affectés des pondérations $p^{(h)}$.

Cette condition revient donc à supposer que la droite d'ajustement des moyennes est *confondue* avec la droite d'ajustement des points (x_i, y_j) du mélange P — puisque toutes deux sont astreintes à passer par le point moyen $(\bar{\bar{x}}, \bar{\bar{y}})$.

D'une façon générale, si on désigne par a_m la pente de la droite ajustée sur les points moyens :

$$a_m = \frac{\sum_{h=1}^{m} p^{(h)}(\bar{x}^{(h)} - \bar{\bar{x}})(\bar{y}^{(h)} - \bar{\bar{y}})}{\sum_{h=1}^{m} p^{(h)}(\bar{x}^{(h)} - \bar{\bar{x}})^2}$$

a est égal à la moyenne pondérée de a_0 et de a_m, les coefficients de pondération étant respectivement la moyenne des variances $[\sigma_X^{(h)}]^2$ et la variance des moyennes $\bar{x}^{(h)}$:

$$a = \frac{a_0 \sum_{h=1}^{m} p^{(h)}[\sigma_X^{(h)}]^2 + a_m \sum_{h=1}^{m} p^{(h)}(\bar{x}^{(h)} - \bar{\bar{x}})^2}{\sum_{h=1}^{m} p^{(h)}[\sigma_X^{(h)}]^2 + \sum_{h=1}^{m} p^{(h)}(\bar{x}^{(h)} - \bar{\bar{x}})^2}.$$

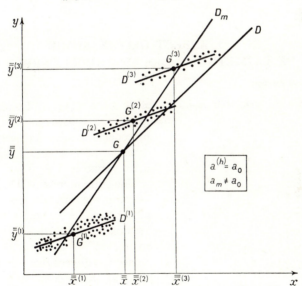

Fig. 6.28. Droite d'ajustement d'un mélange : cas général lorsque les droites d'ajustement des composantes du mélange sont parallèles.

Il arrive fréquemment qu'on puisse supposer le parallélisme des droites de régression de Y en x : élasticité constante et identique d'une catégorie sociale à l'autre ou d'une région à l'autre de la consommation d'un produit en fonction du revenu ou de la dépense totale, variation linéaire des propriétés d'un alliage en fonction de la teneur pour différents procédés de fabrication, la pente étant la même pour les différents procédés, etc. Dans ces conditions, l'estimation de la pente commune α_0 sur la base d'un échantillon d'observations est fournie non par la pente a de la droite ajustée sur l'ensemble des observations mais par ([1]) :

$$a + (a - a_m) \frac{\sum\limits_{h=1}^{m} p^{(h)} (\bar{\bar{x}}^{(h)} - \bar{\bar{x}})^2}{\sum\limits_{h=1}^{m} p^{(h)} (\sigma_X^{(h)})^2}$$

où a_m est la pente de la droite ajustée sur les points moyens $(\bar{x}^{(h)}, \bar{y}^{(h)})$ pondérés par $p^{(h)}$.

On notera que l'estimation obtenue est la moyenne pondérée des pentes $a^{(h)}$:

$$a + (a - a_m) \frac{\sum\limits_{h=1}^{m} p^{(h)} (\bar{\bar{x}}^{(h)} - \bar{\bar{x}})^2}{\sum\limits_{h=1}^{m} p^{(h)} [\sigma_X^{(h)}]^2} = \frac{\sum\limits_{h=1}^{m} p^{(h)} [\sigma_X^{(h)}]^2 a^{(h)}}{\sum\limits_{h=1}^{m} p^{(h)} [\sigma_X^{(h)}]^2}.$$

Toutefois, le calcul de chacun des coefficients $a^{(h)}$ est inutile pour obtenir l'estimation de α_0. Il suffit de calculer séparément les deux coefficients a et a_m seulement.

* 6. 5. ASPECT GÉOMÉTRIQUE DE LA MÉTHODE DES MOINDRES CARRÉS

6. 5. 1. Présentation.

Considérons un ensemble de n couples de valeurs (x_i, y_i). La représentation graphique utilisée dans les paragraphes précédents consiste à placer n points M_i dans l'espace à *deux* dimensions des deux variables X et Y.

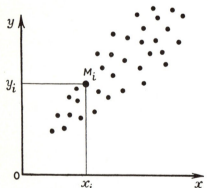

Fig. 6.29. Représentation à 2 dimensions de n couples (x_i, y_i).

Une autre représentation géométrique — moins naturelle sans doute, mais plus fructueuse sur le plan de la compréhension des structures algébriques mises en œuvre — consiste à utiliser un espace à n dimensions : les n valeurs de chacune des variables sont représentées par un vecteur de l'espace à n dimensions : le vecteur x dont les coordonnées sont $(x_1,..., x_i,..., x_n)$ représente les n observations de la variable X, le vecteur y dont les coordonnées sont $(y_1,..., y_i,..., y_n)$ représente les n observations de la variable Y.

[1] On pourra l'établir directement en cherchant les valeurs de a_0 et $b^{(h)}$ qui rendent minimum la quantité :
$$\frac{1}{n} \sum_{h=1}^{m} \sum_{i=1}^{k} \sum_{j=1}^{p} n_{ij}^{(h)} [y_j - a_0 x_i - b^{(h)}]^2 = \sum_{h=1}^{m} \{p^{(h)} \sum_{i=1}^{k} \sum_{j=1}^{p} f_{ij}^{(h)} [y_j - a_0 x_i - b^{(h)}]^2\}$$

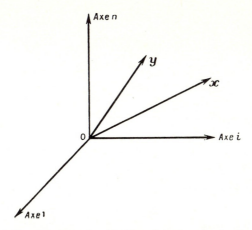

Fig. 6.30. Représentation à n dimensions de n couples (x_i, y_i).

Cette représentation est équivalente à la précédente : au lieu de considérer n points de l'espace à *deux* dimensions, on considère *deux* points de l'espace à n dimensions. Tandis que la première insiste sur la notion d'*individu* : l'individu n° i est représenté par le point M_i de coordonnées (x_i, y_i), la seconde insiste sur la notion de *variable :* les observations de la variable X sont représentées par le vecteur x de coordonnées $(x_1,..., x_n)$, les observations de la variable Y par le vecteur y de coordonnées $(y_1,..., y_n)$. On conçoit que pour l'étude de la liaison entre les variables X et Y, la seconde représentation soit plus adaptée ([1]).

6. 5. 2. Interprétation géométrique de la moyenne et de la variance.

Considérons l'axe I dont toutes les coordonnées sont égales. Tout vecteur x porté par cet axe représente une variable statistique *dégénérée*, puisque tous les individus présentent les mêmes valeurs de la variable X : $x_1 = x_2 = \cdots = x_n$. Si on désigne par m la valeur commune, la distance Ox, c'est-à-dire la longueur du vecteur x est égale à :

$$\sqrt{m^2 + m^2 + \cdots + m^2} = m\sqrt{n}.$$

Considérons maintenant un vecteur x dont toutes les coordonnées ne sont pas égales entre elles. Projetons le vecteur x sur l'axe I d'égales coordonnées en H. Le point H peut être défini comme le point d'égales coordonnées qui

---

[1] On retrouvera cette présentation géométrique dans la théorie de la Régression et des Plans d'expérience en Statistique Mathématique. C'est surtout en vue de cette utilisation ultérieure que ce système de représentation est exposé ici.

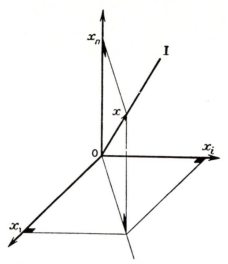

Fig. 6.31. Variable statistique X dégénérée.

est le plus proche de x. Si on désigne par a les coordonnées de H, la distance euclidienne D entre les points H et x a pour carré la somme des carrés des différences entre coordonnées :

$$D^2 = (x_1 - a)^2 + (x_2 - a)^2 + \cdots + (x_n - a)^2 = \sum_{i=1}^{n}(x_i - a)^2.$$

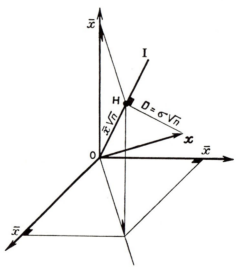

Fig. 6.32. Représentation géométrique de la moyenne et de l'écart-type.

Or cette distance est minimum lorsque a est égal à la moyenne $\bar{x}$, comme on l'a établi en 3.1.3.3. Par conséquent le point H a pour coordonnées $(\bar{x}, \bar{x},..., \bar{x})$.

La longueur OH est égale à $\bar{x}\sqrt{n}$ et la distance Hx à :

$$\sqrt{\sum_{i=1}^{n} (x_i - \bar{x})^2} = \sigma\sqrt{n}.$$

On a ainsi une interprétation géométrique de la moyenne et de l'écart-type d'un ensemble de n observations $(x_1,..., x_i,..., x_n)$: au coefficient $\sqrt{n}$ près, la distance entre le vecteur x et l'axe I des variables statistiques dégénérées est égale à l'écart-type et la distance OH est égale à la moyenne.

Si on considère un point M de l'axe I dont les coordonnées sont toutes égales à a, la distance OM est égale à $a\sqrt{n}$ et la distance HM à $|a - \bar{x}|\sqrt{n}$.

Le théorème de Pythagore appliqué au triangle HMx conduit au théorème de König :

$$\overline{Mx}^2 = \overline{Hx}^2 + \overline{HM}^2$$

soit :

$$\sum_{i=1}^{n}(x_i - a)^2 = n\sigma^2 + n(\bar{x} - a)^2$$

c'est-à-dire :

$$_am_2 = \sigma^2 + (\bar{x} - a)^2 \quad \text{(cf. 3.1.3.3)}.$$

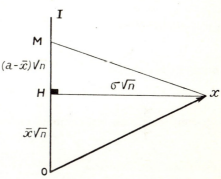

Fig. 6.33. Interprétation géométrique du théorème de König.

6.5.3. Interprétation géométrique de la méthode des moindres carrés.

Considérons un couple de deux variables X et Y en correspondance fonctionnelle linéaire : il existe deux nombres α et β tels que pour tout i :

$$y_i = \alpha x_i + \beta \qquad (i = 1, 2,..., n).$$

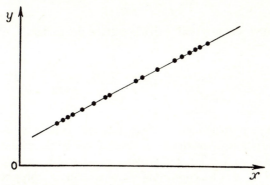

Fig. 6.34. Linéarité de la liaison entre Y et X. Représentation à deux dimensions.

L'interprétation géométrique de cette liaison fonctionnelle linéaire dans le système de représentation à deux dimensions correspond à l'existence d'une droite portant les points M_i.

Dans le système de représentation à n dimensions, la liaison fonctionnelle linéaire se traduit par le fait que le vecteur y est dans le plan défini par les vecteurs $\mathbf{1}$ $(1, 1,..., 1)$ et $\boldsymbol{x}$ $(x_1,..., x_n)$.

En effet, les relations :
$$y_i = \alpha x_i + \beta \qquad (i = 1, 2,..., n).$$
qui peuvent s'écrire :
$$y_i = \alpha x_i + \beta \cdot 1 \qquad (i = 1, 2,..., n)$$
prennent la forme :
$$\boldsymbol{y} = \alpha \boldsymbol{x} + \beta \mathbf{1}.$$

Or un vecteur est une combinaison linéaire de deux vecteurs non colinéaires s'il est situé dans le plan défini par ces deux vecteurs. De plus, α et β représentent les coordonnées de y par rapport aux vecteurs de base $\boldsymbol{x}$ et $\mathbf{1}$.

Les vecteurs $\mathbf{1}$ et $\boldsymbol{x}$ ne sont colinéaires que si toutes les observations $x_1,..., x_n$ sont égales entre elles. On supposera qu'il n'en est pas ainsi c'est-à-dire que la variable X n'est pas dégénérée.

Considérons maintenant un vecteur y non situé dans le plan $(\mathbf{1}, \boldsymbol{x})$ et un vecteur y' du plan $(\mathbf{1}, \boldsymbol{x})$:

$$\boldsymbol{y}' = a\boldsymbol{x} + b\mathbf{1}.$$

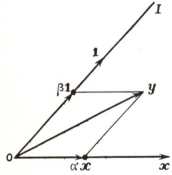

Fig. 6.35. Linéarité de la liaison entre Y et X. Représentation à n dimensions.

La distance D entre y et y' a pour carré la somme des carrés des différences entre coordonnées :

$$D^2 = \sum_{i=1}^{n} (y_i - y'_i)^2 = \sum_{i=1}^{n} (y_i - ax_i - b)^2.$$

La projection de y sur le plan $(\mathbf{1}, \boldsymbol{x})$ correspond au point y' qui rend D minimum. Par conséquent la méthode des moindres carrés définissant la droite d'ajustement de Y en x conduit à projeter le vecteur y sur le plan $(\mathbf{1}, \boldsymbol{x})$. Les coefficients a et b sont les coordonnées du vecteur y', projection de y, par rapport aux vecteurs de base $\mathbf{1}$ et $\boldsymbol{x}$.

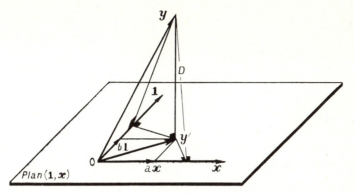

Fig. 6.36. Représentation à n dimensions de la méthode des moindres carrés.

Les vecteurs **1** et x ne sont pas en général orthogonaux si bien que les projections de y sur le vecteur x d'une part et sur le vecteur **1** d'autre part sont différentes respectivement de ax et de $b\mathbf{1}$; les vecteurs de base **1** et x ne forment une base orthogonale que si leur produit scalaire est nul :

$$x_1 \cdot 1 + x_2 \cdot 1 + \cdots + x_n \cdot 1 = n\bar{x} = 0$$

c'est-à-dire si la moyenne $\bar{x}$ est nulle.

En conséquence, on a intérêt à changer de vecteurs de base et à retenir les vecteurs **1** et $\boldsymbol{\xi} = x - \bar{x}\mathbf{1}$ qui sont orthogonaux.

La droite d'ajustement de Y en x s'écrit dans ce système :

$$y'_i = a(x_i - \bar{x}) + b + a\bar{x}$$

c'est-à-dire

$$y' = a\boldsymbol{\xi} + (b + a\bar{x})\,\mathbf{1}$$

La projection $(b + a\bar{x})\mathbf{1}$ du vecteur y sur le vecteur **1** est égale à $\bar{y}\mathbf{1}$, ce qui fournit b en fonction de a :

$$b = \bar{y} - a\bar{x}.$$

La valeur de a s'obtient en projetant y sur le vecteur $\boldsymbol{\xi}$:

$$\sum_{i=1}^{n} [y_i - a(x_i - \bar{x})]^2$$

est minimum si :

$$-2\sum_{i=1}^{n} \{(x_i - \bar{x})[y_i - a(x_i - \bar{x})]\} = 0$$

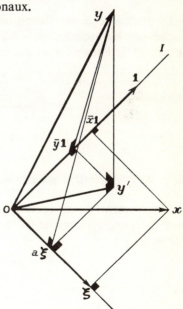

Fig. 6.37. Ajustement linéaire lorsque les vecteurs x et **1** sont orthogonaux.

c'est-à-dire si :

$$a = \frac{\sum_{i=1}^{n} y_i(x_i - \bar{x})}{\sum_{i=1}^{n} (x_i - \bar{x})^2} = \frac{\sum_{i=1}^{n} (x_i - \bar{x})(y_i - \bar{y})}{\sum_{i=1}^{n} (x_i - \bar{x})^2}.$$

On retrouve ainsi la valeur de a obtenue en **6**. 2. 4.

Le théorème de Pythagore appliqué au triangle rectangle dont les sommets sont y, y' et $\bar{y}\mathbf{1}$ fournit la décomposition de la variance de Y :

$$\overline{y \cdot (\bar{y} \cdot \mathbf{1})}^2 = \overline{y' \cdot (\bar{y} \cdot \mathbf{1})}^2 + \overline{y \cdot y'}^2$$

soit :

$$\sum_{i=1}^{n} (y_i - \bar{y})^2 = \sum_{i=1}^{n} (ax_i + b - \bar{y})^2 + \sum_{i=1}^{n} (y_i - ax_i - b)^2$$

ou encore, en divisant par n :

$$\underbrace{V(Y)}_{\substack{\text{variance} \\ \text{de } Y}} = \underbrace{r^2 V(Y)}_{\substack{\text{variance expli-} \\ \text{quée par l'ajus-} \\ \text{tement de } Y \text{ en } x}} + \underbrace{(1 - r^2) V(Y)}_{\substack{\text{variance} \\ \text{résiduelle}}} \qquad \text{(cf. 6. 2. 4. 3)}$$

Le coefficient de corrélation linéaire r représente ainsi le cosinus de l'angle formé par les vecteurs $y - \bar{y}\mathbf{1}$ et $y' - \bar{y}\mathbf{1}$ ou encore, de façon symétrique le cosinus de l'angle formé par les vecteurs $y - \bar{y}\mathbf{1}$ et $x - \bar{x}\mathbf{1}$:

$$r = \frac{\sum_{i=1}^{n} (x_i - \bar{x})(y_i - \bar{y})}{\sqrt{\sum_{i=1}^{n} (x_i - \bar{x})^2} \sqrt{\sum_{i=1}^{n} (y_i - \bar{y})^2}}.$$

6. 5. 4. Interprétation géométrique de la méthode des polynômes orthogonaux.

L'ajustement d'une courbe polynomiale de degré k à un ensemble de n couples (x_i, y_i) consiste en la détermination d'un ensemble $(y'_1, ..., y'_n)$ de la forme :

$$y'_i = a_0 + a_1 x_i + \cdots + a_k x_i^k \qquad (i = 1, 2, ..., n)$$

ou, ce qui est équivalent :

$$y'_i = b_0 P_0(x_i) + b_1 P_1(x_i) + \cdots + b_k P_k(x_i) \qquad (i = 1, 2, ..., n)$$

où $P_1(x), ..., P_k(x)$ sont des polynômes orthogonaux pour $(x_1, ..., x_n)$.

Si on désigne par P_r le vecteur de l'espace à n dimensions dont les coordonnées sont $P_r(x_1)$, $P_r(x_2)$,..., $P_r(x_n)$, le vecteur y' peut s'écrire :

$$y' = b_0 P_0 + b_1 P_1 + \cdots + b_k P_k.$$

Le vecteur y' est donc situé dans le sous-espace à $k + 1$ dimensions défini par les vecteurs P_0, P_1, P_2,..., P_k. La méthode des moindres carrés consiste à projeter y sur ce sous-espace. Les coefficients b_0, b_1,..., b_k sont les coordonnées de la projection y' de y par rapport aux vecteurs de base P_0, P_1,..., P_k. Ces vecteurs sont orthogonaux.

En effet leur produit scalaire deux à deux est nul :

$$\sum_{i=1}^{n} P_r(x_i) \cdot P_s(x_i) = 0 \quad \text{si} \quad r \neq s$$

par définition des polynômes orthogonaux.

Comme les vecteurs de base du sous-espace à $k + 1$ dimensions sont orthogonaux, les projections de y' sur les vecteurs de base sont aussi les projections de y sur ces vecteurs : b_r est la projection du vecteur y sur le vecteur P_r. C'est pourquoi le coefficient b_r ne dépend pas du degré k du polynôme ajusté (cf.6 .3.· 3. 3).

Si, au contraire, on utilisait pour vecteurs de base les vecteurs 1, x, x^2,..., x^k (x^r ayant pour coordonnées x_1^r, x_2^r,..., x_n^r), on aurait une base non orthogonale du sous-espace à $k + 1$ dimensions. La projection de y' sur le vecteur x^r dépendrait du degré k du polynôme ajusté.

* 6. 6. NOTIONS GÉNÉRALES SUR LES DISTRIBUTIONS A TROIS VARIABLES

La généralisation au cas de trois variables ou plus des définitions présentées dans ce chapitre n'offre pas de difficulté et ne conduit pas à des définitions nouvelles [1].

Aussi est-il possible d'exposer seulement le cas de trois variables, et ceci assez brièvement.

6. 6. 1. Définition.

Une population de n individus est décrite suivant trois variables pa la donnée des effectifs correspondant à chaque triplet de valeurs possibles : n_{ijk} est le nombre d'individus qui présentent simultanément les valeurs x_i, y_j et z_k des variables X, Y et Z.

---

[1] Ainsi qu'il est fréquent en Mathématique, la nouveauté réside dans le passage de $n = 1$ à $n = 2$. L'extension au cas de n quelconque à partir du cas $n = 2$ est bien souvent immédiate.

Si on désigne par un point les totalisations suivant l'indice remplacé par le point, les effectifs $n_{ij.}$ définissent la distribution marginale suivant les variables X et Y seules; les effectifs $n_{i..}$ définissent la distribution marginale suivant la variable X seule. On obtient ainsi trois distributions marginales à deux variables et trois distributions marginales à une variable, en permutant les rôles de X, Y et Z.

6. 6. 2. Surfaces de régression.

On appelle *surface de régression* de Z en x et y la surface des moyennes conditionnelles $\bar{z}_{ij}$ en fonction des valeurs x_i et y_j des variables de liaison :

$$\bar{z}_{ij} = \frac{1}{n_{ij.}} \sum_k n_{ijk} z_k.$$

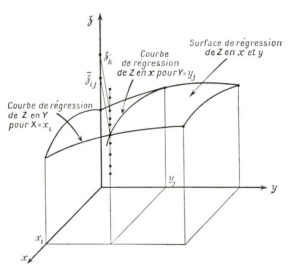

Fig. 6.38. Surface et courbes de régression.

De manière analogue aux courbes de régression, les surfaces de régression sont des surfaces des moindres carrés : la fonction $\varphi(x, y)$ qui réalise le minimum de :

$$A = \frac{1}{n} \sum_{ijk} n_{ijk} [z_k - \varphi(x_i, y_j)]^2$$

correspond à la surface de régression de Z en x et y :

$$\varphi(x_i, y_j) = \bar{z}_{ij}.$$

[6.6] NOTIONS GÉNÉRALES SUR LES DISTRIBUTIONS A TROIS VARIABLES 339

Le minimum atteint par A est égal à :

$$M = \frac{1}{n} \sum_{ijk} n_{ijk}(z_k - \bar{\bar{z}}_{ij})^2.$$

On appelle *cylindre de régression de Z en x* le cylindre des moyennes conditionnelles $\bar{\bar{z}}_i$ en fonction des valeurs x_i de la variable de liaison :

$$\bar{\bar{z}}_i = \frac{1}{n_{i..}} \sum_{jk} n_{ijk} z_k = \frac{1}{n_{i..}} \sum_{j} n_{ij} \bar{z}_{ij}.$$

Le cylindre de régression est également une surface des moindres carrés : la fonction $\varphi(x)$ qui réalise le minimum de :

$$A' = \frac{1}{n} \sum_{ijk} n_{ijk}[z_k - \varphi(x_i)]^2$$

$$= \frac{1}{n} \sum_{ik} n_{i.k}[z_k - \varphi(x_i)]^2$$

correspond au cylindre de régression de Z en x :

$$\varphi(x_i) = \bar{\bar{z}}_i.$$

Le minimum atteint par A' est égal à :

$$M' = \frac{1}{n} \sum_{ijk} n_{ijk}(z_k - \bar{\bar{z}}_i)^2 = \frac{1}{n} \sum_{ik} n_{i.k}(z_k - \bar{\bar{z}}_i)^2.$$

6. 6. 3. Rapports de corrélation.

La variance de Z :

$$V(Z) = \frac{1}{n} \sum_{ijk} n_{ijk}(z_k - \bar{\bar{\bar{z}}})^2 = \frac{1}{n} \sum_{ik} n_{i.k}(z_k - \bar{\bar{\bar{z}}})^2 = \frac{1}{n} \sum_{k} n_{..k}(z_k - \bar{\bar{\bar{z}}})^2.$$

peut être décomposée de deux manières en la somme d'une moyenne de variances et d'une variance de moyennes.

En effet :

$$\frac{1}{n} \sum_{ijk} n_{ijk}(z_k - \bar{\bar{\bar{z}}})^2 = \frac{1}{n} \sum_{ij} \left[n_{ij}. \sum_k \frac{n_{ijk}}{n_{ij.}} (z_k - \bar{\bar{\bar{z}}})^2 \right]$$

$$= \frac{1}{n} \sum_{ij} \left[n_{ij}. \sum_k \frac{n_{ijk}}{n_{ij.}} (z_k - \bar{z}_{ij})^2 \right] + \frac{1}{n} \sum_{i,j} n_{ij}.(\bar{z}_{ij} - \bar{\bar{\bar{z}}})^2$$

$$= \frac{1}{n} \sum_{ij} n_{ij}. V_{ij}(Z) + V(\bar{Z}_{ij}).$$

Le second terme se décompose à son tour :

$$V(Z_{ij}) = \frac{1}{n}\sum_{ij} n_{ij.}(\bar{z}_{ij} - \bar{\bar{z}})^2 = \frac{1}{n}\sum_{i}\left[n_{i..}\sum_{j}\frac{n_{ij.}}{n_{i..}}(\bar{z}_{ij} - \bar{\bar{z}})^2\right]$$

$$= \frac{1}{n}\sum_{i}\left[n_{i..}\sum_{j}\frac{n_{ij.}}{n_{i..}}(\bar{z}_{ij} - \bar{z}_i)^2\right] + \frac{1}{n}\sum_{i} n_{i..}(\bar{z}_i - \bar{\bar{z}})^2$$

$$= \frac{1}{n}\sum_{i} n_{i..}V_i(Z_{ij}) + V(\bar{\bar{Z}}_i).$$

D'où au total :

$$V(Z) = \frac{1}{n}\sum_{ij} n_{ij.}V_{ij}(Z) + \frac{1}{n}\sum_{i} n_{i..}V_i(Z_{ij}) + V(\bar{\bar{Z}}_i).$$

On peut également décomposer $V(Z)$ en considérant la distribution marginale à deux dimensions suivant X et Z :

$$V(Z) = \frac{1}{n}\sum_{ik} n_{i.k}(z_k - \bar{\bar{z}})^2 = \frac{1}{n}\sum_{i}[n_{i..}\sum_{k}\frac{n_{i.k}}{n_{i..}}(z_k - \bar{z}_i)^2] + \frac{1}{n}\sum_{i} n_{i..}(\bar{z}_i - \bar{\bar{z}})^2$$

$$= \frac{1}{n}\sum_{i} n_{i..}V_i(Z) + V(\bar{\bar{Z}}_i).$$

D'où en résumé :

$$V(Z) = \frac{1}{n}\sum_{ij} n_{ij.}V_{ij}(Z) + \overbrace{\frac{1}{n}\sum_{i} n_{i..}V_i(Z_{ij}) + V(\bar{\bar{Z}}_i)}^{V(Z_{ij})}.$$
$$\underbrace{\phantom{\frac{1}{n}\sum_{ij} n_{ij.}V_{ij}(Z) + \frac{1}{n}\sum_{i} n_{i..}V_i(Z_{ij})}}_{\frac{1}{n}\sum_{i} n_{i..}V_i(Z)} + V(\bar{\bar{Z}}_i)$$

On appelle *rapport de corrélation de Z en x et y* la fraction de la variance de Z représentée par la variance des moyennes conditionnelles $\bar{Z}_{ij}$:

$$H^2_{z;x,y} = \frac{V(Z_{ij})}{V(Z)} = 1 - \frac{\frac{1}{n}\sum_{ij} n_{ij.}V_{ij}(Z)}{V(Z)}.$$

Le *rapport de corrélation de Z en x* est la fraction de la variance de Z représentée par la variance des moyennes conditionnelles $\bar{\bar{Z}}_i$:

$$\eta^2_{z;x} = \frac{V(\bar{\bar{Z}}_i)}{V(Z)} = 1 - \frac{\frac{1}{n}\sum_{i} n_{i..}V_i(Z)}{V(Z)}.$$

Des développements qui précèdent sur la décomposition de la variance de Z ([1]), il résulte que $H^2_{z;y,x}$ est au moins égal à $\eta^2_{z;x}$ (et par symétrie à $\eta^2_{z;y}$) :

$$0 \leqslant (\eta^2_{z;x},\ \eta^2_{z;y}) \leqslant H^2_{z;x,y} \leqslant 1.$$

6. 6. 4. Plans d'ajustement.

On appelle *plan d'ajustement de Z en x et y* le plan

$$z = ax + by + c$$

tel que la somme des carrés des écarts comptés parallèlement à l'axe des z soit minimum :

$$\sum_{ijk} n_{ijk}(z_k - ax_i - by_j - c)^2 = \text{minimum}.$$

En dérivant cette expression par rapport à c, il vient :

$$-2 \sum_{ijk} n_{ijk}(z_k - ax_i - by_j - c) = 0$$

soit :

$$\bar{\bar{z}} = a\bar{\bar{x}} + b\bar{\bar{y}} + c.$$

Le plan d'ajustement passe donc par le centre de gravité G des observations. Les valeurs de a et b sont obtenues en rendant minimum la quantité :

$$\sum_{ijk} n_{ijk}[z_k - \bar{\bar{z}} - a(x_i - \bar{\bar{x}}) - b(y_j - \bar{\bar{y}})]^2.$$

En dérivant par rapport à a et b, il vient :

$$r_{x,z}\, \sigma_X\, \sigma_Z = a\, \sigma_X^2 + b\, r_{x,y}\, \sigma_X\, \sigma_Y$$

$$r_{y,z}\, \sigma_Y\, \sigma_Z = a\, r_{x,y}\, \sigma_X\, \sigma_Y + b\, \sigma_Y^2$$

où $r_{x,z}$, $r_{x,y}$, $r_{y,z}$ sont les coefficients de corrélation linéaire de X avec Z, X avec Y, Y avec Z (calculés à partir des distributions marginales à deux variables).

Ce système de deux équations linéaires à deux inconnues a pour solutions (en supposant $r^2_{x,y} \neq 1$) :

$$a = \frac{\sigma_Z}{\sigma_X} \frac{r_{z,x} - r_{z,y}\, r_{y,x}}{1 - r^2_{x,y}}$$

$$b = \frac{\sigma_Z}{\sigma_Y} \frac{r_{z,y} - r_{z,x}\, r_{x,y}}{1 - r^2_{x,y}}.$$

([1]) On peut encore déduire cette suite d'inégalités de la comparaison des minima M et M' du paragraphe précédent.

D'où l'équation du plan d'ajustement de Z en x et y :

$$\frac{z - \bar{\bar{z}}}{\sigma_Z} = \frac{r_{z,x} - r_{z,y}\, r_{y,x}}{1 - r_{x,y}^2} \frac{x - \bar{\bar{x}}}{\sigma_X} + \frac{r_{z,y} - r_{z,x}\, r_{x,y}}{1 - r_{x,y}^2} \frac{y - \bar{\bar{y}}}{\sigma_Y}$$

On obtient les autres plans d'ajustement par permutation des rôles des variables. Ainsi le plan d'ajustement de X en y et z a pour équation :

$$\frac{x - \bar{\bar{x}}}{\sigma_X} = \frac{r_{x,y} - r_{x,z}\, r_{z,y}}{1 - r_{y,z}^2} \frac{y - \bar{\bar{y}}}{\sigma_Y} + \frac{r_{x,z} - r_{x,y}\, r_{y,z}}{1 - r_{y,z}^2} \frac{z - \bar{\bar{z}}}{\sigma_Z}$$

soit :

$$\frac{z - \bar{\bar{z}}}{\sigma_Z} = \frac{1 - r_{y,z}^2}{r_{x,z} - r_{x,y}\, r_{y,z}} \frac{x - \bar{\bar{x}}}{\sigma_X} - \frac{r_{x,y} - r_{x,z}\, r_{z,y}}{r_{x,z} - r_{x,y}\, r_{y,z}} \frac{y - \bar{\bar{y}}}{\sigma_Y}.$$

La variance de Z peut s'écrire :

$$V(Z) = \sum_{ijk} \frac{n_{ijk}}{n} (z_k - \bar{\bar{z}})^2$$

$$= \sum_{ijk} \frac{n_{ijk}}{n} [z_k - \bar{\bar{z}} - a(x_i - \bar{\bar{x}}) - b(y_j - \bar{\bar{y}})]^2$$

$$+ \sum_{ij} \frac{n_{ij\cdot}}{n_{\cdot\cdot}} [a(x_i - \bar{\bar{x}}) + b(y_j - \bar{\bar{y}})]^2.$$

En effet, lorsque dans l'expression :

$$\sum_{ijk} n_{ijk} \{ [z_k - \bar{\bar{z}} - a(x_i - \bar{\bar{x}}) - b(y_j - \bar{\bar{y}})] + [a(x_i - \bar{\bar{x}}) + b(y_j - \bar{\bar{y}})] \}$$

on développe le carré, les termes rectangles ont pour somme zéro, puisque a et b satisfont aux équations dérivées :

$$\sum_{ijk} n_{ijk} (x_i - \bar{\bar{x}}) [z_k - \bar{\bar{z}} - a(x_i - \bar{\bar{x}}) - b(y_j - \bar{\bar{y}})] = 0$$

$$\sum_{ijk} n_{ijk} (y_j - \bar{\bar{y}}) [z_k - \bar{\bar{z}} - a(x_i - \bar{\bar{x}}) - b(y_j - \bar{\bar{y}})] = 0.$$

On aboutit ainsi à une décomposition de la variance de Z en variance expliquée par le plan d'ajustement de Z en x et y et variance résiduelle par rapport à ce plan :

$$V(Z) = \underbrace{\sum_{ij} \frac{n_{ij\cdot}}{n} [a(x_i - \bar{\bar{x}}) + b(y_j - \bar{\bar{y}})]^2}_{\text{Variance expliquée par le plan d'ajustement de } Z \text{ en } x \text{ et } y.}$$

$$+ \underbrace{\sum_{ijk} \frac{n_{ijk}}{n} [z_k - \bar{\bar{z}} - a(x_i - \bar{\bar{x}}) - b(y_j - \bar{\bar{y}})]^2}_{\text{Variance résiduelle par rapport au plan d'ajustement de } Z \text{ en } x \text{ et } y.}$$

Le *coefficient de corrélation linéaire multiple* entre Z et (X, Y) : $R_{z;x,y}$ est défini par :

$$R^2_{z;x,y} = \frac{\sum_{i,j} \frac{n_{ij\cdot}}{n}[a(x_i - \bar{\bar{x}}) + b(y_j - \bar{\bar{y}})]^2}{V(Z)} = \frac{\text{variance expliquée}}{\text{variance totale}}.$$

En fonction des coefficients de corrélation linéaire (où les variables sont prises deux à deux), $R^2_{z;x,y}$ a pour expression :

$$R^2_{z;x,y} = \frac{r^2_{z,x} + r^2_{z,y} - 2r_{z,x}\, r_{z,y}\, r_{x,y}}{1 - r^2_{x,y}} \quad (^1).$$

Si on ajuste par la méthode des moindres carrés un plan parallèle à l'axe des y (*plan d'ajustement de Z en x*) :

$$z = ax + b,$$

on obtient une autre décomposition de la variance de Z :

$$V(Z) = \underbrace{r^2_{z,x} V(Z)}_{\substack{\text{Variance expliquée} \\ \text{par le plan d'ajus-} \\ \text{tement de } Z \text{ en } x.}} + \underbrace{(1 - r^2_{z,x}) V(Z)}_{\substack{\text{Variance résiduelle} \\ \text{par rapport au plan} \\ \text{d'ajustement de } Z \text{ en } x.}}$$

La fraction de la variance $V(Z)$ expliquée par le plan d'ajustement de Z en x étant au plus égale à celle expliquée par le plan d'ajustement de Z en x et y, on a

$$0 \leqslant r^2_{z,x} \leqslant R^2_{z;x,y} \leqslant 1$$

et par symétrie :

$$0 \leqslant (r^2_{z,x}, r^2_{z,y}) \leqslant R^2_{z;x,y} \leqslant 1.$$

En reprenant les différents rapports et coefficients de corrélation, on aboutit aux inégalités :

$$0 \leqslant (r^2_{z,x}, r^2_{z,y}) \leqslant R^2_{z;x,y} \leqslant H^2_{z;x,y} \leqslant 1$$
$$0 \leqslant r^2_{z,x} \leqslant \eta^2_{z;x} \leqslant H^2_{z;x,y} \leqslant 1$$
$$0 \leqslant r^2_{z,y} \leqslant \eta^2_{z;y} \leqslant H^2_{z;x,y} \leqslant 1$$

---

[1] Dans les calculs numériques, on utilise la formule équivalente :

$$R^2_{z;x,y} = \frac{a \sum_{i,k} n_{i\cdot k}(x_i - \bar{\bar{x}})(z_k - \bar{\bar{z}}) + b \sum_{j,k} n_{\cdot jk}(y_j - \bar{\bar{y}})(z_k - \bar{\bar{z}})}{\sum_k n_{\cdot\cdot k}(z_k - \bar{\bar{z}})^2}$$

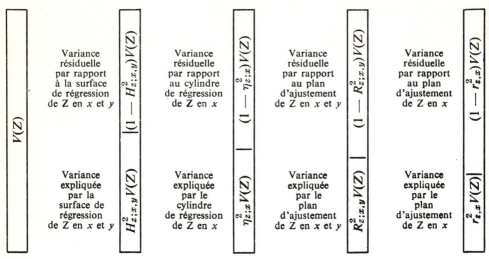

Fig. 6.39. Décompositions diverses de la variance $V(Z)$.

6. 6. 5. Signification des rapports et coefficients de corrélation.

Les inégalités précédentes permettent d'apprécier la signification de l'égalité entre elles, à zéro ou à 1 des mesures de la corrélation ainsi définies.

1. $H^2_{z;x,y} = 1$: Z est lié à X et Y par une relation fonctionnelle du type $z = \varphi(x, y)$: liaison sur une *surface*.

2. $R^2_{z;x,y} = 1$: Z est lié à X et Y par une relation fonctionnelle linéaire du type $z = ax + by + c$. Alors $H^2_{z;x;y}$ est égal à 1. La surface de liaison est un *plan*.

3. $\eta^2_{z;x}(= H^2_{z;x,y})$ ([1]) $= 1$: Z est lié à X seul par une relation fonctionnelle du type $z = \varphi(x)$. La surface de liaison est un *cylindre* dont les génératrices sont parallèles à l'axe des y.

4. $r^2_{z,x}(= \eta^2_{z;x} = R^2_{z;x,y} = H^2_{z;x,y}) = 1$: Z est lié à X seul par une relation fonctionnelle linéaire du type $z = ax + b$. La surface de liaison est un *plan parallèle à l'axe des y*.

5. $\eta^2_{z;x} = \eta^2_{z;y}(= H^2_{z;x,y}) = 1$: Z est lié à X et Y par deux relations fonctionnelles du type $z = \varphi(x,y) = \psi(x, y)$: liaison sur une *courbe*.

6. $\eta^2_{z;x} = \eta^2_{z;y} = R^2_{z;x,y}(= H^2_{z;x,y}) = 1$: Z est lié à X et Y par deux relations dont l'une est linéaire : $z = \varphi(x, y) = ax + by + c$: liaison sur une *courbe plane*.

[1] On note entre parenthèses les égalités qui se déduisent des autres.

7. $r_{z,x}^2(=\eta_{z;x}^2) = \eta_{z;y}^2(=R_{z;x,y}^2 = H_{z;x,y}^2) = 1$: liaison sur une *courbe plane*, le plan de la courbe étant *parallèle à l'axe des y*.

8. $r_{z,x}^2 = r_{z,y}^2(=\eta_{z;x}^2 = \eta_{z;y}^2 = R_{z;x,y}^2 = H_{z;x,y}^2) = 1$: liaison sur une *droite*; alors les trois coefficients de corrélation linéaire sont égaux à ± 1, les neuf rapports de corrélation η^2 et H^2 sont égaux à 1.

9. $R_{z;x,y}^2 = H_{z;x,y}^2$: la surface de régression de Z en x et y est un *plan*.

10. $\eta_{z;x}^2 = H_{z;x,y}^2$: la surface de régression de Z en x et y est un *cylindre* dont les génératrices sont parallèles à l'axe des y.

11. $\eta_{z;x}^2 = R_{z;x,y}^2 = H_{z;x,y}^2$: la surface de régression de Z en x et y est un *plan parallèle à l'axe des y*. On a alors: $r_{z,x}^2(=\eta_{z;x}^2) = R_{z;x,y}^2 = H_{z;x,y}^2$.

12. $\eta_{z;x}^2 = \eta_{z;y}^2 = H_{z;x,y}^2$: la surface de régression de Z en x et y est un *plan parallèle au plan de xOy*;
    Alors on a : $r_{z,x}^2 = r_{z,y}^2 = \eta_{z;x}^2 = \eta_{z;y}^2 = R_{z;x,y}^2 = H_{z;x,y}^2 = 0$.

13. $\eta_{z;x}^2 = 0$: Z est *sans corrélation avec X*; les moyennes $\bar{z}_i$ sont égales à $\bar{\bar{z}}$.

14. $\eta_{z;x}^2 = \eta_{z;y}^2 = 0$: Z est *sans corrélation avec X* d'une part ($\bar{z}_i = \bar{\bar{z}}$) et *sans corrélation avec Y* d'autre part ($\bar{z}_j = \bar{\bar{z}}$). Il se peut néanmoins que Z soit corrélé avec le couple X, Y : $\bar{z}_{ij} \neq (\bar{z}_i = \bar{z}_j = \bar{\bar{z}})$.

15. $H_{z;x,y}^2 = 0$: Z est sans corrélation avec *le couple* X, Y; les moyennes conditionnelles sont toutes égales à la moyenne marginale : $\bar{z}_{ij} = \bar{z}_i$ $\bar{\bar{z}}_j = \bar{\bar{z}}$.

CHAPITRE 7

LES SÉRIES CHRONOLOGIQUES PRÉSENTATION

Ce chapitre est consacré à la présentation générale des séries chronologiques. On examine les hypothèses relatives aux structures des séries mensuelles ou trimestrielles : mouvement extra-saisonnier, mouvement saisonnier et mouvement accidentel. Les méthodes d'analyse seront exposées au chapitre 8.

7. 1. GÉNÉRALITÉS

7. 1. 1. Définition d'une série chronologique.

On appelle *série chronologique*, *série temporelle* ou *chronique* une suite d'observations chiffrées, ordonnées dans le temps.

La grandeur dont on suit l'évolution — qu'on désignera par Y — peut être un *flux* ou un *niveau*.

7. 1. 1. 1. CAS D'UN NIVEAU.

Dans le cas d'un *niveau* — on dit encore un *stock* — chaque observation se rapporte à une *date*. Les dates d'observation repérées par l'indice t sont numérotées de 1 à T : y_t est la valeur prise par Y à la date t. Généralement, les dates d'observation sont régulièrement échelonnées dans le temps.

Exemples.

— Série *journalière* des températures relevées à zéro heure en un point donné : observations rigoureusement échelonnées.
— Série *mensuelle* du nombre de chômeurs secourus au premier de chaque mois : les mois n'ayant pas la même longueur, ces observations ne sont pas rigoureusement échelonnées.

On représente graphiquement l'évolution d'un niveau en affectant l'observation y_t à la date correspondante t.

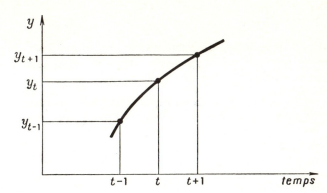

Fig. 7.1.   Représentation graphique d'un stock.

7. 1. 1. 2. Cas d'un flux.

Dans le cas d'un *flux*, chaque observation se rapporte à une *période* : flux écoulé pendant la période. Les périodes d'observation sont numérotées de 1 à T et y_t est le flux écoulé pendant la période t.

Généralement les périodes d'observation sont d'égale longueur.

Exemples.

— Série *mensuelle* des consommations nationales d'électricité : les périodes ne sont pas rigoureusement égales.
— Indice *hebdomadaire* du nombre d'heures ouvrées : périodes d'égale durée temporelle mais inégales sur le plan économique puisque le nombre d'heures ouvrables varie d'une semaine à l'autre en raison des jours fériés.

On représente graphiquement l'évolution d'un flux en rapportant l'observation y_t à la date milieu de la période t. Cette date est souvent désignée elle-même par t.

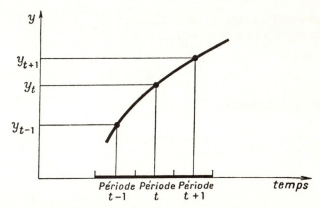

Fig. 7.2.   Représentation graphique d'un flux.

7.1.1.3. Périodicité.

En général, les séries temporelles sont mensuelles, trimestrielles ou annuelles On étudiera en particulier dans ce chapitre les trois séries suivantes à périodicité inférieure à l'année :

— Série *mensuelle* des ventes d'un rayon d'un grand magasin (1950-1956) ;
— Série *mensuelle* du nombre de chômeurs secourus au premier de chaque mois (1949-1961) ;
— Série *trimestrielle* des livraisons d'essence automobile et de supercarburant (1952-1963).

On n'examinera pas spécialement le cas des séries *annuelles* dont les méthodes d'analyse relèvent soit de la théorie des ajustements analytiques (méthodes évoquées au chapitre 6), soit de la procédure empirique des moyennes mobiles qu'on examinera ci-dessous au chapitre 8 à propos des séries mensuelles ou trimestrielles (soit encore de la théorie des processus stochastiques qui sort du cadre de ce cours).

Dans l'étude des séries chronologiques à périodicité inférieure à l'année, on donnera *deux* dimensions au temps :

— le *mois*, unité de référence correspondant aux dates d'observation (ou aux périodes, dans le cas des flux). Ces *mois* pourront être des mois véritables mais également des trimestres ou des semaines ;
— *l'année*, composée d'un nombre pair m de mois : $m = 4$ (trimestres) ou $m = 12$ (mois) ou même $m = 52$ (semaines).

Les mois s'organisent ainsi en années de m mois chacune. On supposera, pour fixer les idées et pour simplifier les notations, que les observations dont on dispose portent sur un nombre entier n d'années, c'est-à-dire sur :

$$T = nm \quad \text{mois.}$$

Les deux dimensions mensuelle et annuelle du temps sont repérées par les indices j et i :

j, indice relatif au mois : $j = 1, 2,..., m$.
i, indice relatif à l'année : $i = 1, 2,..., n$.

Le mois n° t est le j-ième mois de la i-ième année si :

$$t = m(i - 1) + j.$$

On écrira indifféremment :

$$y_t$$
$$(t = 1, 2,..., T = nm)$$

ou

$$y_{ij}$$
$$(i = 1, 2,..., n; \quad j = 1, 2,..., m).$$

7. 1. 2. But de l'étude des séries chronologiques à périodicité inférieure à l'année.

Considérons la série suivante des livraisons françaises d'essence automobile et de supercarburant (en milliers de m³) de 1952 à 1963 :

Années	1er trimestre	2e trimestre	3e trimestre	4e trimestre
1952	920	1 114	1 310	1 047
1953	953	1 241	1 468	1 189
1954	1 002	1 343	1 571	1 314
1955	1 128	1 544	1 747	1 446
1956	1 257	1 589	1 911	1 465
1957	1 108	1 682	1 720	1 531
1958	1 291	1 771	2 006	1 603
1959	1 422	1 782	2 112	1 658
1960	1 515	1 942	2 233	1 755
1961	1 738	2 057	2 408	1 925
1962	1 778	2 264	2 597	2 111
1963	1 845	2 481	2 856	2 358

(*Source* : *Comité Professionnel du Pétrole*).

Comme c'est le cas d'un bon nombre de séries chronologiques chaque mois — dans cet exemple, chaque trimestre — présente un *caractère propre* relativement stable : les livraisons du troisième trimestre sont les plus élevées, celles du premier trimestre les plus faibles (voir Fig. 7.3, p. 350). A l'intérieur de l'année, une modulation plus ou moins régulière en intensité affecte les observations. Cette modulation est mise en évidence sur le graphique des courbes annuelles superposées (Fig. 7.4).

Si on veut *apprécier* une observation récente (analyse du passé ou du présent) ou *prévoir* l'évolution à court terme de la série, il convient de débarrasser les données de leur modulation saisonnière, c'est-à-dire de *désaisonnaliser* la série.

Ainsi, les livraisons du quatrième trimestre 1957 se sont élevées à 1 531 000 m³, accusant une diminution de 189 000 m³ par rapport au trimestre précédent. Cette diminution est-elle *purement saisonnière* (les livraisons du 4e trimestre étant toujours inférieures à celles du troisième trimestre) ou traduit-elle une *évolution fondamentale* (à la fin de 1957, les livraisons d'essence automobile sont en *réelle* baisse) ?

L'étude des variations saisonnières a pour but de ramener les livraisons de chaque trimestre à un niveau qui soit *comparable* directement d'un trimestre à l'autre. L'examen de la série *corrigée des variations saisonnières* permet alors d'apprécier l'évolution fondamentale de la grandeur étudiée. C'est pourquoi l'analyse de la *conjoncture* économique, c'est-à-dire l'analyse du passé récent (à travers les dernières observations effectuées), nécessite au premier chef l'étude des variations saisonnières.

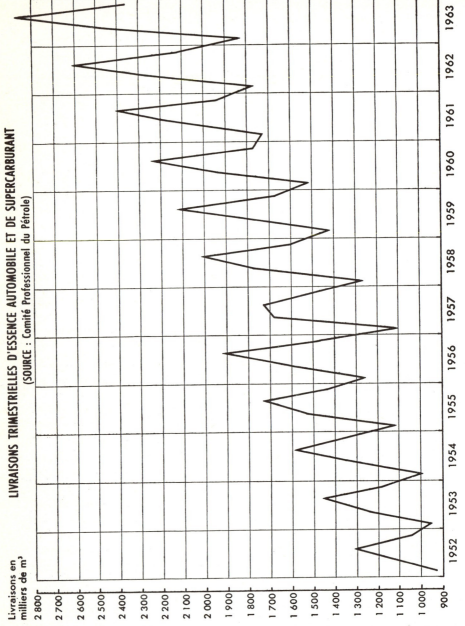

Par ailleurs, si l'étude de la série permet de dégager de son évolution passée une tendance assez nette, il est possible de prévoir l'avenir proche, dans l'hypothèse où les structures qui conditionnent l'évolution de la grandeur se maintiendront (prévision tendancielle). On projette l'évolution fondamentale pour la période future et on compose cette prévision avec le mouvement saisonnier pour aboutir à une prévision définitive.

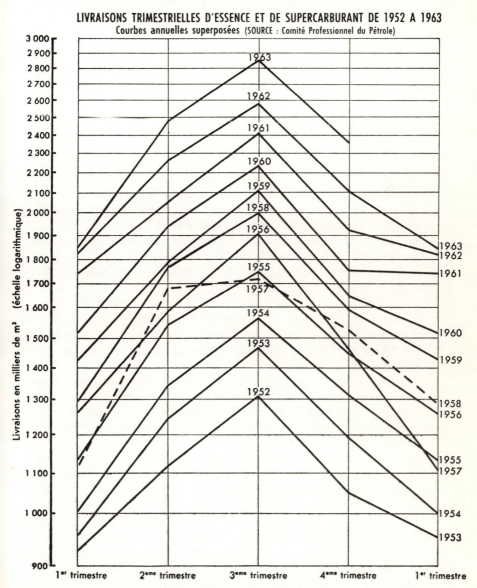

Fig. 7.4. Série trimestrielle des livraisons d'essence automobile et de supercarburant. Courbes annuelles superposées.

7. 2. LE CADRE TEMPOREL DES SÉRIES CHRONOLOGIQUES

A la base des calculs qui seront effectués dans le chapitre 8, trois hypothèses fondamentales sous-jacentes doivent être explicitées : répétition cyclique du temps, stabilité des structures qui conditionnent l'évolution de la **grandeur étudiée**, permanence de la définition de cette grandeur.

7. 2. 1. Répétition cyclique du temps.

Cette hypothèse revient à supposer comparables deux observations relatives au même mois de deux années différentes y_{ij} et $y_{i'j}$: d'une année à l'autre, le temps se répète identique à lui-même.

7. 2. 1. 1. CAS D'UN NIVEAU.

Dans le cas d'un niveau, cette hypothèse de comparabilité de deux dates d'observation distantes d'une année peut être plus ou moins bien vérifiée. En effet :

— l'année ne comportant pas un *nombre entier* de semaines, une même date du calendrier peut être un jour ouvrable une année et un jour chômé l'année suivante (dimanche, fête, « pont »,...) ;
de nombreuses grandeurs économiques sont affectées d'une *modulation hebdomadaire* superposée à la modulation mensuelle (week-end pour le samedi, fermeture de magasins le lundi, arrivages aux Halles plus importants le mardi,...) ce qui, dans certains cas, altère plus ou moins la comparabilité d'une date avec la date correspondante de l'année précédente. Par exemple, si on s'intéresse aux dépôts dans les caisses d'épargne, il convient de faire des relevés aussi près que possible de la fin de chaque mois et de préférence un même jour de la semaine (le samedi, par exemple) ;
— la présence de *fêtes mobiles* donne à chaque année un caractère propre ; par exemple, la date de Pâques influence certaines grandeurs économiques : trafic S. N. C. F., sports de printemps et loisirs en général, mariages et commerces correspondants (les mariages étant moins nombreux pendant le Carême) ;
— les *phénomènes météorologiques* qui ont des répercussions plus ou moins marquées dans de nombreux domaines économiques (agriculture, bâtiment,...) diffèrent dans leur répétition d'une année à l'autre : du fait de récoltes insuffisantes l'année précédente, de conditions climatiques plus favorables cette année-là, de phénomènes accidentels (grèves, situation politique nationale ou internationale troublée, importations,...), le prix des pommes de terre au 1er avril d'une année peut être sensiblement différent de ce qu'il était le 1er avril précédent sans que cette différence reflète une évolution fondamentale significative.

Ainsi, suivant la grandeur étudiée, l'hypothèse de comparabilité d'un même mois d'une année à l'autre sera plus ou moins bien vérifiée. Les méthodes exposées plus loin ne s'appliquent donc pas toujours de façon parfaite.

7. 2. 1. 2. Cas d'un flux.

Dans le cas où la grandeur étudiée Y est un flux, l'hypothèse de comparabilité est souvent plus proche de la réalité : si la période d'observation est assez longue, des compensations peuvent jouer et diminuer la portée des effets signalés ci-dessus à propos des niveaux.

Toutefois, dans le cas d'un flux mensuel, si les mesures partent du 1er au 30 (ou 31) de chaque mois puis, à partir d'une certaine date, du 25 au 24 du mois suivant, la modification des dates débuts de période est un facteur de non-comparabilité. C'est ainsi que les séries du commerce extérieur français présentent une rupture à partir du mois de décembre 1960.

Il en est de même si, d'une année à l'autre, un même mois n'a pas la même durée. Par exemple, si à cause de fêtes mobiles ou de « ponts » plus favorables, le mois de mai d'une année comporte un nombre exceptionnel de jours chômés, il convient, pour rendre comparables les mois de mai entre eux, de corriger certaines séries pour tenir compte du nombre de jours ouvrés. On adopte habituellement — faute de mieux — une correction proportionnelle. Il en est de même du mois de février pour les années bissextiles.

7. 2. 2. Stabilité des structures conditionnant le phénomène étudié.

Si pendant la période étudiée, des phénomènes extérieurs viennent à influencer la grandeur considérée, son évolution en sera passagèrement ou durablement, instantanément ou lentement perturbée.

Si l'effet est *brusque et passager* (grèves, gelées, grands froids exceptionnels,...), il pourra être préférable de laisser provisoirement de côté les observations correspondantes — quitte à estimer à la fin de l'analyse la portée quantitative de l'effet. Si l'effet est *brusque et durable* (changement de législation, changement de prix,...), on peut être conduit, suivant l'ampleur de l'effet considéré, à décomposer la période étudiée en deux sous-périodes analysées séparément. Cependant, un bon nombre de grandeurs économiques ont une inertie telle que les évolutions de part et d'autre de la période de transition sont analogues (même tendance ascendante avec translation, pente accrue ou réduite). On en trouvera ci-dessous un exemple dans la série des livraisons d'essence automobile et de supercarburant avec la crise de Suez et le relèvement des prix qui lui a succédé.

Si l'effet est *lent* (changement d'habitudes, de mode,...) il peut se marquer par :

— une *évolution à long terme du mouvement de fond* (ainsi par exemple la diffusion de plus en plus grande de l'automobile). On verra ci-dessous que le *trend* rend compte de cette évolution ;

— une *évolution à long terme des habitudes saisonnières* (essor accru des sports d'hiver par exemple qui se traduit par la modification du profil saisonnier de certaines séries, comme celle du trafic-voyageurs de la S. N. C. F.). On est amené, dans le cas où les habitudes saisonnières évoluent assez régulièrement, à tenir compte de cette évolution.

La nécessité d'étudier des périodes assez homogènes pour que la notion de mouvement saisonnier conserve un sens tout au long de la période conduit à limiter les analyses à des périodes relativement courtes : de l'ordre de la dizaine d'années pour de nombreuses séries. Au-delà, les structures générales subissent des transformations complexes dont les hypothèses simplifiées à la base des méthodes d'analyse ne permettent pas de rendre compte.

7. 2. 3. Permanence de la définition de la grandeur étudiée.

Cette condition évidente n'est pas toujours vérifiée parce que les méthodes de mesure par exemple ont évolué au cours de la période étudiée. Ces changements sont assez fréquents lorsqu'il s'agit d'indices en particulier ([1]) : changement de période de base, de pondérations, d'articles entrant dans le calcul,...

En matière de séries chronologiques où la comparabilité est une exigence fondamentale, le mieux est souvent l'ennemi du bien : il vaut mieux poursuivre l'enregistrement de données médiocres mais comparables que d'améliorer fréquemment la qualité des informations recueillies ou la présentation des résultats élaborés au détriment de leur comparabilité.

7. 3. LES ÉLÉMENTS CONSTITUTIFS D'UNE SÉRIE CHRONOLOGIQUE

7. 3. 1. Définition des composantes.

On a coutume de distinguer trois composantes principales dans une série chronologique :

— le mouvement *extra-saisonnier* ou encore mouvement *conjoncturel* correspond à l'évolution fondamentale à laquelle viennent se superposer les autres composantes.

On décompose parfois le mouvement conjoncturel en deux éléments : le *trend* ou tendance séculaire à long terme et le *cycle*, mouvement oscillatoire d'amplitude et de périodicité variables, la périodicité étant supérieure à l'année. On ne cherchera pas dans la suite à dissocier ces deux éléments ;

([1]) On examinera au chapitre 9 les raisons qui conduisent à réviser périodiquement la structure d'un indice.

— les *variations saisonnières* sont des fluctuations périodiques s'inscrivant dans le cadre de l'année et qui se reproduisent de façon plus ou moins identique d'une année à l'autre ;
— les variations *résiduelles* ou *accidentelles* sont des fluctuations irrégulières et imprévisibles, supposées en général de faible amplitude, qui traduisent l'effet de facteurs perturbateurs non permanents.

7. 3. 2. Hypothèses sur la nature et la composition des éléments constitutifs d'une série chronologique

Dans les paragraphes qui suivent, on fera les hypothèses suivantes :
Le mouvement conjoncturel f_t est une fonction a priori *quelconque* du temps.
Le mouvement saisonnier S_t est indépendant du mouvement conjoncturel et *rigoureusement périodique* :

$$S_t = S_{t+m} = S_{t+2m} = \cdots$$

On désignera par S_j le mouvement saisonnier relatif aux mois n° j :

$$S_{ij} = S_j \quad \text{quel que soit } i.$$

Le mouvement accidentel z_t est de *faible amplitude* et *en moyenne nul* sur un petit nombre de mois.
Les hypothèses que l'on fait habituellement sur la composition des mouvements conjoncturel et saisonnier se ramènent au schéma additif et au schéma multiplicatif :
Dans le schéma *additif*, on a :

$$y_t = f_t + S_t + z_t$$

tandis que dans le schéma *multiplicatif* :

$$y_t = f_t S_t + z_t \qquad \text{(première forme)}$$

ou

$$y_t = f_t S_t (1 + z_t) \qquad \text{(seconde forme)}.$$

On notera que sous sa deuxième forme, le schéma multiplicatif est équivalent au schéma additif si on passe en logarithmes :

$$\lg \left[f_t S_t (1 + z_t) \right] \approx \lg f_t + \lg S_t + z_t.$$

Le choix du schéma de composition à retenir est guidé par des considérations pratiques résultant par exemple de l'examen graphique de l'évolution de la série : le schéma additif correspond à un mouvement saisonnier dont la composition avec le mouvement conjoncturel conduit à une modulation d'*amplitude constante* alors que le schéma multiplicatif conduit à une modulation d'*amplitude variable* croissante avec le mouvement conjoncturel (voir Fig. 7.5) : les courbes annuelles superposées sont sensiblement parallèles sur papier arithmétique dans le cas du schéma additif et sur papier semi-logarithmique dans le cas du schéma multiplicatif (voir figures p. 394 et 395). Il est fréquent que le schéma multiplicatif — surtout sous sa deuxième forme — s'applique mieux que le schéma additif.

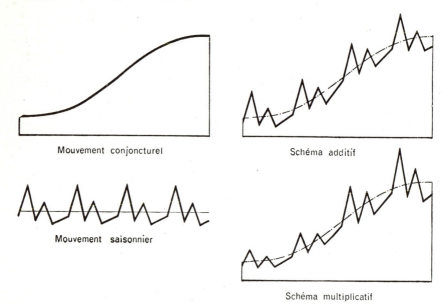

Fig. 7.5. Composition additive et multiplicative des mouvements conjoncturel et saisonnier.

Le principe de conservation des aires.

Supposons l'écart accidentel *nul* et le mouvement conjoncturel *constant*. Le partage entre le mouvement saisonnier et le mouvement conjoncturel est indéterminé dans chacun des deux schémas :

soit :
$$y_t = f_t + S_t \quad \text{ou} \quad y_t = f_t S_t$$
$$y_{ij} = f + S_j \quad \text{ou} \quad y_{ij} = f S_j.$$

On convient pour lever cette indétermination d'identifier le mouvement conjoncturel à la *moyenne annuelle* :

$$\bar{y} = f + \bar{S} = f \quad \text{ou} \quad \bar{y} = f \bar{S} = f.$$

Cette convention, qu'on appelle *principe de conservation des aires* revient ainsi à supposer que :
— dans le schéma additif, la moyenne des coefficients saisonniers S_j est *nulle* sur une année ;

[7.3] LES ÉLÉMENTS CONSTITUTIFS D'UNE SÉRIE CHRONOLOGIQUE 357

— dans le schéma multiplicatif, la moyenne des coefficients saisonniers S_j est *égale à 1* sur une année, c'est-à-dire encore, en posant :

$$S_j = 1 + s_j,$$

la moyenne des coefficients s_j est *nulle* sur une année.

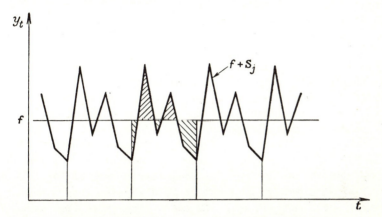

Fig. 7.6. Principe de conservation des aires.

Le nom de *principe de conservation des aires* provient de ce qu'il exprime que l'aire située sous la courbe $y_t = f + S$ est égale à celle située sous la droite d'ordonnée f.

En effet, si on joint par des segments de droite les différents points y_t, l'aire algébrique située entre chaque courbe annuelle et la droite d'ordonnée f, égale à la somme algébrique des coefficients saisonniers ([1]), est nulle.

On écrit alors les schémas additifs ou multiplicatifs :

$$y_t = f_t + S_t + z_t \quad \text{(schéma additif)}$$
$$y_t = f_t(1 + s_t) + z_t$$

(schémas multiplicatifs).

ou

$$y_t = f_t(1 + s_t)(1 + z_t)$$

la somme de m coefficients s_j ou S_j étant égale à zéro.

([1]) Comme on l'établira par un **raisonnement géométrique** très simple.

CHAPITRE 8

L'ANALYSE DES SÉRIES CHRONOLOGIQUES

Ce chapitre est consacré à la décomposition d'une série chronologique en ses deux éléments fondamentaux : le mouvement saisonnier et le mouvement conjoncturel. Dans la première partie, on suppose que le mouvement conjoncturel répond à une forme analytique donnée : tendance linéaire ou exponentielle. On est conduit alors à un ajustement par la méthode des moindres carrés qui fournit une estimation des composantes. Ce genre de modèle *présente l'inconvénient majeur de ne s'appliquer qu'à un nombre restreint de séries : en général, il est impossible de faire une hypothèse quelconque sur la forme algébrique du mouvement extra-saisonnier. Les* méthodes de calcul *exposées dans la seconde partie permettent seules dans la plupart des cas de décomposer d'une manière satisfaisante — au moins sur le plan* numérique *— les séries chronologiques, moyennant un nombre réduit d'hypothèses mais au prix de conventions. Malgré leur caractère très* empirique, *elles constituent un outil précieux et efficace d'observation économique.*

∗ 8. 1. UNE MÉTHODE ANALYTIQUE

8. 1. 1. Généralités.

La méthode exposée dans cette première partie est un exemple particulier de ce qu'on appelle en économétrie l'estimation des paramètres d'un *modèle*. On suppose que la grandeur étudiée répond à des hypothèses de *nature algébrique* laissant indéterminés certains *paramètres* : supposer par exemple qu'une grandeur évolue *linéairement* en fonction du temps est un modèle laissant indéterminés deux paramètres (la pente et l'ordonnée à l'origine). Le problème qui se pose est l'*estimation*, à partir des observations, des paramètres du modèle et le calcul des valeurs *ajustées* correspondant aux observations. Un modèle est une sorte *d'acte de foi* dans la nature des choses car il est impossible de tester la validité d'un modèle, sauf peut-être graphiquement [1] : la théorie des tests qui sera envisagée dans le cours de Statistique Mathématique ne permet en effet que le test de cas particuliers (correspondant, par exemple,

---

[1] C'est-à-dire, en définitive, subjectivement.

à certaines valeurs numériques des paramètres indéterminés) d'un modèle plus général *supposé valable*. En ce qui concerne le choix d'un modèle, les seules justifications qu'on puisse éventuellement apporter sont des justifications *théoriques* relatives aux mécanismes économiques mis en œuvre. Un modèle est toujours une *approximation* plus ou moins précise de la réalité. Par ailleurs, à précision équivalente, un modèle est d'autant plus avantageux qu'il est plus *simple*, c'est-à-dire, en général, qu'il comporte moins de paramètres indéterminés.

8. 1. 2. Les hypothèses du modèle.

Le modèle que nous supposons valable au cours de la période étudiée de n années entières s'exprime ainsi :

— le mouvement conjoncturel se limite à un *trend linéaire* de la forme :

$$f_t = \alpha t + \beta ;$$

— le mouvement saisonnier est rigoureusement *périodique* :

$$S_t = \gamma_j ;$$

— le mouvement accidentel z_t est un écart en moyenne *nul* dont les valeurs successives sont *indépendantes* les unes des autres ;
— la composition des trois mouvements est *additive* :

$$y_t = \alpha t + \beta + \gamma_j + z_t.$$

On posera dans la suite :

$$\beta_j = \beta + \gamma_j$$

puisque ces deux termes n'interviennent que par leur somme. On isolera la valeur β des valeurs γ_j en exprimant le principe de conservation des aires :

$$\beta = \frac{1}{m}\sum_{j=1}^{m}\beta_j \quad \text{et} \quad \gamma_j = \beta_j - \beta.$$

D'où l'expression du modèle qui comporte $m + 1$ paramètres :

$$y_{ij} = \alpha[m(i-1) + j] + \beta_j + z_t.$$

8. 1. 3. Estimation des paramètres du modèle.

La méthode d'estimation que nous retiendrons est la méthode des *moindres carrés* : les estimations a et b_j des paramètres α et β_j sont les valeurs qui rendent minimum la quantité :

$$A = \sum_{i=1}^{n}\sum_{j=1}^{m}\{y_{ij} - a[m(i-1) + j] - b_j\}^2.$$

8.1.3.1. ESTIMATION DES COEFFICIENTS SAISONNIERS.

Recherchons pour a donné la valeur de b_j qui rend A minimum. La dérivée de A par rapport à b_j — qui ne figure que dans n des nm termes de la somme double — est :

$$\frac{\partial A}{\partial b_j} = -2 \sum_{i=1}^{n} \{ y_{ij} - a[m(i-1) + j] - b_j \}.$$

Cette dérivée est nulle ([1]) si :

$$\frac{1}{n}\sum_{i=1}^{n} y_{ij} = b_j + aj + \frac{am}{n}\sum_{i=1}^{n}(i-1).$$

La moyenne :

$$\frac{1}{n}\sum_{i=1}^{n}(i-1)$$

est égale à :

$$\frac{1}{n}\sum_{i=1}^{n}(i-1) = \frac{n-1}{2}.$$

En désignant par $\bar{y}_j$ la moyenne des n mois n° j des diverses années, on obtient ainsi la valeur de b_j :

$$b_j = \bar{y}_j - a\left[j + m\left(\frac{n-1}{2}\right)\right].$$

Le fractionnement de b_j en b et c_j, estimations des paramètres β et γ_j, s'obtient par le principe de conservation des aires :

$$b = \frac{1}{m}\sum_{j=1}^{m} b_j = \frac{1}{m}\sum_{j=1}^{m}\bar{y}_j - am\frac{n-1}{2} - \frac{a}{m}\sum_{j=1}^{m} j$$

c'est-à-dire, en désignant par $\bar{\bar{y}}$ la moyenne des nm observations y :

$$b = \bar{\bar{y}} - a\frac{nm+1}{2}$$

puisque la moyenne :

$$\frac{1}{m}\sum_{j=1}^{m} j$$

est égale à :

$$\frac{1}{m}\sum_{j=1}^{m} j = \frac{m+1}{2}.$$

([1]) On obtient le *minimum* et non le *maximum* lorsqu'on annule la dérivée, ainsi qu'on s'en assurera directement.

D'où les coefficients saisonniers c_j :

$$c_j = b_j - b = \bar{y}_j - a\left[j + m\left(\frac{n-1}{2}\right)\right] - \bar{\bar{y}} + a\left(\frac{nm+1}{2}\right)$$

soit :

$$c_j = \bar{y}_j - \bar{\bar{y}} - a\left(j - \frac{m+1}{2}\right).$$

8. 1. 3. 2. Estimation de a.

La valeur de b_j qui rend minimum A pour a donné conduit à :

$$\mathcal{A} = \min_{b_j} A = \sum_{i=1}^{n}\sum_{j=1}^{m}\left[y_{ij} - \bar{y}_j - am\left(i - \frac{n+1}{2}\right)\right]^2.$$

Considérons, pour i fixé, la somme partielle :

$$\mathcal{A}_i = \sum_{j=1}^{m}\left[y_{ij} - \bar{y}_j - am\left(i - \frac{n+1}{2}\right)\right]^2.$$

Par application du théorème de König, en désignant par $\bar{y}_i$ la moyenne de l'année i :

$$\bar{y}_i = \frac{1}{m}\sum_{j=1}^{m} y_{ij},$$

il vient :

$$\mathcal{A}_i = \sum_{j=1}^{m}\left[(y_{ij} - \bar{y}_j) - (\bar{y}_i - \bar{\bar{y}})\right]^2 + m\left[\bar{y}_i - \bar{\bar{y}} - am\left(i - \frac{n+1}{2}\right)\right]^2.$$

Ainsi $\mathcal{A}$ prend la forme :

$$\mathcal{A} = \sum_{i=1}^{n}\mathcal{A}_i = \sum_{i=1}^{n}\sum_{j=1}^{m}\left[(y_{ij} - \bar{y}_j) - (\bar{y}_i - \bar{\bar{y}})\right]^2$$
$$+ m\sum_{i=1}^{n}\left[\bar{y}_i - \bar{\bar{y}} - am\left(i - \frac{n+1}{2}\right)\right]^2.$$

La valeur de a qui rend $\mathcal{A}$ minimum est donc aussi la valeur de a qui rend minimum l'expression :

$$\sum_{i=1}^{n}\left[\bar{y}_i - \bar{\bar{y}} - am\left(i - \frac{n+1}{2}\right)\right]^2.$$

Or $\bar{\bar{y}}$ est la moyenne des n quantités $\bar{y}_i$ et $(n+1)/2$ est la moyenne de i. Il s'ensuit par conséquent que am est la pente de la droite ajustée par la méthode des moindres carrés sur l'ensemble des points $(i, \bar{y}_i)$. On reconnaît en effet l'expression de $\mathcal{A}$ rencontrée au chapitre 6 (**6. 2. 4**). D'où l'expression de am :

$$am = \frac{\sum_{i=1}^{n}(\bar{y}_i - \bar{\bar{y}})\left(i - \frac{n+1}{2}\right)}{\sum_{i=1}^{n}\left(i - \frac{n+1}{2}\right)^2},$$

c'est-à-dire encore, puisque :

$$\sum_{i=1}^{n}\left(i - \frac{n+1}{2}\right)^2 = n\frac{n^2 - 1}{12},$$

$$a = \frac{12\left[\sum_{i=1}^{n}i\bar{y}_i - n\frac{n+1}{2}\bar{\bar{y}}\right]}{nm(n^2 - 1)}.$$

Remarque.

On observera que la droite d'estimation du trend :

$$y_t = at + b$$

est la *droite ajustée sur la série des moyennes annuelles $\bar{y}_i$ rapportées au milieu de l'année i*, c'est-à-dire à la date $(i, j = (m+1)/2)$, soit encore, exprimée en mois, à la date :

$$m(i-1) + j = mi - \frac{m-1}{2}.$$

En effet la droite ajustée sur les points $(mi - (m-1)/2, \bar{y}_i)$ a pour coefficients a' et b' :

$$a' = \frac{\sum_{i=1}^{n}(\bar{y}_i - \bar{\bar{y}})(mi - m\bar{i})}{\sum_{i=1}^{n}(mi - m\bar{i})^2} = \frac{\sum_{i=1}^{n}(\bar{y}_i - \bar{\bar{y}})\left(i - \frac{n+1}{2}\right)}{m\sum_{i=1}^{n}\left(i - \frac{n+1}{2}\right)^2} = a,$$

puisque

$$\bar{i} = \frac{1}{n}\sum_{i=1}^{n} = \frac{n+1}{2},$$

et

$$b' = \bar{\bar{y}} - a'\left(m\bar{i} - \frac{m-1}{2}\right) = \bar{\bar{y}} - a\left(\frac{mn+1}{2}\right) = b.$$

On obtient ainsi les estimations a, b et c_j :

$$a = \frac{12\left[\sum_{i=1}^{n}i\bar{y}_i - \frac{n(n+1)}{2}\bar{\bar{y}}\right]}{nm(n^2 - 1)}$$

$$b = \bar{\bar{y}} - a\frac{mn+1}{2}$$

$$c_j = \bar{y}_j - \bar{\bar{y}} - a\left(j - \frac{m+1}{2}\right).$$

8. 1. 4. Calcul pratique.

Le calcul pratique des estimations est effectué sur la table de Buys-Ballot où les données sont disposées suivant les deux dimensions annuelle et mensuelle du temps.

TABLE DE BUYS-BALLOT

Mois \ Année	1	j	m	Total T_i	Moyenne annuelle $\bar{y}_i$	Produit iT_i
1						
i		y_{ij}		T_i	$\bar{y}_i = T_i/m$	iT_i
n						
Total T_j		T_j		T		Total de la colonne : S
Moyenne des mois n° j		$\bar{y}_j = T_j/n$			Moyenne générale $\bar{y} = T/nm$	
Coefficients saisonniers c_j		c_j		0		

$$a = \frac{12}{nm(n^2 - 1)} \left[\frac{S}{m} - \frac{n+1}{2m} T \right]$$

$$b = \frac{T}{nm} - a\frac{nm+1}{2}$$

$$c_j = \frac{T_j}{n} - \frac{T}{nm} - a\left(j - \frac{m+1}{2}\right).$$

8. 1. 4. 1. Exemple d'application.

Considérons la série mensuelle des ventes d'un rayon d'un grand magasin dont les données figurant page 222 sont représentées sur la figure 5.26 de la page 224.

L'allure linéaire du mouvement de fond, la régularité des oscillations mensuelles suggèrent un ajustement conforme au modèle étudié. Le tableau de calcul de la page 366 fournit les estimations de a, b et c_j dont on déduit la série ajustée (en dizaine de milliers de francs, le temps étant exprimé en mois) :

$$y_t = 715{,}9 + 3{,}229\, t +$$

J	— 12,5
F	— 57,1
M	— 88,2
A	— 92,9
M	— 4,0
J	63,5
J	— 2,6
A	— 73,7
S	— 74,7
O	1,3
N	86,7
D	254,1

Série ajustée

Année \ Mois	J	F	M	A	M	J	J	A	S	O	N	D
	1	2	3	4	5	6	7	8	9	10	11	12
1950 1	707	665	637	636	728	799	736	668	670	750	838	1 009
1951 2	745	704	676	675	767	838	775	707	709	788	877	1 047
1952 3	784	743	715	713	806	876	813	746	748	827	916	1 086
1953 4	823	782	754	752	844	915	852	784	787	866	954	1 125
1954 5	862	820	792	791	883	954	891	823	825	905	993	1 164
1955 6	900	859	831	830	922	992	930	862	864	943	1 032	1 202
1956 7	939	898	870	868	961	1 031	968	901	903	982	1 071	1 241

On trouvera ci-contre la représentation de la chronique brute et de la chronique ajustée : l'ajustement est satisfaisant. Toutefois en ce qui concerne les pointes de décembre, elles sont mieux représentées au début et en milieu de période qu'en fin de période.

SÉRIE MENSUELLE DES VENTES D'UN RAYON D'UN GRAND MAGASIN
CHRONIQUE BRUTE ET CHRONIQUE AJUSTÉE A UNE CHRONIQUE THÉORIQUE ADDITIVE LINÉAIRE

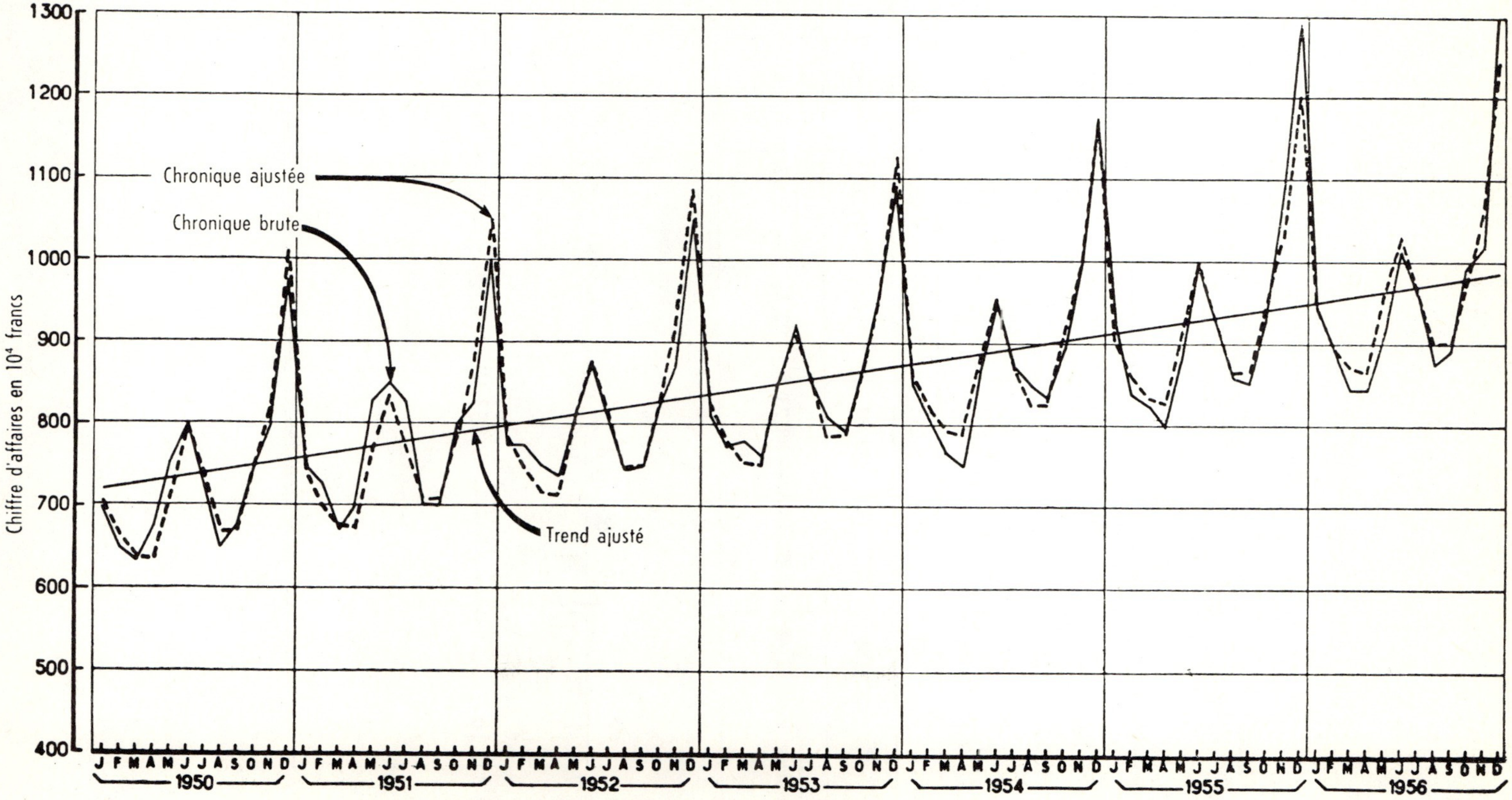

Fig. 8.1. Série mensuelle des ventes d'un rayon d'un grand magasin. Ajustement linéaire.

366 STATISTIQUE DESCRIPTIVE [CHAP. 8]

TABLE DE

Mois j		J	F	M	A	M	J	J
Années i		1	2	3	4	5	6	7
1950	1	700	650	635	675	750	800	725
1951	2	750	725	675	700	825	850	825
1952	3	775	775	750	735	810	870	805
1953	4	815	775	780	760	850	920	855
1954	5	850	810	765	750	870	950	875
1955	6	925	840	825	800	890	1 000	920
1956	7	945	895	845	845	915	1 015	960
Total T_j		5 760	5 470	5 275	5 265	5 910	6 405	5 965
Moyenne par mois $\bar{y}_j$		822,86	781,43	753,57	752,14	844,29	915,00	852,14
Coefficients saisonniers c_j		— 12,48	— 57,14	— 88,23	— 92,89	— 3,97	63,51	— 2,57

$$a = \frac{12}{7 \times 12(7^2 - 1)}\left(\frac{299\,660}{12} - \frac{8}{24} 71\,660\right) = 3{,}229$$

$$b = 853{,}10 - 3{,}229 \frac{7 \times 12 + 1}{2} = 853{,}10 - 3{,}229 \times 42{,}5 = 715{,}86$$

Buys-Ballot

A	S	O	N	D	Total T_i	Moyenne par année $\bar{y}_i$	Produit iT_i
8	9	10	11	12			
650	675	750	800	975	8 785	732,08	8 785
700	700	800	825	1 000	9 375	781,25	18 750
745	750	825	875	1 050	9 765	813,75	29 295
810	795	865	960	1 090	10 275	856,25	41 100
850	835	895	1 010	1 175	10 635	886,25	53 175
860	855	930	1 090	1 285	11 220	935,00	67 320
875	895	995	1 120	1 300	11 605	967,08	81 235
5 490	5 505	6 060	6 680	7 875	$T = $ 71 660		$S = $ 299 660
784,29	786,43	865,71	954,29	1 125,00		$\bar{\bar{y}} = $ 853,10	
— 73,65	— 74,74	1,31	86,66	254,14	0		

$$c_j = \bar{y}_j - 853{,}10 - 3{,}229(j-6{,}5) = \begin{cases} \text{Janvier} & = -\ 12{,}5 \\ \text{Février} & = -\ 57{,}1 \\ \text{Mars} & = -\ 88{,}2 \\ \text{Avril} & = -\ 92{,}9 \\ \text{Mai} & = -\ 4{,}0 \\ \text{Juin} & =\ \ \ 63{,}5 \\ \text{Juillet} & = -\ 2{,}6 \\ \text{Août} & = -\ 73{,}7 \\ \text{Septembre} & = -\ 74{,}7 \\ \text{Octobre} & =\ \ \ 1{,}3 \\ \text{Novembre} & =\ \ \ 86{,}7 \\ \text{Décembre} & =\ \ \ 254{,}1 \end{cases}$$

8. 1. 5. Généralisation au modèle à trend exponentiel et à composition multiplicative.

La méthode d'ajustement étudiée ci-dessus s'applique au modèle à *trend exponentiel* et à *composition multiplicative* de la forme :

$$y_t = y_0(1 + r)^t(1 + s_j)(1 + z_t),$$

Il suffit en effet, par rapport au modèle envisagé en **8. 1. 2**, de considérer les logarithmes :

$$\lg y_t = \lg y_0 + t \lg (1 + r) + \lg (1 + s_j) + \lg (1 + z_t)$$

Toutefois, le principe de conservation des aires prend la forme :

$$\sum_{j=1}^{m} \lg (1 + s_j) = 0.$$

ce qui exprime que la moyenne *géométrique* des coefficients saisonniers $1 + s_j$ est égale à 1. Si l'intensité du mouvement saisonnier est faible, cette relation est pratiquement équivalente à l'égalité à 1 de la moyenne *arithmétique* des coefficients saisonniers.

On notera que si le taux d'accroissement annuel r est petit, si la période étudiée est assez courte et si les coefficients saisonniers diffèrent peu de 1 (mouvement saisonnier relatif peu accusé), le modèle exponentiel est voisin du modèle linéaire :

$$y_0(1 + r)^t(1 + s_j)(1 + z_t) \approx y_0(1 + rt + s_j + z_t).$$

8. 1. 5. 1. EXEMPLE D'APPLICATION.

La série des chiffres d'affaires mensuels d'un rayon d'un grand magasin a été ajustée à une chronique exponentielle à composition multiplicative (voir tableau de calcul pages 370 et 371).

$$y_t = 718{,}6(1 + 0{,}0038)^t \times$$

J	0,99
F	0,94
M	0,90
A	0,90
M	1,00
J	1,08
J	1,00
A	0,92
S	0,92
O	1,01
N	1,10
D	1,30

SÉRIE AJUSTÉE.

Année	Mois	J	F	M	A	M	J	J	A	S	O	N	D
		1	2	3	4	5	6	7	8	9	10	11	12
1950	1	714	679	655	655	735	796	741	681	683	753	827	976
1951	2	748	710	685	685	770	833	775	712	715	788	865	1 022
1952	3	782	743	717	717	805	872	811	745	748	824	905	1 069
1953	4	819	778	750	750	843	912	849	780	783	862	947	1 119
1954	5	857	814	785	785	882	954	889	816	819	902	991	1 171
1955	6	896	852	821	821	923	999	930	854	857	944	1 037	1 225
1956	7	938	891	860	860	966	1 045	973	894	897	988	1 085	1 282

On trouvera la représentation graphique de la série ajustée page 372. L'ajustement est un peu meilleur que dans le cas linéaire. On comparera ce graphique à celui de la page 365.

8. 1. 6. Conclusions.

Les deux modèles étudiés ci-dessus rendent assez bien compte de l'évolution de la série des chiffres d'affaires. Il faut toutefois reconnaître que cette série est spécialement « *heureuse* ». Dans la plupart des cas, l'allure du mouvement extra-saisonnier ne permet pas de retenir un schéma d'évolution linéaire ou exponentiel, ou d'une façon plus générale, un schéma d'évolution de forme algébrique donnée.

On considérera par exemple la série des chômeurs secourus au premier de chaque mois représentée page 394 : aucune fonction simple ne s'impose à l'esprit pour décrire la tendance observée sur la période 1949-1961. Dans ces conditions, il faut s'efforcer d'échapper à toute hypothèse contraignante sur la forme du mouvement extra-saisonnier et par conséquent abandonner tout modèle analytique. Malheureusement, comme on le notera dans la deuxième partie de ce chapitre, en l'absence de modèle, on ne peut bâtir une méthode d'analyse absolument satisfaisante sur le plan théorique : des conventions de calcul plus ou moins arbitraires sont la rançon de la souplesse que l'on s'impose en ce qui concerne le mouvement extra-saisonnier.

8. 2. LES MÉTHODES EMPIRIQUES

8. 2. 1. La moyenne mobile.

Avant d'aborder les méthodes empiriques d'analyse des séries chronologiques qui font un grand usage de la notion de *moyenne mobile*, il est utile de commencer par la présentation de cette procédure de calcul.

Table de Buys-Ballot

Mois j / Années i		J 1	F 2	M 3	A 4	M 5	J 6	J 7
1950	1	0,845 10	0,812 91	0,802 77	0,829 30	0,875 06	0,903 09	0,860 34
1951	2	0,875 06	0,860 34	0,829 30	0,845 10	0,916 45	0,929 42	0,916 45
1952	3	0,889 30	0,889 30	0,875 06	0,866 29	0,908 49	0,939 52	0,905 80
1953	4	0,911 16	0,889 30	0,892 09	0,880 81	0,929 42	0,963 79	0,931 97
1954	5	0,929 42	0,908 49	0,883 66	0,875 06	0,939 52	0,977 72	0,942 01
1955	6	0,966 14	0,924 28	0,916 45	0,903 09	0,949 39	1,000 00	0,963 79
1956	7	0,975 43	0,951 82	0,926 86	0,926 86	0,961 42	1,006 47	0,982 27
Total T_j		6,391 61	6,236 44	6,126 19	6,126 51	6,479 75	6,720 01	6,502 63
Moyenne mensuelle $\bar{z}_j$		0,913 09	0,890 92	0,875 17	0,875 22	0,925 68	0,960 00	0,928 95
lg $(1 + s_j)$		— 0,004 17	— 0,027 98	— 0,045 37	— 0,046 96	0,001 85	0,034 53	0,001 84
Coefficients saisonniers $100(1 + s_j)$		99,0	93,8	90,1	89,8	100,4	108,9	100,4

$$\lg(1 + r) = \frac{12}{7 \times 12(7^2 - 1)} \left(\frac{317{,}853\,97}{12} - \frac{8}{24} 77{,}808\,07 \right) = 0{,}001\,642\,3$$

soit : $1 + r = 1{,}003\,8$

$$b = 0{,}926\,29 - 0{,}001\,642\,3 \, \frac{7 \times 12 + 1}{2} = 0{,}856\,49$$

soit : $y_0 = 718{,}6$

N.B. On a divisé les données brutes par 100 avant d'en prendre les logarithmes.

(série des logarithmes)

A	S	O	N	D	Total T_i	Moyenne par année $\bar{z}_i$	Produit iT_i
8	9	10	11	12			
0,812 91	0,829 30	0,875 06	0,903 09	0,989 00	10,337 93	0,861 49	10,337 93
0,845 10	0,845 10	0,903 09	0,916 45	1,000 00	10,681 86	0,890 16	21,363 72
0,872 16	0,875 06	0,916 45	0,942 01	1,021 19	10,900 63	0,908 39	32,701 89
0,908 49	0,900 37	0,937 02	0,982 27	1,037 43	11,164 12	0,930 34	44,656 48
0,929 42	0,921 69	0,951 82	1,004 32	1,070 04	11,333 17	0,944 43	56,665 85
0,934 50	0,931 97	0,968 48	1,037 43	1,108 90	11,604 42	0,967 04	69,626 52
0,942 01	0,951 82	0,997 82	1,049 22	1,113 94	11,785 94	0,982 16	82,501 58
6,244 59	6,255 31	6,549 74	6,834 79	7,340 50	77,808 07		317,853 97
0,892 08	0,893 62	0,935 68	0,976 40	1,048 64		0,926 29	
— 0,036 67	— 0,036 78	0,003 65	0,042 72	0,113 34	0,000 00		
91,9	91,9	100,9	110,3	129,8			

$$c_j = \bar{z}_j - 0{,}926\,29 - 0{,}001\,642\,3(j - 6{,}5) = \begin{cases} \text{Janvier} & = -0{,}004\,17 \\ \text{Février} & = -0{,}027\,98 \\ \text{Mars} & = -0{,}045\,37 \\ \text{Avril} & = -0{,}046\,96 \\ \text{Mai} & = 0{,}001\,85 \\ \text{Juin} & = 0{,}034\,53 \\ \text{Juillet} & = 0{,}001\,84 \\ \text{Août} & = -0{,}036\,67 \\ \text{Septembre} & = -0{,}036\,78 \\ \text{Octobre} & = 0{,}003\,65 \\ \text{Novembre} & = 0{,}042\,72 \\ \text{Décembre} & = 0{,}113\,34 \end{cases}$$

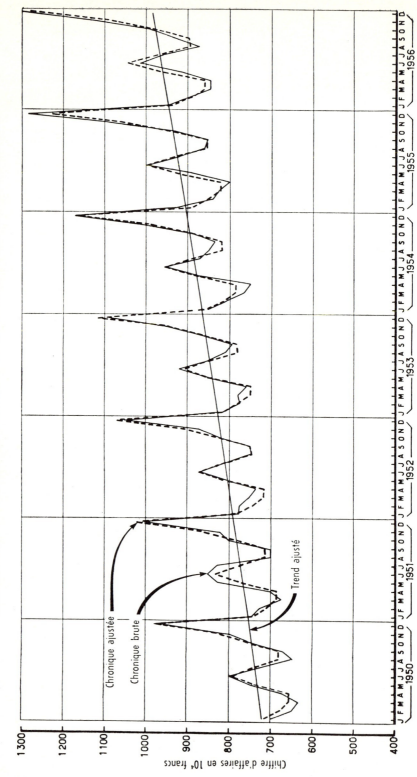

Fig. 8.2. Série mensuelle des ventes d'un rayon d'un grand magasin. Ajustement exponentiel.

8. 2. 1. 1. Définition.

Soit une fonction g du temps et g_t la valeur de g correspondant à la date t ($t = 1, 2,...$). On appelle *moyennes mobiles sur p mois* de la fonction g les moyennes successives de la fonction g calculées sur p mois consécutifs et rapportées à la date milieu de période :

$$M_p\left(t + \frac{p+1}{2}\right) = \frac{1}{p} \sum_{k=1}^{p} g_{t+k} = \frac{1}{p}(g_{t+1} + g_{t+2} + \cdots + g_{t+p})$$

La date $t + (p+1)/2$ est en effet le milieu de la période s'étendant entre les dates $t + 1$ et $t + p$:

$$\frac{1}{2}[(t+1) + (t+p)] = t + \frac{p+1}{2}.$$

Cette date milieu de période est l'une des dates d'observation si p est **impair** car alors $t + (p + 1)/2$ est un nombre entier.

Cas où p est impair : $p = 2r + 1$.

La moyenne mobile relative à la date t prend la forme :

$$M_{2r+1}(t) = \frac{1}{2r+1} \sum_{k=-r}^{k=r} g_{t+k}.$$

Cas où p est pair : $p = 2r$.

Lorsque p est pair, on convient d'affecter à la date t la moyenne arithmétique des deux moyennes mobiles encadrantes :

$$M'_{2r}(t) = \frac{1}{2}\left[M_{2r}\left(t - \frac{1}{2}\right) + M_{2r}\left(t + \frac{1}{2}\right)\right],$$

$$= \frac{1}{2}\left[\frac{1}{2r} \sum_{k=-r}^{r-1} g_{t+k} + \frac{1}{2r} \sum_{k=-r+1}^{r} g_{t+k}\right],$$

soit :

$$M'_{2r}(t) = \frac{1}{2r}\left[\frac{1}{2} g_{t-r} + \sum_{k=-r+1}^{r-1} g_{t+k} + \frac{1}{2} g_{t+r}\right].$$

Ainsi la moyenne mobile $M'_p(t)$ apparaît comme la moyenne *pondérée* des valeurs encadrantes avec les coefficients de pondération :

$1/2p$ pour les deux valeurs extrêmes : $g_{t-p/2}$ et $g_{t+p/2}$

$1/p$ pour les $p - 1$ valeurs intermédiaires : $g_{t-(p-2)/2}$ à $g_{t+(p-2)/2}$

D'une façon générale, quelle que soit la parité de p, la moyenne mobile $M_p(t)$ ou $M'_p(t)$ rapportée à la date t correspond au centre de gravité des points encadrant la date t : couples (t, g_t).

Exemple : $p = 5$.

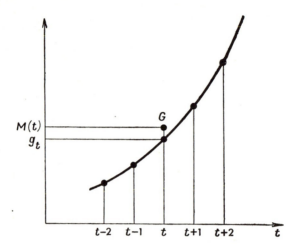

Fig. 8.3. Représentation de la moyenne mobile sur cinq mois.

8. 2. 1. 2. Propriétés.

Il résulte de la définition de la moyenne mobile $M(t)$ que si la concavité de la fonction g_t est de signe constant sur la période $(t - p/2, t + p/2)$:

— la moyenne mobile est supérieure à g_t si la concavité de la courbe représentative de g_t est tournée vers le haut;
— la moyenne mobile est inférieure à g_t si la concavité est tournée vers le bas;
— la moyenne mobile est égale à g_t si la fonction g_t est linéaire par rapport au temps.

Par ailleurs, deux fonctions g_t et h_t ont même moyenne mobile sur p mois si leur différence est une fonction périodique de période p mois dont la moyenne calculée sur p mois consécutifs est nulle.

8. 2. 2. Hypothèses relatives aux composantes de la série chronologique.

Les hypothèses qui sont faites pour l'analyse des séries chronologiques dans le cadre des méthodes empiriques sont les suivantes :

— le mouvement *extra-saisonnier* est une fonction f_t quelconque du temps t;
— le mouvement *saisonnier* s_t est rigoureusement *périodique*, de période m mois;

— le mouvement *accidentel* z_t est supposé de *faible amplitude* et de *moyenne nulle* sur un petit nombre de mois ;
— les trois composantes peuvent être associées suivant les schémas :

additif :
$$y_t = f_t + s_j + z_t,$$
la somme des m coefficients s_j étant nulle ([1]);

multiplicatif :
$$y_t = f_t(1 + s_j) + z_t,$$
ou
$$y_t = f_t(1 + s_j)(1 + z_t);$$
la somme des m coefficients s_j étant nulle ([1]);

mixte ([2]) :
$$y_t = f_t(1 + a_j) + b_j + z_t.$$
la somme des m coefficients a_j ainsi que la somme des m coefficients b_j étant nulle ([1]).

Du fait des hypothèses précédentes relatives aux mouvements saisonnier et accidentel, les trois schémas conduisent tous — au moins approximativement — à :
$$\frac{1}{m}\sum_{k=1}^{m} y_{t+k} = \frac{1}{m}\sum_{k=1}^{m} f_{t+k} :$$
les fonctions y_t et f_t ont *même moyenne mobile* sur m mois. Ce résultat se déduit immédiatement de :
$$\frac{1}{m}\sum_{k=1}^{m} s_{t+k} = 0,$$
$$\frac{1}{m}\sum_{k=1}^{m} z_{t+k} = 0.$$

pour le schéma additif. Dans le cas du schéma multiplicatif ou du schéma mixte, il faut en outre supposer que, sur m mois consécutifs, le mouvement extra-saisonnier ne varie pas sensiblement :
$$\frac{1}{m}\sum_{k=1}^{m} f_{t+k}\, s_{t+k} \approx \bar{f} \cdot \frac{1}{m}\sum_{k=1}^{m} s_{t+k} = 0,$$
$$\frac{1}{m}\sum_{k=1}^{m} f_{t+k}\, a_{t+k} \approx \bar{f} \cdot \frac{1}{m}\sum_{k=1}^{m} a_{t+k} = 0.$$

([1]) Expression du principe de la conservation des aires.
([2]) Le schéma mixte recouvre les schémas additif et multiplicatif : si les coefficients a_j sont nuls, il correspond au schéma additif ; si les coefficients b_j sont nuls, il correspond au schéma multiplicatif.

8. 2. 3. Estimation du mouvement extra-saisonnier par la moyenne mobile.

En supposant que le mouvement extra-saisonnier présente une *faible courbure* sur m mois consécutifs, on peut assimiler la moyenne mobile :

$$\frac{1}{m}\sum_{k=1}^{m} f_{t+k} = \frac{1}{m}\sum_{k=1}^{m} y_{t+k}.$$

à la valeur de f relative à la date milieu de période, c'est-à-dire $f_{t+m/2}$.

Ainsi donc, dans les trois schémas envisagés et moyennant les hypothèses suivantes :

— *périodicité* égale à m mois du mouvement saisonnier;
— *faible amplitude* du mouvement accidentel, *compensation* des écarts accidentels sur un an (moyenne sur m mois consécutifs voisine de zéro);
— *faible courbure* du mouvement extra-saisonnier sur m mois consécutifs;
— *faible variation* du mouvement extra-saisonnier dans le cas des schémas multiplicatifs ou mixte,
    la moyenne mobile de y_t sur m mois consécutifs est une estimation de l'extra-saisonnier f_t relatif au milieu de la période.

Cette estimation présente les inconvénients suivants :

— Si on dispose de $T = nm$ observations (s'étendant sur n années de m mois) on ne peut calculer que $T - m$ moyennes mobiles si m est pair (cas pratique puisque $m = 4$ dans le cas des trimestres, 12 dans le cas des mois), soit une *perte d'une année*.

— On ne peut calculer la moyenne mobile relative au mois t que $m/2$ *mois plus tard*, lorsqu'on dispose des observations $y_{t+1},...,y_{t+m/2}$.

— Si le mouvement extra-saisonnier présente un retournement au mois t la moyenne mobile — connue $m/2$ mois plus tard — peut ne pas encore présenter le retournement. Ainsi par exemple si le retournement s'effectue à con-

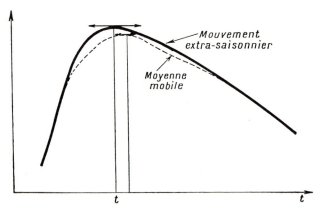

Fig. 8.4. Le mouvement extra-saisonnier et sa moyenne mobile : décalage des retournements selon le sens de la dissymétrie.

cavité négative au mois t et si le mouvement est dissymétrique, la moyenne mobile présente le retournement après ou avant le mois t suivant le sens de la dissymétrie.

Or l'objet principal des analyses de conjoncture est précisément d'apprécier aussi tôt que possible les moments de retournement de certains indicateurs économiques.

— La moyenne mobile est beaucoup plus *inerte* que l'extra-saisonnier et peut masquer certaines oscillations passagères en les étalant sur les mois encadrants : elle « rabote » une évolution plus ou moins chaotique — ce qui est son grand intérêt en ce qui concerne le mouvement accidentel mais ce qui est gênant pour la traduction fidèle de l'extra-saisonnier.

Malgré ces inconvénients, on admettra que la moyenne mobile fournit une estimation valable du mouvement extra-saisonnier — au moins pour un premier temps, quitte à raffiner ultérieurement (**8. 2. 7**).

Remarque.

Dans le cas du schéma multiplicatif, l'hypothèse la plus fréquente en ce qui concerne le mouvement accidentel est souvent celle d'un écart *relatif* z_t de moyenne nulle :

$$y_t = f_t(1 + s_j)(1 + z_t)$$

Si $f_t (1 + s_j)$ varie peu sur m mois consécutifs, cette hypothèse revient à assimiler la moyenne mobile de y_t à celle de f_t. Toutefois, si f_t présente une courbure marquée ou si les coefficients saisonniers $1 + s_j$ varient de façon appréciable d'un mois à l'autre, il peut être préférable de travailler sur les *logarithmes* et d'utiliser le schéma additif. L'intérêt en est accru si l'extra-saisonnier f_t présente une concavité tournée vers le haut : en logarithme, c'est-à-dire sur papier semi-logarithmique, la courbure est réduite et la moyenne mobile des logarithmes qui correspond à la moyenne *géométrique* sur la série y_t sera plus proche de l'extra-saisonnier mesuré en logarithme. On verra ci-dessous que la série des chômeurs secourus au 1er de chaque mois a été étudiée ainsi en logarithme.

8. 2. 4. Estimation des coefficients saisonniers.

La moyenne mobile $M'_m(t)$ des observations y_t qui fournit une estimation du mouvement extra-saisonnier f_t conduit à diverses estimations des coefficients saisonniers (une estimation par année pour chacun des coefficients saisonniers mensuels) qu'on résume en une estimation définitive.

8. 2. 4. 1. Schéma additif.

Dans le cas du schéma additif :

$$y_t = f_t + s_j + z_t,$$

l'estimation $M'_m(t)$ de l'extra-saisonnier f_t conduit à :

$$y_t - M'_m(t) = s_j + z_t.$$

Les $n-1$ différences à la moyenne mobile relatives à chacun des $n-1$ mois n° j pour lesquels on dispose de la moyenne mobile fournissent donc autant d'estimations — entachées de l'erreur z_t — du coefficient saisonnier s_j. On synthétise ces $n-1$ estimations en une estimation unique en calculant la médiane ([1]) ou encore la moyenne arithmétique après élimination des valeurs extrêmes. Si on désigne par s'_j les m estimations ainsi déduites des différences à la moyenne mobile, ces estimations ne satisfont pas en général exactement au principe de conservation des aires à cause des approximations effectuées (écarts z_t, assimilation de l'extra saisonnier f_t à la moyenne mobile $M'_m(t)$). On corrige ces estimations par soustraction pour obtenir des estimations définitives qui satisfont au principe de conservation des aires, en retranchant de chacune leur moyenne :

$$s_j = s'_j - \frac{1}{m}\sum_{j=1}^{m} s'_j,$$

On appelle alors *série corrigée des variations saisonnières* la série des différences :

$$y_t - s_j.$$

D'où le schéma des calculs à effectuer, en supposant une série mensuelle ($m=12$) :

1. Calcul des *sommes mobiles* rapportées au milieu de la période :

$$S(t-\tfrac{1}{2}) = \sum_{k=-6}^{5} y_{t+k}.$$

On observera qu'on passe d'une somme mobile à la suivante en retranchant une observation y_t et en ajoutant l'observation correspondante effectuée un an plus tard :

$$S(t+\tfrac{1}{2}) = S(t-\tfrac{1}{2}) - y_{t-6} + y_{t+6}.$$

2. Calcul des *sommes de sommes mobiles* consécutives :

$$\Sigma(t) = S(t+\tfrac{1}{2}) + S(t-\tfrac{1}{2}).$$

Sur le tableau de calcul, les sommes mobiles S apparaissent *sur* les lignes les sommes Σ *entre* les lignes (voir le tableau de calcul p. 385).

3. Calcul des *moyennes mobiles* :

$$M'_{12}(t) = \frac{1}{24}\left[S(t+\tfrac{1}{2}) + S(t-\tfrac{1}{2})\right] = \frac{\Sigma(t)}{24}.$$

4. Calcul des *différences à la moyenne mobile* :

$$y_t - M'_{12}(t).$$

([1]) On ne retient pas en effet la *moyenne arithmétique* des $n-1$ estimations parce qu'elle est trop sensible aux écarts z_t anormalement importants en valeur absolue.

5. *Synthèse* en une estimation unique s'_j de chacun *des coefficients saisonniers* :

$s'_j =$ médiane des $n - 1$ différences $y_{ij} - M'_{12}(i,j)$, où j est fixé et i variable.

6. Calcul de la *moyenne des 12 estimations s'_j* :

$$\bar{s}' = \frac{1}{12}\sum_{j=1}^{12} s'_j.$$

7. *Correction des coefficients saisonniers et estimation définitive* :

$$s_j = s'_j - \bar{s}'.$$

8. Établissement de la *série corrigée des variations saisonnières* :

$$y^c_{ij} = y_{ij} - s_j.$$

Remarque.

Si les estimations des coefficients saisonniers sont valables, la série corrigée des variations saisonnières ne doit plus présenter de modulation. Une estimation trop *faible* du mouvement saisonnier relatif au mois nº j conduit à une série corrigée présentant systématiquement des *pointes* aux mois nº j des différentes années.

De façon analogue une estimation *unique* du mouvement saisonnier relatif au mois j alors que celui-ci évolue au fil des années se traduit sur la courbe représentant la série corrigée par des pointes d'amplitude décroissante puis des creux d'amplitude croissante (ou l'inverse) pour les mois nº j des différentes années.

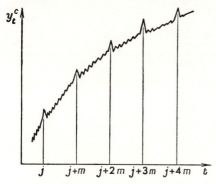
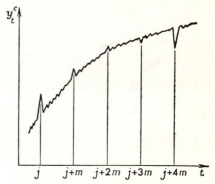

Le mouvement saisonnier relatif au mois j a été sous-estimé.

Le mouvement saisonnier relatif au mois j diminue d'une année à l'autre.

Fig. 8.5. Coefficient saisonnier s_j sous-estimé ou décroissant.

8. 2. 4. 2. Schéma multiplicatif.

La procédure est tout à fait analogue à celle qui vient d'être décrite à propos du schéma additif. Le schéma multiplicatif :

$$y_t = f_t(1 + s_j) + z_t$$

ou
$$y_t = f_t(1 + s_j)(1 + z_t)$$

conduit à calculer les *rapports saisonniers* ou quotients des observations à la moyenne mobile :

$$\frac{y_t}{M'_m(t)}.$$

Les $n-1$ rapports saisonniers relatifs aux mois n° j sont des estimations entachées d'erreur des coefficients $1 + s_j$. On synthétise ces $n-1$ estimations pour obtenir une estimation unique $1 + s'_j$ en calculant la médiane des rapports saisonniers ou la moyenne après élimination des valeurs extrêmes. Ensuite, on corrige les m estimations de façon à assurer le principe de conservation des aires :

$$1 + s_j = \frac{1 + s'_j}{1 + \bar{s}'} \quad \text{(correction proportionnelle)}$$

Les estimations $1 + s_j$ constituent les estimations définitives des coefficients saisonniers.

D'où le schéma des calculs à effectuer (en supposant $m = 12$) :

1. Calcul des *sommes mobiles* :

$$S(t - \tfrac{1}{2}) = \sum_{k=-6}^{5} y_{t+k}.$$

2. Calcul des *sommes de sommes mobiles* consécutives :

$$\Sigma(t) = \tfrac{1}{2}[S(t + \tfrac{1}{2}) + S(t - \tfrac{1}{2})].$$

3. Calcul des *moyennes mobiles* :

$$M'_{12}(t) = \frac{\Sigma(t)}{24}.$$

4. Calcul des *rapports saisonniers* :

$$\frac{y_t}{M'_{12}(t)},$$

5. *Synthèse des rapports saisonniers* relatifs aux mois n° j

$$1 + s'_j = \text{médiane des } n-1 \text{ rapports saisonniers } \frac{y_{ij}}{M'_{12}(i,j)}$$

6. Calcul de la *moyenne des 12 estimations* $1 + s'_j$.

$$1 + \bar{s}' = \frac{1}{12}\sum_{j=1}^{12}(1 + s'_j).$$

7. *Correction des coefficients saisonniers et estimation définitive :*

$$1 + s_j = \frac{1 + s'_j}{1 + \bar{s}'}.$$

8. Établissement de la *série corrigée des variations saisonnières :*

$$y^c_{ij} = \frac{y_{ij}}{1 + s_j}.$$

8. 2. 4. 3. Schéma mixte.

Dans le cas du schéma mixte :

$$y_t = f_t(1 + a_j) + b_j + z_t,$$

on obtient les estimations des coefficients a_j et b_j par report graphique des couples y_t, $M'_m(t)$. En effet, si le schéma mixte est valable, les $n-1$ points relatifs aux mois n° j doivent être sensiblement alignés — aux écarts z_t près. On estime, en général graphiquement, la droite D_j sur le graphique relatif au mois j. La pente de cette droite $1 + a'_j$ est une estimation de $1 + a_j$ et son ordonnée à l'origine b'_j une estimation de b_j. On corrige ensuite les estimations obtenues (de façon à assurer le principe de conservation des aires) pour aboutir à des estimations définitives :

$$1 + a_j = \frac{1 + a'_j}{1 + \bar{a}'},$$
$$b_j = b'_j - \bar{b}'.$$

D'où le schéma des calculs, en supposant $m = 12$:

1. Calcul des *sommes mobiles* :

$$S(t - \tfrac{1}{2}) = \sum_{k=-6}^{5} y_{t+k}.$$

2. Calcul des *sommes de sommes mobiles consécutives* :

$$\Sigma(t) = \tfrac{1}{2}[S(t + \tfrac{1}{2}) + S(t - \tfrac{1}{2})].$$

3. Calcul des *moyennes mobiles*.

$$M'_{12}(t) = \frac{1}{24}\Sigma(t).$$

4. *Report graphique*, pour chacun des douze mois, des $n-1$ points de coordonnées y_{ij}, $M'_{12}(i, j)$, où j est fixé.

5. *Estimation des douze pentes* $1 + a'_j$ et des *douze ordonnées* à l'origine b'_j.

6. Calcul des *moyennes des pentes et ordonnées à l'origine* :

$$1 + \bar{a}' = \frac{1}{12}\sum_{j=1}^{12}(1 + a'_j), \qquad \bar{b}' = \frac{1}{12}\sum_{j=1}^{12} b_j.$$

7. *Correction des coefficients saisonniers et estimation définitive* :

$$1 + a_j = \frac{1 + a'_j}{1 + \bar{a}'}, \qquad b_j = b'_j - \bar{b}'.$$

8. Établissement de la série *corrigée des variations saisonnières* :

$$y^c_{ij} = \frac{y_{ij} - b_j}{1 + a_j}.$$

Remarque.

Le report graphique précédent permet de choisir entre les trois types de schémas : additif, multiplicatif ou mixte. On retient le schéma *additif* si les pentes des droites D_j ajustées aux $n - 1$ couples $(y_{ij}, M'_m(i, j))$ ne diffèrent pas sensiblement de 1 ; on retient le schéma *multiplicatif* si les droites D_j passent approximativement par l'origine ; enfin, dans les autres cas, on retient le schéma *mixte*. Il y a lieu de noter toutefois qu'il est préférable de retenir les schémas additif ou multiplicatif si les coefficients a_j ou b_j sont faibles : l'introduction de nombreux paramètres ne se justifie que si elle améliore sensiblement la qualité de l'ajustement.

8. 2. 5. Exemple d'application : série trimestrielle des livraisons [1] d'essence automobile et de supercarburant.

L'examen du graphique de la page 350 fait apparaître que :

— l'allure générale du mouvement extra-saisonnier est ascendante, l'année 1957 exceptée qui correspond à la crise de Suez ;
— la série est marquée par un mouvement saisonnier très net : pointe au 3e trimestre (période des congés), creux au 1er trimestre ;
— l'amplitude du mouvement saisonnier augmente en valeur absolue avec le mouvement extra-saisonnier : l'écart entre le premier trimestre et le troisième trimestre passe de 390 000 m^3 en 1952 à 1 011 000 m^3 en 1963. Par ailleurs, le graphique de la page 351, où les courbes annuelles superposées sont reportées sur une échelle logarithmique, montre que le mouvement saisonnier *relatif* est sensiblement constant d'une année à l'autre. Ces remarques conduisent à rejeter le schéma additif au profit du schéma multiplicatif (ou du schéma mixte éventuellement).

Le tableau de calcul de la page 385 fournit les moyennes mobiles et les rapports saisonniers. On a reporté ci-contre les couples observations-moyennes mobiles pour chacun des quatre trimestres : la forme des nuages de points autorise un ajustement passant par l'origine, dans le cas de chacun des trimestres, ce qui conduit à l'adoption du schéma *multiplicatif* :

$$y_t = f_t(1 + s_j) + z_t.$$

---

[1] Il s'agit des livraisons effectuées par les compagnies pétrolières aux différentes stations distributrices (livraisons aux pompistes). Elles précèdent donc de très peu la consommation.

[8.2] LES MÉTHODES EMPIRIQUES 383

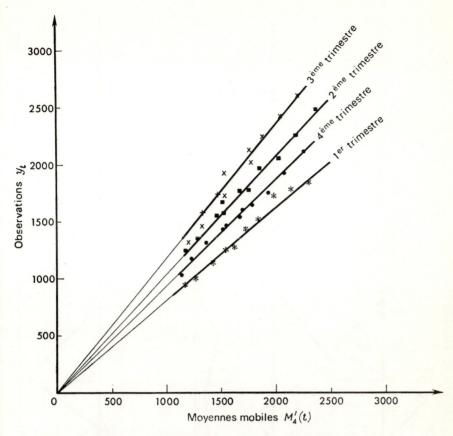

Fig. 8.6. Choix entre les schémas additif, multiplicatif ou mixte : représentation des couples (données brutes, moyennes, mobiles correspondantes).

Les rapports saisonniers représentés page 384 ont été résumés chacun par leur médiane. Ainsi pour le premier trimestre, on a obtenu la valeur 82,1.

    1953 : 82,3
    1954 : 79,3
    1955 : 79,9
    1956 : 82,1 ←médiane des 11 rapports saisonniers
    1957 : 73,0
    1958 : 80,0
    1959 : 82,8
    1960 : 83,2
    1961 : 88,3
    1962 : 84,0
    1963 : 80,5

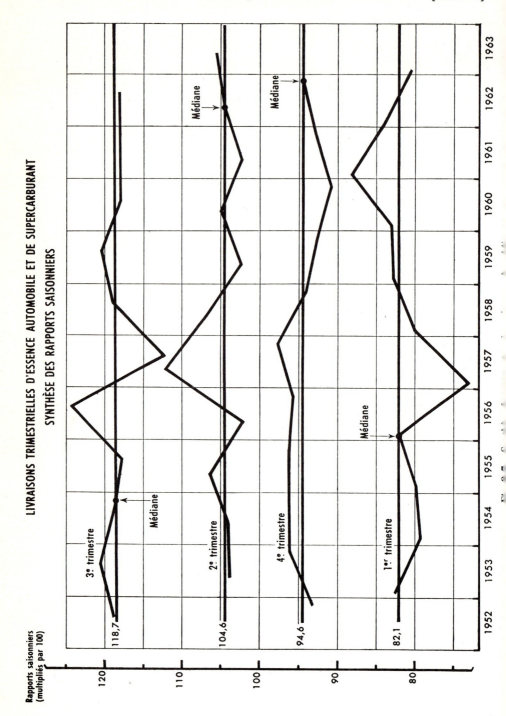

[8.2] LES MÉTHODES EMPIRIQUES 385

Années	Trimestres j	Valeurs observées y_t	Sommes mobiles $S(t-\frac{1}{2})$	Sommes de sommes mobiles consécutives $\Sigma(t)$	Moyennes mobiles $M_4^i(t)$	Rapports saisonniers $\frac{y_t}{M_4^i(t)} \times 100$	Série corrigée des variations saisonnières $\frac{y_t}{1+s_j}$
1952	1	920	—	—	—	—	1 121
	2	1 114	4 391	—	—	—	1 065
	3	1 310	4 424	8 815	1 102	118,9	1 104
	4	1 047	4 551	8 975	1 122	93,3	1 107
1953	1	953	4 709	9 260	1 158	82,3	1 161
	2	1 241	4 851	9 560	1 195	103,9	1 186
	3	1 468	4 900	9 751	1 219	120,5	1 237
	4	1 189	5 002	9 902	1 238	96,1	1 257
1954	1	1 002	5 105	10 107	1 264	79,3	1 220
	2	1 343	5 230	10 335	1 292	104,0	1 284
	3	1 571	5 356	10 586	1 323	118,7	1 324
	4	1 314	5 557	10 913	1 364	96,3	1 389
1955	1	1 128	5 733	11 290	1 411	79,9	1 374
	2	1 544	5 865	11 598	1 450	106,5	1 476
	3	1 747	5 994	11 859	1 482	117,9	1 472
	4	1 446	6 039	12 033	1 504	96,1	1 529
1956	1	1 257	6 203	12 242	1 530	82,1	1 531
	2	1 589	6 222	12 425	1 553	102,3	1 519
	3	1 911	6 073	12 295	1 537	124,3	1 610
	4	1 465	6 166	12 239	1 530	95,8	1 549
1957	1	1 108	5 975	12 141	1 518	73,0	1 350
	2	1 682	6 041	12 016	1 502	112,0	1 608
	3	1 720	6 224	12 265	1 533	112,2	1 449
	4	1 531	6 313	12 537	1 567	97,7	1 618
1958	1	1 291	6 599	12 912	1 614	80,0	1 572
	2	1 771	6 671	13 270	1 659	106,8	1 693
	3	2 006	6 802	13 473	1 684	119,1	1 690
	4	1 603	6 813	13 615	1 702	94,2	1 695
1959	1	1 422	6 919	13 732	1 717	82,8	1 732
	2	1 782	6 974	13 893	1 737	102,6	1 704
	3	2 112	7 067	14 041	1 755	120,3	1 779
	4	1 658	7 227	14 294	1 787	92,8	1 753
1960	1	1 515	7 348	14 575	1 822	83,2	1 845
	2	1 942	7 445	14 793	1 849	105,0	1 857
	3	2 233	7 668	15 113	1 889	118,2	1 881
	4	1 755	7 783	15 451	1 931	90,9	1 855
1961	1	1 738	7 958	15 741	1 968	88,3	2 117
	2	2 057	8 128	16 086	2 011	102,3	1 967
	3	2 408	8 168	16 296	2 037	118,2	2 029
	4	1 925	8 375	16 543	2 068	93,1	2 035
1962	1	1 778	8 564	16 939	2 117	84,0	2 166
	2	2 264	8 750	17 314	2 164	104,6	2 164
	3	2 597	8 817	17 567	2 196	118,3	2 188
	4	2 111	9 034	17 851	2 231	94,6	2 232
1963	1	1 845	9 293	18 327	2 291	80,5	2 247
	2	2 481	9 540	18 833	2 354	105,4	2 372
	3	2 856	—	—	—	—	2 406
	4	2 358	—	—	—	—	2 493

Les quatre médianes sont égales respectivement à :

1ᵉʳ trimestre : 82,1
2ᵉ trimestre : 104,6
3ᵉ trimestre : 118,7
4ᵉ trimestre : 94,6
Total :   400,0

Il se trouve ici exceptionnellement que la moyenne des quatre coefficients saisonniers estimés est égale exactement à 100,0 : une correction pour assurer le principe de conservation des aires est donc inutile.

Le graphique de la page 384 montre une dispersion à peu près aléatoire des rapports saisonniers autour de leur médiane (c'est-à-dire ne fait apparaître aucun mouvement systématique au cours des années successives) : les rapports saisonniers présentent une bonne stabilité au cours de la période 1952-1963.

On a corrigé la série de son mouvement saisonnier en divisant les observations par les coefficients saisonniers estimés (dernière colonne du tableau de calcul). La série corrigée a été représentée ci-contre sur le même graphique que la série brute et la série des moyennes mobiles. Les inconvénients de la moyenne mobile comme estimation de l'extra-saisonnier signalés ci-dessus en **8.** 2. 3 apparaissent clairement sur cet exemple : la moyenne mobile fait coïncider les premières répercussions de la crise de Suez avec le troisième trimestre 1956 alors que la série corrigée ne marque une diminution qu'au premier trimestre 1957. Par ailleurs, la moyenne mobile atténue le creux de 1957, prolongeant la période de pénurie jusqu'au milieu 1958 alors que la situation s'est pratiquement normalisée dès le troisième trimestre 1957. En dehors de cette période troublée, la moyenne mobile reflète assez fidèlement l'évolution générale parce que celle-ci présente une faible courbure.

Enfin, page 388, figure sur papier semi-logarithmique la série corrigée des variations saisonnières; on a évalué graphiquement le taux annuel d'accroissement des livraisons : sur la période 1952-1956, les livraisons augmentent régulièrement de 9,3 % par an; après la rupture de 1956-1957, elles reprennent leur rythme ascendant au taux moindre de 6,3 % par an jusqu'à la fin de 1960. Sans doute peut-on y voir une conséquence de l'augmentation du **prix de l'essence** intervenue fin 1956. A partir de 1961, le rythme d'accroissement s'accélère, retrouvant sensiblement la valeur qu'il avait au début de la période d'étude. On notera que la pointe observée pour le premier trimestre 1961 sur la série corrigée des variations saisonnières est en partie *artificielle* : elle est due à la méthode de désaisonnalisation qui suppose la *constance* du mouvement saisonnier. Il se trouve en effet qu'en 1961, Pâques était le 2 avril. Les livraisons d'essence et de supercarburant accusent, pour le mois de mars, une **augmentation** exceptionnelle qui a une incidence sur le niveau trimestriel d'environ 180 000 m³. Ce même phénomène apparaît à nouveau en 1964 où la fête mobile de Pâques était le 29 mars.

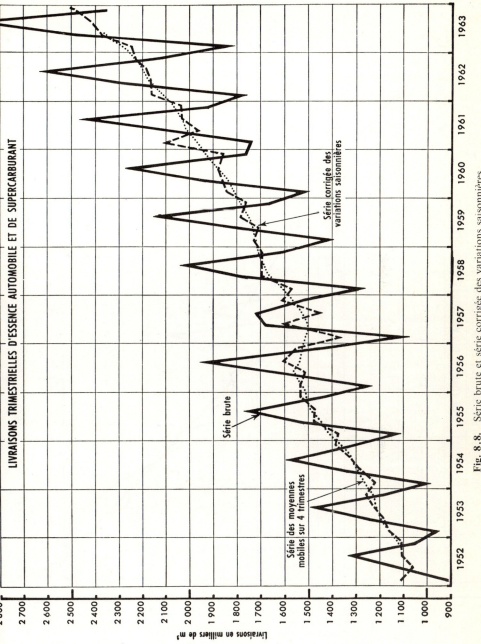

Fig. 8.8. Série brute et série corrigée des variations saisonnières.

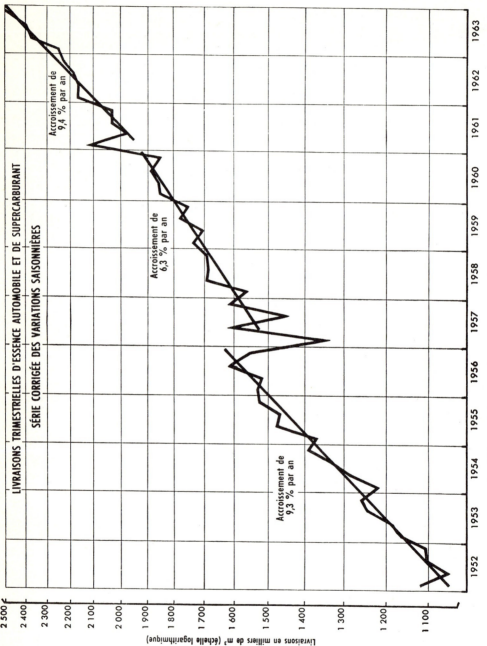

Fig. 8.9. — Série corrigée des variations saisonnières (papier semi-logarithmique)

8. 2. 6. Évolution dans le temps des coefficients saisonniers (schémas additif et multiplicatif).

Dans l'exemple précédent des livraisons d'essence automobile et de supercarburant, la stabilité dans le temps des quatre coefficients saisonniers a pu être constatée graphiquement (p. 384). Ce test graphique de validité du schéma retenu pour la composition des mouvements extra-saisonnier et saisonnier peut être effectué dans les cas de composition *additive* ou *multiplicative* : les différences ou les rapports à la moyenne mobile ne doivent pas présenter de mouvement systématique au cours des années successives pour que l'hypothèse de rigoureuse périodicité du mouvement saisonnier soit acceptable.

Pour certaines séries, cette hypothèse ne peut être retenue pour chacun des m coefficients saisonniers tout au long de la période d'étude parce que les structures saisonnières ont connu une évolution réelle au cours des années successives.

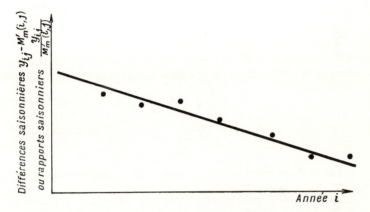

Fig. 8.10. Evolution dans le temps d'un coefficient saisonnier.

Dans ces conditions, on retient en général une évolution *linéaire* des coefficients saisonniers, de la forme ([1]) :

$$s_{ij} = \lambda_j + i\mu_j \quad \text{(schéma additif)}$$
$$1 + s_{ij} = \lambda_j + i\mu_j \quad \text{(schéma multiplicatif)}.$$

Évidemment, cette hypothèse d'évolution des coefficients saisonniers dans le temps ne se justifie que si l'ajustement linéaire améliore sensiblement la description de la série étudiée. Il peut arriver qu'on n'adopte cette hypothèse que pour quelques-uns seulement des m coefficients saisonniers.

([1]) On observera que dans le schéma *mixte* on ne peut envisager l'hypothèse d'évolution des coefficients saisonniers dans le temps.

Hormis cette légère variante, la méthode de correction est identique à celle exposée ci-dessus en **8. 2. 4. 1** et **8. 2. 4. 2.** Le principe de conservation des aires ne peut toutefois être assuré pour *toute* période de m mois consécutifs. On convient dans ce cas de faire en sorte qu'il le soit pour chaque année de calendrier :

$$\frac{1}{m}\sum_{j=1}^{m}\lambda_j = 0; \qquad \frac{1}{m}\sum_{j=1}^{m}\mu_j = 0 \qquad \text{(schéma additif)}$$

ou

$$\frac{1}{m}\sum_{j=1}^{m}\lambda_j = 1; \qquad \frac{1}{m}\sum_{j=1}^{m}\mu_j = 0 \qquad \text{(schéma multiplicatif)}.$$

On corrige à cet effet les ordonnées à l'origine λ'_j et les pentes μ'_j ajustées :

$$\lambda_j = \lambda'_j - \frac{1}{m}\sum_{j=1}^{m}\lambda'_j; \qquad \mu_j = \mu'_j - \frac{1}{m}\sum_{j=1}^{m}\mu'_j \qquad \text{(schéma additif)}$$

$$\lambda_j = \frac{\lambda'_j}{\frac{1}{m}\sum_{j=1}^{m}\lambda'_j}; \qquad \mu_j = \mu'_j - \frac{1}{m}\sum_{j=1}^{m}\mu'_j \qquad \text{(schéma multiplicatif)}$$

On obtient ensuite la série corrigée des variations saisonnières par soustraction dans le schéma additif et par quotient dans le schéma multiplicatif :

$$y^c_{ij} = y_{ij} - \lambda_j - i\mu_j \qquad \text{(schéma additif)},$$

$$y^c_{ij} = \frac{y_{ij}}{\lambda_j + i\mu_j} \qquad \text{(schéma multiplicatif)}.$$

8. 2. 7. Itération de la méthode de correction des variations saisonnières.

On raisonnera dans ce paragraphe sur le cas du schéma multiplicatif mais les mêmes considérations s'appliquent de façon analogue au cas du schéma additif ou du schéma mixte.

La série y^c_{ij} corrigée des variations saisonnières à la suite de la première étape de calcul est une estimation entachée d'erreur du mouvement extra-saisonnier. En effet si on désigne par $1 + S_j$ la valeur vraie du coefficient saisonnier dont $1 + s_j$ est une estimation, on a :

$$y_{ij} = f_t(1 + S_j) + z_t = (1 + s_j)y^c_{ij}$$

c'est-à-dire encore :

$$y^c_{ij} = f_t \frac{1 + S_j}{1 + s_j} + \frac{z_t}{1 + s_j}.$$

Du fait de l'écart entre le coefficient saisonnier $1 + S_j$ et son estimation $1 + s_j$ et du fait également du mouvement résiduel, la valeur corrigée y^c_{ij} ne coïncide pas avec le mouvement extra-saisonnier f_t. On convient **d'améliorer** cette estimation en retenant la moyenne mobile $M_p(y_{ij}^c)$ calculée sur p mois consécutifs : p est choisi assez *faible* pour ne pas donner trop d'inertie à cette moyenne mobile et éviter d'étaler sur les mois encadrants les oscillations passagères, assez *grand* pour éliminer le mouvement résiduel z_t et *impair* pour simplifier le calcul de la moyenne mobile. On choisit généralement $p = 5$ ou $p = 7$ dans le cas des séries mensuelles ($m = 12$), $p = 3$ dans le cas des séries trimestrielles ($m = 4$).

Cette seconde moyenne mobile $M_p(y_{ij}^c)$ sert à son tour, comme la première : $M'_m(y_{ij})$, à estimer les coefficients saisonniers $1 + S_j$ et à corriger la série de ses variations saisonnières.

D'où le schéma des calculs à effectuer pour cette deuxième étape (en supposant $m = 12$) :

1. Calcul de la *moyenne mobile* sur p mois de la série corrigée à la suite de la première étape :

$$M_p(t) = \frac{1}{p} \sum_{k=-(p-1)/2}^{(p-1)/2} y_{t+k}^c.$$

2. Calcul des *rapports saisonniers* :

$$\frac{y_t}{M_p(t)}.$$

3. *Synthèse des rapports saisonniers* relatifs aux mois n° j :

$$1 + s_j'' = \text{médiane des rapports } \frac{y_{ij}}{M_p(i, j)}.$$

4. Calcul de la *moyenne des douze estimations* $1 + s_j''$:

$$1 + \bar{s}'' = \frac{1}{12} \sum_{j=1}^{12} (1 + s_j'').$$

5. *Correction des coefficients saisonniers* et *estimation définitive* :

$$1 + s_j''' = \frac{1 + s_j''}{1 + \bar{s}''}.$$

6. Établissement de la série *corrigée des variations saisonnières* :

$$(y_{ij}^c)_{\text{II}} = \frac{y_{ij}}{1 + s_j'''}.$$

Remarque

1. Cette méthode d'itération due aux statisticiens américains Shiskin et Eisenpress pourrait évidemment être poursuivie. Ses auteurs envisageaient même la possibilité d'une troisième étape. Dans la mesure où la dispersion des rapports saisonniers relatifs aux mois n° j diminue d'une étape à l'autre, la seconde n'était pas inutile. Toutefois en général, le gain devient à peu près nul au-delà de deux étapes.

2. Certains des coefficients saisonniers $1 + s'_j$ obtenus au cours de la première étape peuvent très bien avoir été supposés variables avec l'année. A la seconde étape, les coefficients $1 + s''_j$ sont en général mieux répartis autour de leur droite d'ajustement que les premiers coefficients $1 + s'_j$.

3. Si l'étude du schéma multiplicatif est effectuée sur les logarithmes et s'il apparaît justifié d'admettre une évolution dans le temps des coefficients saisonniers, on notera qu'une évolution linéaire en logarithme correspond à une évolution exponentielle sur les coefficients eux-mêmes. Toutefois, ces deux évolutions sont en général très voisines car les exponentielles ajustées sont très tendues.

8. 2. 8. Application à la série des chômeurs secourus au premier de chaque mois (1949-1961).

On a appliqué la méthode d'itération en deux étapes à la série des chômeurs secourus au premier de chaque mois, en admettant à chaque étape une évolution dans le temps des coefficients saisonniers (évolution linéaire).

La série brute représentée pages 394 et 395 sur graphiques arithmétique et semi-logarithmique se caractérise schématiquement par la présence de trois oscillations marquées : 1949-1951, 1952-1957 et 1958-1961. Le mouvement saisonnier d'amplitude variable sur graphique arithmétique est très régularisé sur graphique semi-logarithmique : la différence mars-octobre passe de 29 372 en 1954 à 4 567 en 1958, ce qui en valeur relative représente respectivement 13 % et 16 %. C'est pourquoi le schéma multiplicatif a été retenu. De façon plus précise, on a utilisé le schéma *additif en logarithme* ([1]), admettant un mouvement résiduel *relatif* de moyenne nulle de la forme :

$$y_t = f_t(1 + s_j)(1 + z_t).$$

Les différents stades du calcul reproduits dans les tableaux pages 412 à 417 ont été représentés graphiquement.

1. On a calculé les moyennes mobiles sur 12 mois des logarithmes (colonnes 3 à 5) et représenté page 396 la série obtenue : moyenne mobile *géométrique* des observations. La courbe représentative est très régulière mais elle possède une inertie considérable, « rabotant » les pointes et les creux.

2. Les différences saisonnières entre les observations et la moyenne mobile sur 12 mois (logarithmes des rapports saisonniers) sont calculées dans la colonne 6 du tableau et reportées sur graphique page 397. La dispersion des différences relatives à un même mois n'est pas aléatoire ainsi qu'on le constate sur les graphiques pages 398 et 399 mais présente un caractère systématique assez net : on a ajusté par la méthode des moindres carrés une droite à chacun des douze ensembles de points. Dans le calcul des droites, on n'a pas tenu compte de quelques différences saisonnières qui semblaient aberrantes. Les ordonnées à l'origine (l'année 1955 a été choisie comme origine) et les pentes calculées ont

---

[1] Les valeurs des observations s'échelonnant entre 10 000 et 80 000, on n'a considéré que la partie décimale des logarithmes (mantisse).

été ensuite corrigées pour assurer le principe de conservation des aires et ajustées graphiquement. On a profité en effet de la grande régularité des résultats fournis par la méthode des moindres carrés pour les ajuster à des courbes continues. L'ajustement des ordonnées à l'origine (p. 400) est meilleur que celui des pentes (p. 401), plus sensibles que les premières aux erreurs résultant de la présence du mouvement résiduel ou de l'assimilation de l'extra-saisonnier à la moyenne mobile. Le mois de septembre qui apparaît un peu anormal sur le graphique des ordonnées à l'origine a subi la correction la plus forte. On aboutit ainsi aux coefficients saisonniers figurant dans la colonne 8 du tableau de calcul.

3. La série corrigée des variations saisonnières à l'issue de la première étape est représentée page 402 et correspond à la colonne 9 du tableau de calcul (les données de cette colonne sont en logarithmes).

4. La deuxième étape se poursuit (colonnes 10-11) par le calcul de la moyenne mobile géométrique sur 5 mois consécutifs représentée page 403. Cette deuxième estimation du mouvement extra-saisonnier est régulière mais plus souple que la première moyenne mobile sur 12 mois (p. 396).

5. Les différences à la seconde moyenne mobile figurant page 404 présentent une dispersion beaucoup moindre que celle enregistrée à la première étape (comparer avec le graphique de la page 397). Les graphiques des pages 405 et 406 mettent en évidence l'évolution linéaire des coefficients saisonniers avec plus de netteté que les graphiques des pages 398 et 399. Par ailleurs, les ordonnées à l'origine mais surtout les pentes ajustées apparaissent plus régulières à cette seconde étape. Toutefois, l'irrégularité déjà enregistrée pour le mois de septembre persiste à cette seconde étape, si bien qu'il convient d'en tenir compte ([1]) (graphiques p. 407 et 408).

6. La série corrigée des variations saisonnières obtenue à la fin de la seconde étape (colonnes 15-16) est représentée sur échelles logarithmique et arithmétique pages 409 et 410.

Les résultats apparaissent satisfaisants, à l'exception toutefois de l'année 1949 marquée par un mouvement saisonnier moins accusé que les autres années.

7. Cette étude effectuée à partir des observations antérieures au mois de novembre 1961 permet ainsi de suivre l'évolution du chômage en France entre janvier 1949 et octobre 1961.

On observera que l'estimation du mouvement extra-saisonnier relatif aux six derniers mois (mai à octobre 1961) de la période étudiée ne peut être fournie par la moyenne mobile sur douze mois : c'est seulement par une évaluation

[suite : page 411]

---

[1] Une explication de ce phénomène pourrait être la suivante : le mois de septembre est le mois de reprise après la période des congés. Les licenciements de personnel ont peut-être tendance à avoir lieu avant cette période, les personnes licenciées conservant néanmoins le bénéfice des congés payés annuels. Dans cette hypothèse, ce n'est qu'à partir du 1er septembre qu'elles pourraient faire valoir leur droit à l'allocation de chômage.

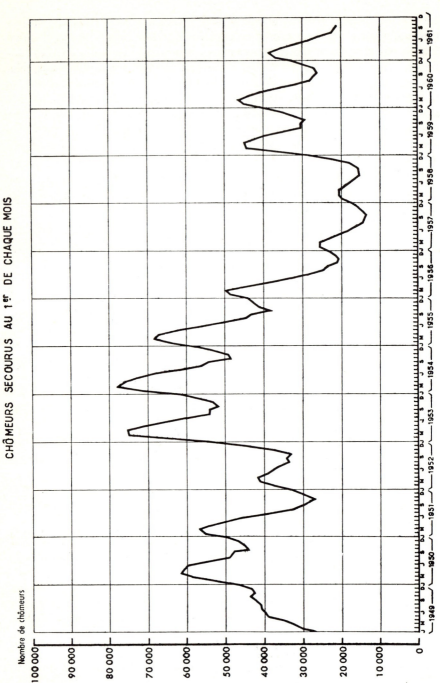

Fig. 8.11. Chômeurs secourus au 1er de chaque mois. Série brute sur papier arithmétique.

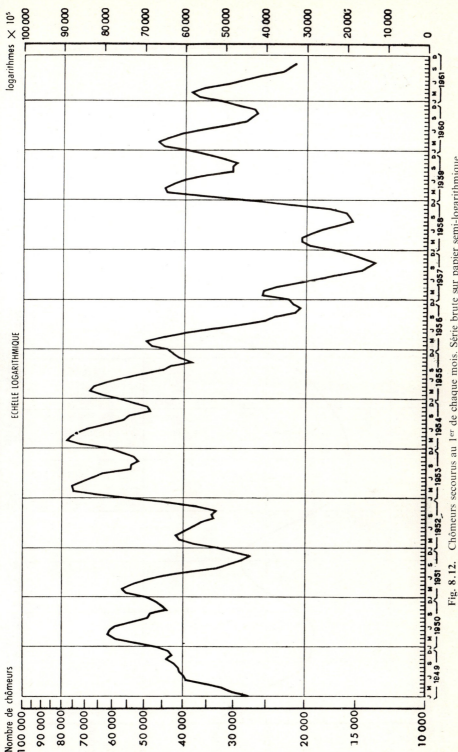

Fig. 8.12. Chômeurs secourus au 1er de chaque mois. Série brute sur papier semi-logarithmique.

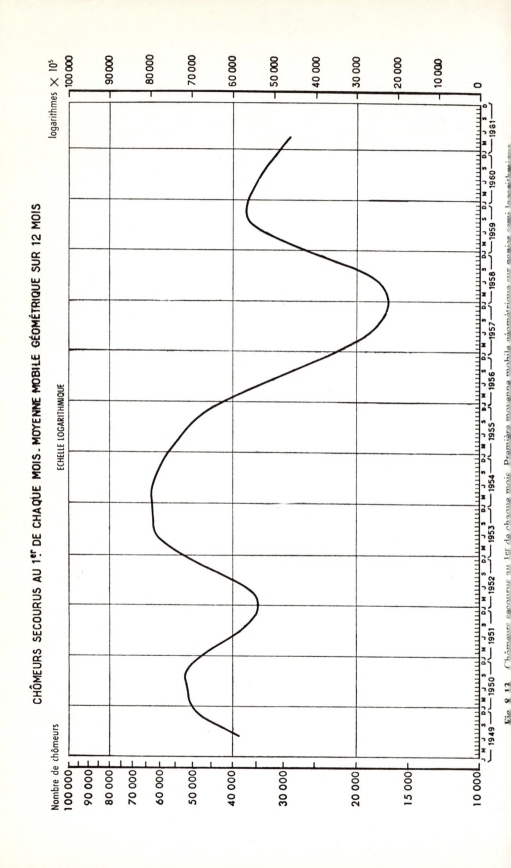

Fig. 8.12. — Chômeurs secourus au 1er de chaque mois. Première moyenne mobile géométrique sur onze sans; logarithmes.

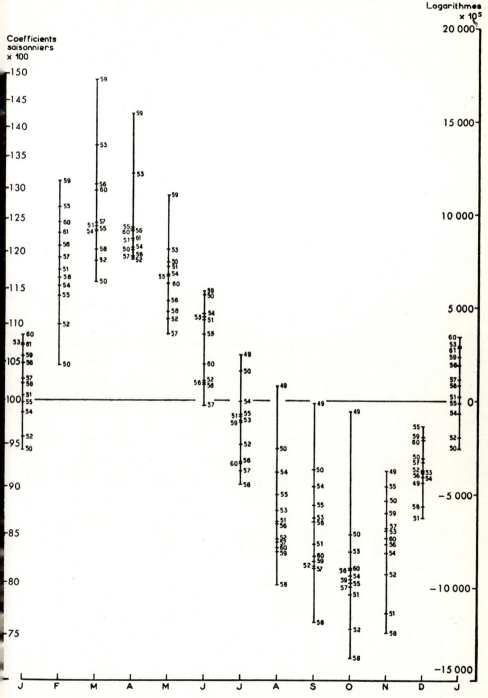

Fig. 8.14. Chômeurs secourus au 1er de chaque mois. Première série de coefficients saisonniers.

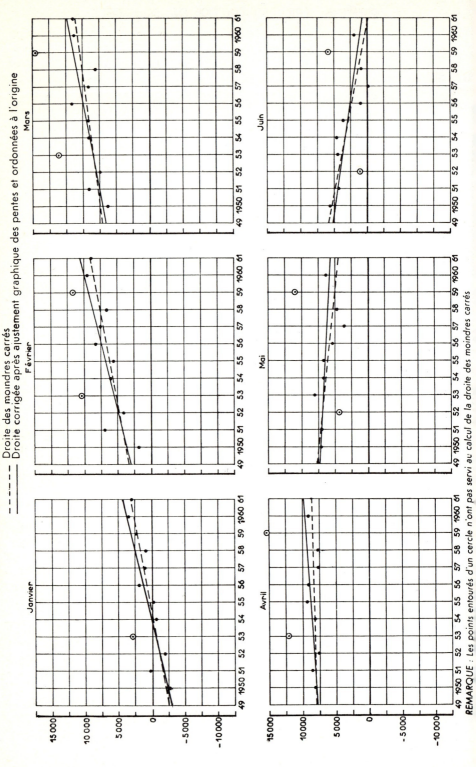

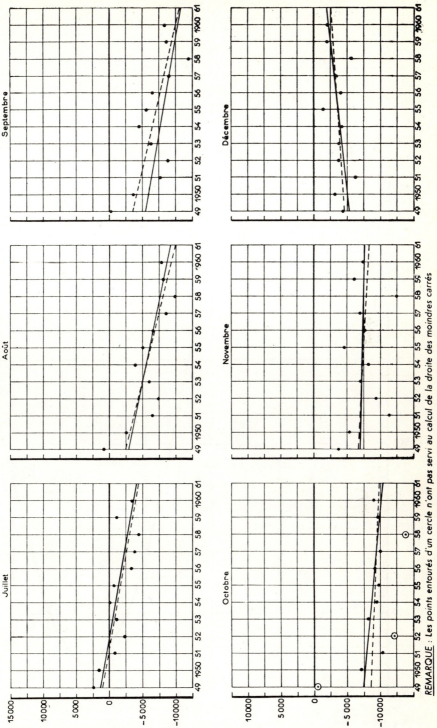

Fig. 8.15. Chômeurs secourus au 1er de chaque mois. Ajustement des premiers coefficients saisonniers.

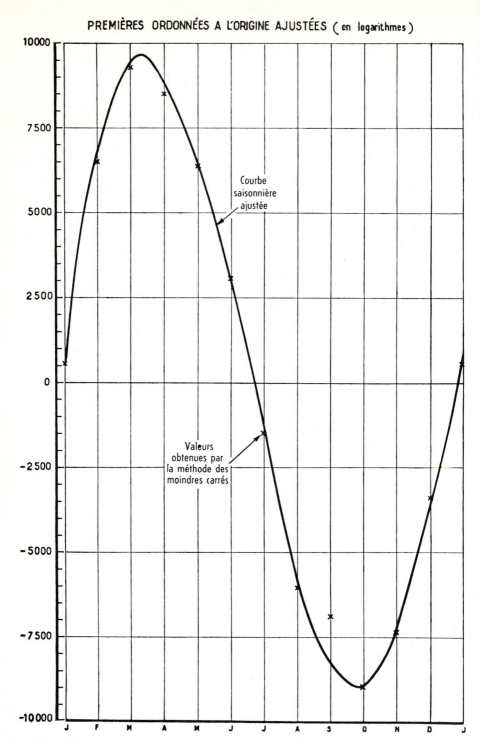

Fig. 8.16. Chômeurs secourus au 1ᵉʳ de chaque mois. Ajustement graphique des ordonnées à l'origine fournies par la méthode des moindres carrés (origine = 1955).

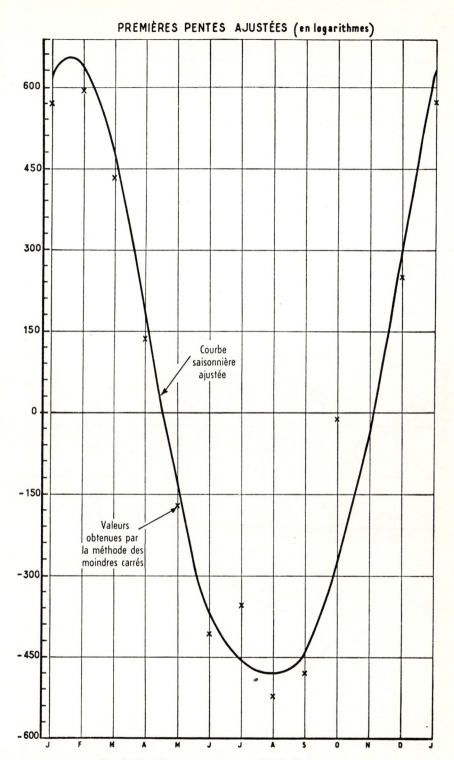

Fig. 8.17. Chômeurs secourus au 1ᵉʳ de chaque mois.
Ajustement graphique des pentes fournies par la méthode des moindres carrés.

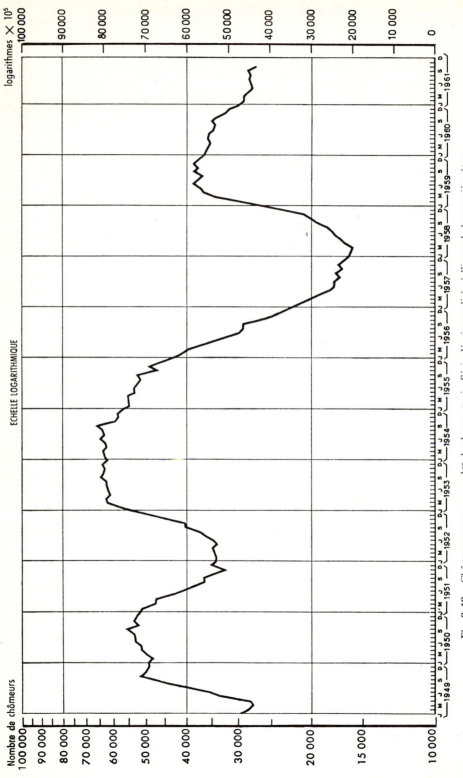

Fig. 8.18. Chômeurs secourus au 1er de chaque mois. Série désaisonnalisée à l'issue de la première étape.

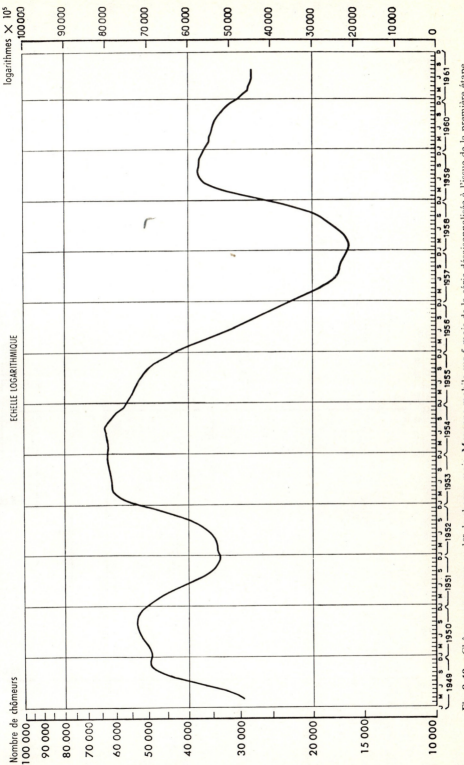

Fig. 8.19. Chômeurs secourus au 1er de chaque mois. Moyenne mobile sur 5 mois de la série désaisonnalisée à l'issue de la première étape.

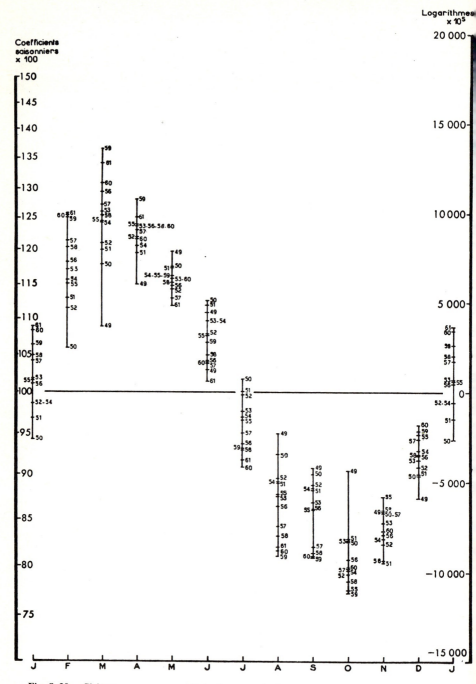

Fig. 8.20. Chômeurs secourus au 1er de chaque mois. Première série de coefficients saisonniers.

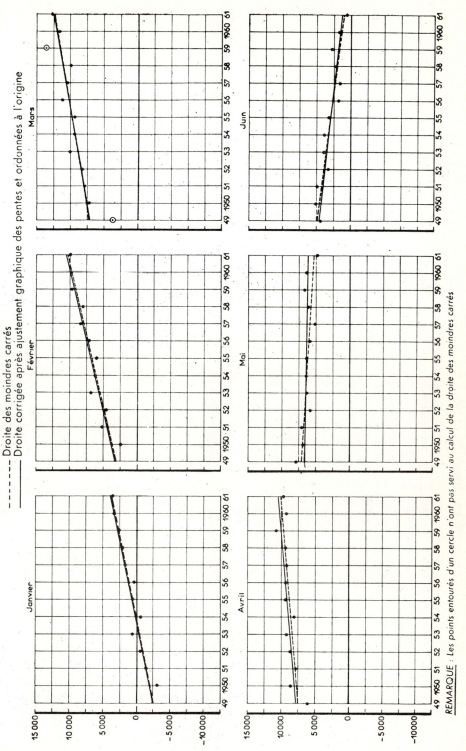

Fig. 8.21 (1re partie). Chômeurs secourus au 1er de chaque mois. Ajustement des seconds coefficients saisonniers.

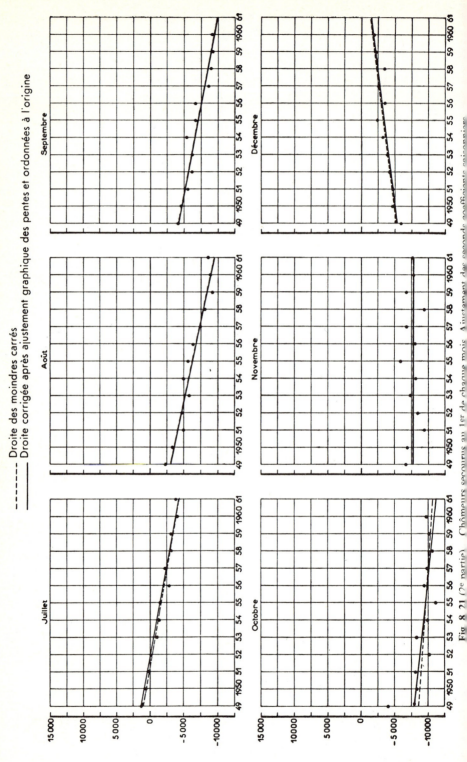

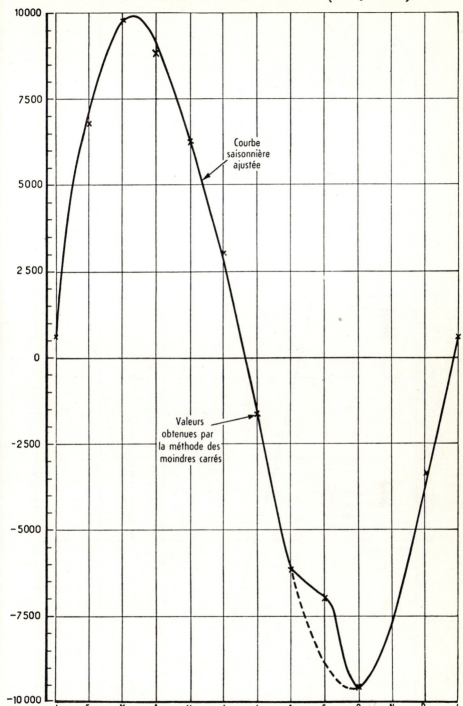

Fig. 8.22. Chômeurs secourus au 1ᵉʳ de chaque mois.
Ajustement graphique des ordonnées à l'origine fournies par la méthode des moindres carrés.

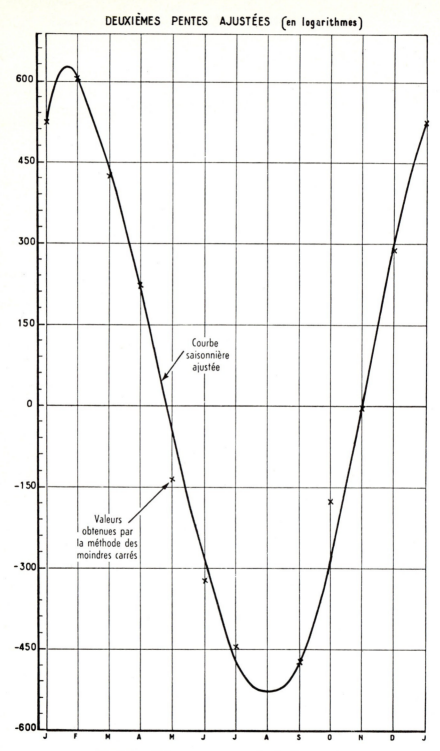

Fig. 8.23. Chômeurs secourus au 1ᵉʳ de chaque mois.
Ajustement graphique des pentes fournies par la méthode des moindres carrés.

[8. 2] LES MÉTHODES EMPIRIQUES 409

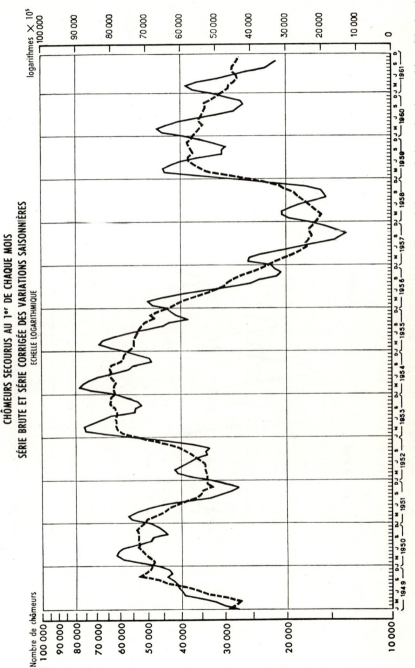

Fig. 8.24. Chômeurs secourus au 1er de chaque mois. Série brute et série désaisonnalisée à l'issue de la seconde étape (papier semi-logarithmique).

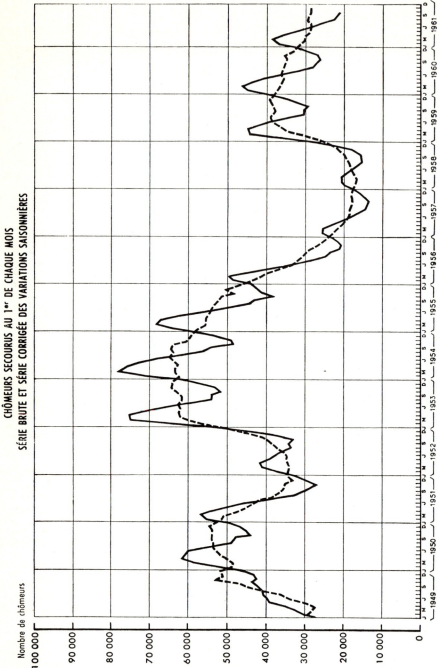

Fig. 8.25. Chômeurs secourus au 1er de chaque mois. Série brute et série désaisonnalisée à l'issue de la seconde étape (papier arithmétique).

des coefficients saisonniers fondée sur la période *passée* qu'on peut corriger les observations les plus *récentes* de leur composante saisonnière.

Cette méthode de correction suppose évidemment la *stabilité* des coefficients saisonniers au cours des derniers mois, cette stabilité correspondant soit à la *constance* d'une année à l'autre du coefficient saisonnier relatif à un même mois, soit à la *permanence* de l'évolution constatée sur les années antérieures, c'est-à-dire dans cet exemple à l'évolution linéaire des coefficients saisonniers dans le temps.

Dans quelle mesure cette stabilité se maintiendra-t-elle dans le *futur* et permettra de corriger les observations suivantes? On ne peut préjuger une régularité constatée — même sur une période de plusieurs années — pour ériger cette régularité en *loi définitive*. C'est pourquoi il convient d'être prudent en ce qui concerne l'application au futur ([1]) des coefficients saisonniers estimés sur le passé. L'étude qu'on vient de présenter ici doit être reprise fréquemment pour déceler à temps les modifications du régime saisonnier.

Considérons par exemple les observations effectuées entre octobre 1961 et avril 1964, c'est-à-dire au-delà des données utilisées pour l'analyse précédente.

[suite : page 420]

Année / Mois	1961	1962	1963	1964
Janvier ...		24 180	20 868	19 816
Février ...		26 614	23 456	21 685
Mars		27 088	25 340	22 748
Avril		25 904	24 463	22 778
Mai		24 030	22 842	
Juin		21 791	20 856	
Juillet		19 693	19 210	
Août		18 111	18 303	
Septembre		17 964	17 022	
Octobre...		17 193	17 137	
Novembre	21 321	17 609	17 071	
Décembre .	22 717	19 745	18 442	

([1]) Et également au *présent*, lorsqu'il s'agit de corriger les six dernières observations mensuelles effectuées.

Année	Mois	Série brute Y_t	Série des logarithmes $y_t = \log_{10} Y_t$	Sommes mobiles $S_{12}(t-1/2)$	Sommes de sommes mobiles $\Sigma_{24}(t)$	Moyennes mobiles $M'_{12}(t)$	Premières différences à la moyenne mobile $y_t - M'_{12}(t)$	Rapport saisonnier ajustés : s (moindres carrés)
		1	2	3	4	5	6	7
1949	Janvier	27 496	43 927					— 2 58
	Février	30 254	48 079					3 32
	Mars	32 075	50 617					7 10
	Avril	35 141	54 581					8 09
	Mai	39 218	59 349					7 73
	Juin	39 817	60 007					5 85
	Juillet	40 847	61 116	692 552	1 407 825	58 659	2 457	1 06
	Août	41 126	61 412	715 273	1 454 464	60 603	809	— 2 52
	Septembre	42 196	62 527	739 191	1 504 745	62 698	— 171	— 3 57
	Octobre	43 908	64 254	765 554	1 555 511	64 813	— 559	— 8 78
	Novembre	42 571	62 911	789 957	1 598 718	66 613	— 3 702	— 6 70
	Décembre	43 423	63 772	808 761	1 634 416	68 101	— 4 329	— 2 51
1950	Janvier	46 396	66 648	825 655	1 663 298	69 304	— 2 656	— 2 098
	Février	52 477	71 997	837 643	1 683 016	70 126	1871	3 828
	Mars	58 857	76 980	845 373	1 696 298	70 679	6301	7 44
	Avril	61 638	78 984	850 920	1 701 907	70 913	8 071	8 13
	Mai	60 469	78 153	850 987	1 704 611	71 025	7 128	7 47
	Juin	58 750	76 901	853 624	1 710 387	71 266	5 635	5 35
	Juillet	53 832	73 104	856 763	1 716 137	71 506	1 598	61
	Août	49 138	69 142	859 374	1 721 245	71 719	— 2 577	— 3 14
	Septembre	47 946	68 074	861 871	1 722 119	71 755	— 3 681	— 4 14
	Octobre	43 975	64 321	860 248	1 714 740	71 448	— 7 127	— 8 85
	Novembre	45 235	65 548	854 492	1 700 844	70 868	— 5 320	— 6 84
	Décembre	46 678	66 911	846 352	1 681 331	70 055	— 3 144	— 2 714
1951	Janvier	49 271	69 259	854 979	1 655 752	68 990	269	— 1 608
	Février	55 582	74 494	820 773	1 624 241	67 552	6 942	4 328
	Mars	56 698	75 357	803 468	1 588 194	66 175	9 182	7 779
	Avril	53 986	73 228	784 726	1 550 733	64 614	8 614	8 178
	Mai	50 134	70 013	766 007	1 510 148	62 923	7 090	7 207
	Juin	45 215	65 528	744 141	1 469 444	61 227	4 301	4 853
	Juillet	38 813	58 898	725 303	1 433 248	59 719	— 821	165
	Août	32 989	51 837	707 945	1 399 232	58 301	— 6 464	— 3 762
	Septembre	31 140	49 332	691 287	1 368 663	57 028	— 7 696	— 4 724
	Octobre	28 577	45 602	677 376	1 343 470	55 978	— 10 376	— 8 922
	Novembre	27 341	43 682	666 094	1 321 787	55 074	— 11 392	— 6 980
	Décembre	30 250	48 073	655 693	1 303 735	54 322	— 6 249	— 2 914
1952	Janvier	33 038	51 901	648 042	1 292 940	53 872	— 1 971	— 1 119
	Février	37 875	57 836	644 898	1 290 613	53 776	4 060	4 828
	Mars	41 158	61 446	645 715	1 295 420	53 976	7 470	8 117
	Avril	41 635	61 946	649 705	1 305 925	54 414	7 532	8 220
	Mai	39 456	59 612	656 220	1 325 957	55 248	4 364	6 941
	Juin	37 912	57 877	669 737	1 356 212	56 809	1 068	4 352
	Juillet	36 103	55 754	686 475	1 394 559	58 107	— 2 353	— 283
	Août	33 615	52 654	708 084	1 441 000	60 042	— 7 388	— 4 378
	Septembre	34 137	53 322	732 916	1 492 016	62 167	— 8 845	— 5 301
	Octobre	33 203	52 117	759 100	1 544 062	64 336	— 12 219	— 8 993
	Novembre	37 324	57 199	784 962	1 595 453	66 477	— 9 278	— 7 117
	Décembre	44 473	64 811	810 491	1 645 721	68 572	— 3 761	— 3 114

pports onniers rigés et justés phiquent : s_t	Première désaisonnalisation : $N_t =$ $y_t - s_t$	Sommes mobiles sur 5 mois $S_5(t)$ de N_t	Moyennes mobiles de N_t : $P_5(t)$	Deuxièmes différences à la moyenne mobile $y_t - P_5(t)$	Rapports saisonniers ajustés : s'_t (moindres carrés)	Rapports saisonniers corrigés et ajustés graphiquement : s''_t	Deuxième désaisonnalisation $y_t - s''_t$	Série corrigée des variations saisonnières : $10\, y_t - s''_t$
8	9	10	11	12	13	14	15	16
2 990	46 917				— 2 570	— 2 520	46 447	29 100
3 010	45 069				3 149	3 200	44 879	28 100
6 620	43 997	234 883	46 977	3 640	7 221	7 170	43 447	27 200
7 750	46 831	242 803	48 561	6 020	7 507	7 900	46 681	29 300
7 280	52 069	257 420	51 484	7 865	7 083	6 550	52 799	33 700
5 170	54 837	277 855	55 571	4 436	4 958	4 530	55 477	35 900
1 430	59 686	299 161	59 832	1 284	1 002	1 250	59 866	39 700
3 020	64 432	318 586	63 717	— 2 305	— 3 035	— 3 020	64 432	44 100
5 610	68 137	333 640	66 728	— 4 201	— 4 156	— 4 120	66 647	46 400
7 240	71 494	343 146	68 629	— 4 375	— 8 545	— 7 920	72 174	52 700
6 980	69 891	347 737	69 547	— 6 636	— 7 562	— 7 600	70 511	50 700
5 420	69 192	347 947	69 589	— 5 817	— 5 104	— 5 420	69 192	49 200
2 375	69 023	346 333	69 267	— 2 619	— 2 046	— 1 995	68 643	48 600
3 650	68 347	347 501	69 500	2 497	3 752	3 805	68 192	48 100
7 100	69 880	349 312	69 862	7 118	7 645	7 605	69 375	49 400
7 925	71 059	352 390	70 478	8 506	7 729	8 105	70 879	51 100
7 150	71 003	356 172	71 234	6 919	6 949	6 505	71 648	52 100
4 800	72 101	358 934	71 787	5 114	4 636	4 250	72 651	53 300
975	72 129	361 999	72 400	704	560	775	72 329	52 900
3 500	72 642	362 842	72 568	— 3 426	— 3 561	— 3 545	72 687	53 300
6 050	74 124	363 134	72 663	— 4 589	— 4 628	— 4 595	72 669	53 300
7 525	71 846	363 221	72 644	— 8 323	— 8 718	— 8 195	72 516	53 100
7 025	72 573	361 598	72 320	— 6 772	— 7 565	— 7 595	73 143	53 900
5 125	72 036	357 678	71 536	— 4 625	— 4 814	— 5 120	72 031	52 500
1 760	71 019	353 609	70 722	— 1 463	— 1 523	— 1 470	70 729	51 000
4 290	70 204	346 164	69 233	5 261	4 356	4 410	70 084	50 200
7 580	67 777	337 121	67 424	7 933	8 070	8 040	67 317	47 100
8 100	65 128	327 200	65 440	7 788	7 952	8 310	64 918	44 600
7 020	62 993	315 394	63 079	6 934	6 815	6 460	63 553	43 200
4 430	61 098	303 434	60 687	4 841	4 315	3 970	61 558	41 300
520	58 398	294 128	58 826	72	119	300	58 598	38 500
3 980	55 817	284 547	56 909	— 5 072	— 4 086	— 4 070	55 907	36 200
6 490	55 822	274 141	54 828	— 5 496	— 5 100	— 5 070	54 402	35 000
7 810	53 412	268 646	53 729	— 8 127	— 8 892	— 8 470	54 072	34 700
7 070	50 692	265 875	53 175	— 9 493	— 7 569	— 7 590	51 272	32 600
4 830	52 903	262 959	52 592	— 4 519	— 4 525	— 4 820	52 893	33 800
1 145	53 046	262 933	52 587	— 686	— 999	— 945	52 846	33 800
4 930	52 906	265 912	53 182	4 654	4 959	5 015	52 821	33 700
8 060	53 386	265 731	53 146	8 300	8 494	8 475	52 971	33 900
8 275	53 671	266 502	53 300	8 646	8 175	8 515	53 431	34 200
6 890	52 722	269 285	53 857	5 755	6 681	6 415	53 197	34 000
4 060	53 817	273 013	54 603	3 274	3 993	3 690	54 187	34 800
65	55 689	279 594	55 920	— 166	— 323	— 175	55 929	36 400
4 460	57 114	287 084	57 417	— 4 763	— 4 612	— 4 595	57 249	37 400
6 930	60 252	297 581	59 516	— 6 194	— 5 572	— 5 545	58 867	38 800
8 095	60 212	311 238	62 248	— 10 131	— 9 066	— 8 745	60 862	40 600
7 115	64 314	328 164	65 633	— 8 434	— 7 572	— 7 585	64 784	44 400
4 535	69 346	345 010	69 002	— 4 191	— 4 235	— 4 520	69 331	49 400

		1	2	3	4	5	6	7
1953	Janvier	54 337	73 510	835 230	1 692 575	70 524	2 986	— 6
	Février	67 093	82 668	857 345	1 735 450	72 310	10 358	5 3
	Mars	75 214	87 630	878 105	1 776 135	74 006	13 624	8 4
	Avril	75 524	87 808	898 030	1 815 435	75 643	12 165	8 2
	Mai	71 025	85 141	917 405	1 850 242	77 093	8 048	6 6
	Juin	67 013	82 616	932 837	1 876 830	78 201	4 415	3 8
	Juillet	60 074	77 869	943 993	1 893 632	78 901	— 1 032	— 7
	Août	54 218	73 414	949 639	1 902 556	79 273	— 5 859	— 4 9
	Septembre	54 010	73 247	952 917	1 907 267	79 469	— 6 222	— 5 8
	Octobre	51 870	71 492	954 350	1 908 923	79 538	— 8 046	— 9 0
	Novembre	53 249	72 631	954 573	1 910 364	79 598	— 6 967	— 7 2
	Décembre	57 500	75 967	955 791	1 912 932	79 705	— 3 738	— 3 3
1954	Janvier	61 882	79 156	957 141	1 915 453	79 811	— 655	— 1
	Février	72 358	85 949	958 312	1 918 110	79 921	6 025	5 8
	Mars	77 737	89 063	959 798	1 920 054	80 002	9 061	8 7
	Avril	75 912	88 031	960 256	1 917 474	79 895	8 136	8 3
	Mai	73 045	86 359	957 218	1 910 991	79 625	6 734	6 4
	Juin	69 128	83 966	953 773	1 904 172	79 340	4 626	3 3
	Juillet	61 715	79 040	950 399	1 897 492	79 062	— 22	— 1 1
	Août	56 105	74 900	947 093	1 888 979	78 707	— 3 807	— 5 6
	Septembre	54 583	73 705	941 886	1 878 212	78 259	— 4 554	— 6 4
	Octobre	48 365	68 454	936 326	1 867 386	77 808	— 9 354	— 9 1
	Novembre	49 188	69 186	931 060	1 855 179	77 299	— 8 113	— 7 3
	Décembre	53 203	72 593	924 119	1 839 844	76 660	— 4 067	— 3 5
1955	Janvier	57 345	75 850	915 725	1 822 865	75 953	— 103	3
	Février	64 179	80 739	907 140	1 804 546	75 189	5 550	6 3
	Mars	68 395	83 503	897 406	1 784 626	74 359	9 144	9 1
	Avril	67 244	82 765	887 220	1 764 046	73 502	9 263	8 3
	Mai	62 256	79 418	876 826	1 746 123	72 755	6 663	6 1
	Juin	56 980	75 572	869 297	1 729 001	72 042	3 530	2 8
	Juillet	50 647	70 455	859 704	1 707 920	71 163	— 708	— 1 6
	Août	44 839	65 166	848 216	1 684 241	70 177	— 5 011	— 6 2
	Septembre	43 171	63 519	836 025	1 658 216	69 092	— 5 573	— 7 0
	Octobre	38 072	58 060	822 191	1 626 696	67 779	— 9 719	— 9 2
	Novembre	41 359	61 657	804 505	1 588 625	66 193	— 4 536	— 7 5
	Décembre	42 658	63 000	784 120	1 544 873	64 370	— 1 370	— 3 7
1956	Janvier	44 017	64 362	760 753	1 496 635	62 370	1 992	8
	Février	48 469	68 548	735 882	1 446 590	60 275	8 273	6 8
	Mars	49 738	69 669	710 708	1 395 607	58 150	11 519	9 4
	Avril	44 750	65 079	684 899	1 344 447	56 019	9 060	8 3
	Mai	38 934	59 033	659 548	1 289 474	53 728	5 305	5 8
	Juin	33 270	52 205	629 726	1 229 924	51 248	957	2 3
	Juillet	28 565	45 584	600 216	1 172 488	48 854	— 3 270	— 2 0
	Août	25 114	39 992	572 272	1 116 854	46 536	— 6 544	— 6 8
	Septembre	23 829	37 710	544 582	1 060 096	44 171	— 6 461	— 7 6
	Octobre	21 237	32 709	515 514	1 003 104	41 796	— 9 087	— 9 2
	Novembre	20 814	31 835	487 590	947 805	39 492	— 7 657	— 7 6
	Décembre	21 622	33 490	460 215	894 839	37 285	— 3 795	— 3 9
1957	Janvier	23 130	36 418	434 624	845 606	35 234	1 184	1 3
	Février	25 630	40 875	410 982	798 148	33 256	7 602	7 3
	Mars	25 469	40 601	387 166	751 445	31 310	9 291	9 8
	Avril	23 526	37 155	364 279	709 072	29 545	7 610	8 4
	Mai	20 729	31 658	344 793	673 744	28 073	3 585	5 6
	Juin	18 456	26 614	328 951	643 797	26 825	— 211	1 8

8	9	10	11	12	13	14	15	16
530	74 040	363 888	72 778	732	— 477	— 420	73 930	54 000
5 570	77 098	378 932	75 786	6 882	5 563	5 620	77 048	58 900
8 540	79 090	387 967	77 593	10 037	8 919	8 910	78 720	61 300
8 450	79 358	392 853	78 571	9 237	8 397	8 720	79 088	61 800
6 760	78 381	394 014	78 803	6 338	6 547	6 370	78 771	61 300
3 690	78 926	393 278	78 656	3 960	3 672	3 410	79 206	62 000
390	78 259	394 537	78 907	— 1 038	— 765	— 650	78 519	61 000
4 940	78 354	396 028	79 206	— 5 792	— 5 137	— 5 120	78 534	61 000
7 370	80 617	396 893	79 379	— 6 132	— 6 044	— 6 020	79 267	62 000
8 380	79 872	398 841	79 768	— 8 276	— 9 240	— 9 020	80 512	63 800
7 160	79 791	399 558	79 912	— 7 281	— 7 575	— 7 580	80 211	63 400
4 240	80 207	398 680	79 736	— 3 769	— 3 945	— 4 220	80 187	63 400
85	79 071	398 851	79 770	— 614	48	105	79 051	61 700
6 210	79 739	398 466	79 693	6 256	6 166	6 225	79 724	62 700
9 020	80 043	397 988	79 598	9 465	9 344	9 345	79 718	62 700
8 625	79 406	399 563	79 913	8 118	8 620	8 925	79 106	61 800
6 630	79 729	399 709	79 942	6 417	6 413	6 325	80 034	63 100
3 320	80 646	399 986	79 997	3 969	3 351	3 130	80 836	64 300
845	79 885	402 095	80 419	— 1 379	— 1 207	— 1 125	80 165	63 300
5 420	80 320	399 485	79 897	— 4 997	— 5 663	— 5 645	80 545	63 900
7 810	81 515	395 230	79 046	— 5 341	— 6 516	— 6 495	80 200	63 400
8 665	77 119	391 883	78 377	— 9 923	— 9 413	— 9 295	77 749	59 900
7 205	76 391	386 713	77 343	— 8 157	— 7 579	— 7 575	76 761	58 600
3 945	76 538	379 087	75 817	— 3 224	— 3 655	— 3 920	76 513	58 200
700	75 150	375 971	75 194	656	572	630	75 220	56 500
6 850	73 889	373 545	74 709	6 030	6 769	6 830	73 909	54 800
9 500	74 003	369 655	73 931	9 572	9 768	9 780	73 723	54 600
8 800	73 965	367 127	73 425	9 340	8 843	9 130	73 635	54 500
6 500	72 648	364 993	72 999	6 419	6 279	6 280	73 138	53 000
2 950	72 622	362 056	72 411	3 161	3 029	2 850	72 722	53 400
1 300	71 755	359 860	71 972	— 1 517	— 1 649	— 1 600	72 055	52 500
5 900	71 066	354 222	70 844	— 5 678	— 6 189	— 6 170	71 336	51 700
8 250	71 769	350 507	70 101	— 6 582	— 6 988	— 6 970	70 489	50 700
8 950	67 010	345 402	69 080	— 11 020	— 9 587	— 9 570	67 630	47 500
7 250	68 907	337 383	67 477	— 5 820	— 7 582	— 7 570	69 227	49 200
3 650	66 650	326 772	65 354	— 2 354	— 3 365	— 3 620	66 620	46 400
1 315	63 047	319 351	63 870	492	1 095	1 155	63 207	42 900
7 490	61 058	306 548	61 310	7 238	7 373	7 435	61 113	40 800
9 980	59 689	292 561	58 512	11 157	10 193	10 215	59 454	39 300
8 975	56 104	279 139	55 828	9 251	9 065	9 335	55 744	36 100
6 370	52 663	265 420	53 084	5 949	6 145	6 235	52 798	33 700
2 580	49 625	252 103	50 421	1 784	2 708	2 570	49 635	31 400
1 755	47 339	242 399	48 480	— 2 896	— 2 090	— 2 075	47 659	30 000
6 380	46 372	231 680	46 336	— 6 344	— 6 714	— 6 695	46 687	29 300
8 690	46 400	221 185	44 237	— 6 527	— 7 460	— 7 445	45 155	28 300
9 235	41 944	210 191	42 038	— 9 329	— 9 761	— 9 845	42 554	26 600
7 295	39 130	198 807	39 761	— 7 926	— 7 585	— 7 565	39 400	24 800
3 355	36 845	185 152	37 030	— 3 540	— 3 075	— 3 320	36 810	23 300
1 930	34 488	173 349	34 670	1 748	1 619	1 680	34 738	22 300
8 130	32 745	162 224	32 445	8 430	7 976	8 040	32 835	21 300
10 460	30 141	150 797	30 159	10 442	10 617	10 650	29 951	19 900
9 150	28 005	140 713	28 143	9 012	9 288	9 540	27 615	18 900
6 240	25 418	132 120	26 424	5 234	6 011	6 190	25 468	18 000
2 210	24 404	125 015	25 003	1 611	2 386	2 290	24 324	17 500

		1	2	3	4	5	6	7
1957 (suite)	Juillet	16 574	21 942	314 846	616 827	25 701	— 3 759	— 2
	Août	14 513	16 176	301 981	592 414	24 684	— 8 508	— 7
	Septembre	14 068	14 823	290 433	571 430	23 810	— 8 987	— 8
	Octobre	13 559	13 223	280 997	556 084	23 170	— 9 947	— 9
	Novembre	14 452	15 993	275 087	547 435	22 810	— 6 817	— 7
	Décembre	15 626	19 385	272 350	544 177	22 674	— 3 289	— 4
1958	Janvier	17 200	23 553	271 827	543 906	22 663	890	1
	Février	19 638	29 310	272 079	546 819	22 784	6 526	7
	Mars	20 495	31 165	274 740	554 025	23 084	8 081	10
	Avril	20 533	31 245	279 285	565 563	23 565	7 680	8
	Mai	19 463	28 921	286 278	580 993	24 208	4 713	5
	Juin	18 235	26 091	294 715	604 040	25 168	923	1
	Juillet	16 670	22 194	309 325	639 853	26 661	— 4 467	— 2
	Août	15 430	18 837	330 528	688 431	28 685	— 9 848	— 8
	Septembre	15 620	19 368	357 903	749 235	31 218	— 11 850	— 8
	Octobre	15 928	20 216	391 332	816 512	34 021	— 13 805	— 9
	Novembre	17 551	24 430	425 180	884 336	36 847	— 12 417	— 7
	Décembre	21 875	33 995	459 156	951 981	39 666	— 5 671	— 4
1959	Janvier	28 026	44 756	492 825	1 017 711	42 405	2 351	2
	Février	36 885	56 685	524 886	1 079 258	44 964	11 721	8
	Mars	44 253	64 594	554 372	1 137 602	47 400	17 194	10
	Avril	44 764	65 093	583 230	1 193 402	49 725	15 368	8
	Mai	42 557	62 897	610 172	1 246 615	51 942	10 955	5
	Juin	39 591	59 760	636 443	1 293 447	53 897	5 863	
	Juillet	34 878	54 255	657 004	1 328 861	55 369	— 1 114	— 3
	Août	30 425	48 323	671 857	1 352 323	56 347	— 8 024	— 8
	Septembre	30 357	48 226	680 466	1 362 998	56 792	— 8 566	— 9
	Octobre	29 619	47 158	682 532	1 364 055	56 837	— 9 679	— 9
	Novembre	32 137	50 701	681 523	1 360 973	56 707	— 6 006	— 8
	Décembre	35 121	54 556	679 450	1 355 015	56 459	— 1 903	— 4
1960	Janvier	39 454	59 609	675 565	1 346 812	56 117	3 492	2
	Février	44 972	65 294	671 247	1 338 964	55 790	9 504	8
	Mars	46 409	66 660	667 717	1 330 800	55 450	11 210	10
	Avril	43 736	64 084	663 083	1 321 243	55 052	9 032	8
	Mai	40 573	60 824	658 160	1 308 653	54 527	6 297	4
	Juin	36 204	55 875	650 493	1 293 827	53 909	1 966	
	Juillet	31 577	49 937	643 334	1 278 650	53 277	— 3 340	— 3
	Août	28 050	44 793	635 316	1 262 159	52 590	— 7 797	— 9
	Septembre	27 285	43 592	626 843	1 245 569	51 899	— 8 307	— 9
	Octobre	26 442	42 229	618 726	1 228 340	51 181	— 8 946	— 9
	Novembre	26 936	43 034	609 614	1 208 224	50 343	— 7 309	— 8
	Décembre	29 783	47 397	598 610	1 186 660	49 444	— 2 047	— 4
1961	Janvier	32 803	51 591	588 050	1 167 144	48 631	2 960	3
	Février	37 001	56 821	579 094	1 149 322	47 888	8 933	9
	Mars	38 497	58 543	570 228	1 131 299	47 137	11 406	11
	Avril	35 458	54 972	561 071	1 112 483	46 353	8 619	8
	Mai	31 492	49 820	551 412				4
	Juin	28 389	45 315					—
	Juillet	25 693	40 981					— 4
	Août	22 870	35 927					— 9
	Septembre	22 098	34 435					— 10
	Octobre	21 172	32 576					— 9

8	9	10	11	12	13	14	15	16
2 210	24 152	120 963	24 193	— 2 251	— 2 532	— 2 550	24 492	17 600
6 860	23 036	118 288	23 658	— 7 482	— 7 240	— 7 220	23 396	17 100
9 130	23 953	117 217	23 443	— 8 620	— 7 932	— 7 920	22 743	16 900
9 520	22 743	115 510	23 102	— 9 879	— 9 934	— 10 120	23 343	17 100
7 340	23 333	113 482	22 696	— 6 703	— 7 589	— 7 560	23 553	17 200
3 060	22 445	110 069	22 014	— 2 629	— 2 785	— 3 020	22 405	16 800
2 545	21 008	107 551	21 510	2 043	2 142	2 205	21 348	16 300
8 770	20 540	106 138	21 228	8 082	8 580	8 645	20 665	16 100
10 940	20 225	106 504	21 301	9 864	11 042	11 085	20 080	15 900
9 325	21 920	109 747	21 949	9 296	9 511	9 745	21 500	16 400
6 110	22 811	114 066	22 813	6 108	5 877	6 145	22 776	16 900
1 840	24 251	119 958	23 992	2 099	2 065	2 010	24 081	17 400
2 665	24 859	126 976	25 395	— 3 201	— 2 974	— 3 025	25 219	17 900
7 340	26 177	134 186	26 837	— 8 000	— 7 765	— 7 745	26 582	18 400
9 570	28 938	141 750	28 350	— 8 982	— 8 404	— 8 395	27 763	19 000
9 805	30 021	153 651	30 730	— 10 514	— 10 108	— 10 395	30 611	20 200
7 385	31 815	169 130	33 826	— 9 396	— 7 592	— 7 555	31 985	20 900
2 765	36 760	187 467	37 493	— 3 498	— 2 495	— 2 720	36 715	23 300
3 160	41 596	210 620	42 124	2 632	2 666	2 730	42 026	26 300
9 410	47 275	234 893	46 979	9 706	9 183	9 250	47 435	29 800
11 420	53 174	255 050	51 010	13 584	11 467	11 520	53 074	33 900
9 500	56 088	271 744	54 349	10 744	9 734	9 950	55 143	35 600
5 980	56 917	281 844	56 369	6 528	5 743	6 100	56 797	37 000
1 470	58 290	284 813	56 963	2 797	1 744	1 730	58 030	38 000
3 120	57 375	286 961	57 392	— 3 137	— 3 416	— 3 500	57 755	37 800
7 820	56 143	287 292	57 458	— 9 135	— 8 291	— 8 270	56 593	36 800
10 010	58 236	287 133	57 427	— 9 201	— 8 877	— 8 870	57 096	37 200
10 090	57 248	286 784	57 357	— 10 199	— 10 282	— 10 670	57 828	37 900
7 430	58 131	286 475	57 295	— 6 594	— 7 595	— 7 550	58 251	38 200
2 470	57 026	283 483	56 697	— 2 141	— 2 205	— 2 420	56 976	37 100
3 775	55 834	280 995	56 199	3 410	3 190	3 255	56 354	36 600
10 050	55 244	277 273	55 455	9 839	9 786	9 855	55 439	35 800
11 900	54 760	275 221	55 044	11 616	11 891	11 955	54 705	35 200
9 675	54 409	274 163	54 833	9 251	9 956	10 155	53 929	34 600
5 850	54 974	272 431	54 486	6 338	5 609	6 055	54 769	35 300
1 100	54 776	270 764	54 153	1 722	1 422	1 450	54 425	35 000
3 575	53 512	270 397	54 079	— 4 142	— 3 858	— 3 975	53 912	34 600
8 300	53 093	268 027	53 605	— 8 812	— 8 817	— 8 795	53 588	34 300
10 450	54 042	263 760	52 752	— 9 160	— 9 349	— 9 345	52 937	33 800
10 375	52 604	259 820	51 964	— 9 735	— 10 455	— 10 945	53 174	34 000
7 475	50 509	253 928	50 786	— 7 752	— 7 598	— 7 545	50 579	32 000
2 175	49 572	246 047	49 209	— 1 812	— 1 915	— 2 120	49 517	31 300
4 390	47 201	239 606	47 921	3 670	3 713	3 780	47 811	30 100
10 690	46 161	234 219	46 844	9 977	10 390	10 460	46 361	29 100
12 380	46 163	228 747	45 749	12 794	12 316	12 390	46 153	28 900
9 850	45 122	226 131	45 226	9 746	10 179	10 360	44 612	27 900
5 720	44 100	224 981	44 996	4 824	5 475	6 010	43 810	27 400
730	44 585	223 525	44 705	610	1 101	1 170	44 145	27 600
4 030	45 011	223 728	44 746	— 3 765	— 4 299	— 4 450	45 431	28 500
8 780	44 707	222 864	44 573	— 8 646	— 9 342	— 9 320	45 247	28 300
10 890	45 325				— 9 821	— 9 820	44 255	27 700
10 660	43 236				— 10 629	— 11 220	43 796	27 400

Année	Mois	Nombre de chômeurs y_t	Logarithme $l_t = \lg y_t$	Coefficient saisonnier	Logarithme désaisonnalisé	Série corrigée des variations saisonnières
1961	Novembre .	21 321	0,328 81	— 0,075 40	0,404 21	25 400
	Décembre ..	22 717	0,356 35	— 0,018 20	0,374 55	23 700
1962	Janvier ...	24 180	0,383 46	0,043 05	0,340 41	21 900
	Février	26 614	0,425 11	0,110 65	0,314 46	20 600
	Mars	27 088	0,432 78	0,128 25	0,304 53	20 200
	Avril	25 904	0,413 37	0,105 65	0,307 72	20 300
	Mai	24 030	0,380 75	0,059 65	0,321 10	21 000
	Juin	21 791	0,338 28	0,008 90	0,329 38	21 400
	Juillet	19 693	0,294 31	— 0,049 25	0,343 56	22 100
	Août	18 111	0,257 94	— 0,098 45	0,356 39	22 700
	Septembre .	17 964	0,254 40	— 0,102 95	0,357 35	22 800
	Octobre....	17 193	0,235 37	— 0,114 95	0,350 32	22 400
	Novembre .	17 609	0,245 73	— 0,075 35	0,321 08	20 900
	Décembre .	19 745	0,295 46	— 0,015 20	0,310 66	20 400
1963	Janvier	20 868	0,319 48	0,048 30	0,271 18	18 700
	Février	23 456	0,370 25	0,116 70	0,253 55	17 900
	Mars	25 340	0,403 81	0,132 60	0,271 21	18 700
	Avril	24 463	0,388 51	0,107 70	0,280 81	19 100
	Mai	22 842	0,358 74	0,059 20	0,299 54	19 900
	Juin	20 856	0,319 23	0,006 10	0,313 13	20 600
	Juillet	19 210	0,283 53	— 0,054 00	0,337 53	21 800
	Août	18 303	0,262 52	— 0,103 70	0,366 22	23 200
	Septembre .	17 022	0,231 01	— 0,107 70	0,338 71	21 800
	Octobre....	17 137	0,233 94	— 0,117 70	0,351 64	22 500
	Novembre	17 071	0,232 26	— 0,075 30	0,307 56	20 300
	Décembre .	18 442	0,265 81	— 0,012 20	0,278 01	19 000
1964	Janvier	19 816	0,297 01	0,053 55	0,243 46	17 500
	Février	21 685	0,336 16	0,122 75	0,213 41	16 300
	Mars	22 748	0,356 94	0,136 95	0,219 99	16 600
	Avril	22 778	0,357 51	0,109 75	0,247 76	17 700

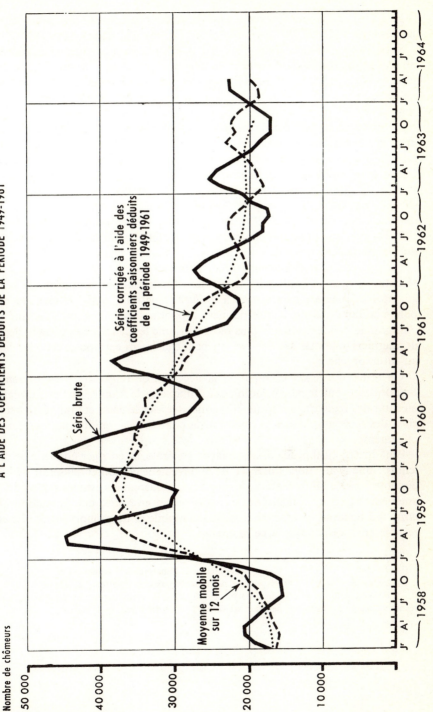

Fig. 8.26. Chômeurs secourus au 1er de chaque mois.

Série brute, moyenne mobile et série corrigée à l'aide des coefficients saisonniers estimés sur la période 1949-1961.

La correction de ces observations à l'aide des coefficients saisonniers *estimés sur la période 1949-1961* est effectuée sur le tableau de la page 418.

Si on reporte sur un graphique (voir p. 419) la série corrigée ainsi obtenue, on s'aperçoit d'une modification du régime saisonnier à partir de 1961 : la série corrigée présente une modulation saisonnière *inverse* de celle qui affecte la série brute, ce qui montre que l'estimation du mouvement saisonnier a été *sur-évaluée* en valeur absolue.

La moyenne mobile sur douze mois, malgré ses défauts, rend compte fidèlement de l'extra-saisonnier pour les années 1961 à 1963 (il se trouve que la courbure de l'extra-saisonnier est peu accentuée sur cette période). Elle constitue une sorte de *garde-fou* à l'utilisation d'une méthode rigide de désaisonnalisation fondée sur l'extrapolation brutale du passé. Toutefois elle ne permet pas de corriger les observations les plus récentes ([1]) puisque la dernière valeur disponible à la date du 1er avril 1964 correspond au 1er octobre 1963.

8. En vue de se prémunir contre le risque de telles modifications imprévisibles du régime saisonnier, il n'existe, à la vérité, aucune méthode sûre.

Un procédé tout à fait empirique, pour corriger les observations les plus récentes, consiste à reconduire le dernier rapport saisonnier disponible relatif au mois considéré ([2]) ou encore à *évaluer* (plus qu'à *calculer*) une moyenne pondérée des trois ou quatre derniers rapports saisonniers, en affectant une plus grande pondération aux plus récents; si une tendance assez nette se dégage des derniers rapports saisonniers, on peut également extrapoler cette tendance au futur proche.

On retiendra de cet exemple ([3]) la nécessité de reprendre périodiquement l'étude du déroulement chronologique d'une série, la fragilité de l'extrapolation au futur des régularités saisonnières constatées sur le passé et l'intérêt de recourir à des tests graphiques permettant de contrôler la validité des corrections effectuées.

Peut-être serait-il prudent, d'une façon générale, de corriger une série en deux temps : une évaluation *provisoire* du mouvement conjoncturel serait déduite, dès obtention de l'information, des coefficients saisonniers estimés sur la période antérieure; puis, on calculerait, six mois ou un an après, une évaluation *définitive* qui tiendrait compte de la moyenne mobile et du rapport saisonnier correspondants, disponibles à ce moment-là.

([1]) Qui sont précisément les plus intéressantes pour l'analyse de la conjoncture.

([2]) Du moins lorsque l'extra-saisonnier ne présente pas une trop forte courbure.

([3]) Les changements intervenus à partir de 1961 dans le régime saisonnier de la série étudiée résultent sans doute pour une part de l'arrivée en France des rapatriés d'Algérie.

CHAPITRE 9

LES INDICES

Ce chapitre est consacré à la présentation de la notion de **nombre-indice**, *instrument statistique fréquemment utilisé pour la description des grandeurs économiques, et notamment des grandeurs synthétiques. Seuls les aspects théoriques généraux de la construction d'un indice sont envisagés. Le lecteur qui voudrait étudier par le détail la structure des nombreux indices existants voudra bien se reporter à un ouvrage spécialisé. A la fin du chapitre, on examine une généralisation de la notion d'indice dans le but d'évaluer la part imputable à divers facteurs de variation dans l'évolution temporelle d'une grandeur globale.*

9. 1. INDICE ÉLÉMENTAIRE

9. 1. 1. Définition.

Considérons l'évolution temporelle [1] d'une grandeur G, à définition invariable. Soit :

$$G_0, G_1, ..., G_t, ...$$

les valeurs de G aux dates successives :

$$0, 1, ..., t, ...$$

---

[1] On envisage ici le cas d'une grandeur suivie au cours du *temps* pour simplifier l'exposé; en réalité le repérage $0, 1, ..., t, ...$ peut se rapporter à l'*espace* (régions géographiques) ou à *tout autre critère* (catégories sociales par exemple).

On appelle *indice élémentaire de la grandeur simple* ([1]) *G à la date t par rapport à la date* 0, le rapport :

$$I_{t/0}(G) = \frac{G_t}{G_0}.$$

La date 0, utilisée comme date de comparaison, s'appelle la *date de référence*. La date *t* qui lui est comparée est la *date courante*.

L'indice d'une grandeur simple *G*, mesure de ses variations *relatives* est ainsi un *nombre pur*, (c'est-à-dire sans dimension), défini à partir de la grandeur elle-même par un changement d'échelle. Il permet de comparer l'évolution d'une même grandeur sur deux périodes. Il permet aussi de comparer l'évolution de deux ou plusieurs grandeurs, de natures éventuellement différentes, mesurées en unités différentes, sur une même période.

Remarque.

On exprime habituellement un indice élémentaire en *pourcentage*, la valeur 100 correspondant à la date de référence :

$$I_{t/0}(G) = 100 \frac{G_t}{G_0}.$$

Pour alléger l'écriture des formules qui suivent, on est convenu d'omettre la constante 100. Bien entendu, lorsqu'on applique numériquement ces formules, il faut diviser par 100 les indices exprimés en pourcentage qui entrent dans le calcul et, à l'issue de celui-ci, multiplier par 100 le résultat obtenu pour avoir l'indice final exprimé en pourcentage.

Exemples.

1. Le taux de change du dollar des Etats-Unis est passé de 350 francs en 1950 à 490 francs en 1958. L'indice du cours du dollar de 1958 par rapport à 1950 est par conséquent :

$$I_{1958/1950}(D) = 100 \times \frac{490}{350} = 140$$

soit une augmentation de 40 %.

2. La population française est passée de 42 950 000 habitants au 1er janvier 1954 à 46 422 000 au 1er janvier 1962 et 47 573 000 au 1er janvier 1963. D'où les indices par rapport à 1954 :

$$I_{1962/1954}(P) = 100 \times \frac{46\ 422\ 000}{42\ 950\ 000} = 108,1$$

$$I_{1963/1954}(P) = 100 \times \frac{47\ 573\ 000}{42\ 950\ 000} = 110,8.$$

([1]) Les adjectifs *élémentaire* et *simple* s'opposent respectivement à *synthétique* et *complexe*, comme il sera exposé ci-dessous en 9. 2.

3. Le tableau ci-dessous fournit pour les trois départements de la région parisienne et pour l'ensemble de la France : le nombre de naissances de la génération 1960, le nombre d'enfants décédés avant l'âge d'un an et le quotient de mortalité infantile en $°/_{oo}$ (*Source* : INSEE) :

	Naissances	Décès avant l'âge d'un an	Quotient de mortalité infantile (en ‰)
Seine..................	90 608	1 944	21,5
Seine-et-Marne.........	9 413	261	27,7
Seine-et-Oise..........	41 223	846	20,5
Région parisienne.....	141 244	3 051	21,6
France...............	819 819	22 149	27,0

D'où les indices de mortalité infantile par rapport à l'ensemble de la France :

$$\text{Seine :} \quad I_{S/F}(M) = 100 \times \frac{21,5}{27,0} = 79$$

$$\text{Seine-et-Marne :} \quad I_{SM/F}(M) = 100 \times \frac{27,7}{27,0} = 103$$

$$\text{Seine-et-Oise :} \quad I_{SO/F}(M) = 100 \times \frac{20,5}{27,0} = 76$$

$$\text{Région parisienne :} \quad I_{RP/F}(M) = 100 \times \frac{21,6}{27,0} = 80.$$

9.1.2. Propriétés d'un indice élémentaire.

De la définition d'un indice élémentaire, il résulte les propriétés suivantes :

9.1.2.1. CIRCULARITÉ.

$$I_{t/0}(G) = I_{t/t'}(G) I_{t'/0}(G)$$

puisque :

$$\frac{G_t}{G_0} = \frac{G_t}{G_{t'}} \frac{G_{t'}}{G_0}.$$

La circularité est une propriété fondamentale qui permet de comparer non seulement les dates 0 et t d'une part, 0 et t' d'autre part, mais aussi t et t' :

$$I_{t/t'}(G) = \frac{I_{t/0}(G)}{I_{t'/0}(G)}.$$

La comparaison s'effectue ainsi, indépendamment du choix de la date de référence 0, entre les indices comme entre les valeurs :

$$\frac{I_{t/0}(G)}{I_{t'/0}(G)} = \frac{G_t}{G_{t'}}.$$

Ainsi l'indice de la population française en 1963 par rapport à 1962 est égal à :

$$I_{1963/1962}(P) = 100 \times \frac{I_{1963/1954}(P)}{I_{1962/1954}(P)} = 100 \times \frac{110,8}{108,1} = 102,5.$$

De même, l'indice de mortalité infantile de la Seine par rapport à la Seine-et-Oise en 1960 est égal à :

$$I_{S/SO}(M) = 100 \times \frac{I_{S/F}(M)}{I_{SO/F}(M)} = 100 \times \frac{79}{76} = 105 \; (^1).$$

La circularité entraîne deux autres propriétés :

a) la *réversibilité*.

$$I_{0/t}(G) = \frac{1}{I_{t/0}(G)}.$$

Cette propriété est surtout intéressante lorsqu'on se réfère à un critère autre que le temps. En effet, celui-ci étant *orienté*, on ne compare guère une date à une autre date postérieure mais au contraire à une date antérieure.
Ainsi l'indice de mortalité de la Seine-et-Oise par rapport à la Seine est :

$$I_{SO/S}(M) = \frac{10\,000}{I_{S/SO}(M)} = \frac{10\,000}{105} = 96 \; (^1).$$

b) l'*enchaînement*.

$$I_{t/0}(G) = I_{t/t-1}(G) \cdot I_{t-1/t-2}(G) \cdots I_{1/0}(G).$$

On obtient ainsi l'indice de la date t par rapport à la date 0 en faisant le produit des indices intermédiaires d'une date par rapport à la date précédente.

9. 1. 2. 2. Addition.

Trois cas doivent être distingués :

a) *Seul G_t est une somme pondérée* :

$$G_t = \sum_\theta a_\theta G_\theta.$$

(^{1}) Le résultat indiqué est la valeur arrondie de la quantité correspondante et non le résultat arrondi du calcul portant sur des valeurs arrondies.

Alors *l'indice élémentaire d'une somme pondérée est égal à la somme pondérée des indices élémentaires*. En effet :

$$I_{t/0}(G) = \frac{G_t}{G_0} = \frac{\sum_\theta a_\theta G_\theta}{G_0} = \sum_\theta a_\theta \frac{G_\theta}{G_0} = \sum_\theta a_\theta I_{\theta/0}(G).$$

Ce cas se rencontre lorsque les indices 0 et t se rapportent à un autre critère que le temps.

Ainsi par exemple, le quotient de mortalité infantile de la région parisienne est la *moyenne arithmétique pondérée* des quotients départementaux par les nombres de naissances vivantes :

$$a_\theta = \frac{\text{nombre de naissances du département } \theta}{\text{nombre de naissances de la région parisienne}}.$$

En désignant successivement par S, SM et SO les trois départements de la région parisienne notée RP et par M le quotient de mortalité infantile, on a par conséquent :

$$M_{RP} = a_S M_S + a_{SM} M_{SM} + a_{SO} M_{SO}.$$

L'indice de mortalité infantile de la région parisienne par rapport à l'ensemble de la France est la *moyenne arithmétique pondérée des indices départementaux* par les coefficients a_θ :

$$I_{RP/F}(M) = a_S I_{S/F}(M) + a_{SM} I_{SM/F}(M) + a_{SO} I_{SO/F}(M).$$

En 1962, les coefficients a_S, a_{SM} et a_{SO} sont respectivement (voir ci-dessus page 423) :

$$a_S = 0{,}64$$
$$a_{SM} = 0{,}07$$
$$a_{SO} = 0{,}29$$

et l'indice de la région parisienne, moyenne pondérée des indices départementaux :

$$I_{S/F}(M) = 79$$
$$I_{SM/F}(M) = 103$$
$$I_{SO/F}(M) = 76$$

est égal à :

$$I_{RP/F}(M) = 79 \times 0{,}64 + 103 \times 0{,}07 + 76 \times 0{,}29 = 80.$$

Ainsi dans le cas où seul G_t est une moyenne arithmétique pondérée, l'indice **élémentaire de la moyenne arithmétique pondérée est égal à la moyenne arithmétique pondérée des indices élémentaires avec les** *mêmes* **coefficients de pondération.**

b) G_t et G_0 sont des *sommes pondérées à coefficients constants*.

$$G_t = \sum_i a^i G_t^i$$
$$G_0 = \sum_i a^i G_0^i$$

Alors *l'indice élémentaire d'une somme pondérée est une moyenne arithmétique pondérée des indices élémentaires*. En effet :

$$I_{t/0}(G) = \frac{\sum_i a^i G_t^i}{\sum_i a^i G_0^i} = \frac{\sum_i a^i G_0^i \dfrac{G_t^i}{G_0^i}}{\sum_i a^i G_0^i} = \frac{\sum_i a^i G_0^i I_{t/0}(G^i)}{\sum_i a^i G_0^i}$$

Le coefficient de pondération de l'indice partiel $I_{t/0}(G^i)$ est égal à :

$$\omega^i = \frac{a^i G_0^i}{\sum_i a^i G_0^i},$$

Il en résulte en particulier que l'indice d'une somme pondérée est **compris** entre les indices partiels extrêmes :

$$\min_i I_{t/0}(G^i) \leq I_{t/0}(\sum_i a^i G^i) \leq \max_i I_{t/0}(G^i)$$

Il faut remarquer que, dans le cas où G est la *moyenne arithmétique pondérée* des grandeurs G_0 (la somme des coefficients a_i est alors égale à l'unité), *l'indice de la moyenne G est la moyenne arithmétique pondérée des indices partiels* mais avec des coefficients de pondération *différents* (sauf si les G_0^i sont égaux) :

$$\frac{a^i G_0^i}{\sum_i a^i G_0^i} \neq a^i.$$

Exemple.

Le tableau ci-après donne pour les générations 1956 et 1960 les naissances et les décès de moins d'un an pour les garçons et les filles (*Source* : INSEE) :

	1956			1960		
	Naissances	Décès	Quotient	Naissances	Décès	Quotient
Garçons	413 546	16 109	39,0	419 775	12 744	30,4
Filles	393 370	11 950	30,4	400 044	9 405	23,5
Ensemble	806 916	28 059	34,8	819 819	22 149	27,0

On en déduit les quotients de mortalité infantile et les indices de mortalité infantile de 1960 par rapport à 1956, par sexe et pour l'ensemble :

$$I_{1960/1956}(M^G) = 100 \times \frac{30,4}{39,0} = 78,0$$

$$I_{1960/1956}(M^F) = 100 \times \frac{23,5}{30,4} = 77,4$$

$$I_{1960/1956}(M) = 100 \times \frac{27,0}{34,8} = 77,7.$$

Comme le taux de masculinité à la *naissance* est stable (en 1956 : 0,512 5, en 1960 : 0,513 0), on est bien dans le cas d'une moyenne pondérée à coefficients *constants*. L'indice d'ensemble de la mortalité infantile n'est pas la moyenne pondérée des indices par sexe avec les coefficients :

$$a^G = 0,513$$
$$a^F = 0,487$$

mais avec les coefficients :

$$\frac{a^G M^G_{1956}}{a^G M^G_{1956} + a^F M^F_{1956}} = 0,574, \qquad \frac{a^F M^F_{1956}}{a^G M^G_{1956} + a^F M^F_{1956}} = 0,426.$$

Le premier coefficient représente le taux de masculinité *parmi les décès d'enfants de moins d'un an* de la génération 1956.

c) **G_t et G_0 sont des sommes pondérées à coefficients variables.**

$$G_t = \sum_i a_t^i G_t^i$$
$$G_0 = \sum_i a_0^i G_0^i.$$

Alors *l'indice élémentaire d'une somme pondérée est une somme pondérée des indices partiels.* En effet :

$$I_{t/0}(G) = \frac{G_t}{G_0} = \frac{\sum_i a_t^i G_t^i}{\sum_i a_0^i G_0^i} = \frac{\sum_i a_t^i G_0^i G_t^i / G_0^i}{\sum_i a_0^i G_0^i} = \frac{\sum_i a_t^i G_0^i I_{t/0}(G^i)}{\sum_i a_0^i G_0^i}$$

Le coefficient de l'indice partiel $I_{t/0}(G^i)$ est ainsi :

$$\frac{a_t^i G_0^i}{\sum_i a_0^i G_0^i}$$

Il convient d'observer que les coefficients de pondération n'ont pas pour somme l'unité : l'indice de la somme n'est pas une moyenne des indices. Ceci est surtout important lorsque G est une *moyenne*. Alors que dans les deux cas indiqués ci-dessus (*a* et *b*), l'indice de la moyenne est une moyenne des indices, *lorsque les coefficients de pondération sont variables l'indice de la moyenne n'est pas une moyenne des indices*. Il peut arriver en particulier que l'indice de la moyenne soit *extérieur* à l'intervalle des indices partiels extrêmes.

Exemple.

Les taux de fécondité ([1]) par âge des femmes de 40 à 45 ans sont les suivants en 1959 et 1960 pour la France (en ‰) ([2]) :

	40	41	42	43	44	45	40 à 45 ans
1959	34	26	19	13	8		20
1960	31	25	18	12	7		21
1960/1959	91	96	95	92	88		105

Alors que les indices annuels sont *tous* inférieurs à 100, l'indice du groupe quinquennal est supérieur à 100. Pourtant le taux quinquennal de fécondité est la moyenne pondérée des taux annuels par les nombres de femmes de chaque année d'âge. La raison tient à ce que les structures par âge ont varié entre 1959 et 1960 : En 1960, le groupe 40-45 ans a une moyenne d'âge *moins élevée* (donc de fécondité *plus grande*) qu'en 1959 à cause de la forme de la pyramide des âges (déficit de naissances dû à la guerre de 1914-1918). L'effet de rajeunissement l'emporte sur celui de la baisse *réelle* de fécondité pour conduire à un accroissement apparent.

9. 1. 2. 3. MULTIPLICATION.

L'indice élémentaire d'un *produit* est égal au *produit* des indices élémentaires :

$$I_{t/0}(AB) = I_{t/0}(A) I_{t/0}(B),$$

puisque :

$$\frac{A_t B_t}{A_0 B_0} = \frac{A_t}{A_0} \frac{B_t}{B_0}.$$

La multiplication est ainsi légitime sur les indices élémentaires.

([1]) Le taux de fécondité en ‰ est le nombre annuel d'enfants nés vivants pour 1 000 femmes de chaque groupe d'âge.
([2]) Exemple communiqué par M. CROZE.

Exemple.

Le prix du cuivre est passé sur le marché mondial de 0,212 dollar la livre en 1950 à 0,258 dollar en 1958. Dans le même temps, le cours du dollar est passé de 350 francs à 490 francs. D'où l'indice du prix du cuivre en francs :

$$I_{1958/1950}(C_F) = I_{1958/1950}(D) \, I_{1958/1950}(C_D)$$
$$= 100 \times \frac{490}{350} \times \frac{0{,}258}{0{,}212} = \frac{1}{100} \times 140 \times 122 = 170.$$

9. 1. 2. 4. DIVISION.

L'indice élémentaire d'un *quotient* est égal au *quotient* des indices élémentaires :

$$I_{t/0}(A/B) = I_{t/0}(A)/I_{t/0}(B)$$

puisque :

$$\frac{A_t/B_t}{A_0/B_0} = \frac{A_t}{A_0} \bigg/ \frac{B_t}{B_0}.$$

De même que la multiplication, la division est ainsi légitime sur les indices élémentaires.

Exemple.

Le prix du litre de lait est passé en France de 36,8 francs en 1950 à 45,6 francs en 1958. Pour un citoyen des Etats-Unis, l'indice du prix français du lait est ainsi :

$$I_{1958/1950}(L_D) = \frac{I_{1958/1950}(L_F)}{I_{1958/1950}(D)}$$
$$= 100 \times \frac{100 \times \frac{45{,}6}{36{,}8}}{100 \times \frac{490}{350}} = 100 \times \frac{124}{140} = 89.$$

9. 2. INDICE SYNTHÉTIQUE

9. 2. 1. Définition.

Considérons une grandeur **G complexe,** c'est-à-dire constituée d'éléments $G^1, G^2, ..., G^i, ...$ Par exemple G est le niveau général des prix de détail : les constituants G^i sont les prix des différents articles au stade final de leur commercialisation.

Les indices élémentaires des constituants G^i sont définis par :

$$I_{t/0}(G^i) = \frac{G_t^i}{G_0^i}.$$

Le problème se pose de *synthétiser* en un indice unique, qu'on appellera indice de la grandeur complexe G, les indices élémentaires des constituants de G. L'*indice synthétique* $I(G)$ devra si possible posséder des propriétés analogues à celles des indices élémentaires.

9. 2. 2. Les indices synthétiques utilisés en pratique.

La construction d'un indice synthétique pose les mêmes problèmes que le résumé d'une distribution statistique par une caractéristique de tendance centrale. Dans la mesure où les indices élémentaires sont peu dispersés, l'indice synthétique est relativement facile à définir numériquement et possède une signification concrète satisfaisante. Si au contraire les indices élémentaires sont très dispersés, aucun résumé ne satisfait pleinement.

De nombreuses formules d'indices synthétiques ont été proposées. Il n'entre pas dans notre dessein de les examiner toutes [1], ce qui serait long et en définitive peu fructueux puisqu'il n'existe pas d'indice parfait. Nous nous contenterons d'examiner les trois indices les plus couramment utilisés.

9. 2. 2. 1. Les indices de Laspeyres et Paasche.

Soit, à la date 0, ω_0^i *l'importance relative* du constituant i dans la grandeur complexe G et ω_1^i la quantité analogue à la date 1 [2] :

$$\sum_i \omega_0^i = \sum_i \omega_1^i = 1.$$

Les indices proposés par les économistes allemands Laspeyres et Paasche sont des *moyennes pondérées* des indices élémentaires par les coefficients ω^i :

— l'indice de Laspeyres est la moyenne *arithmétique* pondérée des indices élémentaires par les coefficients ω_0^i de la *date de référence* :

$$L_{1/0}(G) = \sum_i \omega_0^i I_{1/0}(G^i) = \sum_i \omega_0^i \frac{G_1^i}{G_0^i}$$

---

[1] Le lecteur intéressé pourra se reporter à l'ouvrage d'Irving FISHER, *The making of index-numbers* (1922).

[2] Les coefficients ω^i jouent le rôle des fréquences f_i d'une variable statistique.

— l'indice de Paasche est la moyenne *harmonique* pondérée des indices élémentaires par les coefficients ω_1^i de la *date courante* :

$$\frac{1}{P_{1/0}(G)} = \sum_i \frac{\omega_1^i}{I_{1/0}(G^i)} = \sum_i \omega_1^i \frac{G_0^i}{G_1^i}$$

9. 2. 2. 2. L'INDICE DE FISHER.

L'indice de Fisher est la *moyenne géométrique simple* des indices de Laspeyres et de Paasche :

$$F_{1/0}(G) = \sqrt{L_{1/0}(G)P_{1/0}(G)}.$$

9. 2. 3. Comparaison des indices de Laspeyres, Paasche et Fisher.

a) L'indice de Fisher est compris entre les indices de Laspeyres et Paasche, puisqu'il en est une moyenne (géométrique).

b) Les indices de Laspeyres et Paasche sont compris entre les indices élémentaires extrêmes puisqu'ils en sont tous deux des moyennes. Il en est aussi de l'indice de Fisher, compris entre les deux premiers :

$$\min_i I_{1/0}(G^i) \leqslant [P_{1/0}(G), F_{1/0}(G), L_{1/0}(G)] \leqslant \max_i I_{1/0}(G^i)$$

c) Il résulte de *b* que les trois indices sont égaux lorsque les indices élémentaires sont égaux. Dans le cas d'une grandeur simple *G*, ils coïncident avec la définition de l'indice élémentaire.

d) Il est fréquent que l'indice de Paasche soit *inférieur* à l'indice de Laspeyres. En effet, si les coefficients de pondération :

$$\omega_0^i \quad \text{et} \quad \omega_1^i$$

étaient égaux, l'indice de Paasche, moyenne *harmonique*, serait *inférieur* à l'indice de Laspeyres qui est la moyenne *arithmétique*. Pour que l'indice de Paasche *dépasse* l'indice de Laspeyres, il faut que les pondérations relatives ω^i des divers constituants *tendent à se modifier* dans le sens d'un *accroissement* pour les constituants dont l'indice élémentaire est *élevé* et d'une *diminution* pour ceux dont l'indice élémentaire est *faible*.

e) L'avantage *pratique* de l'indice de Laspeyres sur l'indice de Paasche est de n'exiger pour son calcul que la connaissance des indices élémentaires et des coefficients de pondération de la date de base. L'indice de Paasche ne peut être calculé que si on dispose en outre pour chaque date courante de la *structure des pondérations*. Il en est de même pour l'indice de Fisher. C'est pourquoi beaucoup d'indices pratiques sont du type Laspeyres ([1]).

9. 2. 4. Propriétés des indices de Laspeyres, de Paasche et de Fisher.

9. 2. 4. 1. Circularité.

Aucun des trois indices ne possède la propriété de circularité.

a) *Indice de Laspeyres*.

Le rapport des indices de Laspeyres relatifs aux dates 2 et 1 n'est pas l'indice de Laspeyres de la date 2 par rapport à la date 1 :

$$\frac{L_{2/0}(G)}{L_{1/0}(G)} = \frac{\sum_i \omega_0^i \dfrac{G_2^i}{G_0^i}}{\sum_i \omega_0^i \dfrac{G_1^i}{G_0^i}} = \frac{\sum_i \dfrac{\omega_0^i G_1^i}{G_0^i} \dfrac{G_2^i}{G_1^i}}{\sum_i \dfrac{\omega_0^i G_1^i}{G_0^i}} = \sum_i \frac{\omega_0^i I_{1/0}(G^i)}{L_{1/0}(G)} I_{2/1}(G^i)$$

tandis que :

$$L_{2/1}(G) = \sum_i \omega_1^i I_{2/1}(G^i).$$

Toutefois, les deux résultats sont des *moyennes arithmétiques pondérées* des indices élémentaires $I_{2/1}(G^i)$ avec pour pondérations :

$\dfrac{\omega_0^i I_{1/0}(G^i)}{L_{1/0}(G^i)}$	pour	$\dfrac{L_{2/0}(G)}{L_{1/0}(G)}$
ω_1^i	pour	$L_{2/1}(G)$

Le premier coefficient est supérieur au second si :

$$\frac{I_{1/0}(G^i)}{L_{1/0}(G)} > \frac{\omega_1^i}{\omega_0^i} = I_{1/0}(\omega^i)$$

c'est-à-dire si l'indice *relatif* de G^i est supérieur à l'indice de son importance relative.

---

[1] Dans le cas d'un indice de prix de détail, on verra ci-dessous que les pondérations sont les structures de la consommation : le calcul de l'indice de Paasche nécessite l'observation des prix et celle des quantités alors que, pour l'indice de Laspeyres, il suffit d'observer les prix et de connaître les quantités se rapportant à la date de base.

b) *Indice de Paasche.*

Le rapport des indices de Paasche relatifs aux dates 2 et 1 n'est pas l'indice de Paasche de la date 2 par rapport à la date 1 :

$$\frac{P_{2/0}(G)}{P_{1/0}(G)} = \frac{\sum_i \omega_1^i \frac{G_0^i}{G_1^i}}{\sum_i \omega_2^i \frac{G_0^i}{G_2^i}}.$$

tandis que :

$$P_{2/1}(G) = \frac{1}{\sum_i \omega_2^i \frac{G_1^i}{G_2^i}}.$$

A la différence de ce qu'on obtient avec l'indice de Laspeyres, le quotient des deux indices de Paasche n'est pas une moyenne harmonique des indices élémentaires $I_{1/0}(G^i)$.

c) *Indice de Fisher.*

Comme les deux autres indices, l'indice de Fisher ne possède pas la propriété de circularité.

9. 2. 4. 2. Réversibilité.

Aucun des deux indices de Laspeyres et de Paasche ne possède la propriété de réversibilité :

$$L_{0/1}(G) = \sum_i \omega_1^i \frac{G_0^i}{G_1^i} = \frac{1}{P_{1/0}(G)} \neq \frac{1}{L_{1/0}(G)}$$

$$P_{0/1}(G) = \frac{1}{\sum_i \omega_0^i \frac{G_1^i}{G_0^i}} = \frac{1}{L_{1/0}(G)} \neq \frac{1}{P_{1/0}(G)}$$

Il faut noter que si on inverse les dates 0 et 1, on échange les indices de Laspeyres et de Paasche. En conséquence l'indice de Fisher est réversible :

$$F_{0/1}(G) = \sqrt{L_{0/1}(G)P_{0/1}(G)} = \frac{1}{\sqrt{P_{1/0}(G)L_{1/0}(G)}} = \frac{1}{F_{1/0}(G)}.$$

9. 2. 4. 3. Agrégation des constituants.

Les indices de Laspeyres et de Paasche, du fait de leur structure de *moyenne*, possèdent la propriété d'*agrégation*. Ainsi pour l'indice de Laspeyres : l'indice de Laspeyres d'ensemble est égal à l'indice de Laspeyres des indices de Laspeyres de chaque groupe de constituants.

Considérons en effet un double classement des constituants, l'indice i se rapportant au *groupe* de constituants, l'indice j au *constituant*, à l'intérieur de son groupe. L'importance relative du groupe i est la somme des importances relatives :

$$\omega^i = \sum_j \omega^{ij}.$$

L'importance relative du j^{eme} constituant par rapport à son groupe i est :

$$\omega^{j/i} = \frac{\omega^{ij}}{\omega^i}.$$

L'indice de Laspeyres d'ensemble est égal à :

$$L_{1/0}(G) = \sum_i \sum_j \omega_0^{ij} \frac{G_1^{ij}}{G_0^{ij}} = \sum_i \sum_j \omega_0^{ij} I_{1/0}^{ij}.$$

L'indice de Laspeyres du groupe i est égal à :

$$L_{1/0}(G^i) = \sum_j \omega_0^{j/i} \frac{G_1^{ij}}{G_0^{ij}} = \sum_j \frac{\omega_0^{ij}}{\omega_0^i} I_{1/0}^{ij}.$$

Par conséquent :

$$L_{1/0}(G) = \sum_i \omega_0^i L_{1/0}(G^i),$$

L'indice $L_{1/0}(G)$ apparaît ainsi comme la moyenne des indices de Laspeyres pondérés par les importances relatives de la période de référence :

$$I_{1/0}[L(G^i)] = \frac{L_{1/0}(G^i)}{L_{0/0}(G^i)} = L_{1/0}(G^i).$$

Ainsi pratiquement, on calcule les indices de Laspeyres des groupes de constituants ([1]) et on obtient l'indice d'ensemble en composant les indices de groupes par la formule de Laspeyres.

Dans le cas de l'indice de Paasche, on a la propriété analogue : l'indice de Paasche d'ensemble est égal à l'indice de Paasche des indices de Paasche de chaque groupe :

$$\frac{1}{P_{1/0}(G)} = \sum_i \omega_1^i \frac{1}{P_{1/0}(G^i)}$$

([1]) Dans de nombreux indices, on répartit les constituants suivant des triples classements (groupes, sous-groupes, produits) voire même des quadruples classements (groupes, sous-groupes, produits, variétés) et on calcule les indices partiels relatifs à chaque regroupement.

où

$$\frac{1}{P_{1/0}(G^i)} = \sum_j \omega_1^{j/i} \frac{1}{I_{1/0}(G^{ij})} = \frac{\sum_j \omega_1^{ij} \frac{1}{I_{1/0}(G^{ij})}}{\sum_j \omega_1^{ij}}$$

L'indice de Fisher ne possède pas cette propriété d'agrégation.

9. 3. LES INDICES DE PRIX, DE QUANTITÉ ET DE VALEUR

Considérons l'évolution des dépenses d'une famille donnée entre les dates 0 et 1. Admettons pour simplifier que les articles consommés à l'une des dates sont encore sur le marché et sous la même forme à l'autre date. Soit p^i le prix ([1]) de l'article i et q^i la quantité de cet article achetée par la famille :

p_0^i, q_0^i à la date 0

p_1^i, q_1^i à la date 1.

Les dépenses consacrées à l'article i sont respectivement :

$$D_0^i = p_0^i q_0^i \text{ à la date 0}$$
$$D_1^i = p_1^i q_1^i \text{ à la date 1}$$

et les dépenses totales :

$$D_0 = \sum_i p_0^i q_0^i \text{ à la date 0}$$
$$D_1 = \sum_i p_1^i q_1^i \text{ à la date 1.}$$

On appelle *coefficient budgétaire de l'article i* la part de la dépense totale consacrée à cet article :

$$\omega_0^i = \frac{p_0^i q_0^i}{\sum_i p_0^i q_0^i} \text{ à la date 0.}$$

$$\omega_1^i = \frac{p_1^i q_1^i}{\sum_i p_1^i q_1^i} \text{ à la date 1.}$$

Les coefficients budgétaires — de somme égale à 1 — mesurent l'importance *relative* des différents articles dans le budget familial.

---

[1] Nous raisonnons sur l'exemple d'un indice de prix et de quantité se rapportant à la *consommation*. Des considérations analogues s'appliquent aux indices où les pondérations sont les produits pq : indice du commerce extérieur (importations, exportations), de la production industrielle, du commerce de gros, indices boursiers etc. On observera qu'on dit dans certains cas indice de *volume* au lieu d'indice de *quantité*. Ces deux expressions ont généralement le même sens.

Les indices élémentaires des grandeurs considérées sont par définition :

$$I_{1/0}(p^i) = \frac{p_1^i}{p_0^i} : \text{indice de } prix \text{ de l'article } i.$$

$$I_{1/0}(q^i) = \frac{q_1^i}{q_0^i} : \text{indice de } quantité \text{ de l'article } i.$$

$$I_{1/0}(D^i) = \frac{p_1^i q_1^i}{p_0^i q_0^i} : \text{indice de } dépense \text{ de l'article } i.$$

Ces trois indices élémentaires se rapportant à l'article i sont liés par la relation :

$$I_{1/0}(D^i) = I_{1/0}(p^i) I_{1/0}(q^i)$$

c'est-à-dire :

Dépense = Prix × Quantité.

L'*indice de la dépense totale* est le rapport des dépenses totales aux dates 1 et 0 :

$$I_{1/0}(D) = \frac{D_0}{D_1} = \frac{\sum_i D_0^i}{\sum_i D_1^i} = \frac{\sum_i p_1^i q_1^i}{\sum_i p_0^i q_0^i}.$$

Définissons un indice synthétique des prix ([1]) et un indice synthétique des quantités.

Les coefficients budgétaires s'imposent d'eux-mêmes comme coefficients de pondération. Les indices de Laspeyres et de Paasche sont donc respectivement :

Indice de	Prix	Quantité
Laspeyres	$L_{1/0}(p) = \dfrac{\sum_i p_0^i q_0^i \frac{p_1^i}{p_0^i}}{\sum_i p_0^i q_0^i} = \dfrac{\sum_i p_1^i q_0^i}{\sum_i p_0^i q_0^i}$	$L_{1/0}(q) = \dfrac{\sum_i p_0^i q_0^i \frac{q_1^i}{q_0^i}}{\sum_i p_0^i q_0^i} = \dfrac{\sum_i p_0^i q_1^i}{\sum_i p_0^i q_0^i}$
Paasche	$P_{1/0}(p) = \dfrac{\sum_i p_1^i q_1^i}{\sum_i p_1^i q_1^i \frac{p_0^i}{p_1^i}} = \dfrac{\sum_i p_1^i q_1^i}{\sum_i p_0^i q_1^i}$	$P_{1/0}(q) = \dfrac{\sum_i p_1^i q_1^i}{\sum_i p_1^i q_1^i \frac{q_0^i}{q_1^i}} = \dfrac{\sum_i p_1^i q_1^i}{\sum_i p_1^i q_0^i}$

---

[1] Sur l'interprétation économique de la construction d'un indice de prix, le lecteur pourra se reporter à l'ouvrage de P. Mouchez : *Les Indices de prix;* Éditions Cujas, Paris.

Les indices de Laspeyres et de Paasche se présentent ainsi comme des rapports de dépenses totales où le facteur (prix ou quantité) autre que celui considéré est *constant* :

pour les indices de *prix :* dépenses totales à *quantités constantes* et système de *prix variable*;

pour les indices de *quantité :* dépenses totales à *prix constants* et *quantités variables*.

L'indice de Laspeyres utilise les constantes de la *date de référence* tandis que l'indice de Paasche utilise celles de la *date courante* ([1]).

Remarque.

On utilise parfois une écriture *vectorielle* pour les indices de Laspeyres et de Paasche. Si on désigne par $\mathbf{p_0}$ et $\mathbf{p_1}$ les vecteurs prix aux dates 0 et 1 et par $\mathbf{q_0}$ et $\mathbf{q_1}$ les vecteurs quantités, les indices de Laspeyres et de Paasche sont des rapports de *produits scalaires* :

$$L_{1/0}(p) = \frac{\mathbf{p_1} \cdot \mathbf{q_0}}{\mathbf{p_0} \cdot \mathbf{q_0}} \qquad L_{1/0}(q) = \frac{\mathbf{p_0} \cdot \mathbf{q_1}}{\mathbf{p_0} \cdot \mathbf{q_0}}$$

$$P_{1/0}(p) = \frac{\mathbf{p_1} \cdot \mathbf{q_1}}{\mathbf{p_0} \cdot \mathbf{q_1}} \qquad P_{1/0}(q) = \frac{\mathbf{p_1} \cdot \mathbf{q_1}}{\mathbf{p_1} \cdot \mathbf{q_0}}$$

L'indice de Laspeyres des prix s'interprète géométriquement comme le rapport de la projection du vecteur $\mathbf{p_1}$ sur le vecteur $\mathbf{q_0}$ à la projection du vecteur $\mathbf{p_0}$ sur le vecteur $\mathbf{q_0}$. L'indice de Paasche des prix est le rapport de la projection du vecteur $\mathbf{p_1}$ sur le vecteur $\mathbf{q_1}$ à la projection du vecteur $\mathbf{p_0}$ sur le vecteur $\mathbf{q_1}$.

9. 3. 1. Comparaison des évolutions de l'indice de Laspeyres et de l'indice de Paasche.

Considérons l'évolution au cours du temps des indices de Laspeyres et de Paasche rapportés à la même date de référence 0 qu'on appelle *date de base*.

9. 3. 1. 1. Niveaux des indices.

Les indices de Laspeyres, Paasche et Fisher sont tous les trois égaux à 100 pour la date de base, par définition. Montrons qu'on a *souvent* l'inégalité :

$$P \leqslant F \leqslant L.$$

L'indice de Laspeyres des prix, moyenne *arithmétique* pondérée des indices élémentaires, donne à l'article i le poids :

$$\omega_0^i = \frac{p_0^i q_0^i}{\sum_i p_0^i q_0^i}.$$

---

[1] Si on désigne par π_0 et π_1 les *paniers de la ménagère* aux dates 0 et 1, le panier π_0 qui *valait* 100 à la date 0 vaudrait $L_{1/0}(p)$ à la date 1, le panier π_1 qui *aurait valu* 100 à la date 0 vaut $P_{1/0}(p)$ à la date 1.

L'indice de Paasche des prix qui peut s'écrire :

$$P_{1/0}(p) = \frac{\sum_i p_1^i q_1^i}{\sum_i p_0^i q_1^i} = \frac{\sum_i p_0^i q_1^i \frac{p_1^i}{p_0^i}}{\sum_i p_0^i q_1^i}.$$

peut s'interpréter comme la moyenne *arithmétique* pondérée des indices élémentaires, l'article i ayant le poids :

$$\omega'^i = \frac{p_0^i q_1^i}{\sum_i p_0^i q_1^i}.$$

Le poids de l'article i est plus élevé dans la formule de Laspeyres que dans la formule de Paasche si :

$$\frac{p_0^i q_0^i}{\sum_i p_0^i q_0^i} > \frac{p_0^i q_1^i}{\sum_i p_0^i q_1^i}.$$

c'est-à-dire si :

$$\frac{q_1^i}{q_0^i} < \frac{\sum_i p_0^i q_1^i}{\sum_i p_0^i q_0^i}$$

ce qui s'écrit encore :

$$I_{1/0}(q^i) < L_{1/0}(q).$$

Ainsi un article dont l'indice élémentaire de quantité est *inférieur* à la moyenne (mesurée par l'indice de Laspeyres des quantités) a un poids *plus élevé* dans la formule de Laspeyres que dans la formule de Paasche. Or il est *fréquent* — au moins en moyenne — que les articles dont la consommation relative *diminue* le plus soient ceux dont le prix relatif *augmente* le plus ([1]). Par conséquent les indices élémentaires de prix qui sont les *plus élevés* ont un coefficient de pondération *plus élevé* dans la formule de Laspeyres que dans la formule de Paasche (considérée comme moyenne arithmétique). Il en résulte ainsi que l'indice de Laspeyres des prix est *souvent plus élevé* que l'indice de Paasche des prix.

Exemple.

Le tableau ci-après ([2]) donne pour différents groupes d'articles les valeurs des indices de Paasche et de Laspeyres des prix (base 100 en 1949) pour l'indice d'ensemble des prix de détail de la région parisienne (indice des 213 articles) en juillet 1957 :

---

[1] Ceci n'est valable que si on considère un ensemble d'articles *substituables* : les consommateurs délaissent les articles dont le prix augmente le plus pour se porter sur ceux dont le prix augmente moins. On suppose par ailleurs les goûts des consommateurs *inchangés* aux dates 0 et 1.
[2] Extrait d'un article de G. LAURENT, *Études Statistiques*, octobre-décembre 1957.

Groupes	Indice de Laspeyres	Indice de Paasche
Aliments	139,7	145,1
Produits à base de farine	146,1	150,0
Viandes et poissons	159,9	157,7
Œufs, lait, corps gras	119,1	120,3
Autres produits alimentaires	135,8	148,7
Boissons et stimulants	127,7	127,1
Habitation	197,9	189,6
Logement	350,9	264,9
Chauffage et éclairage	176,2	175,2
Équipement et articles de ménage	154,8	147,0
Hygiène, soins	168,7	149,8
Transports	187,7	179,5
Habillement et linge	124,7	120,8
Vêtements	133,6	132,8
Linge de corps et de maison	110,5	107,8
Bonneterie et accessoires	122,9	105,8
Chaussures	122,8	126,5
Distractions et divers	180,0	155,3
Spectacles	207,0	211,3
Lectures, distractions	180,5	160,6
Divers	158,8	139,4
Ensemble	150,0	149,1

Remarque.

On observera que l'évolution du niveau de vie se traduit par une modification des goûts des consommateurs : l'indice de Paasche du groupe des aliments est systématiquement supérieur à celui de Laspeyres (sauf pour le sous-groupe Viande et poissons), contrairement au raisonnement qui précède : en moyenne, les consommateurs ont tendance à acheter en plus grandes quantités les produits alimentaires dont le prix augmente le plus.

Si on considère les indices de quantité, on a le résultat analogue. En effet, ainsi qu'il est immédiat de le vérifier :

$$L_{1/0}(p)P_{1/0}(q) = L_{1/0}(q)P_{1/0}(p) = I_{1/0}(D)$$

Il en résulte que si l'indice de Laspeyres des prix est *supérieur* à l'indice de Paasche des prix, l'indice de Laspeyres des quantités est *supérieur* à l'indice de Paasche des quantités :

$$\frac{L_{1/0}(p)}{P_{1/0}(p)} = \frac{L_{1/0}(q)}{P_{1/0}(q)}.$$

Ainsi, assez fréquemment, les indices de Laspeyres sont supérieurs aux indices de Paasche, aussi bien pour les indices de prix que pour les indices de quantité.

Formule de Bortkiewicz.

Le statisticien Bortkiewicz a donné la formule de l'écart entre les indices de Laspeyres et de Paasche :
Les indices de prix sont respectivement :

$$L_{1/0}(p) = \frac{\sum_i p_1^i q_0^i}{\sum_i p_0^i q_0^i} \qquad P_{1/0}(p) = \frac{\sum_i p_1^i q_1^i}{\sum_i p_0^i q_1^i}.$$

D'où :

$$P_{1/0}(p) - L_{1/0}(p) = \frac{\sum_i p_1^i q_1^i}{\sum_i p_0^i q_1^i} - \frac{\sum_i p_1^i q_0^i}{\sum_i p_0^i q_0^i}$$

$$= \frac{\sum_i p_0^i q_0^i}{\sum_i p_0^i q_1^i} \left[\frac{\sum_i p_1^i q_1^i}{\sum_i p_0^i q_0^i} - \frac{\sum_i p_1^i q_0^i}{\sum_i p_0^i q_0^i} \frac{\sum_i p_0^i q_1^i}{\sum_i p_0^i q_0^i} \right]$$

$$= \frac{1}{L_{1/0}(q)} \left[\frac{\sum_i p_0^i q_0^i \frac{p_1^i q_1^i}{p_0^i q_0^i}}{\sum_i p_0^i q_0^i} - \frac{\sum_i p_0^i q_0^i \frac{p_1^i}{p_0^i}}{\sum_i p_0^i q_0^i} \frac{\sum_i p_0^i q_0^i \frac{q_1^i}{q_0^i}}{\sum_i p_0^i q_0^i} \right].$$

Or le premier terme du crochet est la moyenne (pondérée par ω_0^i) des produits des indices élémentaires ; les deux autres termes sont les moyennes (pondérées par ω_0^i) des indices élémentaires de prix et de quantité. Il en résulte que le crochet est la *covariance* pondérée entre les indices élémentaires de prix et de quantité (cf. p. 331) :

$$P_{1/0}(p) - L_{1/0}(p) = \frac{\text{Cov}\left[I_{1/0}(p^i),\ I_{1/0}(q^i)\right]}{L_{1/0}(q)}.$$

Pour les indices de quantité, on a le résultat analogue :

$$P_{1/0}(q) - L_{1/0}(q) = \frac{\text{Cov}\left[I_{1/0}(p^i),\ I_{1/0}(q^i)\right]}{L_{1/0}(p)}.$$

On voit ainsi que l'indice de Paasche est *inférieur* à l'indice de Laspeyres si, *en moyenne*, prix et quantité varient en sens *opposé*, *supérieur* à l'indice de Laspeyres si, en moyenne, prix et quantité varient dans le *même sens*, *égal* à l'indice de Laspeyres si prix et quantité varient *sans corrélation linéaire*.

9.3.1.2. Comparaison des variations.

On a montré d'une façon générale que l'indice de la date 2 par rapport à la date 1 différait du rapport des indices des dates 2 et 1 par rapport à la date de base 0. On peut, dans le cas d'un indice de prix ou de quantité, préciser le sens de la différence.

Indices de Laspeyres.

a) Le rapport des indices de Laspeyres des *prix* est égal à :

$$\frac{L_{2/0}(p)}{L_{1/0}(p)} = \frac{\sum_i p_2^i q_0^i}{\sum_i p_1^i q_0^i} = \frac{\sum_i p_1^i q_0^i I_{2/1}(p^i)}{\sum_i p_1^i q_0^i}$$

alors que :

$$L_{2/1}(p) = \frac{\sum_i p_1^i q_1^i I_{2/1}(p^i)}{\sum_i p_1^i q_1^i}$$

Les poids de l'indice élémentaire $I_{1/2}(p_i)$ sont respectivement :

$$\frac{p_1^i q_0^i}{\sum_i p_1^i q_0^i} \quad \text{et} \quad \frac{p_1^i q_1^i}{\sum_i p_1^i q_1^i}.$$

Le premier est supérieur au second si :

$$\frac{q_1^i}{q_0^i} < \frac{\sum_i p_1^i q_1^i}{\sum_i p_1^i q_0^i}$$

c'est-à-dire si :

$$I_{1/0}(q^i) < P_{1/0}(q).$$

Les articles dont l'indice de *quantité* est *inférieur* à la moyenne (mesurée par l'indice de Paasche des quantités) ont donc un coefficient *plus élevé* dans la formule du rapport des indices de Laspeyres des *prix*. Or, fréquemment, ce sont les articles dont l'indice de prix est *supérieur* à la moyenne. En conséquence, la comparaison des indices de Laspeyres pour deux dates 1 et 2 distinctes de la date de base tend fréquemment à *exagérer* les augmentations [1] du niveau général des prix telles qu'elles seraient mesurées par un indice de Laspeyres base 100 à la date 1.

---

[1] Et inversement à réduire les diminutions.

Exemple.

L'indice des prix de détail à Paris base 100 en 1949 comportait 213 articles. Il a été remplacé à partir de 1957 par l'indice des 250 articles base 100 en juillet 1956-juin 1957. Le tableau ci-dessous (^{1}) donne pour neuf grands groupes d'articles les pondérations des indices de prix partiels :

$$\text{colonne 1 : } \frac{p_0^i q_0^i}{\sum_i p_0^i q_0^i} \text{ pour l'indice } L_{t/1949}(p) \,;$$

$$\text{colonne 2 : } \frac{p_0^i q_0^i}{\sum_i p_1^i q_0^i} \text{ pour le quotient des indices } \frac{L_{t/1949}(p)}{L_{1956/1949}(p)} \,;$$

$$\text{colonne 3 : } \frac{p_1^i q_1^i}{\sum_i p_1^i q_1^i} \text{ pour l'indice } L_{t/1956}(p).$$

Groupes d'articles	(1)	(2)	(3)	$100 \times \frac{(2)}{(1)}$	$100 \times \frac{(3)}{(2)}$	$100 \times \frac{(3)}{(1)}$
Alimentation	507,5	479,5	443	94	92	87
Boissons et stimulants	92,5	77,2	85	83	110	92
Logement (charges, loyer)	21,0	46,9	70	223	149	333
Chauffage-Éclairage	40,0	44,4	47	111	106	118
Équipement et articles de ménage	54,4	55,0	58	101	105	107
Hygiène-Soins	78,7	89,3	72	113	81	91
Transport	30,0	37,9	62	126	164	207
Habillement-Linge	110,0	90,0	104	82	116	95
Distractions et divers	65,9	79,8	59	121	74	90
Total	1 000,0	1 000,0	1 000	100	100	100

Le rapport de la colonne 2 à la colonne 1 est l'*indice relatif des prix* :

$$\frac{\text{col (2)}}{\text{col (1)}} = \frac{p_1^i q_0^i}{\sum_i p_1^i q_0^i} : \frac{p_0^i q_0^i}{\sum_i p_0^i q_0^i} = \frac{I_{1956/1949}(p^i)}{L_{1956/1949}(p)}.$$

Le rapport de la colonne 3 à la colonne 2 est l'*indice relatif des quantités* :

$$\frac{\text{col (3)}}{\text{col (2)}} = \frac{p_1^i q_1^i}{\sum_i p_1^i q_1^i} : \frac{p_1^i q_0^i}{\sum_i p_1^i q_0^i} = \frac{I_{1956/1949}(q^i)}{P_{1956/1949}(q)}.$$

(^{1}) Tableau extrait de *Études Statistiques;* octobre-décembre 1957 (Article de G. Laurent).

Le rapport de la colonne 3 à la colonne 1 est l'*indice relatif des dépenses partielles* égal à l'*indice des coefficients budgétaires* :

$$\frac{\text{col (3)}}{\text{col (1)}} = \frac{p_1^i q_1^i}{\sum_i p_1^i q_1^i} : \frac{p_0^i q_0^i}{\sum_i p_0^i q_0^i} = \frac{I_{1956/1949}(D^i)}{I_{1956/1949}(D)} = \frac{\omega_1^i}{\omega_0^i} = I_{1956/1949}(\omega^i).$$

Ainsi, en *francs constants*, le prix des denrées alimentaires a baissé de 6 % entre 1949 et 1956 ; la consommation *à volume global constant* de ces mêmes denrées a baissé de 8 % et la part du budget familial consacrée à l'alimentation a baissé de 13 %. Le prix des transports individuels est à l'indice 126 en francs constants, la consommation en volume à l'indice relatif 164, la part dans le budget à l'indice 207.

Remarque.

1. En toute rigueur, les rubriques considérées ne correspondent pas à des articles élémentaires mais à des *groupes* d'articles. Toutefois, le raisonnement s'applique de la même façon.

2. Si les coefficients budgétaires se rapportent pour les deux indices (bases 100 en 1949 et 100 en 1956-1957) aux ménages d'ouvriers et employés de la région parisienne, il y a de légères différences dans le champ démographique couvert (voir ci-dessous page 447 renvoi 3). C'est pourquoi il ne faut pas accorder une trop grande précision au rapprochement de la colonne 3 avec les colonnes 1 et 2.

3. On notera que le raisonnement sur lequel on s'appuie pour montrer que l'indice de Laspeyres est fréquemment supérieur à l'indice de Paasche ne vaut pas pour tous les groupes d'articles mais seulement pour les rubriques : Boissons et stimulants, Hygiène-Soins, Habillement-linge, Distractions et divers.

b) Dans le cas d'un indice de Laspeyres de *quantité*, on obtient le résultat analogue en permutant prix et quantité :

$$\frac{L_{2/0}(q)}{L_{1/0}(q)} = \frac{\sum_i p_0^i q_1^i I_{2/1}(q^i)}{\sum_i p_0^i q_1^i}$$

alors que :

$$L_{2/1}(q) = \frac{\sum_i p_1^i q_1^i I_{2/1}(q^i)}{\sum_i p_1^i q_1^i}.$$

Le poids de l'indice élémentaire $I_{1/2}(q_i)$ est *plus élevé* dans la formule du rapport des indices si :

$$I_{1/0}(p^i) < P_{1/0}(p).$$

Or les articles dont l'indice de prix est *inférieur* à la moyenne (mesurée par l'indice de Paasche des prix) ont fréquemment un indice élémentaire de quantité *élevé*. Il en résulte qu'assez souvent la comparaison des indices de Laspeyres de quantité pour deux dates 1 et 2 distinctes de la date de base tend à *exagérer* les augmentations du niveau général des quantités telles qu'elles seraient mesurées par un indice de Laspeyres base 100 à la date 1.

Indices de Paasche.

Il est possible de déduire de ce qui précède des résultats analogues concernant les indices de Paasche en utilisant la relation :

$$I_{t/t'}(D) = L_{t/t'}(p)P_{t/t'}(q) = L_{t/t'}(q)P_{t/t'}(p)$$

qui résulte immédiatement des définitions. En effet la dépense totale est une grandeur simple :

$$I_{2/1}(D) = \frac{I_{2/0}(D)}{I_{1/0}(D)}$$

c'est-à-dire :

$$L_{2/1}(p)P_{2/1}(q) = \frac{L_{2/0}(p)P_{2/0}(q)}{L_{1/0}(p)P_{1/0}(q)}$$

ou encore :

$$\frac{L_{2/0}(p)}{L_{1/0}(p)} : L_{2/1}(p) = \frac{1}{\frac{P_{2/0}(q)}{P_{1/0}(q)} : P_{2/1}(q)}.$$

Comme assez fréquemment le terme de gauche de cette égalité est *supérieur* à l'unité, le terme figurant au dénominateur à droite est *inférieur* à l'unité :

$$\frac{P_{2/0}(q)}{P_{1/0}(q)} < P_{2/1}(q).$$

En permutant les rôles des prix et des quantités, on aboutirait au résultat analogue :

$$\frac{P_{2/0}(p)}{P_{1/0}(p)} < P_{2/1}(p).$$

Ainsi, assez souvent, la comparaison des indices de Paasche pour deux dates 1 et 2 distinctes de la date de base tend à *diminuer* les variations telles qu'elles seraient mesurées par un indice de Paasche base 100 à la date 1.

9. 3. 1. 3. L'INDICE-CHAINE.

L'*indice-chaîne* de la date 2 par rapport à la date 0 est le produit de l'indice de la date 2 par rapport à la date 1 par l'indice de la date 1 par rapport à la date 0 :

$$C_{2/0} = I_{2/1}I_{1/0}.$$

L'indice-chaîne de Laspeyres est le produit des indices de Laspeyres :

$$CL_{2/0} = L_{2/1}L_{1/0}$$

de même que l'indice-chaîne de Paasche :

$$CP_{2/0} = P_{2/1}P_{1/0}.$$

L'indice-chaîne permet de mieux saisir les variations des niveaux des indices que les indices de Laspeyres ou de Paasche :

$$\frac{CL_{2/0}}{CL_{1/0}} = L_{2/1}$$

$$\frac{CP_{2/0}}{CP_{1/0}} = P_{2/1}$$

alors que, comme on l'a vu en **9. 3. 1. 2** :

$$\frac{L_{2/0}}{L_{1/0}} \neq L_{2/1}$$

et

$$\frac{P_{2/0}}{P_{1/0}} \neq P_{2/1}.$$

Dans la mesure où l'indice de Laspeyres tend à amplifier les augmentations **et** l'indice de Paasche à les réduire, l'indice-chaîne est compris entre l'indice **de** Laspeyres et l'indice de Paasche. De façon précise :

$$P_{2/0} < CP_{2/0} = P_{2/1}P_{1/0} < L_{2/1}L_{1/0} = CL_{2/0} < L_{2/0}.$$

Si l'indice-chaîne est mieux adapté à la mesure des variations à court terme, il l'est beaucoup moins bien à la mesure des variations depuis la date de base.

L'indice-chaîne de Divisia.

L'indice-chaîne de Divisia est l'indice-chaîne *instantané*. Ainsi pour l'indice de prix, en supposant que les prix et les quantités évoluent continûment :

$$\frac{D + \mathrm{d}D}{D} = L_{t+\mathrm{d}t/t} = \frac{\sum_i p^i(t)q^i(t)\frac{p^i(t+\mathrm{d}t)}{p^i(t)}}{\sum_i p^i(t)q^i(t)}$$

$$= 1 + \frac{\sum_i q^i(t)p'^i(t)}{\sum_i q^i(t)p^i(t)} \mathrm{d}t = P_{t+\mathrm{d}t/t}.$$

D'où :

$$D_{t/0}(p) = \exp\left[\int_0^t \frac{\sum_i q^i(t)p'^i(t)}{\sum_i q^i(t)p^i(t)}\,dt\right] = \exp\left[\int_0^t \varphi(t)\,dt\right]$$

en posant :

$$\varphi(t) = \frac{\sum_i q^i(t)p'^i(t)}{\sum_i q^i(t)p^i(t)}.$$

L'intérêt théorique de l'indice de Divisia est de présenter la propriété de *circularité* (donc aussi de réversibilité et d'enchaînement) :

$$D_{t'/t}(p) = \exp\left[\int_t^{t'} \varphi(t)\,dt\right] = \frac{\exp\left[\int_0^{t'}\varphi(t)\,dt\right]}{\exp\left[\int_0^t \varphi(t)\,dt\right]} = \frac{D_{t'/0}(p)}{D_{t/0}(p)}.$$

9. 3. 1. 4. Propriétés comparées des indices de Laspeyres et de Paasche.

On a examiné en 9. 2. 4. les propriétés générales des indices de Laspeyres, Paasche et Fisher. Dans le cas particulier des indices de prix et de quantité, où les pondérations ω^i sont proportionnelles aux budgets $p^i q^i$, les remarques touchant l'absence de circularité des trois indices, la réversibilité du seul indice de Fisher, l'agrégation des constituants demeurent valables. La propriété supplémentaire concerne la *multiplication* : l'indice de la dépense totale (c'est-à-dire du produit prix × quantité) est égale au produit de l'indice de Laspeyres d'*un* facteur (prix ou quantité) par l'indice de Paasche de l'*autre* facteur. Si, au contraire, on considère l'indice de Fisher, l'indice de la dépense totale est le produit de l'indice de Fisher de prix par l'indice de Fisher de quantité. En effet :

$$\frac{\sum_i p_1^i q_1^i}{\sum_i p_0^i q_0^i} = \frac{\sum_i p_1^i q_0^i}{\sum_i p_0^i q_0^i} \cdot \frac{\sum_i p_1^i q_1^i}{\sum_i p_1^i q_0^i} = \frac{\sum_i p_0^i q_1^i}{\sum_i p_0^i q_0^i} \cdot \frac{\sum_i p_1^i q_1^i}{\sum_i p_0^i q_1^i},$$

soit :

$$I_{1/0}(D) = L_{1/0}(p)P_{1/0}(q) = L_{1/0}(q)P_{1/0}(p)$$

ou encore :

$$I_{1/0}(D) = \sqrt{L_{1/0}(p)P_{1/0}(q) \cdot L_{1/0}(q)P_{1/0}(p)} = \sqrt{L_{1/0}(p)P_{1/0}(p)}\,\sqrt{L_{1/0}(q)P_{1/0}(q)}$$

c'est-à-dire :

$$I_{1/0}(D) = F_{1/0}(p)F_{1/0}(q).$$

L'intérêt de cette propriété — que Fisher appelle la *réversibilité des facteurs* — est la suivante en pratique : si on dispose de la série des indices de valeur totale (la comptabilité nationale fournit l'évolution chronologique de nombreux agrégats qui représentent des valeurs totales), on peut passer à la série des indices de volume en *déflatant* les indices de valeur totale par les indices de prix. Le résultat est un indice de Paasche si l'indice de prix est un indice de Laspeyres et réciproquement un indice de Laspeyres si l'indice de prix est un indice de Paasche. Pour que cette déflation soit légitime, il faut bien entendu que les indices de valeur totale et les indices de prix se rapportent au même *champ* géographique ou démographique, ce qui en réalité n'est pas le cas le plus fréquent : les indices de valeur totale se rapportent par exemple à l'ensemble des ménages tandis que les indices de prix se rapportent à certaines catégories de ménages (ménages de condition modeste).

9. 3. 2. Quelques problèmes pratiques liés à la construction d'un indice.

La construction pratique d'un indice ([1]) soulève d'assez nombreux problèmes tant sur le plan méthodologique que sur celui de la collecte des informations. Nous en évoquons quelques-uns.

9. 3. 2. 1. DÉTERMINATION DU CHAMP DE L'INDICE. CHOIX DES COEFFICIENTS DE PONDÉRATION.

Un indice de prix de détail est destiné à suivre l'évolution du prix d'un budget-type. Il importe donc de bien définir le budget-type. Par ailleurs, un indice se rapportant à un budget-type donné ne reflétera qu'imparfaitement l'évolution des prix pour un autre budget-type. En effet, si les prix sont les mêmes pour tous les consommateurs (et évoluent par conséquent de la même façon pour tous), les structures de consommation diffèrent d'un groupe de consommateurs à l'autre et évoluent différemment ([2]).

Les indices de prix de détail calculés par l'INSEE se rapportent à des ménages de condition modeste (ménages dont le chef est ouvrier ou employé). Ils permettent donc de suivre l'évolution des prix pour cette catégorie importante et homogène de ménages ([3]). Ils ne valent en toute rigueur que pour elle.

([1]) Ce paragraphe se rapporte exclusivement aux indices *de prix de détail*. Des considérations analogues valent pour les autres indices économiques.

([2]) Toutefois les différences de structure des consommations selon la catégorie socio-professionnelle n'entraînent pas de différences sensibles en ce qui concerne l'évolution des indices de prix spécifiques (cf. G. VANGREVELINGHE, *Economie et Statistique*, nº 1, mai 1969).

([3]) En fait leur champ démographique ou géographique a changé :
Indice des 213 *articles* (base 100 en 1949) : ménages de 4 personnes dont deux enfants de moins de 16 ans, dont le chef est ouvrier ou employé, habitant la région parisienne.
Indice des 250 *articles* (base 100 en 1956-57) : ménages de toutes tailles, célibataires exclus, dont le chef est ouvrier ou employé, habitant la région parisienne.
Indice des 259 *articles* (base 100 en 1962) : ménages urbains de toutes tailles, célibataires exclus, dont le chef est ouvrier ou employé.
Indice mensuel des prix à la consommation (base 100 en 1970) : ménages urbains dont le chef est ouvrier ou employé.

Les coefficients de pondération sont obtenus à partir des résultats d'enquêtes auprès des ménages compris dans le champ de l'indice et d'études de comptabilité nationale (tableau de la consommation des ménages).

9. 3. 2. 2. Choix de la période de base.

On ne retient pas en pratique une *date* de base mais une *période* de base de façon à éliminer les mouvements accidentels affectant le système des prix à une date donnée. Ces accidents seraient très gênants puisqu'ils fausseraient la comparaison des prix observés ultérieurement avec ceux de la date de base. De façon à éliminer également les mouvements saisonniers, on retient en général un nombre entier d'années. En outre, pour éviter de comparer les situations ultérieures à une situation exceptionnelle, on retient, pour période de base, une période calme où les prix n'ont pas connu un mouvement de dispersion relative trop considérable. C'est ainsi que l'indice des 250 articles avait pour période de base la période annuelle s'étendant du 1er juillet 1956 au 30 juin 1957.

9. 3. 2. 3. Choix des articles observés.

Il n'est pas possible de faire entrer dans le calcul d'un indice la totalité des produits offerts sur le marché. Le coût de la collecte de l'information en serait prohibitif et le gain de précision illusoire. On se contente de suivre l'évolution des prix d'un ou plusieurs articles, jugés *représentatifs* de chaque ensemble d'articles [1]. Il convient que soit bien précisée la définition de chacun des articles qui entrent dans le calcul de l'indice par des spécifications portant sur la qualité (laquelle doit demeurer aussi *invariable* que possible pour éviter de faire interférer les variations de qualité avec les variations de prix, qu'on se propose précisément de mesurer). Lorsque, pendant la durée de vie d'un indice, un article servant au calcul vient à disparaître du marché, on est amené à lui substituer un article analogue.

9. 3. 2. 4. Raccord d'indices.

Du fait de la durée de vie limitée d'un indice (en raison de l'évolution des structures économiques), on est amené à se poser le problème du raccord de

---

[1] On notera que la tentation est grande pour les pouvoirs publics de porter atteinte à cette *représentativité* par des mesures sélectives portant sur les *seuls* articles retenus pour le calcul de l'indice de façon à modifier le cours de son évolution (subventions, détaxation, baisses autoritaires, etc.). Toutefois le statisticien est actuellement infiniment mieux protégé qu'il ne l'a été dans le passé : si la structure de l'indice est *publique* (coefficients de pondération des divers groupes et sous-groupes), la nature exacte des articles suivis est tenue rigoureusement *secrète*. Ainsi la *Pâtisserie fraîche* a dans l'indice mensuel (base 100 en 1970) le coefficient 9,4 $^o/_{oo}$. L'INSEE ne précise pas s'il suit spécialement le prix de l'éclair au chocolat ou du mille-feuilles. Si le premier était l'objet de manipulations anormales, le second prendrait sa place automatiquement dans l'indice partiel du sous-groupe.

deux séries d'indices consécutives lorsqu'on veut décrire l'évolution des prix sur une longue période.

Soit un indice I base 100 à la date 0 calculé jusqu'à la date 1 où il a été remplacé par l'indice I'. L'estimation de la valeur de I à une date t postérieure à 1 est obtenue en multipliant l'indice I' de t par rapport à 1 par l'indice I de 1 par rapport à 0 :

$$\text{estimation de } I_{t/0} = I'_{t/1} I_{1/0}.$$

Cette formule est très approximative pour les deux raisons suivantes :

— l'indice d'une grandeur synthétique ne possède pas la propriété de circularité.

— souvent les indices I et I' diffèrent par leur champ ou leur méthode de calcul (nombre d'articles, introduction de produits nouveaux, nombre de relevés pour un même article, etc.).

9.4. ÉVALUATION DE LA PART IMPUTABLE A DIVERS FACTEURS DE VARIATION DANS L'ÉVOLUTION D'UNE GRANDEUR GLOBALE.

On a montré dans l'étude des indices de prix, de quantité et de valeur que l'indice de la dépense totale était égal au produit des indices de prix et de quantité. On peut interpréter ce résultat de la façon suivante : la dépense totale évolue sous l'influence de deux *facteurs* : prix et quantité. L'indice de prix mesure la part de la variation de la dépense totale imputable au facteur prix, l'indice de quantité la part imputable au facteur quantité.

Cette section est consacrée à la généralisation de cette interprétation au cas d'une grandeur globale ([1]) dont l'évolution temporelle ([2]) résulte de plusieurs facteurs.

([1]) On distinguera la grandeur *globale,* qui est un *scalaire* défini fonctionnellement à partir de ses constituants, de la grandeur *complexe* qui est un *vecteur* dont les composantes sont ses divers constituants : la dépense des ménages est une grandeur globale, somme des dépenses de chacun des ménages ; le niveau général des prix est une grandeur complexe dont les composantes sont les prix des divers articles offerts sur le marché. Le problème de l'*agrégation* — la construction des indices synthétiques en est un cas particulier — est celui de la réduction à un scalaire, qu'on appelle grandeur *synthétique* (l'indice d'ensemble), d'une grandeur complexe vectorielle (les composantes sont les indices élémentaires).

([2]) Comme ci-dessus en 9.2, nous envisageons une évolution *temporelle.* La méthode exposée peut être appliquée plus généralement à la comparaison de *deux* univers homologues, décrits suivant les mêmes critères de classification. Ainsi, on pourra étudier les disparités entre les salaires masculins et féminins en remplaçant le *temps* par le *sexe*.

9. 4. 1. Etude de trois facteurs.

Considérons l'exemple suivant :

La population masculine française de 14 à moins de 25 ans est décrite dans le tableau ci-dessous suivant l'âge et la scolarisation, respectivement au 1er janvier 1954 et au 1er janvier 1962 (Sources : Recensements généraux de population) :

1954

Age i	Population P_i	Population scolarisée S_i
— 14 —		
	283 500	153 900
— 15 —		
	284 600	122 100
— 16 —		
	288 700	100 500
— 17 —		
	293 200	68 900
— 18 —		
	294 700	43 900
— 19 —		
	308 100	32 000
— 20 —		
	304 800	26 800
— 21 —		
	321 600	21 900
— 22 —		
	325 600	15 300
— 23 —		
	333 600	12 000
— 24 —		
	315 300	8 200
— 25 —		
Total	3 353 700	605 500

1962

Age i	Population P'_i	Population scolarisée S'_i
— 14 —		
	427 700	284 000
— 15 —		
	409 100	214 400
— 16 —		
	307 300	140 100
— 17 —		
	303 700	99 900
— 18 —		
	302 200	72 800
— 19 —		
	280 400	46 300
— 20 —		
	253 500	30 400
— 21 —		
	269 900	23 500
— 22 —		
	296 900	18 700
— 23 —		
	296 900	13 700
— 24 —		
	300 200	10 500
— 25 —		
Total	3 447 800	954 300

Le nombre de garçons de 14 à 25 ans scolarisés passe ainsi de 605 500 en 1954 à 954 300 en 1962. L'indice de 1962 par rapport à 1954 est donc égal à :

$$I(S) = 100 \times \frac{954\,300}{605\,500} = 157,6.$$

Cette évolution de la grandeur globale : *Nombre de garçons scolarisés* résulte de l'action simultanée de trois facteurs :

— *facteur taille :* la population masculine de 14 à 25 ans a augmenté de

2,8 % entre 1954 et 1962. Cette variation de la *population* explique une partie de l'**augmentation** enregistrée sur le nombre de scolarisés : si les structures (par âge et degré de scolarisation) étaient demeurées fixes au cours de la période, le nombre de scolarisés aurait augmenté de 2,8 % de 1954 à 1962.

— *facteur âge* : la structure par âge de la population considérée s'est modifiée dans le sens d'un rajeunissement (voir le tableau ci-dessous). L'âge moyen est passé de 19,7 ans à 19,1 ans. Or le degré de scolarisation augmente lorsque l'âge diminue. L'évolution de la *structure par âge* explique donc une partie de l'augmentation constatée sur le nombre de scolarisés.

— *facteur scolarisation* : les taux de scolarisation par âge ont tous augmenté entre 1954 et 1962, comme le montre le tableau ci-dessous. Cette évolution de la *scolarisation par âge* explique également une partie de l'augmentation du nombre de scolarisés.

Age	Proportion de la population dans chaque année d'âge (en %)		Taux de scolarisation (en %)	
	1954	1962	1954	1962
i	a_i	a'_i	t_i	t'_i
14	8,5	12,4	54,3	66,4
15	8,5	11,9	42,9	52,4
16	8,6	8,9	34,8	45,6
17	8,7	8,8	23,5	32,9
18	8,8	8,8	14,9	24,1
19	9,2	8,1	10,4	16,5
20	9,1	7,4	8,8	12,0
21	9,6	7,8	6,8	8,7
22	9,7	8,6	4,7	6,3
23	9,9	8,6	3,6	4,6
24	9,4	8,7	2,6	3,5
25				
Ensemble	100,0	100,0	18,1	27,7

L'ensemble des trois facteurs : taille, structure par âge, scolarisation par âge explique la variation de 57,6 % constatée sur le nombre de garçons scolarisés. Le problème se pose de faire la part de chacun des trois facteurs, de façon en particulier à apprécier l'effet propre du troisième facteur : le degré de scolarisation, les deux autres étant considérés comme des facteurs perturbateurs dont l'effet vient s'ajouter pour conduire à la variation totale de 57,6 %.

9. 4. 1. 1. Formalisation.

Nous désignerons par une lettre accentuée les données relatives à 1962 et par une lettre non accentuée celles relatives à 1954 :

P, P' : population totale
P_i, P'_i : population d'âge i
S, S' : population scolarisée au total
S_i, S'_i : population scolarisée d'âge i
a_i, a'_i : proportion d'individus d'âge i parmi la population totale
t, t' : taux moyen de scolarisation
t_i, t'_i : taux de scolarisation à l'âge i

avec :

$$a_i = \frac{P_i}{P}, \qquad a'_i = \frac{P'_i}{P'}$$

$$t_i = \frac{S_i}{P_i}, \qquad t'_i = \frac{S'_i}{P'_i}$$

$$t = \frac{S}{P}, \qquad t' = \frac{S'}{P'}.$$

Le nombre total de scolarisés S peut s'écrire :

$$S = \sum_i S_i = \sum_i P \frac{P_i}{P} \frac{S_i}{P_i} = \sum_i P a_i t_i$$

On appelle *indice d'un groupe de facteurs* (¹) le rapport constitué :

— au numérateur : du nombre de scolarisés qu'on *aurait obtenu* en 1962 si les facteurs autres que ceux considérés étaient restés *identiques* à ce qu'ils étaient en 1954, les facteurs considérés ayant seuls évolué entre 1954 et 1962;

— au dénominateur : du nombre S de scolarisés en 1954.

Dans l'exemple considéré il y a trois facteurs pris isolément, trois groupes de deux facteurs et un groupe de trois facteurs. En désignant par P l'effet

---

(¹) Ou plus précisément : indice de *l'effet* d'un groupe de facteurs.

de la taille, A l'effet de l'âge, T l'effet des taux de scolarisation, on a respectivement :

$$I(P) = \frac{\sum_i P'a_it_i}{\sum_i Pa_it_i} = \frac{P'}{P}$$

$$I(A) = \frac{\sum_i Pa'_it_i}{\sum_i Pa_it_i} = \frac{\sum_i S_i \frac{a'_i}{a_i}}{\sum_i S_i} = \frac{\sum_i S_i I(a_i)}{\sum_i S_i}$$

$$I(T) = \frac{\sum_i Pa_it'_i}{\sum_i Pa_it_i} = \frac{\sum_i S_i \frac{t'_i}{t_i}}{\sum_i S_i} = \frac{\sum_i S_i I(t_i)}{\sum_i S_i}$$

$$I(P, A) = \frac{\sum_i P'a'_it_i}{\sum_i Pa_it_i} = \frac{P'}{P} \frac{\sum_i a'_it_i}{\sum_i a_it_i} = I(P)I(A)$$

$$I(P, T) = \frac{\sum_i P'a_it'_i}{\sum_i Pa_it_i} = \frac{P'}{P} \frac{\sum_i a_it'_i}{\sum_i a_it_i} = I(P)I(T)$$

$$I(A, T) = \frac{\sum_i Pa'_it'_i}{\sum_i Pa_it_i} = \frac{\sum_i S_i \frac{a'_i}{a_i} \frac{t'_i}{t_i}}{\sum_i S_i} = \frac{\sum_i S_i I(a_it_i)}{\sum_i S_i}$$

$$I(P, A, T) = \frac{\sum_i P'a'_it'_i}{\sum_i Pa_it_i} = \frac{P'}{P} \frac{\sum_i a'_it'_i}{\sum_i a_it_i} = I(P)I(A, T).$$

Ces formules appellent les remarques suivantes :

— l'indice d'un facteur est un indice de Laspeyres dont les indices élémentaires sont suivant les cas P'/P, a'_i/a_i, t'_i/t_i et dont les pondérations sont les effectifs de scolarisés à la date de référence.

— l'indice du facteur taille est égal à l'indice de la population totale. C'est pourquoi nous le désignons par $I(P)$.

— l'indice d'un groupe de facteurs constitué du facteur taille et d'autres facteurs est égal au produit de l'indice du facteur taille par l'indice du groupe de ces autres facteurs.

— l'indice d'un groupe de facteurs autres que la taille n'est pas en général égal au produit des indices de ces facteurs.

On appelle *indice conditionnel* ([1]) d'un groupe de facteurs *lié par un autre groupe de facteurs* le rapport de l'indice de tous ces facteurs à l'indice des seuls facteurs de liaison. Ainsi, par exemple :

$$I(A/T)\ ([2]) = \frac{I(A, T)}{I(T)}$$

$$I(P, A/T)\ ([3]) = \frac{I(P, A, T)}{I(T)}$$

$$I(P/A, T)\ ([4]) = \frac{I(P, A, T)}{I(A, T)}.$$

L'indice conditionnel du groupe de facteurs $\mathcal{F}$ lié par le groupe de facteurs $\mathcal{G}$ est le rapport constitué :

— au numérateur : du nombre de scolarisés qu'on aurait obtenu en 1962 si seuls les facteurs $\mathcal{F}$ et $\mathcal{G}$ avaient évolué entre 1954 et 1962.

— au dénominateur : du nombre de scolarisés qu'on aurait obtenu en 1962 si seuls les facteurs $\mathcal{G}$ avaient évolué entre 1954 et 1962.

L'indice $I(\mathcal{F}/\mathcal{G})$ mesure ainsi l'effet additionnel des facteurs $\mathcal{F}$ après prise en compte des facteurs $\mathcal{G}$.

On appelle *facteurs indépendants* ([1]) un ensemble de facteurs dont les indices liés par un ou plusieurs facteurs du groupe sont égaux aux indices non liés correspondants. Ainsi les facteurs (P, A) dont des facteurs indépendants puisque :

$$I(P/A) = \frac{I(P, A)}{I(A)} = I(P)$$

ce qui entraîne :

$$I(A/P) = \frac{I(P, A)}{I(P)} = I(A).$$

Il en est de même des facteurs (P, T).

Condition d'indépendance entre les facteurs A et T.

Les facteurs A et T sont indépendants si :

$$I(A, T) = I(A)I(T)$$

$$\frac{\sum_i S_i \frac{a_i'}{a_i} \frac{t_i'}{t_i}}{\sum_i S_i} = \frac{\sum_i S_i \frac{a_i'}{a_i}}{\sum_i S_i} \cdot \frac{\sum_i S_i \frac{t_i'}{t_i}}{\sum_i S_i}$$

([1]) Ce vocabulaire est analogue à celui du Calcul des Probabilités.
([2]) lire : *I de A si T*.
([3]) lire : *I de P et A si T*.
([4]) lire : *I de P si A et T*.

c'est-à-dire si la moyenne des produits $\frac{a'_i}{a_i}\frac{t'_i}{t_i}$ pondérée par S_i est égale au produit des moyennes de a'_i/a_i et t'_i/t_i pondérées par S_i. Cette condition exprime que la *covariance* entre les indices élémentaires $I(a_i)$ et $I(t_i)$ est nulle : les facteurs A et T sont indépendants si la déformation de la structure par âge entre 1954 et 1962 s'effectue *sans corrélation linéaire* avec l'augmentation du degré de scolarisation.

Interaction.

On appelle *interaction* des facteurs A et T le rapport :

$$\Gamma(A, T) = \frac{I(A, T)}{I(A)I(T)} - 1 = \frac{I(T/A) - I(T)}{I(T)} = \frac{I(A/T) - I(A)}{I(A)} = \Gamma(T, A).$$

L'interaction est nulle en cas d'indépendance, positive si la covariance entre indices élémentaires est positive (les facteurs jouent dans le même sens), négative si la covariance entre indices élémentaires est négative (les facteurs jouent en sens opposé).

9. 4. 1. 2. APPLICATION NUMÉRIQUE.

Les définitions précédentes conduisent aux résultats numériques ci-après (exprimés en pourcentage) :

$$I(P) = 102,8$$
$$I(A) = 117,8$$
$$I(T) = 131,8$$
$$I(A, T) = 153,3$$
$$I(P, A, T) = 157,6$$

d'où :

$$I(A/T) = 116,4$$
$$I(T/A) = 130,1$$
$$\Gamma(A, T) = -1,2 \text{ [1]}.$$

---

[1] Les générations qui ont 14 à 25 ans en 1954 et 1962 sont nées entre 1929 et 1939 et entre 1937 et 1947. Les déformations de la pyramide des âges du groupe 14-25 ans sont donc liées aux déficits de naissances dû à la guerre 1914-1918 et à la reprise de la natalité en 1946-1947. En revanche, les modifications des taux de scolarisation sont propres à la période 1954-1962. On conçoit donc qu'il y ait quasi-indépendance des moyens des deux facteurs A et T. Il n'en serait pas ainsi par exemple si l'adaptation des moyens d'enseignement à l'accroissement de la scolarisation et à la déformation de la structure par âge n'avait pu se réaliser de façon homogène (pénurie de locaux scolaires, de maîtres, etc. *variable* avec le type d'enseignement, lui-même lié à l'âge) : la déformation de la pyramide des âges aurait pu contrarier le développement de la scolarisation. C'est d'ailleurs ce qu'on observe : l'interaction est *négative*. Toutefois sa valeur est faible (le nombre de scolarisés aurait augmenté de 1,2 % de plus si les deux facteurs avaient joué indépendamment).

Étant donné la faible interaction des facteurs âge et scolarisation, si on veut résumer en un seul indice les indices $I(A)$ et $I(A/T)$ d'une part, $I(T)$ et $I(T/A)$ d'autre part, on peut retenir par exemple leur moyenne géométrique, de façon analogue à l'indice de Fisher [1] :

$$I^*(A) = 117,1$$
$$I^*(T) = 130,9.$$

Ainsi, entre 1954 et 1962, le nombre de scolarisés s'est accru de 57,6 %, cette augmentation résultant de la combinaison des trois facteurs pratiquement indépendants :

Population totale : 2,8 %.
Structure par âge : 17,1 %.
Scolarisation par âge : 30,9 %.

Remarque.

1. L'emploi de la formule de Fisher pour résumer les effets non liés et les effets conditionnels permet d'écrire :

$$I(S) = I(P)I^*(A)I^*(T) = I(P)I^*(T)I^*(A) :$$

les indices se composent *multiplicativement*.

2. Ce qu'on a appelé effet *scolarisation* pourrait être remis en question par l'introduction d'un autre critère de différenciation, analogue à l'âge. De façon précise l'effet du facteur T est celui qu'on obtient après prise en compte du facteur population et du facteur âge. Il est vraisemblable par exemple que les migrations internes qui augmentent la population urbaine (à degré de scolarisation plus élevé) expliquent une partie des 30,9 % imputés au facteur scolarisation. Cette remarque soulève d'ailleurs un problème assez grave : combien de facteurs faut-il retenir (autres que la population) pour apprécier l'augmentation intrinsèque du degré de scolarisation ? A la limite même, on pourrait penser qu'il convient de différencier totalement les individus jusqu'à définir des modalités élémentaires dont l'effectif serait égal à 1. Mais alors, tout calcul devient impossible puisqu'on ne peut plus apparier les modalités de 1962 avec celles de 1954. Le seul élément qui reste constant entre 1954 et 1962 (en négligeant la mortalité) est l'identité des individus. Mais l'individu n'est pas comparable à lui-même puisque, le facteur âge devant être nécessairement pris en compte, un même individu ne peut

---

[1] L'indice conditionnel $I(T/A)$ est en effet un indice de *Paasche* :

$$I(T/A) = \frac{I(A,T)}{I(A)} = \frac{\sum_i a'_i t'_i}{\sum_i a'_i t_i} = \frac{\sum_i S'_i}{\sum_i S'_i \frac{t_i}{t'_i}}$$

alors que $I(T)$ est un indice de *Laspeyres* :

$$I(T) = \frac{\sum_i S_i \frac{t'_i}{t_i}}{\sum_i S_i}$$

avoir le même âge aux deux dates... La notion de variation de la scolarisation intrinsèque est la suivante : la scolarisation augmente au cours d'une période pour une catégorie donnée si, pour les deux ensembles d'enfants de cette *même catégorie*, observés l'un en début de période, l'autre en fin de période, le pourcentage de scolarisés est plus grand parmi les seconds que parmi les premiers. Tout le problème est de définir des catégories *équivalentes* aux deux dates, c'est-à-dire *identiques* à la date près, de façon à isoler ce qui est véritablement propre au temps.

L'*uniformité* des définitions retenues aux deux dates est donc fondamentale dans cette analyse. De la part du statisticien, cette uniformité est assurée par l'utilisation de questionnaires et de nomenclatures identiques. De la part des personnes qui répondent à une enquête ou à un recensement, elle ne l'est que si les *mêmes* mots recouvrent la *même* réalité. Il est à craindre, lorsqu'on s'intéresse par exemple à la qualification ou à l'activité des individus, que les réactions du public devant les mêmes mots n'évoluent avec le temps. L'appellation *ouvrier qualifié* a un contenu qui varie (phénomène de glissement). De même, deux agriculteurs âgés placés dans des conditions identiques pourront se déclarer l'un *actif* en 1954 et l'autre *inactif* en 1962 parce que dans l'intervalle la législation sociale a varié (sécurité sociale, retraite des vieux....,) et qu'il peut sembler préjudiciable de se déclarer actif.

3. Les éléments nécessaires aux calculs des indices $I(P)$, $I(A)$, $I(T)$, $I(A, T)$, $I(P, A, T)$, à partir des données S_i, P_i, S'_i, P'_i sont les suivants :

$$\alpha = \sum_i \frac{P'_i S_i}{P_i} \qquad \beta = \sum_i \frac{P_i S'_i}{P'_i}$$

dont on déduit :

$$I(P) = \frac{P'}{P}$$

$$I(A) = \frac{\alpha}{SI(P)}$$

$$I(T) = \frac{\beta}{S}$$

$$I(A, T) = \frac{S'}{SI(P)}$$

$$I(P, A, T) = \frac{S'}{S}.$$

9. 4. 1. 3. Décomposition additive de la variation.

On peut chercher à caractériser les effets des différents facteurs P, A, T non par des indices qui se combinent multiplicativement mais par des différences algébriques qui se combinent *additivement*.

La variation du nombre de scolarisés Δ_S, résultant des trois facteurs P, A, T, s'exprime en fonction des indices définis plus haut :

$$\Delta_S = \Delta(P, A, T) = S[I(P, A, T) - 1].$$

En désignant par $\Delta(\mathcal{F})$ la variation ([1]) imputable aux facteurs $\mathcal{F}$, il vient successivement :

$$\Delta(P) = S[I(P) - 1]$$
$$\Delta(P, A) = S[I(P, A) - 1] = S[I(P)I(A) - 1]$$
$$\Delta(P, A, T) = S[I(P, A, T) - 1] = S[I(P)I(A, T) - 1].$$

On appelle variation imputable aux facteurs $\mathcal{G}$ *après prise en compte des facteurs* $\mathcal{F}$ ([2]), la différence :

$$\Delta(\mathcal{G}/\mathcal{F}) = \Delta(\mathcal{F}, \mathcal{G}) - \Delta(\mathcal{F}).$$

Ainsi :
$$\Delta(A/P) = \Delta(P, A) - \Delta(P) = SI(P)[I(A) - 1].$$
$$\Delta(T/P, A) = \Delta(P, A, T) - \Delta(P, A) = SI(P)I(A)[I(T/A) - 1].$$

La variation totale Δ_S du nombre de scolarisés s'écrit ainsi :

$$\Delta_S = \Delta(P, A, T) = \Delta(P) + \Delta(A/P) + \Delta(T/P, A).$$

soit :

$$\Delta(P, A, T) = \underbrace{S[I(P) - 1]}_{\text{effet P}} + \underbrace{SI(P)[I(A) - 1)}_{\text{effet A/P}} + \underbrace{SI(P)I(A)[I(T/A) - 1]}_{\text{effet T/P,A}}.$$

Expression des variations.

Les différentes variations Δ ont pour expression :

$$\Delta(P) = S\left(\frac{P'}{P} - 1\right) = \sum_i (P' - P)a_i t_i = \sum_i a_i t_i \Delta_P$$
$$\Delta(P, A) = S[I(P)I(A) - 1] = \sum_i (P'_i - P_i)t_i = \sum_i t_i \Delta_{P_i}$$
$$\Delta(P, A, T) = S[I(P)I(A, T) - 1] = \sum_i (P'_i t'_i - P_i t_i) = \sum_i \Delta_{P_i t_i}$$

d'où l'on déduit :

$$\Delta(A/P) = P' \sum_i \left(\frac{P'_i}{P'} - \frac{P_i}{P}\right)t_i = \sum_i P' t_i \Delta_{a_i}$$
$$\Delta(T/P, A) = P' \sum_i \frac{P'_i}{P'}(t'_i - t_i) = \sum_i P' a'_i \Delta_{t_i}.$$

Ainsi, alors que S s'écrit :

$$S = \sum_i P a_i t_i,$$

([1]) On distinguera $\Delta(P)$, variation imputable au facteur P, de Δ_P, variation de la population ($\Delta_P = P' - P$).
([2]) ou encore variation *conditionnelle* de $\mathcal{G}$ liée par $\mathcal{F}$.

on obtient les variations conditionnelles successives en remplaçant, dans la somme qui définit S, chaque quantité par sa variation et en retenant, pour les facteurs de liaison, les éléments relatifs à la fin de période ([1]) :

$$\Delta(P) = \sum_i \Delta_P a_i t_i$$

$$\Delta(A/P) = \sum_i P' \Delta_{a_i} t_i$$

$$\Delta(T/P,A) = \sum_i P' a'_i \Delta_{t_i}$$

On observera que si on permute deux facteurs quelconques, on est conduit à un résultat différent. Ainsi par exemple :

$$\Delta(A) = \sum_i P \Delta_{a_i} t_i$$

$$\Delta(A/P) = \sum_i P' \Delta_{a_i} t_i = I(P) \Delta(A) \; (^2)$$

$$\Delta(A/P,T) = \sum_i P' \Delta_{a_i} t'_i.$$

Dans l'exemple envisagé, on obtient les résultats ci-après, suivant l'ordre de prise en compte des facteurs :

Effet	PAT	PTA	APT	ATP	TPA	TAP	Valeur moyenne
Population	17 000	17 000	20 000	26 000	22 400	26 000	21 400
Age	110 800	133 800	107 800	107 800	133 800	130 200	120 700
Scolarisation	221 000	198 000	221 000	215 000	192 600	192 600	206 700
Total				348 800			

Les différences entre les résultats sont sans doute du second ordre :

$$\Delta(A/P) - \Delta(A) = \sum_i \Delta_P \Delta_{a_i} t_i$$

$$\Delta(A/T) - \Delta(A) = \sum_i P \Delta_{a_i} \Delta_{t_i}$$

$$\Delta(A/P,T) - \Delta(A) = \sum_i \Delta_P \Delta_{a_i} t_i + \sum_i P \Delta_{a_i} \Delta_{t_i} + \sum_i \Delta_P \Delta_{a_i} \Delta_{t_i}.$$

[1] Ceci est analogue à un indice de Paasche dont les pondérations sont celles de la fin de période.
[2] Alors que dans la méthode de décomposition multiplicative, la permutation de P et de A conduisait au même résultat : $I(A/P) = I(A)$: au sens des variations additives, les facteurs P et A ne sont pas indépendants.

Néanmoins, les écarts sont notables :

$$\Delta(A/P) - \Delta(A) = 3\,000$$
$$\Delta(A/T) - \Delta(A) = 22\,400$$
$$\Delta(A/P, T) - \Delta(A) = 26\,000$$

avec

$$\Delta(A) = 107\,800.$$

C'est pourquoi il nous semble préférable de recourir à la méthode de décomposition multiplicative pour les indices de facteurs plutôt qu'à la méthode additive.

9. 4. 2. Etude d'un nombre quelconque de facteurs.

La généralisation à un plus grand nombre de facteurs de la méthode exposée ci-dessus ne présente pas de difficulté majeure. Nous l'envisagerons dans le cas de deux facteurs A et B analogues à l'âge ci-dessus.

Considérons une population d'effectif P à la date t, décrite simultanément suivant les deux caractères A et B. En repérant les modalités de A et B par indices i et j, P_{ij} désigne le nombre d'individus qui présentent à la fois les modalités A_i et B_j. Parmi ceux-ci, S_{ij} présentent le caractère Σ qui fait l'objet de l'étude.

Les sommes partielles sont désignées par un point, conformément aux notations du chapitre 5. Ainsi :

$$P_{i.} = \sum_j P_{ij}$$
$$S_{i.} = \sum_j S_{ij}$$

Les fréquences marginales et conditionnelles sont désignées par f et un ou deux indices :

$$f_{i.} = \frac{P_{i.}}{P}$$
$$f_{.j} = \frac{P_{.j}}{P}$$
$$f_j^i = \frac{P_{ij}}{P_{i.}}$$
$$f_i^j = \frac{P_{ij}}{P_{.j}}$$

[9.4] ÉVALUATION DE LA PART IMPUTABLE A DIVERS FACTEURS

Les taux suivant Σ sont désignés de façon analogue :

$$t_{i.} = \frac{S_{i.}}{P_{i.}}$$

$$t_{ij} = \frac{S_{ij}}{P_{ij}}$$

$$t_{..} = \frac{S}{P}$$

A la date t', la population a pour effectif P'. On désignera par un accent les quantités relatives à la date t'. Ainsi :

$$S'_{i.} = \sum_j S'_{ij}$$

$$f'^i_j = \frac{P'_{ij}}{P'_{i.}}$$

$$t'_{..} = \frac{S'}{P'}.$$

Le problème envisagé est la décomposition de l'indice de S :

$$I(S) = \frac{S'}{S}$$

en fonction des indices des facteurs :

— Taille de la population : facteur P.
— Caractère A : facteur A.
— Caractère B : facteur B.
— Taux : facteur T.

L'effectif S peut se décomposer de différentes façons :

$$S = Pt_{..}$$
$$= \sum_i Pf_{i.}t_{i.} = \sum_j Pf_{.j}t_{.j}$$
$$= \sum_{i,j} Pf_{i.}f^i_j t_{ij} = \sum_{i,j} Pf_{.j}f^j_i t_{ij}.$$

On appelle *indice d'un groupe de facteurs* $\mathcal{F}$ le rapport constitué :

— au numérateur : du nombre d'individus présentant le caractère Σ qu'on avait obtenu si *seuls* les facteurs $\mathcal{F}$ avaient évolué entre t et t' ;
— au dénominateur : de l'effectif S du début de période.

Ainsi :

$$I(P) = \frac{P't..}{S} = \frac{P'}{P}$$

$$I(A) = \frac{\sum_i Pf'_i.t_i.}{S} = \frac{\sum_i \frac{f'_i.}{f_i.}S_i.}{S}$$

$$I(B) = \frac{\sum_j Pf'_{.j}t_{.j}}{S} = \frac{\sum_j \frac{f'_{.j}}{f_{.j}}S_{.j}}{S}$$

$$I(P, A) = \frac{\sum_i P'f'_i.t_i.}{S} = \frac{P'}{P}\frac{\sum_i \frac{f'_i.}{f_i.}S_i.}{S} = I(P)I(A)$$

$$I(P, B) = \frac{\sum_j P'f'_{.j}t_{.j}}{S} = \frac{P'}{P}\frac{\sum_j \frac{f'_{.j}}{f_{.j}}S_{.j}}{S} = I(P)I(B)$$

$$I(A, B) = \frac{\sum_{i,j} Pf'_{ij}t_{ij}}{S} = \frac{\sum_{i,j} \frac{f'_{ij}}{f_{ij}}S_{ij}}{S}$$

$$I(P, A, B) = \frac{\sum_{i,j} P'f'_{ij}t_{ij}}{S} = \frac{P'}{P}\frac{\sum_{i,j} \frac{f'_{ij}}{f_{ij}}S_{ij}}{S} = I(P)I(A, B).$$

Les indices de facteurs sont ainsi des moyennes pondérées des indices élémentaires (par exemple $f'_i./f_i.$) par les effectifs S (par exemple : $S_i.$).

Les indices *conditionnels* sont définis de façon analogue à ce qui a été indiqué en **9. 4. 1. 1** :

$$I(\mathcal{G}/\mathcal{F}) = \frac{I(\mathcal{F}, \mathcal{G})}{I(\mathcal{F})}.$$

Le groupe de facteur $\mathcal{G}$ est *indépendant* du groupe de facteurs $\mathcal{F}$ si on a la relation :

$$I(\mathcal{F}, \mathcal{G}) = I(\mathcal{F})I(\mathcal{G}).$$

On observera que le facteur P est indépendant de *tout* groupe de facteurs :

$$I(P, A) = I(P)I(A)$$
$$I(P, A, B) = I(P)I(A, B)$$
etc.

[9.4] ÉVALUATION DE LA PART IMPUTABLE A DIVERS FACTEURS 463

En général les facteurs A et B ne sont pas indépendants :

$$I(A, B) = \frac{\sum_{i,j} S_{ij} \frac{f'_{ij}}{f_{ij}}}{S}$$

$$I(A) = \frac{\sum_{i} S_{i\cdot} \frac{f'_{i\cdot}}{f_{i\cdot}}}{S} = \frac{\sum_{i,j} S_{ij} \frac{f'_{i\cdot}}{f_{i\cdot}}}{S}$$

$$I(B) = \frac{\sum_{j} S_{\cdot j} \frac{f'_{\cdot j}}{f_{\cdot j}}}{S} = \frac{\sum_{i,j} S_{ij} \frac{f'_{\cdot j}}{f_{\cdot j}}}{S}$$

$I(A, B)$ apparaît comme la moyenne pondérée des indices élémentaires f'_{ij}/f_{ij}, alors que $I(A)$ et $I(B)$ sont respectivement les moyennes pondérées des indices élémentaires $f'_{i\cdot}/f_{i\cdot}$ et $f'_{\cdot j}/f_{\cdot j}$, les coefficients de pondération étant dans les trois cas les S_{ij}. Il en est de même de l'ensemble des facteurs A, B d'une part et du facteur T d'autre part :

$$I(A, B, T) - I(A, B)I(T) = \frac{\sum_{i,j} S_{ij} \frac{f'_{ij}}{f_{ij}} \frac{t'_{ij}}{t_{ij}}}{S} - \frac{\sum_{i,j} S_{ij} \frac{f'_{ij}}{f_{ij}}}{S} \frac{\sum_{i,j} S_{ij} \frac{t'_{ij}}{t_{ij}}}{S}.$$

Il n'y a indépendance entre (A, B) et T que si la covariance entre les indices élémentaires de structures f'_{ij}/f_{ij} et les indices élémentaires de taux t'_{ij}/t_{ij}, pondérée par S_{ij}, est nulle.

L'*interaction* entre deux groupes de facteurs $\mathcal{F}$ et $\mathcal{G}$ est définie par :

$$\Gamma(\mathcal{F}, \mathcal{G}) = \frac{I(\mathcal{F}, \mathcal{G})}{I(\mathcal{F})I(\mathcal{G})} - 1.$$

et *l'interaction conditionnelle* de $\mathcal{F}$ et $\mathcal{G}$ liés par $\mathcal{H}$:

$$\Gamma(\mathcal{F}, \mathcal{G}/\mathcal{H}) = \frac{I(\mathcal{F}, \mathcal{G}/\mathcal{H})}{I(\mathcal{F}/\mathcal{H})I(\mathcal{G}/\mathcal{H})} = \frac{I(\mathcal{F}, \mathcal{G}, \mathcal{H}) \cdot I(\mathcal{H})}{I(\mathcal{F}, \mathcal{H}) \cdot I(\mathcal{G}, \mathcal{H})}.$$

Application numérique.

La population scolaire de 14 à 25 ans suivant le sexe et l'âge est décrite page 464 au 1er janvier 1954 et au 1er janvier 1962.

Le nombre total de scolarisés (garçons et filles) s'est accru de 63,4 % entre 1954 et 1962. Cette évolution **résulte de l'action** simultanée de quatre facteurs :

— la *population* s'est accrue de 1,5 % au cours de la période;

— la *répartition par sexe* s'est légèrement modifiée : en 1954, la proportion de garçons était de 50,5 % **parmi la** population totale; en 1962, elle est de 51,2 %.

Age	1954								1962						
	Sexe Masculin ($i=1$)		Sexe Féminin ($i=2$)		Ensemble				Sexe Masculin		Sexe Féminin		Ensemble		
	Population	Population scolarisée	Population	Population scolarisée		Population	Population scolarisée			Population	Population scolarisée	Population	Population scolarisée	Population	Population scolarisée
j	P_{1j}	S_{1j}	P_{2j}	S_{2j}		$P_{\cdot j}$	$S_{\cdot j}$			P'_{1j}	S'_{1j}	P'_{2j}	S'_{2j}	$P'_{\cdot j}$	$S'_{\cdot j}$
14	283 500	153 900	279 500	159 700		563 000	313 600			427 700	284 000	411 100	303 000	838 800	587 000
15	284 600	122 100	280 900	134 000		565 500	256 100			409 100	214 400	393 600	245 200	802 700	459 600
16	288 700	100 500	282 700	106 800		571 400	207 300			307 300	140 100	297 100	153 600	604 400	293 700
17	293 200	68 900	288 000	71 100		581 200	140 000			303 700	99 900	293 200	108 500	596 900	208 400
18	294 700	43 900	290 900	41 600		585 600	85 500			302 200	72 800	289 000	72 300	591 200	145 100
19	308 100	32 000	300 600	27 400		608 700	59 400			280 400	46 300	267 800	45 200	548 200	91 500
20	304 800	26 800	299 300	17 700		604 100	44 500			253 500	30 400	240 600	26 500	494 100	56 900
21	321 600	21 900	313 800	12 200		635 400	34 100			269 900	23 500	254 000	16 700	523 900	40 200
22	325 600	15 300	316 800	7 900		642 400	23 200			296 900	18 700	280 200	11 500	577 100	30 200
23	333 600	12 000	323 400	5 500		657 000	17 500			296 900	13 700	279 900	7 500	576 800	21 200
24	315 300	8 200	307 600	4 600		622 900	12 800			300 200	10 500	283 400	6 800	583 300	17 300
25															
Total	3 353 700	605 500	3 283 500	588 500		6 637 200	1 194 000			3 447 800	954 300	3 289 600	996 800	6 737 400	1 951 100

— la *répartition par âge* s'est modifiée dans le sens d'un rajeunissement aussi bien pour les garçons que pour les filles, ce qui tend à augmenter le taux moyen de scolarisation;

— le *degré de scolarisation* s'est accru pour chaque sexe et chaque âge.

Les calculs des indices conduisent aux résultats suivants (en désignant respectivement les quatre facteurs par P, S, A, T) :

$I(P) = 101,5$

$I(S) = 100,0 \quad I(S/A) = 100,0 \quad I(S/T) = 100,0 \quad I(S/A, T) = 99,9$

$I(A) = 119,3 \quad I(A/S) = 119,3 \quad I(A/T) = 117,4 \quad I(A/S, T) = 117,4$

$I(T) = 137,2 \quad I(T/S) = 137,1 \quad I(T/A) = 135,0 \quad I(T/S, A) = 135,0$.

D'où les interactions :

$$\Gamma(A, S) = \Gamma(A, S/T) = \Gamma(S, T) = \Gamma(S, T/A) = 0,00$$
$$\Gamma(A, T) = \Gamma(A, T/S) = -1,6.$$

Ainsi le facteur sexe est pratiquement *indépendant* des facteurs Age et Taux et son indice égal à 100,0 : les modifications de la répartition par sexe sont négligeables vis-à-vis du phénomène étudié et sans lien avec les autres modifications (structure par âge, degré de scolarisation). Il en résulte que si on veut étudier l'évolution *globale* de la scolarisation, il est inutile de différencier les deux sexes : les calculs peuvent être effectués directement sur l'ensemble Garçons + Filles.

Les deux facteurs Age et Taux sont faiblement corrélés négativement : s'ils avaient joué indépendamment, l'augmentation du nombre de scolarisés aurait été de 1,6 % supérieure à ce qu'elle a été.

Si on veut préciser les effets de ces deux facteurs d'une part pour les garçons et d'autre part pour les filles, il est nécessaire de refaire les calculs (analogues à ceux effectués en 9. 4. 1. 2.) séparément pour chaque sexe. On obtient :

	Garçons	Filles	Ensemble
$I(P)$	102,8	100,2	101,5
$I(A)$	117,8	120,9	119,3
$I(T)$	131,7	142,7	137,2
$I(A/T)$	116,4	118,5	117,4
$I(T/A)$	130,1	139,8	135,0
$I(P, A, T)$	157,6	169,4	163,4
$\Gamma(A, T)$	— 1,2	— 2,1	— 1,6

On voit ainsi que l'accroissement du degré de scolarisation a été plus élevé pour les filles que pour les garçons (d'environ 8 %), que la modification des structures par âge a eu un effet légèrement plus grand sur la scolarisation des filles (d'environ 2 %), que les facteurs Age et Taux ont joué très légèrement en sens opposé, pour les filles comme pour les garçons mais plus faiblement pour ces derniers (interactions de — 2,1 % et — 1,2 %).

La différence entre les indices de population (102,8 et 100,2) pour les garçons et les filles provient de la réduction de la mortalité au cours de la période étudiée, ainsi que des mouvements migratoires avec l'étranger.

Remarque.

Les indices relatifs à l'ensemble des sexes sont des moyennes pondérées (arithmétiques pour les indices non liés, harmoniques pour les indices conditionnels), des indices propres à chaque sexe. Ainsi :

$$I(P) = \frac{P'}{P} = \frac{\sum_i P'_{i.}}{\sum_i P_{i.}} = \frac{\sum_i P_{i.} I_i(P)}{\sum_i P_{i.}}$$

$$I(A) = \frac{\sum_{i,j} S_{ij} \frac{f'_{ij}}{f_{ij}}}{\sum_{i,j} S_{ij}} = \frac{\sum_i S_{i.} I_i(A)}{\sum_i S_{i.}}$$

$$I(A/T) = \frac{\sum_i S'_{i.} \frac{f_{i.}}{f'_{i.}}}{\sum_{i,j} S_{ij} \frac{f_{ij}}{f'_{ij}}} = \frac{\sum_i \frac{f_{i.}}{f'_{i.}} S'_{i.}}{\sum_i \frac{f_{i.}}{f'_{i.}} S'_{i.} \frac{1}{I_i(A/T)}}.$$

Il en résulte que les indices relatifs à l'ensemble sont toujours compris entre les indices relatifs à chaque sexe. Dans l'exemple envisagé et pour les trois indices ci-dessus, les coefficients de pondération relatifs aux garçons sont respectivement le taux de masculinité en 1954 parmi la population totale, le taux de masculinité en 1954 dans la population scolaire, et (approximativement) le taux de masculinité en 1962 dans la population scolaire (les rapports $f_{i.}/f'_{i.}$ des taux de masculinité en 1954 et 1962 dans la population totale étant sensiblement égaux à 1). Tous ces coefficients sont voisins de 1/2.

TABLES

TABLE DE LA FONCTION INTÉGRALE DE LA LOI DE LAPLACE-GAUSS

Probabilité d'une valeur inférieure à u

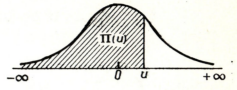

u	0,00	0,01	0,02	0,03	0,04	0,05	0,06	0,07	0,08	0,09
0,0	0,5000	0,5040	0,5080	0,5120	0,5160	0,5199	0,5239	0,5279	0,5319	0,5359
0,1	0,5398	0,5438	0,5478	0,5517	0,5557	0,5596	0,5636	0,5675	0,5714	0,5753
0,2	0,5793	0,5832	0,5871	0,5910	0,5948	0,5987	0,6026	0,6064	0,6103	0,6141
0,3	0,6179	0,6217	0,6255	0,6293	0,6331	0,6368	0,6406	0,6443	0,6480	0,6517
0,4	0,6554	0,6591	0,6628	0,6664	0,6700	0,6736	0,6772	0,6808	0,6844	0,6879
0,5	0,6915	0,6950	0,6985	0,7019	0,7054	0,7088	0,7123	0,7157	0,7190	0,7224
0,6	0,7257	0,7290	0,7324	0,7357	0,7389	0,7422	0,7454	0,7486	0,7517	0,7549
0,7	0,7580	0,7611	0,7642	0,7673	0,7704	0,7734	0,7764	0,7794	0,7823	0,7852
0,8	0,7881	0,7910	0,7939	0,7967	0,7995	0,8023	0,8051	0,8078	0,8106	0,8133
0,9	0,8159	0,8186	0,8212	0,8238	0,8264	0,8289	0,8315	0,8340	0,8365	0,8389
1,0	0,8413	0,8438	0,8461	0,8485	0,8508	0,8531	0,8554	0,8577	0,8599	0,8621
1,1	0,8643	0,8665	0,8686	0,8708	0,8729	0,8749	0,8770	0,8790	0,8810	0,8830
1,2	0,8849	0,8869	0,8888	0,8907	0,8925	0,8944	0,8962	0,8980	0,8997	0,9015
1,3	0,9032	0,9049	0,9066	0,9082	0,9099	0,9115	0,9131	0,9147	0,9162	0,9177
1,4	0,9192	0,9207	0,9222	0,9236	0,9251	0,9265	0,9279	0,9292	0,9306	0,9319
1,5	0,9332	0,9345	0,9357	0,9370	0,9382	0,9394	0,9406	0,9418	0,9429	0,9441
1,6	0,9452	0,9463	0,9474	0,9484	0,9495	0,9505	0,9515	0,9525	0,9535	0,9545
1,7	0,9554	0,9564	0,9573	0,9582	0,9591	0,9599	0,9608	0,9616	0,9625	0,9633
1,8	0,9641	0,9649	0,9656	0,9664	0,9671	0,9678	0,9686	0,9693	0,9699	0,9706
1,9	0,9713	0,9719	0,9726	0,9732	0,9738	0,9744	0,9750	0,9756	0,9761	0,9767
2,0	0,9772	0,9778	0,9783	0,9788	0,9793	0,9798	0,9803	0,9808	0,9812	0,9817
2,1	0,9821	0,9826	0,9830	0,9834	0,9838	0,9842	0,9846	0,9850	0,9854	0,9857
2,2	0,9861	0,9864	0,9868	0,9871	0,9875	0,9878	0,9881	0,9884	0,9887	0,9890
2,3	0,9893	0,9896	0,9898	0,9901	0,9904	0,9906	0,9909	0,9911	0,9913	0,9916
2,4	0,9918	0,9920	0,9922	0,9925	0,9927	0,9929	0,9931	0,9932	0,9934	0,9936
2,5	0,9938	0,9940	0,9941	0,9943	0,9945	0,9946	0,9948	0,9949	0,9951	0,9952
2,6	0,9953	0,9955	0,9956	0,9957	0,9959	0,9960	0,9961	0,9962	0,9963	0,9964
2,7	0,9965	0,9966	0,9967	0,9968	0,9969	0,9970	0,9971	0,9972	0,9973	0,9974
2,8	0,9974	0,9975	0,9976	0,9977	0,9977	0,9978	0,9979	0,9979	0,9980	0,9981
2,9	0,9981	0,9982	0,9982	0,9983	0,9984	0,9984	0,9985	0,9985	0,9986	0,9986

Table pour les grandes valeurs de u

u	3,0	3,1	3,2	3,3	3,4	3,5	3,6	3,8	4,0	4,5
$\Pi(u)$	0,99865	0,99904	0,99931	0,99952	0,99966	0,99976	0,999841	0,999928	0,999968	0,999997

NOTA. — La table donne les valeurs de $\Pi(u)$ pour u positif. Lorsque u est négatif il faut prendre le complément à l'unité de la valeur lue dans la table.

Exemple : pour $u = 1,37$ $\Pi(u) = 0,9147$
pour $u = -1,37$ $\Pi(u) = 0,0853$

TABLE DE LA DISTRIBUTION DE $U = \mathcal{N}(0; 1)$

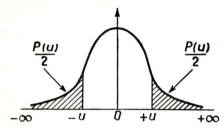

(Loi de Laplace-Gauss ou loi normale réduite.)

Valeur de u ayant la probabilité P d'être dépassée en module :

$$P(u) = 2[1 - \Pi(u)]$$

P	0,00	0,01	0,02	0,03	0,04	0,05	0,06	0,07	0,08	0,09
0,0	∞	2,5758	2,3263	2,1701	2,0537	1,9600	1,8808	1,8119	1,7507	1,6954
0,1	1,6449	1,5982	1,5548	1,5141	1,4758	1,4395	1,4051	1,3722	1,3408	1,3106
0,2	1,2816	1,2536	1,2265	1,2004	1,1750	1,1503	1,1264	1,1031	1,0803	1,0581
0,3	1,0364	1,0152	0,9945	0,9741	0,9542	0,9346	0,9154	0,8965	0,8779	0,8596
0,4	0,8416	0,8239	0,8064	0,7892	0,7722	0,7554	0,7388	0,7225	0,7063	0,6903
0,5	0,6745	0,6588	0,6433	0,6280	0,6128	0,5978	0,5828	0,5681	0,5534	0,5388
0,6	0,5244	0,5101	0,4959	0,4817	0,4677	0,4538	0,4399	0,4261	0,4125	0,3989
0,7	0,3853	0,3719	0,3585	0,3451	0,3319	0,3186	0,3055	0,2924	0,2793	0,2663
0,8	0,2533	0,2404	0,2275	0,2147	0,2019	0,1891	0,1764	0,1637	0,1510	0,1383
0,9	0,1257	0,1130	0,1004	0,0878	0,0753	0,0627	0,0502	0,0376	0,0251	0,0125

Table pour les petites valeurs de $P(u)$

P	10^{-3}	10^{-4}	10^{-5}	10^{-6}	10^{-7}	10^{-8}	10^{-9}
u	3,2905	3,8906	4,4172	4,8916	5,3267	5,7307	6,1094

Exemple : si $P(u) = 0{,}23$, $u = 1{,}200\,4$.

TABLE DE LA FONCTION DENSITÉ DE LA LOI DE LAPLACE-GAUSS

$$y(u) = y(-u) = \frac{1}{\sqrt{2\pi}} e^{-u^2/2}$$

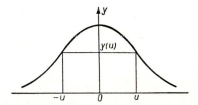

u	0	1	2	3	4	5	6	7	8	9
0,	0,3989	0,3970	0,3910	0,3814	0,3683	0,3521	0,3332	0,3123	0,2897	0,2661
1,	0,2420	0,2179	0,1942	0,1714	0,1497	0,1295	0,1109	0,0940	0,0790	0,0656
2,	0,0540	0,0440	0,0355	0,0283	0,0224	0,0175	0,0136	0,0104	0,0079	0,0060
3,	0,0044	0,0033	0,0024	0,0017	0,0012	0,0009	0,0006	0,0004	0,0003	0,0002

Exemples :
- y (0,2) = 0,3910
- y (— 3,1) = 0,0033

TABLE DE LA LOI DE POISSON

Fréquences individuelles et cumulées de la variable $\mathfrak{T}(m)$.

$$f_x = \frac{e^{-m} m^x}{x!}; \qquad F(x+0) = \sum_{k=0}^{x} \frac{e^{-m} m^k}{k!}$$

m \ x	1 f_x	1 $F(x+0)$	2 f_x	2 $F(x+0)$	3 f_x	3 $F(x+0)$	4 f_x	4 $F(x+0)$	5 f_x	5 $F(x+0)$
0	0,3679	0	0,1353	0	0,0498	0	0,0183	0	0,0067	0
1	0,3679	0,3679	0,2707	0,1353	0,1494	0,0498	0,0733	0,0183	0,0337	0,0067
2	0,1839	0,7358	0,2707	0,4060	0,2240	0,1991	0,1465	0,0916	0,0842	0,0404
3	0,0613	0,9197	0,1804	0,6767	0,2240	0,4232	0,1954	0,2381	0,1404	0,1247
4	0,0153	0,9810	0,0902	0,8571	0,1680	0,6472	0,1954	0,4335	0,1755	0,2650
5	0,0031	0,9963	0,0361	0,9473	0,1008	0,8153	0,1563	0,6288	0,1755	0,4405
6	0,0005	0,9994	0,0120	0,9834	0,0504	0,9161	0,1042	0,7851	0,1462	0,6160
7	0,0001	0,9999	0,0034	0,9955	0,0216	0,9665	0,0595	0,8893	0,1044	0,7622
8		1,0000	0,0009	0,9989	0,0081	0,9881	0,0298	0,9489	0,0653	0,8666
9			0,0002	0,9998	0,0027	0,9962	0,0132	0,9786	0,0363	0,9319
10				1,0000	0,0008	0,9989	0,0053	0,9919	0,0181	0,9682
11					0,0002	0,9997	0,0019	0,9972	0,0082	0,9863
12					0,0001	0,9999	0,0006	0,9991	0,0034	0,9945
13						0,1000	0,0002	0,9997	0,0013	0,9980
14							0,0001	0,9999	0,0005	0,9993
15								1,0000	0,0002	0,9998
16									0,0001	0,9999
										1,0000

TABLE DE LA LOI DE POISSON (*suite*)

Fréquences individuelles et cumulées de la variable $\mathfrak{T}(m)$.

$$fx = \frac{e^{-m} m^x}{x!}; \qquad F(x+0) = \sum_{k=0}^{x} \frac{e^{-m} m^k}{k!}$$

m	6		7		8		9		10	
x	f_x	$F(x+0)$	f_x	$F(x+0)$	f_x	$F(x+0)$	f_x	$F(x+0)$	f_x	$F(x+0)$
0	0,0025	0	0,0009	0	0,0003	0	0,0001	0	ε	0
1	0,0149	0,0025	0,0064	0,0009	0,0027	0,0003	0,0011	0,0001	0,0005	ε
2	0,0446	0,0174	0,0223	0,0073	0,0107	0,0030	0,0050	0,0012	0,0023	0,0005
3	0,0892	0,0620	0,0521	0,0296	0,0286	0,0138	0,0150	0,0062	0,0076	0,0028
4	0,1339	0,1512	0,0912	0,0818	0,0573	0,0424	0,0337	0,0212	0,0189	0,0104
5	0,1606	0,2851	0,1277	0,1730	0,0916	0,0996	0,0607	0,0550	0,0378	0,0293
6	0,1606	0,4457	0,1490	0,3007	0,1221	0,1912	0,0911	0,1157	0,0631	0,0671
7	0,1377	0,6063	0,1490	0,4497	0,1396	0,3134	0,1171	0,2068	0,0901	0,1302
8	0,1033	0,7440	0,1304	0,5987	0,1396	0,4530	0,1318	0,3239	0,1126	0,2203
9	0,0688	0,8472	0,1014	0,7291	0,1241	0,5925	0,1318	0,4557	0,1251	0,3329
10	0,0413	0,9161	0,0710	0,8305	0,0993	0,7166	0,1186	0,5874	0,1251	0,4580
11	0,0225	0,9574	0,0452	0,9015	0,0722	0,8159	0,0970	0,7060	0,1137	0,5831
12	0,0113	0,9799	0,0264	0,9466	0,0481	0,8881	0,0728	0,8030	0,0948	0,6968
13	0,0052	0,9912	0,0142	0,9730	0,0296	0,9362	0,0504	0,8758	0,0729	0,7916
14	0,0022	0,9964	0,0071	0,9872	0,0169	0,9658	0,0324	0,9261	0,0521	0,8645
15	0,0009	0,9986	0,0033	0,9943	0,0090	0,9827	0,0194	0,9585	0,0347	0,9166
16	0,0003	0,9995	0,0014	0,9976	0,0045	0,9918	0,0109	0,9780	0,0217	0,9513
17	0,0001	0,9998	0,0006	0,9990	0,0021	0,9963	0,0058	0,9889	0,0128	0,9730
18		1,0000	0,0002	0,9996	0,0009	0,9984	0,0029	0,9947	0,0071	0,9857
19			0,0001	0,9999	0,0004	0,9993	0,0014	0,9976	0,0037	0,9928
20				1,0000	0,0002	0,9997	0,0006	0,9989	0,0019	0,9965
21					0,0001	0,9999	0,0003	0,9996	0,0009	0,9984
22						1,0000	0,0001	0,9998	0,0004	0,9993
23								0,9999	0,0002	0,9997
24								1,0000	0,0001	0,9999
										1,0000

TABLE DE LA LOI DE POISSON (suite)

Fréquences individuelles et cumulées de la variable $\mathfrak{T}(m)$

$$f_x = \frac{e^{-m}m^x}{x!}; \qquad F(x+0) = \sum_{k=0}^{x} \frac{e^{-m}m^k}{k!}$$

m \ x	11 f_x	11 $F(x+0)$	12 f_x	12 $F(x+0)$	13 f_x	13 $F(x+0)$	14 f_x	14 $F(x+0)$	15 f_x	15 $F(x+0)$
0										
1	0,0002		0,0001							
		0,0002		0,0001						
2	0,0010		0,0004		0,0002	ε	0,0001	ε		
		0,0012		0,0005		0,0002		0,0001		ε
3	0,0037		0,0018		0,0008		0,0004		0,0002	
		0,0049		0,0023		0,0010		0,0005		0,0002
4	0,0102		0,0053		0,0027		0,0013		0,0007	
		0,0151		0,0076		0,0037		0,0018		0,0009
5	0,0224		0,0127		0,0070		0,0037		0,0019	
		0,0375		0,0203		0,0107		0,0055		0,0028
6	0,0411		0,0255		0,0152		0,0087		0,0048	
		0,0786		0,0458		0,0259		0,0142		0,0076
7	0,0646		0,0437		0,0281		0,0174		0,0104	
		0,1432		0,0895		0,0540		0,0316		0,0180
8	0,0888		0,0655		0,0457		0,0304		0,0194	
		0,2320		0,1550		0,0997		0,0620		0,0374
9	0,1085		0,0874		0,0661		0,0473		0,0324	
		0.3405		0,2424		0,1658		0,1093		0,0698
10	0,1194		0,1048		0,0859		0,0663		0,0486	
		0,4599		0,3472		0,2517		0,1756		0,1184
11	0,1194		0,1144		0,1015		0,0844		0,0663	
		0,5793		0,4616		0,3532		0,2600		0,1847
12	0,1094		0,1144		0,1099		0,0984		0,0829	
		0,6887		0,5760		0,4631		0,3584		0,2676
13	0,0926		0,1056		0,1099		0,1060		0,0956	
		0,7813		0,6816		0,5730		0,4644		0,3622
14	0,0728		0,0905		0,1021		0,1060		0,1024	
		0,8541		0,7721		0,6751		0,5704		0,4656
15	0,0534		0,0724		0,0885		0,0989		0,1024	
		0,9075		0,8445		0,7636		0,6693		0,5680
16	0,0367		0,0543		0,0719		0,0866		0,0960	
		0,9442		0,8988		0,8355		0,7559		0,6640
17	0,0237		0,0383		0,0550		0,0713		0,0847	
		0,9679		0,9371		0,8905		0,8272		0,7487
18	0,0145		0,0255		0,0397		0,0554		0,0706	
		0,9824		0,9626		0,9302		0,8826		0,8193
19	0,0084		0,0161		0,0272		0,0409		0,0558	
		0,9908		0,9787		0,9574		0,9235		0,8751
20	0,0046		0,0097		0,0177		0,0286		0,0418	
		0,9954		0,9884		0,9751		0,9521		0,9169
21	0,0024		0,0055		0,0109		0,0191		0,0299	
		0,9978		0,9939		0,9860		0,9712		0,9468

TABLE DE LA LOI DE POISSON (*fin*)

Fréquences individuelles et cumulées de la variable $\mathcal{T}(m)$.

m \ x	11 f_x	11 $F(x+0)$	12 f_x	12 $F(x+0)$	13 f_x	13 $F(x+0)$	14 f_x	14 $F(x+0)$	15 f_x	15 $F(x+0)$
22	0,0012		0,0030		0,0065		0,0121		0,0204	
		0,9990		0,9969		0,9925		0,9833		0,9672
23	0,0006		0,0016		0,0037		0,0074		0,0133	
		0,9996		0,9985		0,9962		0,9907		0,9805
24	0,0003		0,0008		0,0020		0,0043		0,0083	
		0,9999		0,9993		0,9982		0,9950		0,9888
25	0,0001		0,0004		0,0010		0,0024		0,0050	
		1,0000		0,9997		0,9992		0,9974		0,9938
26			0,0002		0,0005		0,0013		0,0029	
				0,9999		0,9997		0,9987		0,9967
27			0,0001		0,0002		0,0007		0,0016	
				1,0000		0,9999		0,9994		0,9983
28					0,0001		0,0003		0,0009	
						1,0000		0,9997		0,9992
29							0,0002		0,0004	
								0,9999		0,9996
30							0,0001		0,0002	
								1,0000		0,9998
31									0,0001	
										0,9999
32									0,0001	
										1,0000

TABLE DE LA DISTRIBUTION DE χ^2 (Loi de K. Pearson)
Valeur de χ^2 ayant la probabilité P d'être dépassée.

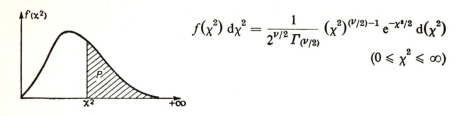

$$f(\chi^2)\,d\chi^2 = \frac{1}{2^{\nu/2}\,\Gamma_{(\nu/2)}}\,(\chi^2)^{(\nu/2)-1}\,e^{-\chi^2/2}\,d(\chi^2)$$

$$(0 \leqslant \chi^2 \leqslant \infty)$$

ν \ P	0,95	0,90	0,80	0,70	0,50	0,30	0,20	0,10	0,05	0,02	0,01
1	0,004	0,016	0,064	0,148	0,455	1,074	1,642	2,706	3,841	5,412	6,635
2	0,10	0,21	0,45	0,71	1,39	2,41	3,22	4,61	5,99	7,82	9,21
3	0,35	0,58	1,01	1,42	2,37	3,67	4,64	6,25	7,82	9,84	11,34
4	0,71	1,06	1,65	2,14	3,36	4,88	5,99	7,78	9,49	11,67	13,28
5	1,15	1,61	2,34	3,00	4,35	6,06	7,29	9,24	11,07	13,39	15,09
6	1,64	2,20	3,07	3,83	5,35	7,23	8,56	10,65	12,59	15,03	16,81
7	2,17	2,83	3,82	4,67	6,35	8,38	9,80	12,02	14,07	16,62	18,48
8	2,73	3,49	4,59	5,53	7,34	9,52	11,09	13,36	15,51	18,17	20,09
9	3,33	4,17	5,38	6,39	8,34	10,66	12,24	14,68	16,92	19,68	21,67
10	3,94	4,87	6,18	7,27	9,34	11,78	13,44	15,99	18,37	21,16	23,21
11	4,58	5,58	6,99	8,15	10,34	12,90	14,63	17,28	19,68	22,62	24,73
12	5,23	6,30	7,81	9,03	11,34	14,01	15,81	18,55	21,03	24,05	26,22
13	5,89	7,04	8,63	9,93	12,34	15,12	16,99	19,81	22,36	25,47	27,69
14	6,57	7,79	9,47	10,82	13,34	16,22	18,15	21,06	23,69	26,87	29,14
15	7,26	8,55	10,31	11,72	14,34	17,32	19,31	22,31	25,00	28,26	30,58
16	7,96	9,31	11,15	12,62	15,34	18,42	20,47	23,54	26,30	29,63	32,00
17	8,67	10,08	12,00	13,53	16,34	19,51	21,62	24,77	27,59	30,99	33,41
18	9,39	10,86	12,90	14,44	17,34	20,60	22,76	25,99	28,87	32,35	34,81
19	10,12	11,65	13,72	15,35	18,34	21,69	23,90	27,20	30,14	33,69	36,19
20	10,85	12,44	14,58	16,27	19,34	22,78	25,04	28,41	31,41	35,02	37,57
21	11,59	13,24	15,45	17,18	20,34	23,86	26,17	29,62	32,67	36,34	38,93
22	12,34	14,04	16,31	18,10	21,34	24,98	27,30	30,81	33,92	37,66	40,29
23	13,09	12,85	17,19	19,02	22,34	26,02	28,43	32,01	35,17	38,97	41,64
24	13,85	15,66	18,06	19,94	23,34	27,10	29,55	33,20	36,42	40,27	42,98
25	14,61	16,47	18,94	20,87	24,34	28,17	30,68	34,38	37,65	41,57	44,31
26	15,38	17,29	19,82	21,79	25,34	29,25	31,80	35,56	38,89	42,86	45,64
27	16,15	18,11	20,70	22,72	26,34	30,32	32,91	36,74	40,11	44,14	46,96
28	16,93	18,94	21,59	23,65	27,34	31,39	34,03	37,92	41,34	45,42	48,28
29	17,71	19,77	22,47	24,58	28,34	32,46	35,14	39,09	42,56	46,69	49,59
30	18,49	20,60	23,36	25,51	29,34	33,53	36,25	40,26	43,77	47,96	50,89

NOTA :

Pour ν compris entre 30 et 100, on utilisera l'approximation :

$$\sqrt{2\chi^2(\nu)} - \sqrt{2\nu - 1} = \mathcal{N}(0\,;\,1)$$

c'est-à-dire :
$$\chi^2(\nu) = \tfrac{1}{2}[\sqrt{2\nu-1} + U]^2$$

Ainsi par exemple :

$$\Pr\{\chi^2(41) > 50\} = 1 - \Pi[\sqrt{2\times 50} - \sqrt{2\times 41 - 1}] = 1 - \Pi(1)$$
$$= 0{,}158\,7$$
$$\chi^2_{0{,}95}(41) = \tfrac{1}{2}[\sqrt{2\times 41 - 1} + 1{,}644\,9]^2$$
$$= 56{,}66$$

Pour ν supérieur à 100, on utilisera l'approximation :

$$\frac{\chi^2(\nu) - \nu}{\sqrt{2\nu}} = \mathcal{N}(0\,;1)$$

c'est-à-dire :
$$\chi^2(\nu) = \nu + \sqrt{2\nu}\,U$$

Ainsi par exemple :

$$\Pr\{\chi^2(128) > 150\} = 1 - \Pi\left[\frac{150 - 128}{\sqrt{2\times 128}}\right] = 1 - \Pi(1{,}375)$$
$$= 0{,}084\,6$$
$$\chi^2_{0{,}975}(128) = 128 + \sqrt{2\times 128}\times 1{,}96$$
$$= 159{,}36$$

TABLE DES FACTORIELLES
ET DE LEUR LOGARITHME DÉCIMAL

n	$n!$	Puissance de 10	lg $n!$ (mantisse)	n	$n!$	Puissance de 10	lg $n!$ (mantisse)
1	1	0	00.000	30	2,652 53	32	42.366
2	2	0	30.103	31	8,222 84	33	91.502
3	6	0	77.815	32	2,631 31	35	42.017
4	2,4	1	38.021	33	8,683 32	36	93.869
5	1,20	2	07.918	34	2,952 33	38	47.016
6	7,20	2	85.733	35	1,033 31	40	01.423
7	5,040	3	70.243	36	3,719 93	41	57.054
8	4,032 0	4	60.552	37	1,376 38	43	13.874
9	3,628 80	5	55.976	38	5,230 23	44	71.852
				39	2,039 79	46	30.959
10	3,628 80	6	55.976				
11	3,991 68	7	60.116	40	8,159 15	47	91.165
12	4,790 02	8	68.034	41	3,345 25	49	52.443
13	6,227 02	9	79.428	42	1,405 01	51	14.768
14	8,717 83	10	94.041	43	6,041 53	52	78.115
15	1,307 67	12	11.650	44	2,658 27	54	42.460
16	2,092 28	13	32.062	45	1,196 22	56	07.781
17	3,556 87	14	55.107	46	5,502 62	57	74.057
18	6,402 37	15	80.634	47	2,586 23	59	41.267
19	1,216 45	17	08.509	48	1,241 39	61	09.391
				49	6,082 82	62	78.410
20	2,432 90	18	38.612				
21	5,109 09	19	70.834	50	3,041 41	64	48.307
22	1,124 00	21	05.077				
23	2,585 20	22	41.249	60	8,320 99	81	92.017
24	6,204 48	23	79.271				
25	1,551 12	25	19.065	70	1,197 86	100	07.840
26	4,032 91	26	60.562				
27	1,088 89	28	03.698	80	7,156 95	118	85.473
28	3,048 88	29	48.414				
29	8,841 76	30	94.654	90	1,485 72	138	17.194
				100	9,332 62	157	97.000

Exemple :

$$10! = 3,62880 \times 10^6 = 3\ 628\ 800$$
$$\lg 10! = 6,55976$$

BIBLIOGRAPHIE

B. Grais, *Méthodes statistiques*, 1978, Dunod, Paris.

C. Labrousse, *Statistique, Exercices corrigés avec rappels de cours* (3 tomes), Dunod, Paris.

J. Lamat, *Statistique et Probabilités*, 1962, Technique et Vulgarisation, Paris.

A. Liorzou, *Initiation pratique à la Statistique*, 3e édition, 1959, Eyrolles, Paris.

A. Monjallon, *Introduction à la Méthode Statistique*, 1958, Vuibert, Paris.

E. Morice et F. Chartier, *Méthode Statistique*, 1954, INSEE, Paris. Tome I : *Elaboration des Statistiques* ; tome II : *Analyse statistique*.

J. Laborde, *Tables statistiques et financières*, 2e édition, 1975, Dunod, Paris.

INDEX DES PRINCIPALES NOTATIONS

Notation	Se reporter page :	Désignation
	LETTRES LATINES	
(A)	189	Distribution marginale suivant le caractère A seul.
(A/B_j)	189	Distribution conditionnelle suivant le caractère A lié par B_j.
a	47	Constante d'échelle d'un changement de variable linéaire.
a_i	19	Amplitude de la classe n° i (variable statistique continue).
$\mathcal{B}(n, p)$	109	Loi ou variable binomiale de paramètres respectivement n et p.
$C_1,...,C_{99}$	68	Centiles.
C_n^p	71	Nombre de combinaisons sans répétition de p objets parmi n.
c_i	19	Centre de la classe n° i (variable statistique continue).
$D_1,...,D_9$	68	Déciles.
e		Base des logarithmes népériens $\qquad$ e = 2,718 28).
e_i	18	Extrémité supérieure de la classe n° i (variable statistique continue.)
$e_m(a)$	43	Écart absolu moyen par rapport à a.
$F_{t/0}(G)$	431	Indice de Fisher de la grandeur synthétique G.
F_i	43	Somme des fréquences cumulées jusqu'à f_i compris.
$F(x)$	24, 34, 91, 93	Fonction cumulative de la variable statistique X.
$F(x + 0)$	25	Valeur à droite de $F(x)$ (variable statistique discrète).

Notation	Se reporter page :	Désignation
$F(x-0)$	25	Valeur à gauche de $F(x)$ (variable statistique discrète).
f_i, f_j	13	Fréquence attachée à la modalité n° i, à la modalité n° j.
f_x	100, 103, 113	Fréquence attachée à la valeur isolée x (variable X discrète).
$f(x)$	93	Densité de fréquence de la variable continue X au point x.
f_{ij}	186	Fréquence totale attachée au couple de modalités (A_i, B_j).
$f_{i.}$	187	Fréquence marginale de la modalité A_i.
$f_{.j}$	187	Fréquence marginale de la modalité B_j.
f_i^j	188	Fréquence conditionnelle de la modalité A_i liée par B_j.
H	58	Moyenne harmonique.
h	83, 324	Indice de repérage de sous-populations dans un mélange.
$I_{t/0}(G)$	422	Indice élémentaire de la grandeur simple G à la date t par rapport à la date 0.
i	12	Indice de repérage des modalités d'un caractère, des valeurs possibles ou des classes de valeurs possibles d'une variable statistique.
i	79	Indice de concentration de Gini.
j	43	Indice de repérage analogue à i.
k	12	Nombre de valeurs possibles ou de classes de valeurs possibles d'une variable statistique : $i = 1, 2, ..., k$.
$L_{t/0}(G)$	430	Indice de Laspeyres de la grandeur synthétique G à la date t par rapport à la date 0.
lg	158	Logarithme décimal : lg = 0,434 3 ln.
ln	158	Logarithme népérien : ln = 2,302 6 lg.
M	37	Médiane d'une variable statistique.
M_0	45, 106	Mode d'une variable statistique.

INDEX DES PRINCIPALES NOTATIONS

Notation	Se reporter page :	Désignation
$M_p(t)$	373	Moyenne mobile sur p mois se rapportant à la date t.
M_φ	55	φ-moyenne d'une variable statistique.
$\mathcal{M}$	81	Médiale d'une variable statistique.
$\mathcal{M}_r(X)$	57	Moyenne d'ordre r de la variable statistique X.
m	95	Moyenne (arithmétique) d'une variable statistique.
m_r	70	Moment non centré d'ordre r d'une variable statistique.
$_a m_r$	69	Moment d'ordre r par rapport à a d'une variable statistique.
$\mathcal{N}(0;1)$	150	Loi ou variable normale réduite.
n_i	12	Effectif de la modalité n° i.
$\mathcal{N}(m,\sigma)$	150	Loi ou variable normale de paramètres respectifs m et σ.
$n_{i.}$	186	Effectif marginal de la modalité A_i.
$n_{.j}$	186	Effectif marginal de la modalité B_j.
$n_{..}$	186	Effectif total d'une population décrite suivant deux caractères.
$n!$	74, 138	Factorielle n.
$P_{t/0}(G)$	431	Indice de Paasche de la grandeur synthétique G à la date t par rapport à la date 0.
$\mathcal{P}(m)$	113	Loi ou variable de Poisson de paramètre m.
p_i	76	Proportion des individus dont le caractère X est inférieur à e_i.
Q	58	Moyenne quadratique.
Q_1, Q_3	68	Quartiles.
q_i	76	Proportion des quantités se rapportant aux individus dont le caractère est inférieur à e_j.
$R_{z;x,y}$	343	Coefficient de corrélation linéaire multiple entre Z et (X, Y).
$r_{x,y}$	292	Coefficient de corrélation linéaire entre deux variables X et Y.

Notation	Se reporter page :	Désignation
U	146	Loi ou variable normale réduite.
$\mathcal{U}(a, b)$	129	Loi ou variable continue uniforme sur le segment (a, b).
u_α	148	Quantile d'ordre α de la variable normale réduite.
$V(X)$	52	Variance de la variable statistique X.
$V_j(X)$	269	Variance de la variable conditionnelle $X/_{Y=y_j}$.
$V_i(Y)$	269	Variance de la variable conditionnelle $Y/_{X=x_i}$.
X	47	Variable statistique X.
X'	47	Variable statistique transformée de X par changement de variable linéaire.
$X/_{Y=y_j}$	269	Variable conditionnelle X liée par $Y = y_j$.
x	335	Vecteur x $(x_1,..., x_n)$.
x_0	47	Constante de translation d'un changement de variable linéaire.
x_i	12	i^{eme} valeur possible de la variable statistique discrète X.
$\bar{x}$	46	Moyenne (arithmétique) de la variable statistique X.
$\bar{x}_j$	269	Moyenne de la variable conditionnelle $X/_{Y=y_j}$.
$\bar{\bar{x}}$	268	Moyenne de la variable marginale X.
Y	267	Variable statistique Y.
$Y/_{X=x_i}$	269	Variable conditionnelle Y liée par $X = x_i$.
y	335	Vecteur y $(y_1,..., y_n)$.
$\bar{y}_i$	269	Moyenne de la variable conditionnelle $Y/_{X=x_i}$.
$\bar{\bar{y}}$	268	Moyenne de la variable marginale Y.
$y(u)$	146	Densité de la variable normale réduite.
$\bar{z}_{ij}$	338	Moyenne de la variable conditionnelle $Z/_{X=x_i \text{ et } Y=y_j}$.

INDEX DES PRINCIPALES NOTATIONS

Notation	Se reporter page :	Désignation
$\bar{\bar{z}}_i$	339	Moyenne de la variable conditionnelle $Z/_{X=x_i}$.
$\bar{\bar{z}}$	339	Moyenne de la variable marginale Z.
LETTRES GRECQUES		
α	11	Numéro d'ordre des individus dans une population statistique.
α	67	Ordre d'un quantile.
$\Gamma(\nu)$	135	Fonction eulérienne de seconde espèce.
γ_1	75	Coefficient d'asymétrie de Fisher.
γ_1	135	Loi ou variable γ_ν de paramètre $\nu = 1$.
γ_2	75	Coefficient d'aplatissement de Fisher.
γ_ν	135	Loi ou variable γ_ν.
Δx	92	Petit accroissement de la variable x.
ε	58	Quantité petite.
$H^2_{z;x,y}$	340	Rapport de corrélation multiple de Z en x et y.
$\eta^2_{y;x}$	279	Rapport de corrélation de Y en x.
$\eta^2_{x;y}$	279	Rapport de corrélation de X en y.
μ_r	70	Moment centré d'ordre r d'une variable statistique.
$\mu_{[r]}$	73	Moment factoriel d'ordre r d'une variable statistique.
$\Pi(u)$	146	Fonction cumulative de la variable normale réduite.
σ	62	Écart-type d'une variable statistique.
φ_i	31	Fréquence moyenne par unité d'amplitude de la classe n° i (variable continue).
$\chi^2(\nu)$	179	Loi ou variable χ^2 à ν degrés de liberté.

INDEX ALPHABÉTIQUE

Nota : les nombres entre parenthèses correspondent aux numéros de page.

A

AJUSTEMENT. Droite d'— (304). Plan d'— (341). — d'une distribution empirique à une loi théorique (177). — linéaire (303). — polynomial (316).

AJUSTEMENT GRAPHIQUE d'une distribution empirique à une loi. — γ_1 (144). — log-normale (167). — normale (156). — de Pareto (175).

AMPLITUDE (9). Fréquence moyenne par unité d'— (28, 133).

APLATISSEMENT. Coefficient d'— (75).

ARITHMÉTIQUE. Echelle — (242). Papier gausso — (156, 248).

ASYMÉTRIE. Coefficient d'— (75).

B

BORTKIEWICZ (118). Formule de — (440).

BUYS-BALLOT. Table de — (363).

C

CARACTÈRE (4). — dichotomique (5). — qualitatif (6). — quantitatif (6).

CARACTÉRISTIQUE. — de concentration (76). — conditionnelle (269). — de dispersion (60). — interclasse (19). — intraclasse (19). — marginale (268). — de tendance centrale (36).

CARRÉS. Courbe des moindres — (280). Droite des moindres — (283). Surface des moindres — (338).

CARTOGRAMME. Représentation par — (226).

CENTILE (68).

CENTRE. — de classe (9, 19).

CHRONIQUE (218, 346).

CHRONOLOGIQUE. Série — (218, 346).

CIRCULARITÉ. — d'un indice (423, 432).

CLASSE. Amplitude de — (19). Centre de — (19). Extrémité de — (19).

COEFFICIENT. — d'aplatissement (75). — d'asymétrie (75). — de corrélation linéaire (285, 292). — de corrélation linéaire multiple (343). — d'exhaustivité (127). — de Fisher (75). — saisonnier (355). — de variation (67).

CONCENTRATION. Courbe de — (78). Indice de — de Gini (79).

CONDITIONNELLE. Caractéristique — (269). Distribution — (188, 269).

CONTINUE. Variable statistique — (17).

CORRÉLATION (277). Coefficient de — linéaire (285, 292). Coefficient de — linéaire multiple (343). Rapport de — (278). Rapport de — multiple (340).

COURBE. — cumulative (24, 34). — de concentration (78). — des fréquences cumulées (24, 34). — de régression (272).

COVARIANCE (326).

CUMULATIF. Courbe — ou diagramme — (24, 34).

D

DÉCILE (68).

DENSITÉ (93).

DIAGRAMME. — en bâtons (24). — différentiel (24). — figuratif (21). — intégral (24).

DICHOTOMIQUE. Caractère — (5).

DIFFÉRENCE (60).
DISCRÈTE. Variable — (8).
DISPERSION. Caractéristiques de — (36, 60).
DISTRIBUTION. — conditionnelle (188). — globale (194). — marginale (187). — théoriques à une variable (100). — à une, deux, trois variables (90, 185, 337).
DIVISIA. Indice-chaîne de — (445).
DROITE. — d'ajustement (304). — de Henri (156, 167). — des moindres carrés (283). — de régression (304).

E

ECART. — absolu (60). — absolu moyen (62). — médian (61). — probable (61). — quadratique moyen (62). — type (62, 333).
ECHELLE. — fonctionnelle (240). — gaussienne (156). — logarithmique (241).
EFFECTIF. — d'une modalité (13).
EFFET. Indice de l'— d'un facteur (450). Loi de l'— proportionnel (165).
EISENPRESS. Méthode d'— (391).
ELASTICITÉ (247, 315).
ETENDUE (69).
EULÉRIENNE. Fonction — de première espèce (136).
EXTRÉMITÉ. — de classe (9, 19).

F

FACTORIEL. Moment — (73).
FACTORIELLE (74, 138).
FISHER. Indice d'Irving — (431). Coefficients de R. A. — (75). Polynômes orthogonaux de R. A. — (319).
FONCTION. — cumulative (24, 34). — eulérienne (136). — de répartition (24).
FONCTIONNEL. Echelle — (240). Liaison — (192, 276). Papier — (240).
FORME. Caractéristiques de — (75).
FRÉQUENCE (13). — conditionnelle (188). — cumulée (24, 34). — marginale (187). — moyenne par unité d'amplitude (28, 133). — totale (186).

G

GALTON. Loi de — (158).
GAUSS. Loi de Laplace — (149).
GAUSSO. Papier — arithmétique (156, 248). Papier — logarithmique (167, 248).
GÉOMÉTRIQUE. Moyenne — (57, 58).
GINI. Courbe de concentration de — (78). Indice de concentration de — (79).

H

HARMONIQUE. Moyenne — (58).
HENRI. Droite de — (156, 167).
HISTOGRAMME (28).

I

INDÉPENDANCE (190, 274).
INDICE. — chaîne de Divisia (445). — de concentration (79). — élémentaire (421). — de Fisher (431). — de Laspeyres (430). — de Paasche (431). — synthétique (429). Nombre — (421).
INDIVIDU (4).
INTERVALLE. — médian (39). — interquartile (68). — interdécile (69). — intercentile (69).

J

JORDAN. Polynômes orthogonaux de — (319).

K

KÖNIG. Théorème de — (54, 336). Théorème de — généralisé (297).

L

LAPLACE. Loi de — Gauss (149).
LASPEYRES. Indice de — (430).
LIAISON FONCTIONNELLE (192, 276). — réciproque (193, 276). — non réciproque (192, 276).

LOGARITHMIQUE. Echelle — (241). Papier gausso — (167, 248, 264). Papier — (266). Papier semi — (265).
LOI. — binomiale (103). — γ_v (135). — continue uniforme (129). — discrète uniforme (100). — de Galton (158). — hypergéométrique (121). — log-normale (158). — normale (149). — normale réduite (146). — de Pareto (173). — de Poisson (112).

M

MAC ALISTER. Loi de — (158).
MARGINAL. Caractéristique — (268). Distribution — (187). Taux — (243).
MÉDIALE (81).
MÉDIAN. Intervalle — (39).
MÉDIANE (37).
MÉLANGE de distributions. — à une variable (82). — à deux variables (324).
MILLILE (68).
MODALITÉ (5). Effectif d'une — (13). Fréquence d'une — (13).
MODE (45).
MODULE. — d'une échelle logarithmique (250).
MOMENT (69). — centré (70). — non centré (70). — factoriel (73). — d'ordre r (69).
MOUVEMENT. — conjoncturel (354). — extra-saisonnier (354). — saisonnier (355).
MOYENNE (46, 333). — géométrique (57, 58). — harmonique (58). — mobile (373). — d'ordre r (57). — quadratique (58). φ — (55).

N

NORMALE. Loi — (149). Loi — réduite (146).

P

PAASCHE. Indice de — (431).
PAPIER. — fonctionnel (240). — gausso-arithmétique (156, 248). — gausso-logarithmique (167, 248). — logarithmique (266). — semi-logarithmique (265).
PARETO. Loi de — (173).
PERCENTILE (68).
PEARSON. Loi du type III de — (135). Test du χ^2 de — (179).
PLAN. — d'ajustement (341).
POLAIRE. Représentation — (223).
POLYNÔMES ORTHOGONAUX (317). — de Fisher (319). — de Jourdan (319).
POPULATION STATISTIQUE (4).
PRINCIPE. — de conservation des aires (356).

Q

QUADRATIQUE. Moyenne — (58). Ecart — moyen (62).
QUANTILE (67).
QUARTILE (67).

R

RACCORD. — d'indices (448).
RAPPORT. — de corrélation (278). — de corrélation multiple (340).
RÉGRESSION. Courbe de — (272). Cylindre de — (339). Droite de — (304). Surface de — (338).
REPRÉSENTATION GRAPHIQUE. — d'une distribution à un caractère (20, 24, 27). — d'une distribution à deux caractères (194). — polaire (223).
RÉVERSIBILITÉ. — d'un indice (433).

S

SCHÉMA. — additif (375). — mixte (375). — multiplicatif (375).
SÉRIE CHRONOLOGIQUE (218, 358, 421).
SHISKIN. Méthode — (391).
STÉRÉOGRAMME (214).
STIRLING. Formule de — (138).

T

TABLEAUX STATISTIQUES. — à une dimension (12). — à deux dimensions (185).
TAUX. — d'accroissement instantané (251). — d'accroissement relatif (246). — annuel (251). — marginal (243). — moyen (243).

TEST. — d'un ajustement (178). — du χ^2 de Pearson (179).
TREND (354).
TRIANGULAIRE. Graphique — (260).

U
UNITÉ STATISTIQUE (4).

V
VALEUR. — centrale (36). — dominante (45).

VARIABLE STATISTIQUE. — continue (8). — discrète (8). Distribution à deux — (267). — théoriques : voir LOI.
VARIANCE (52, 63). — conditionnelle (270). — expliquée (282, 290). — marginale (270). — résiduelle (282, 290).
VARIATION. Coefficient de — (67). — accidentelle ou résiduelle (355). — saisonnière (355).

Y
YULE. Conditions de — (36).

Imprimé en France
Imprimerie JOUVE, 17, rue du Louvre, 75001 PARIS
Dépôt légal : 3ᵉ trimestre 1979

Extrait de notre catalogue

Cours de Calcul des probabilités
Gérard CALOT

La statistique et le calcul des probabilités, qui lui est étroitement associé, connaissent en France un développement exceptionnel ; leur enseignement, naguère réservé à quelques spécialistes mathématiciens ou physiciens, a été inscrit au programme des grandes écoles d'ingénieurs, des Facultés de sciences économiques, de médecine et de lettres. La méthode statistique est devenue un outil indispensable non seulement au chercheur, mais encore au praticien, tant dans le domaine socio-économique qu'industriel, agronomique ou médical.

Ce « Cours de calcul des probabilités » constitue une introduction au mode de raisonnement probabiliste et présente les résultats généraux nécessaires à l'application. Dans la progression de l'enseignement statistique, il prend place après la statistique descriptive et la statistique mathématique.

2e *édition*, 500 *pages*. Dunod. *Broché.*

Exercices de Calcul des probabilités
Gérard CALOT

Complément du *Cours de calcul des probabilités* publié par l'auteur dans la même collection, ce livre d'exercices de calcul des probabilités permet au lecteur désireux de contrôler ses connaissances théoriques, d'y trouver les solutions aux exercices proposés à la fin de chacun des quinze chapitres du *Cours*.

Mais c'est aussi un *ouvrage indépendant* et qui intéressera au premier chef l'étudiant en calcul des probabilités : il pourra ainsi s'assurer de ses fraîches acquisitions et les perfectionner en portant son effort sur des exemples pratiques.

Le livre comporte plus d'une centaine d'exercices et de problèmes. Aux plus faciles correspondent seulement les résultats ou les éléments de la solution. Les plus délicats (notamment ceux relatifs aux convergences stochastiques) ont reçu une solution détaillée. En fin d'ouvrage, le lecteur trouvera un répertoire des notations utilisées par l'auteur.

58 *pages*. Dunod. *Broché.*

Leçons de théorie microéconomique

Edmond MALINVAUD

L'ouvrage présente la théorie microéconomique et notamment les questions concernant l'équilibre économique général. Il traite de la structure de la théorie et en présente brièvement les motivations.

Les passages les plus importants du livre concernent la théorie de la valeur, la concurrence imparfaite dans les collectivités nombreuses, la théorie de l'intérêt et du taux de profit.

Les autres chapitres traitent : du cadre conceptuel de la théorie microéconomique ; des activités du consommateur et du producteur ; de l'équilibre concurrentiel ; de la détermination d'un optimum ; des décisions publiques.

3ᵉ *édition*, 368 *pages*. Dunod. *Broché*.

Exercices de microéconomie

Paul CHAMPSAUR, Jean-Claude MILLERON

Cet ouvrage est le complément de l'ouvrage de Edmond MALINVAUD : *Leçons de théorie microéconomique*.

Ces exercices ne s'adressent pas aux débutants en économie : la culture mathématique nécessaire est du niveau des classes de mathématiques spéciales.

256 *pages*. Dunod. *Broché*.

Statistique et informatique appliquées

Ludovic LEBART, Jean-Pierre FENELON

Cet ouvrage comporte les développements récents de la statistique dus aux applications de l'informatique.

Après des rappels de Calcul des probabilités et de statistique descriptive, on trouvera des exposés généraux du modèle linéaire et des méthodes d'analyse des données (analyse factorielle, analyse des correspondances, méthodes non paramétriques).

A chacune des méthodes exposées est annexé un exemple de programme rédigé en FORTRAN qui illustre la technique en même temps qu'il permet sa mise en œuvre pratique.

Le présent ouvrage, conçu pour l'enseignement et le recyclage, est également un document de consultation pour les praticiens désireux de connaître les plus récents développements des domaines abordés.

3ᵉ *édition*, 448 *pages*. Dunod. *Broché*.

Exercices commentés de statistique et informatique appliquées

Ronald CEHESSAT

Cet ouvrage d'exercices commentés, qui associe la statistique dite classique à l'analyse des données et aux techniques informatiques, est le complément et le prolongement de l'ouvrage de L. LEBART et J.-P. FENELON.

Il propose 150 exercices de statistique et 50 exercices d'informatique dont les corrigés détaillés et rigoureux sont présentés. Tous ces exercices sont sous-tendus par des préoccupations concrètes. La pratique du Fortran requise pour la solution des exercices de programmation peut être acquise grâce à une rapide initiation.

Statisticiens, informaticiens, praticiens de l'analyse des données, les 10 auteurs de cet ouvrage ont réuni, sous le pseudonyme de Ronald CEHESSAT, le fruit de plusieurs années d'enseignement et de pratique statistique.

418 *pages*. Dunod. *Broché*.

Techniques de la description statistique
Méthodes et logiciels pour l'analyse des grands tableaux

Méthodes et logiciels pour l'analyse des grands tableaux

Ludovic LEBART, Alain MORINEAU, Nicole TABARD

Les techniques récentes de description et d'analyse des tableaux statistiques sont ici exposées à l'intention de tous ceux qui désirent les comprendre et les mettre en pratique : statisticiens, ingénieurs, enseignants, chercheurs et étudiants.

La lecture de l'ouvrage suppose connus les éléments d'algèbre linéaire et de statistique classique habituellement acquis dès le premier cycle universitaire scientifique (certains paragraphes techniques peuvent être omis sans nuire à la compréhension générale).

Les praticiens ayant à analyser d'importants recueils de données seront intéressés à la fois par l'exposé des méthodes fondamentales et par la présentation des contributions originales des auteurs.

Les développements théoriques sont illustrés de nombreux exemples d'application et accompagnés de programmes complets et éprouvés de calcul en langage FORTRAN. Ces programmes — dont l'ensemble constitue une bibliothèque modulaire facile à adapter — illustrent, complètent et rendent accessibles et opératoires les techniques présentées.

360 *pages*, Dunod, *Cartonné*

L'analyse des données

Jean-Paul BENZÉCRI et collaborateurs

Tome 1 — **La taxinomie**
Tome 2 — **L'analyse des correspondances**

Chaque volume : 624 pages, relié toile du Marais.

Les deux tomes qui composent l'ouvrage obéissent à un plan commun qui les divise en 4 parties :

A) Textes généraux :

Les spécialistes d'une science expérimentale y trouveront, sans s'enliser dans les démonstrations, l'essentiel des formules mathématiques qu'utilise l'analyse statistique multidimensionnelle.

B) Exposés mathématiques détaillés :

On y a multiplié les rappels et les raccourcis en sorte que le non-mathématicien qui les lira superficiellement en puisse saisir l'essentiel.

C) Exemples d'application :

Les spécialistes d'un domaine d'application y trouveront, proches de leur champ de recherche, des modèles d'études très détaillées, souvent très originales, qui illustrent les méthodes d'analyse utilisées. L'auteur ne nous cache pas que sa prédilection va à ces études, qui intéressent les sciences les plus diverses : économie, psychologie, pédagogie, sociologie, histoire, linguistique, écologie, zoologie, botanique, géologie, archéologie, biologie, médecine, marketing...

D) Programmes de calcul en langage Fortran IV :

Directement exécutables par ordinateur et munis de commentaires détaillés, ces programmes sont très précieux au chercheur non spécialiste en informatique qui désire « *passer à l'action* », de même qu'à l'informaticien qui n'aura pas à programmer lui-même les algorithmes et formules du cours.

« C'est un ouvrage extrêmement riche ».

La Recherche

« Cet ensemble, extrêmement riche tant au point de vue théorique que pratique, fera date. Il constitue déjà un ouvrage de référence ».

Revue des questions scientifiques - Belgique

« ... deux ouvrages remarquables et remarqués, dont l'originalité tient à plusieurs points : ... la place importante qui est faite aux exemples illustrant la théorie... la méthodologie informatique est clairement expliquée... le caractère exhaustif des thèmes traités... une clarté du texte à laquelle ne nous ont guère habitués les statisticiens ».

L'Informatique

« Many applied statisticians will find the examples sections of both volumes interesting and stimulating ».

The Australian Journal of Statistics